凝煉知識品味閱讀

◆2023增訂3版◆

楊智傑——著

五南圖書出版公司 印行

# 三版序

記得大學時期，林子儀老師的美國憲法課堂，指導學生閱讀美國最高法院判決。當時英文很破，判決總是沒讀懂，是我接觸美國判決的開始；直到拿到博士學位，雖然已經天天閱讀英文論文，但還不習慣閱讀英文判決。謀得教職後，才開始在部分研究過程中，自我摸索成長，越來越熟悉美國判決的閱讀與研究，也慢慢體會美國判例法運作的精神。

在雲林科技大學科技法律所任教起，開設專利法專題課程，學習美式教學風格，分配英文判決給學生閱讀，撰寫報告，並帶領有興趣的學生，從判決延伸，發展成碩士論文。不過，學生對英文仍很排斥，判決好像都是我在讀比較多。

2014年起，經世新大學葉雲卿老師引薦，開始替《北美智權報》每月固定寫一篇美國智財訴訟判決介紹的專欄。至今陸續寫了四年半，累積數十餘則美國重要判決。也在若干期刊上，發表了美國重要專利判決研究的論文。

2015年暑假，藉由申請科技部人社中心訪問學者的機會，在人社中心提供的臺大辦公室中，重新整理過去這些文章，統一體例，並補寫缺漏的判決。期間往返雲林、新竹、臺北，或高鐵通勤、或朋友借宿，一個禮拜至少三天至人社中心研究室報到，每天至少完成一判決改寫，歷經月餘，終於完成此書第一版內容。

第一版出版後，經過三年的時間，每月仍持續研究撰寫美國專利法重要判決。2018年改版，將原本的九章內容，擴增為十四章。基本上已經涵蓋了美國專利法的所有重要主題。2023年，增補最高法院新作出的判決4則與聯邦巡迴上訴法院判決1則。全書收錄超過50則重要美國最高法院與聯邦巡迴上訴法院的判決。2006年以後的美國最高法院判決原則上均予收錄。本書一方面可作為重要判決介紹選輯，供有興趣者參考；另方面以教科書的順序編排，可作為美國專利法教材。

本書之成，要謝謝《北美智權報》提供的發表園地與鞭策，也謝謝科技部人社中心提供的安靜研究環境讓我專心寫作。書中部分內容，改寫自和學生合寫或指導的論文，感謝黃婷翊、王齊庭、黃秋蓉等同學。

楊智傑謹識

2023/7/14

# 目次

# 第一章　專利適格性

## 第一節　專利適格性

美國專利法第101條規定四種法定專利適格標的類型[1]，申請專利之技術需落入程序（process）、機器（machine）、製造物（manufacture）或組合物（composition of matter）之任一類型，始具有專利適格性（patent-eligible），或稱爲可專利之客體（patentable subject matter）。

過去美國對於專利適格性的標準，一向採取寬鬆標準，常有一句話被引用，就是在美國，太陽底下人類創造的任何事物，皆可賦予專利[2]。但其並非毫無限制。在相關判決中，最高法院建立了三種例外，自然法則（laws of nature）、物理現象（physical phenomena）及抽象概念（abstract ideas）[3]。除了這三種例外外，最高法院也在其他不同案件中，指出自然現象（phenomena of nature）、心智過程（mental processes）[4]、自然產物（products of nature）[5]等不可申請專利。其中，在下述Myriad案中，即會探討，DNA是否屬於自然產物，而自然產物是否爲不可賦予專利的三種例外，新增加的一種例外。

### 一、組合物專利判准

所謂的組合物，最高法院定義爲「所有二個以上物質……所有合成物

1 35 U.S.C. §101 ("Whoever invents or discovers any new and useful process, machine, manufacture, or composition of matter, or any new and useful improvement thereof, may obtain a patent therefore, subject to the conditions and requirements of this title.").

2 Diamond v. Chakrabarty, 447 U.S. 303, 309 (1980).

3 Id. at 309.

4 Gottschalk v. Benson, 409 U.S. 63, 67 (1972).

5 Chakrabarty, at 313.

品的組合，不論是基於化學結合，或是機器混合，不論是氣體、液體、粉末或固體」（all compositions of two or more substances and...all composite articles, whether they be the results of chemical union, or of mechanical mixture, or whether they be gases, fluids, powders or solids）[6]。

### （一）重要判例

在組合物專利方面，最重要的判決，是最高法院1980年的Diamond v. Chakrabarty案[7]。在Chakrabarty一案中，系爭專利爲一人工改造的細菌，四種不同的DNA載體被送進同一隻細菌裡，使得該菌具有可分解原油的功能。最高法院認爲，一人爲且具有生命的微小有機體屬於製造物或組合物，具有專利適格性，因其並不是一種至今未知的自然物種，而是人爲操作下的產物，具有自己獨特的名字、特徵和功用[8]。在Chakrabarty一案之後，最高法院特別爲了人造生物專利適格性設下一評判基準：專利請求項中提及之組合物，必須不存在於自然界中，即使此組合物與自然物有相似的特徵，但只要有人爲介入，並賦予該物有「顯著性、可區別」的不同（markedly distinctive different），便具有專利適格性[9]。

### （二）人體基因序列專利

美國專利商標局（USPTO）從1980年代起，開始核發與基因有關之專利。其在2001年公布的「實用性檢查指引」（Utility Examination Guidelines）中，認爲人類單離DNA或純化DNA分子，均可賦予專利，且對這些DNA分子的應用，符合其他專利要件時，也可賦予專利[10]。

過去美國最高法院，從沒有機會討論人體基因之專利適格性問題。但各下級法院，大多承認帶有人體基因的單離DNA分子，具有專利適格

---

6 Id. at 308.
7 Id. at 303.
8 Id. at 305.
9 Id. at 309-310.
10 United States Patent and Trademark Office Utility Examination Guidelines, 66 Fed. Reg. 1092, 1093 (Jan. 5, 2001).

性。而相關案例所探討的，則是在具有專利適格性後，是否具備其他專利要件[11]。

2013年美國最高法院的Myriad案[12]，重新檢討探討人體基因序列，究竟是否具有專利適格性？其判決認爲，單離DNA（isolated DNA）本身是自然現象，不具有專利適格性；但是cDNA本身則與自然界中的DNA結構不同，具有專利適格性。

## 二、程序專利的判准

### （一）重要判例

最高法院在1972年的Benson案[13]中，系爭專利請求項乃是一種演算法，將二進位制編碼的十進位數轉化成純粹的二進位數字。該案的爭議在於，其是否屬於專利法第101條之「程序」（process）[14]。最高法院認爲，一個原則，在抽象上，是一個基本事實、一個起因、一個動機，這些不能受專利保護，任何人都不可主張這些東西的獨占權利[15]。本案中所申請的發明，實質上就是想將演算法本身申請專利，而認爲其是不具專利適格性的抽象概念（an unpatentable abstract idea）[16]。

在1978年的Parker v. Flook案[17]中，系爭專利涉及的是一個數學公式，乃在石油化學或石油提煉化學反應過程中、監督其條件並計算其「警告上限」的一種數學演算法[18]。最高法院也認爲其乃是不具有專利適格性的抽象概念。最高法院認爲，本案中的標的，與Benson案的演算法不同，其已經自我限縮，所以他人可以自由將該公式使用於石油化學與石油提

---

[11] Eileen M. Kane, Patenting Genes and Genetic Methods: What's at Stake?, 6 J. Bus. & Tech. L. 1, 8(2010).

[12] Ass'n for Molecular Pathology v. Myriad Genetics, Inc., 133 S. Ct. 2107 (2013).

[13] Gottschalk v. Benson, 409 U.S. 63 (1972).

[14] Id. at 64-67.

[15] Id. at 67.

[16] Id. at 71-72.

[17] Parker v. Flook, 437 U.S. 584 (1978).

[18] Id. at 585-586.

煉以外的產業[19]。然而，法院反對「得到解答之後的活動（post-solution activity），不論多傳統或新穎，可將不具專利適格性之原則轉化爲具專利適格性之程序」[20]。最後，法院判決認爲，本案中的程序，不具專利適格性，並不是因爲其包含了數學演算法，而是一旦該演算法被認爲屬於先前技術，則整體來看該演算法之應用，也不包含任何可受專利保護之發明[21]。也就是說，一個抽象概念，不能因爲將該公式限制於特定領域，或者加上一些不重要的「得到解答之後的活動」，就可對該抽象概念取得專利[22]。

在1981年的Diehr案[23]中，最高法院對前述在Benson案和Flook案發展的原則，建立了一個限制。該案中所申請的發明，乃是一個「將生、未製的合成塑膠，塑造爲製成的精確產品」的未知方法，使用一數學公式，透過電腦完成其部分步驟。Diehr案判決認爲，抽象概念、自然法則與數學公式不能申請專利，但將自然法則或數學公式應用於已知的結構或程序，就可以受到專利保護[24]。Diehr案強調，應整體思考系爭發明，而非「將請求項切成舊的元件和新的元件，然後在分析中漠視舊元件的存在」[25]。最後，最高法院判決認爲，該請求項並不是「試圖取得一數學公式的專利，而是想取得塑造塑膠產品之工業製程之專利」，故認爲其乃屬於第101條具專利適格性之標的[26]。

## （二）機器或轉化檢測標準

在判斷程序專利上，過去聯邦巡迴上訴法院採取的是「機器或轉化檢測」（machine-or-transformation test），所謂的機器或轉化檢測，就是該

[19] Id. at 589-590.
[20] Id. at 590.
[21] Id. at 594.
[22] Diamond v. Diehr, 450 U.S. 175, 191-192 (1981).
[23] Diamond v. Diehr, 450 U.S. 175 (1981).
[24] Id. at 187.
[25] Id. at 188.
[26] Id. at 192-193.

方法：1.結合到特定的機器或裝置（it is tied to a particular machine or apparatus）；或2.其將特定的物品轉化爲不同的狀態或事物（it transforms a particular article into a different state or thing）。此外，若一方法屬於抽象心智過程（abstract mental process），則不符合程序專利之要件。

但此一檢測法被2010年最高法院的Bilski v. Kappos案所推翻[27]。最高法院指出，判斷是否符合程序專利的檢測，機器或轉化檢測並非唯一之檢測方法，但仍然是一「有用及重要的指引」[28]。

## （三）最高法院新操作標準

2012年3月，美國最高法院判決Mayo v. Prometheus案[29]，對於診斷方法之專利適格性，提出重要見解。最高法院指出，系爭專利之請求項，只是在複述自然法則。若要具備專利適格，其方法必須要擁有額外的特徵，提供實用上保證，該方法是該自然法則的實際運用（genuine applications），而非想要去壟斷該自然法則。該案系爭三步驟，雖然不是自然法則，但也不足以轉化該請求項的本質。專利法禁止對抽象概念給予專利，但試圖將某一公式限縮到特定的技術領域，並不能規避上述要求[30]。

最高法院2014年的Alice v. CLS Bank案[31]，則延續Mayo案，提出進一步的分析架構。首先，其必須判斷，系爭請求項是否指向自然法則、自然現象或抽象概念等三項例外之一。

如果是的話，其次必須追問，系爭請求項中除了上述三項例外之外，是否有其他東西？要回答此一問題，必須將每一個請求項的元件個別考量以及將元件組合後進行考量，以判斷每一個額外的元件是否「轉化了（transform）請求項的本質」，使之成爲具有專利適格性的申請案。

最高法院稱第二步驟，就是在尋找「發明性概念」（inventive con-

---

[27] Bilski v. Kappos, 130 S. Ct. 3218 (2010).
[28] Id. at 3227.
[29] Mayo v. Prometheus, 132 S. Ct. 1289.
[30] Id. at 1291.
[31] Alice v. CLS Bank, 134 S. Ct. 2347 (2014).

cept），亦即，要尋找一個元件或元件之組合，足以讓該專利在實際上比不具「專利適格性的概念本身」具有重要性得多（significantly more）[32]。

[32] Id. at 2355.

# 第二節　商業方法專利與「機器或轉化檢測法」：2010年Bilski v. Kappos案

## 一、背景

在判斷程序專利上，過去聯邦巡迴上訴法院（Court of Appeals for the Ferderal Circut）採取的是「機器或轉化檢測」（machine-or-transformation test），所謂的機器或轉化檢測，就是該方法（一）結合到特定的機器或裝置（it is tied to a particular machine or apparatus）；或（二）其將特定的物品轉化為不同的狀態或事物（it transforms a particular article into a different state or thing）。

但此一檢測法被2010年最高法院的Bilski v. Kappos案所推翻[1]。最高法院指出，判斷是否符合程序專利的檢測，機器或轉化檢測並非唯一之檢測方法，但仍然是一「有用及重要的指引」。以下本文介紹此一重要判決。

## 二、事實

### （一）商業方法請求項

本案專利權人Bilski，所申請的專利，乃解釋在能源期貨市場上的買方和賣方，如何避免價格變動的風險。本案關鍵在於請求項第1項和第4項。第1項描述了一系列的步驟，教導如何避險。第4項則是將第1項的概念，表達為一個簡單的數學公式[2]。第1項包含了下述步驟：

(a) 首先，期貨提供者和消費者間開啓一系列交易，客戶會以過去的歷史平均值算出的固定費率來購買期貨，此固定費率對應到該客戶的風險部位；（initiating a series of transactions between said commodity provider and consumers of said commodity wherein said consumers purchase said

1 Bilski v. Kappos, 561 U.S. 593 (2010).
2 Id. at 599.

commodity at a fixed rate based upon historical averages, said fixed rate corresponding to a risk position of said consumers;)

(b) 界定出該期貨的市場參與者中，有與該消費者相反風險部位的市場參與者；（identifying market participants for said commodity having a counter-risk position to said consumers; and）

(c) 在該期貨提供者和該市場參與者間，以第二個固定費率啓動一系列交易，讓市場參與者的系列交易，可以平衡消費者系列交易的風險部位。（initiating a series of transactions between said commodity provider and said market participants at a second fixed rate such that said series of market participant transactions balances the risk position of said series of consumer transactions.）[3]

其餘請求項則是解釋，如何運用第1項和第4項到能源供應者和消費者間，以最小化能源市場需求波動造成的風險。例如，第2項所請求的是：「第1項之方法中，該期貨爲能源，且該市場參與者爲傳輸配送商。」部分請求項，則是建議用類似的統計學方法，以判斷在第4項中使用的參數。例如，第7項建議使用知名的隨機分析技巧，以決定賣方從「每一種歷史天氣模式下每一筆交易」可以得到的價格[4]。

## （二）申請駁回

美國專利局審查官一開始駁回了申請人之申請，認爲「其並沒有落實在一具體的設備上，且只是操作抽象概念，解決純粹的數學問題，對實際運用沒有任何限制，因此，該發明並非屬於技術思想。」（is not implemented on a specific apparatus and merely manipulates [an] abstract idea and solves a purely mathematical problem without any limitation to a practical application, therefore, the invention is not directed to the technological arts.）

申請人不服，向舊法下的美國訴願暨衝突委員會（The Board of Pat-

---

[3] Id. at 599.
[4] Id. at 599.

ent Appeals and Interferences）訴願，但委員會支持原決定，認爲該申請案只涉及了心理步驟（mental steps），並沒有轉化物理事物（do not transform physical matter），只是一抽象概念（an abstract idea）[5]。

## （三）聯邦巡迴上訴法院之機器或轉化檢測法

該案又上訴到聯邦巡迴上訴法院，該案進行全院審理（en banc）後，仍維持專利局原決定。該案有五份判決意見書。

院長Michel撰寫法院多數意見。首先，其拒絕使用之前巡迴上訴法院在某些案件中[6]所建立、判斷是否符合美國專利法第101條之「程序」（process）發明的標準：「其是否創造出有用、具體和有體的結果」（useful, concrete, and tangible result）[7]。法院認爲，美國專利法第101條適格的方法專利：1.其與特定的機器或設備結合（it is tied to a particular machine or apparatus）；或2.其將一個物品轉化爲不同的狀態或事物（it transforms a particular article into a different state or thing）[8]。法院認爲，這個所謂的「機器或轉化檢測標準」，是在判斷其是否符合第101條程序專利時的唯一標準[9]。最後，法院套用此一機器或轉化檢測標準於本案中，認爲，申請人的申請案，並不具有專利適格[10]。而Dyk法官撰寫一協同意見，認爲從判例歷史發展，可支持多數意見採取的標準[11]。

三位法官撰寫不同意見。Mayer法官認爲，申請人之申請案之所以不能申請專利，是因爲其乃是一執行商業的方法[12]。他認爲對專利適格應採取「技術標準」（technological standard for patentability）[13]。Rader法官則

---

[5] Id. at 599-600.

[6] State Street Bank & Trust Co. v. Signature Financial Group, Inc., 149 F.3d 1368, 1373 (1998), and AT&T Corp. v. Excel Communications, Inc., 172 F.3d 1352, 1357 (1999).

[7] In re Bilski, 545 F.3d 943, 959-960, and n. 19 (CA Fed. 2008) (en banc).

[8] Id. at 954.

[9] Id. at 955-956.

[10] Id. at 963-966.

[11] Id. at 966-976.

[12] Id. at 998.

[13] Id. at 1010.

認爲，本申請案只是一個抽象概念，所以不具有專利適格[14]。Newman法官則與前面四份判決意見書的結論都不同，其認爲應該進一步判斷，申請案是否符合其他專利要件，但並沒有說本案一定該被核發專利[15]。

## 三、最高法院判決

本案上訴到聯邦最高法院，並於2010年6月做出判決，多數意見維持上訴法院判決結論，但理由有所不同。以下介紹該判決重點。

### （一）程序專利

首先，美國專利法第101條，規定了四種可以申請專利的發明或發現：程序、機器、製造物和組合物（process, machine, manufacture, or composition of matter）。最高法院在1980年的Diamond v. Chakrabarty案中，曾說此條文應盡量採取寬廣解釋，讓各種創意巧思盡量獲得保護，但創造了三種例外：自然法則（laws of nature）、物理現象（physical phenomena）和抽象概念（abstract ideas）[16]。雖然在第101條的文字上看不到這三種例外，但是，這三種例外與「可申請專利之程序必須是『新及有用的』（new and useful）」觀念一致[17]。

第101條的專利適格性（eligibility）的探究，只是一種門檻。就算所申請的發明符合了這四種類型其中之一，其仍然必須符合其他專利要件，包括第102條的新穎性、第103條的非顯而易見性，和第112條的充分揭露[18]。

本案的系爭發明，屬於程序發明，在專利法第100條(b)對「程序」（process）的定義爲「方法、技術或步驟，並包括已知方法、機器、製

[14] Id. at 1011.
[15] Id. at 997.
[16] Diamond v. Chakrabarty, 447 U.S. 303, 309(1980).
[17] Bilski v. Kappos, 561 U.S. at 601.
[18] Id. at 602.

造物、物質組合或材料的新用途」[19]（process, art or method, and includes a new use of a known process, machine, manufacture, composition of matter, or material）。而最高法院以下，則會討論二種對方法專利採取的審查標準，一種是「機器或轉化檢測標準」，一種則是「排除商業方法專利」[20]。

### （二）機器或轉化檢測標準並非唯一標準

最高法院認為，聯邦巡迴上訴法院將「機器或轉化檢測標準」當作唯一標準，其犯了二個法條解釋上的錯誤：1.法院不應該將法條上沒有明白表達的限制和條件讀入專利法中；2.除非另有定義，應用通常、現代和一般的意義（ordinary, contemporary, common meaning）來解釋文字。但最高法院認為，無法從「程序」這個字的通常、現代和一般的意義，得出「方法必然須與機器結合或轉化一物品」的解釋[21]。

專利局長主張，法院應將第101條規定的其他三種類型「機器、製造物、組合物」，解釋為「程序」專利的限制，應而將「程序」限縮在「機器或轉化」上。但是，最高法院認為在此並不適用「脈絡解釋」（noscitur a sociis），因為第100條(b)本身已經清楚定義了「程序」這個字，但定義中並沒有說，要參考法條中提到的另外三種類型，而將「程序」連結到另外三者之一[22]。聯邦巡迴上訴法院錯誤地認為，過去最高法院已經將「機器或轉化檢測標準」作為唯一的標準；但最高法院認為，晚近的幾個判決，都顯示該檢測標準並非唯一或獨占的標準[23]。

因此，最高法院認為，基於過去的判例，「機器或轉化檢測標準」並非是判斷專利適格性的唯一標準；雖然該標準是一個有用且重要的參考或

---

19 35 U.S.C. § 100 (b)("(b) The term 'process' means process, art or method, and includes a new use of a known process, machine, manufacture, composition of matter, or material.").

20 Bilski v. Kappos, 561 U.S. at 602.

21 Id. at 603.

22 Id. at 604.

23 Id. at 604.

探索工具，但其並非決定第101條程序專利適格性的唯一標準[24]。

### （三）並沒有排除商業方法專利

同樣地，第101條「程序」這個字的解讀，也不會完全排除「商業方法」（business methods）這一類客體。跟前述分析一樣，從第100條(b)對「程序」這個字定義中的「方法」，參考文字脈絡、專利法其他條文規定或最高法院判例，應肯定至少可以包含某些「做生意的方法」。一方面，最高法院認為，從程序這個字的「通常、現代、一般意義」，都看不出「方法」這個字會排除「商業方法」。若採取「完全排除商業方法」，會有多大的衝擊，是否會排除某些更有效做生意的科技，也不清楚[25]。

從專利法其他條文來看，也會削弱「將商業方法整類排除」這種主張。舊的專利法第273條(b)(1)[26]規定，如果專利權人主張其專利請求項的「專利中的方法」（a method in the patent）被侵害，被控侵權者可以主張先使用抗辯（defense of prior use）。這一個條文中似乎肯認了，有可能存在商業方法專利。因此，第273條的認知在於，商業方法只是符合第101條「程序」專利適格性的方法中的一種。若不採取上述解釋，也會違反另一項解釋原則，亦即，解釋任何法條時，不可讓條文文字成為多餘文字[27]。

不過，雖然舊的第273條保留某些商業方法專利的可能性，但也不用對商業方法專利適格性過度放大[28]。

---

[24] Id. at 604.

[25] Id. at 607.

[26] 35 U.S.C. § 273(b)(1)(pre-AIA) (“(b) Defense to infringement. (1)IN GENERAL.— It shall be a defense to an action for infringement under section 271 of this title with respect to any subject matter that would otherwise infringe one or more claims for a method in the patent being asserted against a person, if such person had, acting in good faith, actually reduced the subject matter to practice at least 1 year before the effective filing date of such patent, and commercially used the subject matter before the effective filing date of such patent.”). 修法後差不多的內容改為35 U.S.C. § 273(a).

[27] Bilski v. Kappos, 561 U.S. at 607-608.

[28] Id. at 608.

### （四）本案的避險方法只是抽象概念

如上所述，專利法第101條並沒有完全排除商業方法專利適格性，但是，本案申請人所申請之發明，卻仍然不符合第101條所謂的「程序」。申請人所申請者，乃是避險的概念，以及將此概念應用於能源市場中。但是，參考以前最高法院的Benson案、Flook案、Diehr案等，可以知道，這些並不是可申請專利的程序，而只是想要對抽象概念（abstract ideas）取得專利。請求項第1項和第4項，解釋了避險的基本概念，並將之轉化爲數學公式。這跟Benson案和Flook案中的演算法（algorithms）一樣，是不具專利適格性的抽象概念。至於申請案其他請求項，則是將避險方法使用於期貨和能源市場上的廣泛例子，也只是試圖對「抽象避險概念之應用，然後指示應用有名的隨機分析技巧去幫助建立某些公式中的參數」取得專利而已。比起Flook案中不具專利適格性的發明，本案的請求項對背後的抽象原則加諸的東西更少[29]。

根據最高法院對於抽象概念不具專利適格性的判決先例，即可駁回申請人所申請的發明，所以最高法院認爲，只需要參考第100條(b)的定義，以及Benson案、Flook案、Diehr案的指示，就夠了，最高法院不用再進一步建構，到底什麼才是具有專利適格性的「程序」[30]。

## 四、結語

最高法院最後提醒，本判決不是在支持聯邦巡迴上訴法院過去對第101條的解釋。其建議上訴法院可以嘗試將「機器或轉化檢測標準」修改得更加精確，因爲其過去的案件中，並沒有找出商業方法專利最適當、限制最少的方式。最高法院不同意只採用「機器或轉化檢測標準」，但並未禁止聯邦巡迴上訴法院發展出其他的限制標準，找出既能促進專利法的目的，也能夠與相關法條文字一致的標準[31]。

---

[29] Id. at 609-612.

[30] Id. at 612.

[31] Id. at 612-613.

在Bilski案中，雖然最高法院說「機器或轉化檢測」並非唯一判斷程序專利適格性之標準，但仍是重要及有用之指引（important and useful clue）。以下繼續閱讀2012年之Mayo v. Prometheus案及2014年之Alice v. CLS Bank案，可瞭解美國程序專利適格性之判準究竟如何操作。

美國之機器或轉化檢測，來自於軟體專利之爭議，參考臺灣之專利審查基準中的「電腦軟體相關發明」，提及：「商業方法為社會法則、經驗法則或經濟法則等人為之規則，商業方法本身之發明，非利用自然法則，不符合發明之定義，例如商業競爭策略、商業經營方法（單純之商業經營方法）、金融保險商品交易方法（單純之金融保險商品交易方法）。商業方法涉及之領域相當廣泛，包括行政、財務、教學、醫療、服務等，並非僅止於單純之商業模式。商業方法係利用電腦技術予以實現者，其技術手段之本質並非商業方法本身，而為藉助電腦硬體資源達到某種商業目的或功能之具體實施方法，得認定其屬技術領域的技術手段而符合發明之定義[32]。……」從這段描述中，大概可以看到美國機器或轉化檢測的影子。

32 專利審查基準彙編，頁2-9-3，2012年版。

# 第三節　診斷治療人類疾病方法：2012年Mayo v. Prometheus案

## 一、背景

前節介紹了2010年美國最高法院的Bilski案，其認為「機器或轉化檢測」並非判斷程序專利的唯一標準，但仍是一重要且有用的指引。但是，目前尚未發展出其他更精緻的操作標準，聯邦巡迴上訴法院仍然使用此一標準。

2012年，聯邦最高法院在Mayo v. Prometheus案中，處理了調整用藥劑量程序專利之專利適格性的問題。在該案中，最高法院認為，系爭請求項只是複述自然法則，而非自然法則的眞實應用。其認為，對於自然法則的應用要具有專利適格性，除非其有額外特徵，提供實際確保（practical assurance），該程序是那些自然法則的眞實應用（genuine applications）。其操作方式，完全不提及機器或轉化檢測標準，值得我們注意。以下介紹該案判決。

## 二、事實

### （一）判斷用藥劑量之程序

本案所申請專利，乃是使用巰基嘌呤（thiopurine）藥物，用於治療腸胃自體免疫疾病（autoimmune）。當一個病人吸收巰基嘌呤化合物後，其身體會代謝該藥物，使代謝物進入血液中。不同的人代謝巰基嘌呤化合物的速度不同，同樣的劑量對不同人有不同的效果，對醫生來說，很難決定要給特定病人多少劑量，給太高會有危險副作用，給太少怕沒有效果[1]。

在系爭專利發明之前，科學家已經瞭解，病人血液中的代謝物，包括

[1] Mayo Collaborative Servs v. Prometheus Labs., Inc., 132 S. Ct. 1289, 1294-1295 (2012).

6-thioguanine（簡稱6-TG）和6-methyl-mercaptopurine（簡稱6-MMP），與特定劑量巰基嘌呤藥物是否會造成有害副作用或無效的可能性有關聯。但是相關領域的科學家，尚未精確得知，到底代謝物濃度與可能的傷害和無效間的精確關聯性。本案系爭專利就是設下一系列程序，以更精確的方式去界定這些關聯性[2]。

本案系爭專利有二個，一爲美國專利號第6,355,623號專利（簡稱'623號專利）和第6,680,302號專利（簡稱'302號專利）。其發現病人血液中6-TG或6-MMP代謝物的集中濃度，超過某種濃度（6-TG每8×108紅血球400微微摩爾（picomole）；6-MMP每8×108紅血球7000微微摩爾），就顯示該劑量可能對病人過高；若血液中6-TG代謝物的集中濃度低於一定濃度（每8×108紅血球230微微摩爾），則顯示該劑量可能太低而無效[3]。

## （二）請求項

系爭專利請求項將這些發現，表達爲一套程序。以'623號專利的請求項第1項作爲代表，其內容爲：

「一個最佳化治療腸胃自體免疫疾病之治療效率的方法，包含下述步驟：

(a) 提供（administering）一內含6-TG之藥物，給一有腸胃自體免疫疾病的病人且

(b) 判斷（determining）在該有腸胃自體免疫疾病之病人上6-TG的程度

當（wherein）6-TG濃度低於每8×$10^8$紅血球230微微摩爾，顯示須增加之後提供給該病人的藥物劑量，且

當（wherein）6-TG濃度高於每8×$10^8$紅血球400微微摩爾，顯示須減少後續提供給病人的藥物劑量。[4]」

---

2　Id. at 1295.
3　Id. at 1295.
4　Id. at 1295.

## （三）一審判決

本案的專利權人為Prometheus公司，是'623號專利和'302號專利的唯一專屬被授權人，銷售實施前述程序專利的診斷檢測設備。本案被告為Mayo公司，購買並且使用這些檢測設備。2004年時，Mayo公司宣布自己開始使用和銷售自己開發的檢測設備，其使用高一點的代謝濃度值，以判斷毒性（6-TG每$8 \times 10^8$紅血球450微微摩爾；6-MMP每8×108紅血球5,700微微摩爾）。因而，Prometheus公司對Mayo公司提起專利侵害訴訟[5]。

一審時，地區法院判決，Mayo公司的檢測侵害'623號專利的請求項第7項。解釋請求項時，地區法院接受Prometheus公司的觀點，認為Mayo檢測的毒物危險濃度數字和系爭請求項太近似，故認定該檢測實質上並無不同。Mayo所使用的數字（450）與系爭請求項的數字（400）太接近，給定適當的錯誤範圍，兩者並無影響。地區法院也接受Prometheus公司觀點，一位醫師若使用Mayo的檢測，即便在檢測後並沒有改變治療決定，仍然構成侵害系爭專利。亦即，法院將請求項文字解讀為「顯示需要增加或減少劑量，但不限於該醫生真的按照檢測結果建議的去增加或減少劑量。[6]」

但是，地區法院最終仍然判決Mayo公司勝訴。法院認為，系爭專利所請求的，實際上是「巰基嘌呤代謝物和巰基嘌呤藥物劑量的毒物和有效性間的關聯性」，屬於自然法則或自然現象，而不具專利適格性[7]。

## （四）上訴法院判決

該案上訴後，聯邦巡迴上訴法院推翻一審判決。其指出，系爭程序發明在這些自然關聯性之外，明定了下述步驟：1.「提供一巰基嘌呤藥物」給病人；2.「判斷該代謝物濃度」。這些步驟，包含了來自人體或人體中血液的轉化（transformation）。因此，系爭專利滿足了聯邦巡迴上訴法院

5　Id. at 1295-1296.
6　Id. at 1296.
7　Id. at 1296.

的「機器或轉化檢測標準」，而足以將專利獨占權限縮於相當確定範圍，故認爲系爭專利符合專利法第101條之程序專利適格性[8]。

Mayo公司不服，上訴到聯邦最高法院。最高法院先將該案撤銷並發回，要求根據2010年的Bilski案所指的「機器或轉化檢測標準並非判斷專利適格性之唯一標準，但仍是一重要且有用之指引」，要求上訴法院重爲判決。重判後，聯邦巡迴上訴法院仍然維持原判，其仍然採用機器或轉化檢測標準，認爲可得出一清楚、具說服力之結論爲，系爭專利並沒有涵蓋（encompass）自然法則或先占（preempt）自然關聯性（natural correlation）[9]。

## 三、最高法院判決

Mayo公司不服，又再次上訴聯邦最高法院。最高法院最後判決，Prometheus公司之系爭專利，不具專利適格性。由Breyer大法官撰寫多數意見。

### （一）系爭請求項只是自然法則

首先，最高法院認爲，Prometheus專利請求項所記載的只是自然法則，亦即其乃描述血液中某種代謝物濃度與巰基嘌呤藥物劑量是否無效或有害的關聯性，此一自然關聯性本身並不具專利適格性[10]。

法院認爲，自然法則不具專利適格性，除非其有額外特徵，提供實際確保（practical assurance），該程序是那些自然法則的眞實應用（genuine applications），而不只是試圖獨占該關聯性而在撰寫上的努力而已（drafting efforts designed to monopolize the correlations）[11]。

系爭程序請求項中的三個額外步驟，本身並非自然法則，但也不足以

---

[8] Id. at 1296.

[9] Prometheus Labs., Inc. v. Mayo Collaborative Servs. & Mayo Clinic Rochester, 628 F.3d 1347 (Fed. Cir., 2010).

[10] Mayo v. Prometheus, 132 S. Ct. at 1296-1297.

[11] Id. at 1297.

轉化系爭請求項的本質。請求項中的「提供」（administering）步驟，只是界定一群會對此關聯性感興趣的人，亦即，使用巰基嘌呤藥物治療自體免疫疾病病人的醫生。但是，在此專利存在之前，醫生早已使用這些藥物用來治療這些疾病。試圖將一公式限縮在特定科技領域，並不會因而就迴避掉「禁止取得抽象概念之專利」此一原則[12]。

其次，請求項中以「當」（wherein）爲首的句子，只是告訴醫生相關的自然法則，頂多只是加上建議，建議醫生在做治療決定時可參考檢測結果[13]。

第三，請求項中的「判斷」（determining）步驟，是告訴醫生如何測量病人的代謝物濃度，不論醫生想要使用何種測量程序。由於做這種判斷的方法，在所屬技術領域中已爲人知，此步驟僅是告訴醫生，可從事所屬領域科學家以前已經在做、已被瞭解、日常的、傳統的活動。因此，此種活動原則上，並不足以將不具專利適格的自然法則，轉化爲具專利適格的「自然法則的應用」[14]。

最後，將這三個步驟結合爲一套順序，相對於每一個步驟獨立來看，對於自然法則並沒有增加任何未知的東西[15]。

## （二）比較相關判決先例

其次，最高法院認爲，參考過去的判決先例，也可得出相同結論。最高法院認爲，過去的Diehr案和Flook案，與本案的論點最直接相關。二案都涉及使用數學公式的程序，而數學公式就像自然法則，本身不具專利適格性。在Diehr案中，整體程序具有專利適格性，因爲該程序的增加步驟（additional steps），將該方程式整合進整個程序中。這些增加的步驟，將該程序轉化爲「該公式的發明性應用」（an inventive application of the

[12] Id. at 1297.
[13] Id. at 1297.
[14] Id. at 1297-1298.
[15] Id. at 1298.

formula）[16]。

但在Flook案中，該程序的增加步驟，並未將請求項限制於特定的應用中，且系爭的特定化學程序早已經「廣為人知」，在所請求的「該公式之應用」中，並沒有「發明性概念」（inventive concept）[17]。

回到本案，本案請求項的程序，比起Diehr案具有專利適格的請求項，來得還弱；比起Flook案中不具專利適格性的請求項，也沒有比較強。本案請求項中的三個步驟，對自然法則並沒有增加東西，增加的只是所屬領域中之人過去已經在做、已被瞭解、日常的、傳統的活動[18]。

再參考其他最高法院過去的案例，也可得出一結論，就是請求項中對自然法則、自然現象和抽象概念，附加傳統的步驟，且這些步驟乃以較概括的方式表達，並不會讓這種請求項變成具有專利適格性[19]。

### （三）避免阻礙後續自然法則之應用

最高法院在過去的案例中一再強調須顧慮到，專利法不能不適當地霸占自然法則等的使用，而阻礙後續的發現[20]。對發現自然法則的人給予專利，也許會鼓勵他們的發現。但是這些法則和原則是科學技術工作的基本工具，若核准這種專利，讓其霸占自然法則的使用，會有阻礙後續創新的危險，當受專利保護之程序不過只是對「應用自然法則」的一般性介紹，或封鎖了未來的其他創新，這種危險更加明顯[21]。

本案中的自然法則，是較窄的自然法則，應用面也許有限，但是體現此自然法則的專利請求項，仍引起上述顧慮。系爭請求項告訴醫生如何測量代謝物濃度，並以所描述的關聯性考慮檢測結果，此一請求項霸占了後治療決策，不論他是否參考此關聯性而改變劑量。此請求項也可能限制了「結合Prometheus公司所提出之關聯性與其他後續發現，而得出更精緻治

[16] Id. at 1298-1299.
[17] Id. at 1299.
[18] Id. at 1299-1300.
[19] Id. at 1300.
[20] Id. at 1301.
[21] Id. at 1301.

療建議」的發展。這也強化了本案結論，亦即系爭程序不具專利適格性，也避免背離過去的判例法結論[22]。

### （四）其他論點

Prometheus公司認爲，其他論點可以支持其專利適格性：1.其請求項可以通過「機器或轉化檢測」標準，故具有專利適格性；2.該請求項所體現的特定的自然法則非常窄且具體，故應核准其專利；3.最高法院不應該用第101條而認定其專利無效；因爲專利法其他要件就足以過濾過廣的專利；4.若拒絕本案中的專利，將打擊後續研究新診斷自然法則的投資。但最高法院認爲這四個說法，都不成立[23]。

## 四、結語

美國最高法院2012年之Mayo v. Prometheus案，爭執系爭專利請求項之診斷與調整藥物劑量方法，是否只是自然法則？還是對自然法則增加額外步驟，而對自然法則的眞實應用。

比較臺灣，臺灣專利法第24條規定：「下列各款，不予發明專利：一、動、植及生產動、植物之主要生物學方法。但微生物學之生產方法，不在此限。二、人類或動物之診斷、治療或外科手術方法。三、妨害公共秩序或善良風俗者。」並不保護人類及動物之診斷、治療及外科手術方法。

在智慧財產局專利審查實務基準之「何謂發明」該章中指出：「專利法第24條第2款所稱人類或動物之診斷、治療或外科手術方法，係指直接以有生命的人體或動物體爲實施對象（本節所稱之動物不包含人類），以診斷、治療或外科手術處理人體或動物體之方法。[24]」

至於臺灣爲何不保護人類之診斷、治療方法，其理由爲：「基於倫

[22] Id. at 1302.
[23] Id. at 1303-1305.
[24] 專利審查基準彙編，頁2-2-9，2013年版。

理道德之考量，顧及社會大眾醫療上的權益以及人類之尊嚴，使醫生在診斷、治療或外科手術過程中有選擇各種方法和條件的自由，人類或動物之診斷、治療或外科手術方法，屬於法定不予發明專利之標的。惟在人類或動物之診斷、治療或外科手術方法中所使用之器具、儀器、裝置、設備或藥物（包含物質或組成物）等物之發明，不屬於法定不予發明專利之標的。[25]」

而對於一申請發明之請求項，如何判斷是否爲人體診斷治療方法，專利審查實務基準指出：「申請專利之發明是否構成專利法所規定不得予以專利之人類或動物之治療或外科手術方法，應審究請求項中是否包含至少一個利用自然法則之活動或行爲的技術特徵，而該技術特徵爲實施於有生命之人體或動物體之治療或外科手術步驟，只要其中有一個技術特徵符合前述條件，則該請求項即不予專利。至於申請專利之發明是否屬專利法所規定不得予以專利之人類或動物之診斷方法，必須就請求項之整個步驟過程予以判斷……[26]。」

25 同上註。

26 同上註。

# 第四節　人體基因序列專利：2013年Myriad Genetics案

## 一、背景

### （一）人體基因序列專利

美國專利商標局（USPTO）則從1980年代起，開始核發與基因有關之專利。其在2001年公布的「實用性檢查指引」（Utility Examination Guidelines）中，認爲人類單離DNA或純化DNA分子，均可賦予專利，且對這些DNA分子的應用，符合其他專利要件時，也可賦予專利[1]。

在美國法院討論人體基因序列（DNA）是否具有專利適格時，會涉及究竟申請專利的DNA，是否爲自然產物還是人類產物。事實上，申請專利的DNA，可能是單離DNA或cDNA，其與原生DNA有何不同，我們必須瞭解此一基本知識，才能分析專利適格性之問題。

### （二）單離DNA分子與cDNA

在後面將介紹的Myriad案中，美國法院將DNA區分爲單離DNA（isolated DNA）和互補DNA（complementary DNA，以下簡稱cDNA）。

#### 1. 單離DNA

單離DNA，意指從染色體巨分子中，以生物技術將DNA片段從中純化並切割出來，所得之DNA分子長短不一，若使用破壞性較強的方法，則易使DNA分子拉斷，而得到較短的片段。單離DNA的確與原生DNA在結構上有所不同，因其去除了結構性蛋白，但後續說明可知，美國最高法院認爲此一區別並沒有使單離DNA與原生DNA產生「顯著性差異」。

#### 2. cDNA

而cDNA，是一種在適當的引物存在下，由反轉錄酶與DNA聚合酶以

---

[1] United States Patent and Trademark Office Utility Examination Guidelines, 66 Fed. Reg. 1092, 1093 (Jan. 5, 2001).

mRNA爲模板合成的分子，並且在合成單股DNA後，以化學處理除去與其相配對的mRNA，再由DNA聚合酶合成對應股，以雙股形式存在，如圖1-1所示。

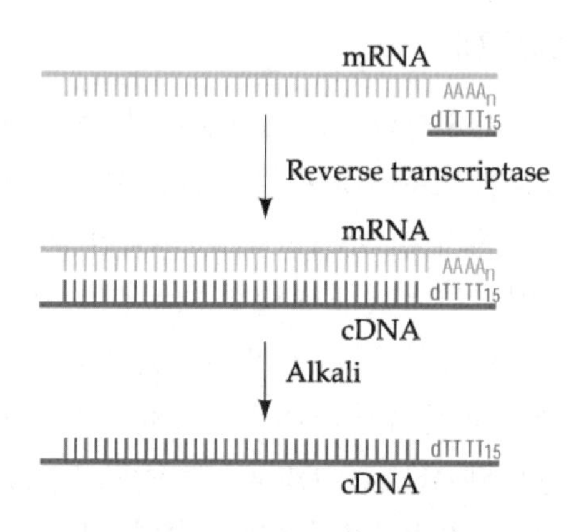


**圖1-1 cDNA製備方法**

資料來源：Scott F. Gilbert, Developmental Biology 9th edition: Ch2.3 Techniques of DNA, March 31, 2010, available on http://9e.devbio.com/article.php?ch=2&id=32 (last visited: July 1, 2013).

pre-mRNA在形成mRNA前，該股裡的所有內含子（introns）[2]會在剪切過程中被剪除，只留下帶有遺傳訊息，並且會在接下來的轉譯過程中形成蛋白質的外顯子（exons）。因此可以推知，以mRNA爲模板反轉錄形成的cDNA，與原生DNA最大的不同是缺少了內含子的片段，並且cDNA這個組合物周圍也會缺少原生DNA會有的幫助形成緊密結構的組織蛋白，在化學結構上及序列相似度上都與原生DNA差異甚大。因cDNA用於生物科技實驗上的目的即爲保存當下正在表現的基因，因此序列中不會有不表現性狀的內含子，以及被抑制且沒有表現的外顯子部分，而非該DNA所包含的全數遺傳訊息[3]，故cDNA和DNA在物理性質、生物表現上

[2] Intron，指不帶有遺傳訊息，也不會轉譯成胺基酸序列的部分。

[3] 一段DNA可藉由自身序列中不同位置的啓動子或其他調控功能轉錄出數種帶有不同訊息的RNA，具有不確定性，但RNA一旦被轉錄出，其將會轉譯成的氨基酸序列便會被決定下來。現今，以cDNA形式建構資料庫已成爲一項基本生物科學技術，主要用來研究功

仍有所差異。但有一點值得注意的是，若反轉錄的目標mRNA內極少或並無內含子，則有可能cDNA之序列會與原生RNA相同。

### （三）過去在法律上不區分二者

美國自從1980年代開始承認DNA專利以來，並不特別區分單離DNA與cDNA之不同，都承認其具有專利適格性。之後，影響到歐盟發展。在歐盟「生物技術發明法律保護指令」（directive on the legal protection of biotechnological inventions, 98/44/EC）第5條第2項規定：「從人體單離出來或者透過科技過程所製造出來的元素，包括一基因序列或部分序列，可以構成受專利保護的發明，即便此元素的結構與自然元素的結構一致。[4]」而歐洲專利公約施行規則（Implementing Regulation to the Convention on the Grant of European Patents）之R23(e)(2)也爲一模一樣的規定，認爲單離DNA和cDNA均具有專利適格性。

美國聯邦最高法院於2013年6月13日，做出Myriad案[5]判決，挑戰了從1980年代起，美國專利商標局就開始核發基因相關專利的做法。以下介紹該案背景與判決，讓讀者瞭解該案的來龍去脈，以及法院判決的討論。

## 二、Myriad案

### （一）BRCA1/2乳癌基因

本案被告是Myriad Genetics公司和猶他研究基礎大學董事會（Directors of the University of Utah Research Foundation，以下簡稱Myriad），其共同擁有此系爭專利。此項專利主要內容爲發現女性患有乳癌的機率與

---

能基因學，這也是製備cDNA技術會出現的主要原因之一，因爲cDNA保留的是當下生物體正在表現的基因，此段訊息中包含了表達的型態和方法，同時cDNA也可被製作成標靶，用於之後更深入的研究，在發育、細胞分化、細胞週期調控、細胞凋零等生命現象研究也十分有價值。

4 其原文爲：2. An element isolated from the human body or otherwise produced by means of a technical process, including the sequence or partial sequence of a gene, may constitute a patentable invention, even if the structure of that element is identical to that of a natural element.

5 Ass'n for Molecular Pathology v. Myriad Genetics, Inc., 133 S. Ct. 2107 (2013) (Myriad III).

BRCA1和BRCA2（以下簡稱BRCA1/2）突變基因之間的密切關聯。乳癌是女性易得癌症的第一位，全世界每年約有50萬人死於乳癌。Myriad從此一基因，研發出一可偵測BRCA1/2基因變異的診斷試劑。爲了確保該公司就乳癌診斷試劑的研發利益，其並進一步申請專利。而本案系爭的專利，主要有三項，一爲組合物請求項，包含兩人類單離基因序列BRCA1及BRCA2（以下簡稱BRCA1/2）的正常與變異DNA序列、多肽鍊（polypeptide，爲氨基酸序列）；二爲分析比較病患BRCA1/2 DNA序列的方法專利；三爲判斷腫瘤細胞生長速率的方法專利[6]。

BRCA1/2上的變異與得到乳癌和卵巢癌的風險有關，美國女性平均有12-13%的機率得到乳癌，但BRCA1/2基因上有變異者，發病的機率卻是50-80%，得到卵巢癌的機率是20-50%，遠高於一般人。若能事先知曉自己是否爲高危險群，便能做好預防治療，因此基因診斷便至關重要。

此診斷治療的發明者是利用定位複製（positional cloning）的方式，藉由從患有遺傳性乳癌和卵巢癌的家族中蒐集大量的DNA樣本來與標準DNA比對，透過不斷比較兩DNA表現的差異來定位出導致乳癌及卵巢癌的BRCA1/2基因，再單離出這些基因定序[7]。Myriad擁有的專利，共有七個。Myriad在取得相關專利後，對外要求，任何「醫療上的測試服務」皆不可進行，即使是醫學實驗室，無論是否使用到突變的BRCA1/2基因序列，目的性或預測性的乳癌及卵巢癌風險評估都將落入其權利範圍[8]。

而本案的原告，是一群醫療機構、研究者、基因學者和病人，他們在面臨若使用其專利就會被控訴的風險下，決定作爲共同原告，在紐約南區地區法院提起確認之訴，請求確認Myriad所取得之DNA相關專利不具專利適合性或者無效[9]。

---

6 Molecular Pathology v. United States Patent & Trademark Office, 653 F.3d 1329, 1334-35 (Fed. Cir. 2011) (Myriad I).

7 Id. at 1339.

8 Id. at 1347.

9 Id. at 1333.

## （二）請求項

原告所挑戰的專利主要有三種。第一種是跟DNA組合物（composition）有關的專利，爲美國專利號第5,747,282號專利（簡稱'282號專利）的第1、2、5請求項。

第1項爲：「一可轉錄轉譯成BRCA1多肽鍊之單離去氧核醣核酸，該多肽鍊中所包含之胺基酸序列記載於SEQ ID NO:2中。」而SEQ ID NO:2提出了一份典型BRCA1基因碼的1,863個氨基酸序列。

第2項爲：「第1項中所提及之單離DNA，該DNA之核苷酸序列記載於SEQ ID NO:1中。」SEQ ID NO:1中，提出了BRCA1氨基酸的cDNA序列。SEQ ID NO:1所列的，只是BRCA1基因中的cDNA外顯子；而非包含外顯子及內顯子的完整序列。

第5項爲：「第1項所提及DNA中的單離DNA，至少含有15個核苷酸。」第5項實際的效果，可及於典型BRCA1基因中任何包含15個核苷酸的某一段。

第6項和第5項類似，其爲：「第2項所提及DNA的單離DNA，至少包含15個核苷酸。」此項的基礎是指第2項的cDNA[10]。

原告挑戰的第二種專利爲方法專利，其主要乃「分析」和「比較」病人的BRCA序列與正常序列，以界定出是否存在癌症基因。涉及的專利爲美國專利號第5,709,999號專利（簡稱'999號專利）的第1項，以及美國專利號第5,710,001號專利（簡稱'001號專利）的第1項[11]。

原告挑戰的第三種專利也爲方法專利，乃是篩選潛在癌症治療法的專利，其主要涉及的是前述'282號專利的第20請求項[12]。

## （三）訴訟歷程

原告起訴請求確認系爭三項專利無效。2010年3月29日，紐約南區聯

---

[10] Myriad III, 133 S. Ct. at 2113.
[11] Myriad I, 653 F.3d at 1334-1335.
[12] Id. at 1335.

邦地區法院，判決這三項專利都不具有專利適格性。尤其，針對第1項的基因組合物專利，法院認為，系爭單離DNA只是一「自然產物」（product of nature），或者「自然法則的體現」（manifestations of the laws of nature）[13]。

被告不服，提起上訴，2011年7月29日，聯邦巡迴上訴法院做出第一次判決（Myriad I）[14]，該案判決認為人體單離DNA具有專利適格性。但後來本案上訴最高法院，被最高法院發回，要求根據最高法院2012年Mayo案所提出的見解，進行重審。聯邦上訴法院重審後，於2012年8月16日，做出第二次判決（Myriad II）[15]，但仍維持第一次判決結果。隨後，2012年11月30日，最高法院又下達移審令，決定自己判斷單離DNA是否具有專利適格性，並在2013年6月做出判決（Myriad III）。

## 三、上訴法院判決

此一判決在美國引發高度關注，涉及DNA技術是否可申請專利問題，對生技產業與學術研究影響重大，故本文選擇此一最新案例，加以介紹。以下介紹，以聯邦巡迴上訴法院的Myriad I案和Myriad II案，以及最高法院之Myriad III案為主。由於聯邦巡迴上訴法院的Myriad I案和Myriad II案判決結果一致，只是因為最高法院要求在方法專利之判斷上，要參考2012年的Prometheus案，故本文以下介紹，原則上以Myriad I案之討論為主，而適當地方則會補充Myriad II案及Myriad III案的說明。

### （一）單離DNA之組合物專利

首先，單離DNA申請組合物專利，是否具有專利適格性？

原告等人認為，單離DNA分子並未滿足專利法第101條之規定，因為

---

13 Ass'n for Molecular Pathology v. United States PTO, 702 F. Supp. 2d 181, 232 (S.D.N.Y., 2010).

14 Myriad I.

15 Ass'n for Molecular Pathology v. Myriad Genetics, Inc., 689 F.3d 1303 (Fed. Cir. 2012) (Myriad II).

其請求項涵蓋了自然現象及自然產物。原告認爲，自然產物不可申請專利，就算從自然形式中歷經了某些高度有益的改變，仍然無法申請專利。原告認爲，若要申請組合物專利，其必須有獨特的名稱、性質、用途，讓其與自然產物有顯著不同（markedly different）。原告認爲，由於單離DNA保留了與原生DNA相同的核苷酸序列，故並不具有任何「顯著不同」的特性。而且，原告還指出，若允許其申請專利，將產生先發制人的效應，會排除所有擬應用或研究BRCA基因的人[16]。

本案在2009年於紐約南區地區法院審理時，Robert W. Sweet法官認爲被告Myriad所分離出的BRCA1/2基因雖以孤立形式存在，但其並沒有改變DNA在身體裡存在時的本質，也沒有改變它的編碼資訊，所以並不具有美國專利法第101條的專利適格性。紐約南區地區法院認爲系爭專利因不屬於組合物，因而宣告該專利無效。

Myriad則認爲，紐約南區地區法院所爲的不予專利判決並不適當，其原因有二：紐約南區地區法院誤解了最高法院在其先前案例中的論述：「排除所有自然產物的專利適格性，除非產物與自然造物間有顯著不同（markedly different）。」其二爲偏頗地將焦點放在單離DNA與原生DNA的相似性而非其差異性上[17]。Myriad進一步說明，因單離DNA無法在自然界中被找到，並且有別於原生DNA，在研究與醫療上可提供特別用途，像是作爲基因探針（probe）、引子（primer）或診斷試劑（diagnosis）[18]。

事實上，美國專利局從1980年代以來，就大量允許單離DNA分子的專利申請案。本案法院請政府出具法庭之友意見書，政府並沒有替美國專利局過去許可基因專利之立場辯護。其認爲，若是人類透過基因工程得到的DNA分子，包括cDNA，都具有專利適格性，因爲其不存在於自然中；相對地，若只是單離或未改變的基因DNA，則不可申請專利，因爲其存

---

16 Myriad I, 653 F.3d at 1349.
17 Id. at 1348-1349.
18 Id.

在乃由於演化的緣故，而非人類發明[19]。政府於法庭之友意見書中，提出了「神奇顯微鏡基準」解釋上述二者之不同。其假設現在有一顯微鏡能夠無限放大目標物，若此顯微鏡能夠在人體內看見請求項中所描述之單離DNA分子，那麼該請求項便不具專利適格性。反之，若該顯微鏡無法在生物體中看見此一分子，因其是被人為改造過的，去除了無法被轉錄的片段，則該請求項便具有專利適格性。因而，其認為人類製造的DNA分子，包含cDNA，是可專利的物之組合，因其並不會於自然界發生，但僅僅只是分離而未經改造的DNA並不具專利適格[20]。

## （二）上訴法院第一次判決

上訴法院認為，Myriad專利請求項的組合物單離DNA與人類身體中的自然DNA在化學結構上有顯著不同。原生DNA在人體中是纏繞聚縮成一緊實的結構，稱作染色體，其上尚有許多幫助DNA捲曲的蛋白質。而單離DNA則完全相反，僅是一小段完全展開的獨立基因片段，且去除其上附有的結構蛋白。舉例來說，BRCA1基因是位於人體DNA第17條染色體上，該染色體約有8,000萬個核苷酸；同樣，BRCA2位於人體DNA第13條染色體上，該染色體約有1億1,400萬個核苷酸，但專利請求項中所提及之BRCA1基因則只有5,500個核苷酸，BRCA2則是1萬200個，因此，BRCA1/2基因在其單離狀態下與自然DNA分子量完全不同，單離DNA已被人為切割、處理過，是自然DNA上因具致癌風險而被特別標定出來的部分[21]。

同時法院指出，單離DNA與單純的純化（purification）並不相同。純化只是將組合物成分單一化，但單離DNA卻是必須從長鍊DNA中尋找目標片段，再單獨擷取出來，於自然界，權利要求項中的單離DNA分子並不存在一可以物理方式轉化的型態，反之，它們必須以化學方式處理，

[19] Id. at 1349-1350.
[20] Id. at 1350.
[21] Id. at 1351-1352.

將共價鍵打斷，單離DNA才能從原生DNA的巨大結構上被切除下來。因此，單離DNA並不是原生DNA的純化型態，而是一包含人為介入改變，且具有自己獨特化學性質的物質。事實上，就現今生物技術來說，要提出單離DNA並不需要經過純化步驟，因DNA分子可藉由化學方式來合成[22]。

本案持不同意見的法官認為，Myriad論點中的化學鍵有無，更準確來說是共價鍵，並沒有他們所描述的那麼重要，而僅只是作為一區別獨立分子種類的最低標準而已。真正能夠作為判斷是否具有「顯著不同」的依據在於這兩種DNA分子是否帶有相似的遺傳訊息，而因為單離DNA是藉由RNA反轉錄形成，因此其上的核苷酸序列與原生DNA高度相符，故原告不認為它們之間具有顯著性差異[23]。但上訴法院多數意見認為，此種論點不是強調其有無顯著不同，而強調的是其相同面，亦即帶有相同的遺傳訊息。上訴法院認為，分離DNA之組合的獨特性質是斷定其專利適格，而非其生理用途或益處。生物學家或許會直接將分子結構代換成其功能，但基因是一直接具有功能的化學分子，因此在專利中最好是以其結構而非功能來描述，因為有許多不同的化合物可能都具有相同功能（e.g., aspirin, ibuprofen, and naproxen）[24]。

上訴法院認為，組合物的專利適格性是從結構上去判斷，並非其在生理上的用途或助益。化學物質的用途或許會與「非顯而易見性」有關，但專利適格性並不會因為單離DNA帶有與原生DNA相似的遺傳資訊而消除。本案中所談論的是專利適格性，而非專利是否有效。法院認為運用任何技術去看見DNA分子或得知DNA分子的存在，與真正將目標DNA給擷取、單離出來，是完全不一樣的事，而後者正是專利法所鼓勵及保護的人類智慧結晶[25]。

法院更進一步表明，即使cDNA或其類似形式之單離DNA在攜帶的

[22] Id. at 1352.
[23] Id. at 1349-1350.
[24] Myriad II, 689 F.3d at 1330.
[25] Myriad I, 653 F.3d at 1353.

生物訊息和自然DNA相同，這之中的化學處理及分離過程卻是非常困難的，並非僅僅只是使用一台超級顯微鏡觀察便可以達成。要尋找到一段具有特定生理功能的目標DNA，其探索及確認的過程才是重點所在，之後將其單離出的手段只是水到渠成的結果，對該段DNA探索所得來的知識的確是專利法所鼓勵的行爲[26]。且被告於'282號專利的第5及第6請求項之分離DNA僅涵蓋BRCA序列中的15個核苷酸，並非將BRCA整段基因序列申請爲專利權利範圍。

再者，美國專利局自1980年起就已經核發單離DNA之專利。最高法院曾再三強調過，若要更改美國專利局長久以來的立場必須藉由國會修法，而非法院判決，法院判決案件，但不起草法案[27]。在1980年代早期，PTO便核發了第一項與人體基因相關的專利，初步估計到2009年爲止已核發過2,645件單離DNA專利，而至2005年爲止，已有超過4萬件非原生DNA結構的DNA相關專利核發，這些基因約占人體基因的五分之一[28]。上訴法院更指出，此種長年行政慣例即便有誤，亦應由國會加以變更，而非法院[29]。

### （三）上訴法院第二次判決

本案於2012年上訴最高法院後，最高法院廢棄上訴法院判決，發回重審[30]。最高法院認爲其將該案件退回重審是因爲它在Prometheus一案[31]判決指出，不能就自然法則申請專利。

本案發回重審後，在2012年8月，上訴法院Myriad II案判決中，依舊維持和第一次相同的立場，認爲Myriad的BRCA1/2單離DNA已被人爲改

---

[26] Id. at 1353.
[27] Id. at 1354.
[28] Id. at 1355.
[29] Id. at 1354-1355. 現在美國國會也注意到了此一懸而未決的案子，正積極制定全面改革專利法案，若最終國會決定單離DNA因其特殊的性質（攜帶遺傳資訊）而必須與其他組合物作出區分，將會推翻本案判決及PTO長久以來的授權基準。
[30] Ass'n for Molecular Pathology v. Myriad Genetics, Inc., 132 S. Ct 1794 (2012).
[31] Prometheus, 132 S. Ct 1289.

造過，具有和原生DNA完全不同的化學結構，應滿足人爲介入基準，具有專利適格性[32]。

持多數意見的Lourie和Moore法官，雖同意單離DNA合乎美國專利法第101條之下之專利適格性，但Lourie法官的理由爲，因單離DNA其化學結構不同於原生DNA，在原生DNA中存在的共價鍵已被切斷好分離該片段，因此Myriad在此創造了一個新的化學組合物。Lourie法官認爲該化學鍵在本案中扮演了決定性的角色，因爲化學鍵的存在與否決定了該單離DNA是否爲一自然存在的物質[33]。而Moore法官則持不同意見，他認爲因依循美國專利局的一貫立場，並信賴專利持有人能妥善運用[34]。

値得注意的是，撰寫不同意見書的Bryson法官則認爲單離DNA不具專利適格性，不同於Lourie法官的化學鍵說，他不認同化學鍵在此扮演的重要性，而傾向由「序列所攜資訊相同」的角度來看，Bryson法官認爲不論是單離DNA抑或原生DNA，其所攜帶的生物遺傳訊息皆是相同的，化學結構僅是輔助判斷，由此看來單離DNA與原生DNA並無顯著性不同[35]。

最高法院在審理Prometheus一案時曾討論過授予專利是否會因此阻止了他人使用的權利，本案中原告也提出若授權Myriad此項專利，將會使他們獨占這個DNA分子。但法院多數意見認爲，一組合物並非自然法則，且每件專利的授予都是有期限的，待該專利到期時，便會進入公共領域（public domain），屆時所有人都可享受到好處。如今在本案中的七項系爭專利都將會在2015年年底到期，並且，即使是在期限內，專利對科學研究的威脅性也十分低。

---

32 Myriad II, 689 F.3d at 1303.

33 "Isolated DNA ... is a free-standing portion of a larger, natural DNA molecule. Isolated DNA has been cleaved (i.e., had covalent bonds in its backbone chemically severed) or synthesized to consist of just a fraction of a naturally occurring DNA molecule."

34 Myriad II, 689 F.3d at 1328, 1341.

35 Id. at 1351 ("structural similarity dwarfs the significance of the structural differences between isolated DNA and naturally occurring DNA, especially where the structural differences are merely ancillary to the breaking of covalent bonds, a process that is itself not inventive.").

綜上所述，上訴法院針對系爭單離DNA，依舊維持其專利適格性，即使以Prometheus一案所建立起新標準來審閱仍沒有推翻此項決定。最後法院重申本案的問題是在於「專利適格性」，並非「可專利性」，對於後者法院不發表任何見解[36]。

### （四）基因比對診斷方法專利

針對第二項爭議專利，則是方法專利，其主要乃「分析」和「比較」病人的BRCA序列與正常序列，以界定出是否存在癌症基因。

Myriad認爲請求項中所描述的「比較」及「分析」序列方法，滿足機器或轉化測試（Machine or Transformation Test）的條件，因爲開始分析之前需要先從人類DNA中擷取一段目標DNA出來做測試[37]。

原告方認爲，此一分析比較方法，僅是比較一個序列與另一段序列的抽象概念，若給予專利將會獨占此一自然現象。就算限縮這個請求項至一特別的技術領域（例如BRCA的基因序列），也不會因而取得專利適格性。同時，原告也不認爲這個診斷方法滿足「機器或轉化測試」的條件，因爲操作人所爲不過是比較兩條序列是否相同而已[38]。

聯邦巡迴上訴法院認爲，請求項中所提及之藉由「比較」病患腫瘤樣本DNA與正常DNA，來「判斷」病患是否具有BRCA1/2變異的診斷方法，僅只是抽象思考，並不具有專利適格性。最高法院在其Benson案中，曾指出心智過程（mental process）不能申請專利[39]，而本案的比較基因序列，就是單純的描述心智過程而已[40]。另外，若將此比對限縮到BRCA基因，仍然不具專利適格。最高法院在Bilski案中曾指出，爲了規避抽象思考的專利適格性問題，想限縮公式的使用，藉以讓專利落入特定的技術領域，仍舊無法讓此方法擁有專利適格性[41]。雖然一公式或抽象思考在程

[36] Myriad II, 689 F.3d at 1331-1333.
[37] Myriad I, 653 F.3d at 1355.
[38] Id. at 1355.
[39] Gottschalk v. Benson, 409 U.S. 63 (1972).
[40] Myriad I, 653 F.3d at 1355-1356.
[41] Bilski, 130 S. Ct. at 3230.

序上的應用或許可讓它成爲可專利的物件，但在本案中，比較及分析兩核苷酸序列並沒有滿足此項條件。

在上訴法院第二次的判決中（Myriad II）[42]，聯邦上訴法院針對方法專利的第1項：比較及分析DNA序列，仍舊維持其在第一次判決中的看法，認爲該請求項描述僅止於抽象的心智活動（觀察第一個序列，記錄序列上核苷酸的排列，觀察第二條序列，記錄序列上核苷酸的排列），而不滿足機器或轉化測試之要求[43]。

## （五）比對潛在癌症細胞的診斷方法專利

原告挑戰的第三種專利也爲方法專利，乃是篩選潛在癌症治療藥物的專利。Myriad此一診斷方式是利用細胞生長速率之變化來判定治療癌症的候選藥物。將帶有突變BRCA1/2基因片段之DNA以生物技術轉殖進眞核生物細胞（eukaryotic cell）內，並對實驗組投以癌症候選藥物，與不投給藥物之對照組比對兩者之生長速率，若投給藥物組的細胞生長速率趨緩，則可合理推測該藥物對抑制突變BRCA1/2基因有效。

原告認爲比較兩細胞的生長速率僅只是抽象心智活動，且生長速率的概念也只是一簡單的科學準則[44]，並不具有專利適格性。但上訴法院並不認同這樣的說法。

Myriad之診斷方式請求項爲更全面的驗證實驗邏輯性，因此就手法上描述了許多種不同的態樣，但究其根本都是爲了找出治療癌症之候選藥物。像是對一帶有BRCA突變基因一正常之細胞投給候選藥物，而後觀測其生長速率，以證實該藥物僅抑制BRCA突變基因，而非影響細胞全部的生理現象。

基於「機器或轉化測試」之判准，上訴法院認爲該請求項滿足了「轉換」條件，因該請求項在比較步驟上特別描述了三點：1.分別給帶有

---

[42] Myriad II 689 F.3d 1303.

[43] Id. at 1334.

[44] 若細胞生長的較慢，則可合理推測是受到藥劑抑制作用的影響，故速率緩慢組爲癌細胞組。

或不帶有BRCA1/2致癌基因的細胞同樣的治療癌症藥劑；2.針對給予藥劑與否的細胞，「判斷」細胞的生長速率；3.「比較」各組的細胞生長速率。

因此可得知此一比較方法並不只有單純的心智活動，而包括了複雜的實驗方法，具有「轉換」的特質，且最後判斷是否爲潛在癌細胞仍需要實際的物理操作（投藥），且請求項中所描述的所有步驟皆爲此一治療方法的核心[45]。

上訴法院進一步否定原告所辯稱若授予該方法專利會引發先發制人效應的說法，因該請求項並非涵蓋所有細胞、所有合成物、所有判斷藥物作用的方法，而是在擁有特殊基因的單一細胞在某一藥物存在的環境下，所展現的細胞生長速率，屬於一可觸及且可實際操作的應用。基於以上理由，上訴法院認爲第'282號專利第20項請求項在專利法第101條下具有專利適格性[46]。

在上訴法院第二次判決中，對於此項診斷方法專利，也仍然維持其可專利性。其認爲，本案中的診斷方法專利並不僅只是簡單地應用自然法則，法院對運用自然法則的定義做出以下闡述：「所有的化學方程式都包含水解、氫化等交互作用，因此並非所有使用到自然法則的發明物都無法具有專利適格性，相反，若是能夠結合不同的自然法則並創造出新穎且非顯而易見的應用，便可具有專利適格性。」而藉由判斷細胞生長速率來給予治療的診斷方法請求項中完整敘述了其運用到各種化學、生物及物理實驗方法，故應爲人類造物，非來自於自然，具有專利適格性，上訴法院在此方法專利上維持原判[47]。

---

[45] Myriad I, 653 F.3d at 1357-1358.
[46] Id. at 1358.
[47] Myriad II, 689 F.3d at 1336.

# 四、最高法院判決

## （一）單離DNA為自然產物

本案於聯邦巡迴上訴法院中主要的爭議點之一爲：究竟這個「將DNA片段自原生DNA中分離」的行爲算不算得上是一件具有「創造性」的發明，使該段DNA序列可被專利？

最高法院認爲，Myriad沒有創造或轉換任何BRCA1/2基因上所攜帶之遺傳訊息這點是毋庸置疑的，其基因位置與核甘酸排列順序也屬於一種自然現象，Myriad所做僅有「發現」一重要且有用的基因而已，而這個發現並不會使得BRCA基因因此具有組合物之專利適格性。

最高法院也認爲從化學結構不同的角度來看同樣不能使Myriad的請求項具有適格性和可專利性，因Myriad的請求項中並沒有特別強調該DNA分子的結構，也沒有強調因分子結構的改變而造成該單離DNA與原生DNA有任何不同之處。反之，該請求項內容將重點放在該單離DNA所能表現出的獨特遺傳訊息，也就是與乳癌及卵巢癌高度相關的BRCA1/2基因這個部分。最高法院認爲，若Myriad將其可專利性建立於創造一嶄新獨特的分子上，則潛在侵權者可很容易地以些微改造序列的方式來避開侵權訴訟，例如在DNA序列末端加上生化修飾的核苷酸等，但很顯然地Myriad並非以其化學結構爲訴訟標的，而是該序列內所攜帶之遺傳資訊[48]。

Myriad仍嘗試以美國專利局一貫的作業方式來維護自身的專利，但最高法院認爲，國會已不認可美國專利局的立場，故前例已不可循，新的判準是：單離DNA非美國專利法第101條所保護之專利標的[49]。

## （二）cDNA具有專利適格性

最後最高法院重述了其對cDNA的看法，他們認爲，cDNA並未面臨與單離DNA同樣的「專利適格性」問題，因其以mRNA作爲模板合成時

[48] Myriad III, 133 S. Ct. at 2118.
[49] Id. at 2118-2119.

並不包括原生DNA和單離DNA中皆有的內含子，而只包含「目前正在表現」的外顯子部分。但原告ACLU及AMP仍然對cDNA具有專利適格性一點表達不認同，因其所攜帶之遺傳訊息源自原生DNA，而並非由人類所創造。最高法院表示的確cDNA是由原生DNA衍生而來，但cDNA不論是在結構或攜帶遺傳訊息上均與原生DNA有顯著性的不同，故非屬於「自然產物」此一例外，而具有專利適格性。最高法院同時加註了例外狀況：某些序列較短的原生DNA中並無內含子，因此其mRNA所反轉錄形成的cDNA便無法與原生DNA有顯著不同[50]。

值得注意的是，最高法院對於診斷方法請求項僅指出該流程中單離出DNA之方法已被該領域內具有通常知識者所知悉，任何從事基因搜索的科學家很可能會利用類似的方法，但並未對巡迴上訴法院的判決有任何指示[51]。

## 五、結語

臺灣專利法第21條規定：「發明，指利用自然法則之技術思想之創作。」但自然法則本身、單純之發現等，不屬於發明之類型。而人體之基因序列，是否屬於單純之發現，而不具備專利適格性？

學者謝銘洋教授認爲：「單純發現人類之元素（elements），包括基因序列或部分序列，尙無法取得專利，但若該人類元素或基因序列係被從人體分離出來，或經由生物技術所製造出來者，則具有可專利性，但專利申請時，必須說明其產業上之可利用性。[52]」但謝教授所引用者，爲歐盟「生物技術發明法律保護指令」（98/44/EC）第5條。另外，學者鄭中人則引用歐洲專利公約施行規則之R23(e)(2)，而認爲，單離DNA可申請專利[53]。但此一樣是引用外國法規作爲參考依據。

---

[50] Id. at 2119.
[51] Id. at 2119-2120.
[52] 謝銘洋，智慧財產權法，頁133，元照，2008年10月。
[53] 鄭中人，專利法規釋義，頁2-029，考用，2009年3月。

其中，所謂「人類元素或基因序列被人體分離出來」，就是美國法院所謂的單離DNA，而所謂「由生物技術所製造出來者」，則是美國法院所謂的cDNA。我們不難發現，歐洲和過去的美國一樣，均承認單離DNA與cDNA具有專利適格性。

智慧財產局專利審查實務基準中指出：「對於以自然型態存在之物，例如野生植物或天然礦物，即使該物並非先前已知者，單純發現該物的行爲並非利用自然法則之技術思想之創作；惟若首次由自然界分離所得之物，其結構、型態或其他物理化學性質與已知者不同，且能被明確界定者，則該物本身及分離方法均符合發明之定義。例如發現自然界中存在之某基因或微生物，經由特殊分離步驟獲得該基因或微生物時，則該基因或微生物本身均符合發明之定義。[54]」因此，智慧財產局之立場，明確指出，人體基因序列之單離DNA與cDNA，符合發明之定義，而具有專利適格性。

參考前述美國最高法院判決之討論可知，過去美國雖然承認單離DNA，美國專利商標局之產業利用性指引，也提出認爲單離DNA序列可申請專利，但其並非法律本身，而是主管機關之解釋。而法院並不受主管機關解釋之限制。因此，最高法院此次2013年之判決，推翻美國專利商標局之見解，而認爲單離DNA不可申請專利，惟有cDNA爲人工產物，方具有專利適格性。

對於上述美國、歐盟、臺灣之討論，可參見表1-1整理：

**表1-1　人體DNA是否具有專利適格性之比較**

| | 美國舊 | 美國2013年後 | 歐盟 | 臺灣 |
|---|---|---|---|---|
| 單離DNA | Yes | No | Yes | Yes |
| cDNA | Yes | Yes | Yes | Yes |

來源：作者自製。

[54] 專利審查基準彙編，頁2-2-2，2012年版。

若比較美國最高法院之判決，可推翻美國專利商標局之見解，相較而言，臺灣智慧財產局之專利審查基準，也只是主管機關所頒布的行政命令，法院不受其限制。但目前爲止，臺灣智慧財產法院，尚未有機會對此問題做成判決。

# 第五節　商業方法軟體與系統專利：2014年Alice v. CLS Bank案

## 一、背景

美國最高法院在2010年的Bilski v. Kappos案中，判定單純的商業方法，不具有專利適格性[1]。2014年6月，美國最高法院在最新的Alice v. CLS Bank案中，認爲純粹的商業方法專利，即便在請求項中使用「結合電腦」等用語，仍然不具有專利適格性[2]。

本章前面各節所介紹的2010年Bilski案、2012年Mayo v. Prometheus案、2013年Myriad Genetics案，涉及不同的爭議，而最高法院在本案中，提出一個更清楚的分析架構，以判斷究竟一請求項與單純的自然法則、自然現象或抽象概念，如何區別。

## 二、Alice v. CLS Bank案事實

### （一）原告

本案的專利權人爲Alice公司，其擁有的專利，乃關於管理各種財務風險形式的架構。其專利用有四項，分別爲第5,970,479專利（簡稱第'479號專利）、第6,912,510號專利、第7,149,720號專利和第7,725,375號專利。其共通點在於，該發明可用以管理未來明確但未知事件的風險。說明書也指出，該發明與方法、設備有關，包括應用於財務事件和風險管理的電腦和資料處理系統。

系爭專利第'479號專利的請求項第33項，是該方法專利的代表請求項。該請求項內容乃與「交割風險」（settlement risk）有關。所謂的交割風險，就是指有一方當事人的財務交換（financial exchange）會滿足其義務。而系爭專利就是緩和這種交割風險的電腦化架構。系爭請求項是要

1 Bilski v. Kappos, 561 U.S. 593 (2010).
2 Alice v. CLS Bank, 134 S. Ct. 2347 (2014).

使用一電腦系統作爲第三方中介者（intermediary），促進雙方間財務義務的交換。中介者會造一個「影子信用」（shadow credit）以及借方紀錄（debit records）以反映雙方眞實世界中交易機構（例如銀行）中的帳戶的平衡。中介者會在交易進行中更新此一影子紀錄（shadow records），惟有雙方所更新的影子紀錄顯示有足夠的資源可以滿足雙方的義務，才會允許此交易。在該交易日前述前，中介者會指示相關的財務機構，去執行根據更新的影子紀錄而「被允許」的交易，因而緩和了只有一方會執行該交換的風險[3]。

簡言之，系爭專利的請求內容，乃涉及：1.前述義務交換的方法（簡稱系爭方法請求項）；2.一個電腦系統，去執行上述交換義務的方法（簡稱系爭系統請求項）；3.一電腦可讀取的媒介，包含了執行上述交換義務方法的程式碼（簡稱系爭媒體請求項）。所有請求項都乃透過使用電腦而執行，而系統請求項和媒體請求項，明確地指出需使用電腦，雙方當事人也同意，方法請求項也必須使用電腦完成[4]。

### （二）被告

訴訟的另一方包括CLS國際銀行（CLS Bank International）和CLS服務有限公司（CLS Services Ltd.），以下統稱爲CLS銀行。CLS銀行執行一個全球的網絡，促進現金的交易。2007年時，CLS銀行提起確認之訴，要求法院確認系爭專利之請求項是無效的、無法實施或CLS並沒有侵權。專利權人Alice公司因而提出訴訟，主張CLS銀行侵權。

### （三）一審判決

本案訴訟期間，美國最高法院2010年做出Bilski v. Kappos案[5]判決。由於該案涉及商業方法電腦軟體之專利適格性問題，因此，本案訴訟雙方在地區法院審理時，均要求依照Bilski案之見解，先判斷系爭專利是否具

[3] Id. at 2352.
[4] Id. at 2352-2353.
[5] Bilski v. Kappos, 561 U.S. 593 (2010).

有專利適格性。地區法院於2011年做出判決，認爲系爭專利的所有請求項都不具專利適格性，因爲其內容都屬於抽象概念（abstract idea），其只是描述「爲了最小化風險而使用一個中立中介者以促進義務的同時交換」這個抽象概念而已[6]。

## （四）上訴法院判決

本案上訴到聯邦巡迴上訴法院後，上訴法院分庭第一次判決推翻地區法院判決，認爲本案中，專利權人之系爭請求項，並沒有「明顯證據」（manifestly evident）指向一個抽象概念，故認爲系爭請求項具有專利適格性[7]。

由於案件有爭議，雙方均聲請聯邦上訴法院全院判決。2013年時，全院判決結果推翻了該分庭判決[8]。十位法官中，七名法官同意專利權人的方法請求項和媒體請求項不具專利適格性。至於系統請求項，則是五票比五票，維持地區法院的判決結果[9]。由Lourie法官代表五名法官所撰寫的未過半多數意見（plurality opinion）中指出，由於2012年最高法院又判決了一個醫療方法專利適格性之Mayo v. Prometheus案[10]，其必須根據該案之判決意見進行判斷。根據Mayo之意見，其必須先「界定該請求項中的抽象概念」，其次再判斷「系爭請求項之平衡是否比抽象概念增加了『實質更多』（significantly more）」。而其判斷結果認爲，系爭請求項「提到了透過第三方中介者以減低交割風險的抽象概念」，且使用電腦去儲存、修正、更新一影子帳戶，對該抽象概念並沒有增加實質內容[11]。

但上訴巡迴法院院長Rader法官對上述未過半多數意見，提出部分協

---

[6] 768 F. Supp. 2d 221, 252 (DC 2011).

[7] 685 F. 3d 1341, 1352, 1356 (2012).

[8] CLS v. Alice, 717 F. 3d 1269, 1285 (CA Fed. 2013).

[9] 關於上訴巡迴法院的判決結果與各法官的立場，請參見黃蘭閔，由CLS Bank案看35 USC 101可予專利客體爭議，北美智權報第90期，http://www.naipo.com/Portals/1/web_tw/Knowledge_Center/Laws/US-79.htm。

[10] Mayo v. Prometheus, 132 S. Ct. 1289 (2012).

[11] CLS v. Alice, 717 F. 3d at 1286.

同部分不同意見書。其對系爭方法專利和媒體請求項，同意其只是指向一抽象概念[12]。但對於系爭系統請求項，其認爲其涉及電腦的硬體，且乃特別地編寫軟體以解決複雜的問題，故應具有專利適格性[13]。除此之外，Moore法官、Newman法官、Linn法官和O'Malley法官，又分別提出三份意見[14]。本案由於各法官意見仍不一致，故雙方又上訴到最高法院。最高法院則於2014年6月19日做出判決。

## 三、判決

### （一）判斷原則

本案聯邦最高法院做出判決，乃屬於全體一致意見。其先指出，美國專利法第101條，對於專利適格性，並沒有做太多限制，其規定：「任何人發明或發現一新的、有用的程序、機器、製造物、組合物，或任何新或有用的改良，符合本法其他條件或要求下，就可取得專利。[15]」從條文上來看，其對可專利的事項並沒有排除任何項目，但美國最高法院在2013年涉及人體DNA之專利適格性的Association for Molecular Pathology v. Myriad Genetics案[16]中，卻再次重申，法院根據長久以來的判決，自行建立了三種例外，分別是自然法則（laws of nature）、自然現象（natural phenomena）與抽象概念（abstract ideas）。

法院指出，此一專利適格性的三項例外，是爲了避免專利權人先占（pre-empt）後續的發明。但是，所有的發明本身必然體現、反映、仰賴或利用了自然法則、自然現象或抽象概念。所以，並不會因爲一項發明涉及了抽象概念，就必然不具專利適格性。因此，最高法院在Mayo案中已經指出，應該區分人類智慧的磚塊（building block of human ingenuity）以

[12] Id., at 1312-1313.
[13] Id., at 1307.
[14] 關於各法官之意見整理，請參見黃蘭閔，由CLS Bank案看35 U.S.C. 101可予專利客體爭議。
[15] 35 U.S.C. § 101.
[16] Association for Molecular Pathology v. Myriad Genetics, Inc., 133 S. Ct. 2107 (2013).

及將該磚塊整合（integrate）進某種更多的事物（something more），亦即將其轉化為具有專利適格性的發明[17]。

## （二）判斷架構

在最高法院2012年的Mayo案中，最高法院提出了一個判斷架構，以判斷到底何者屬於不具專利適格性之自然法則、自然現象與抽象概念。

首先，其必須判斷，系爭請求項是否指向上述三項例外之一。

如果是的話，其次必須追問，系爭請求項中除了上述三項例外之外，是否有其他東西？要回答此一問題，必須將每一個請求項的元件個別考量以及將元件組合後進行考量，以判斷每一個額外的元件是否「轉化了（transform）請求項的本質」，使之成為具有專利適格性的申請案。

最高法院稱第二步驟，就是在尋找「發明性概念」（inventive concept），亦即，要尋找一個元件或元件之組合，足以讓該專利在實際上比不具「專利適格性的概念本身」具有重要性地多（significantly more）[18]。

## （三）第一步驟

回到本案的各請求項。首先第一步驟，要判斷請求項是否乃指向一種例外。法院認為很明顯地，本案的各請求項乃指向一種「具有中介者之交割」的抽象概念[19]。

最高法院認為，從之前最高法院判決過Benson案、Parker v. Flook案、Bilski v. Kappos案等涉及專利適格性的案件來看，尤其是Bilski案，本案的請求項，也很明顯地是指向一個抽象概念。專利權人的請求項，從表面上來看，就只是描述一個中介者交割（intermediated settlement）的概念，亦即使用第三方以緩和交割風險。就像Bilski案的避險概念一樣，中介者交割的概念，是一項在美國交易制度中長久以來普遍存在的基本經濟

[17] Alice v. CLS Bank, 134 S. Ct. at 2354.
[18] Id. at 2355.
[19] Id. at 2355.

運作。因此，使用第三方中介者，只不過是現代經濟體的磚塊。因而，最高法院認爲，中介者交割屬於一種抽象概念，而不具有專利法第101條的專利適格性[20]。

但專利權人認爲，所謂的抽象概念，只限於過去就已經存在的基本事實，且是不需要人類運作的原則（preexisting, fundamental truths that exist in principle apart from any human action）。但最高法院認爲，抽象概念並無此限制。例如，Bilski案中的避險概念，也不是一個既已存在的基本事實，而且其乃是一個組織人類活動的方法，而非關於自然世界的事實。此外，在Bilski案中，其中一項請求項將該避險方法簡化爲一數學公式，但該案中最高法院並沒有認爲其就具有專利適格性。因此，最高法院認爲，本案中的中介者交割概念，與Bilski案中的避險概念，幾乎一樣，都屬於抽象概念[21]。

## （四）第二步驟

在Mayo案中，第一步驟，判斷了系爭專利涉及了哪一種例外之後，還要進入第二步驟的判斷。最高法院認爲本案系爭專利乃是一種抽象概念後，必須判斷是否有增加新的事物。Mayo案中提及，所謂的轉化（transformation），必須比單純的陳述抽象概念，並加上「應用」（apply it）等文字，還要求更多[22]。

Mayo案本身涉及的是在治療免疫疾病時，在血液中量測代謝物，以判定最適當的巰基嘌呤藥物劑量的方法。該案中的專利權人認爲，其乃是自然法則的應用，其描述了「某種代謝物的集中濃度」與「該藥劑量可能有害或無效」兩者間的關聯性。但最高法院認爲，判斷代謝物量的方法，早已是既存的技藝，且系爭的程序，只不過是指示醫生在治療病人時應用該自然法則而已。因此，單純將（purely）傳統步驟（conventional

[20] Id. at 2356.
[21] Id. at 2357.
[22] Id. at 2357.

steps），以較抽象的程度加以描述，不足以提供「發明性概念」[23]。

對照於Mayo案，最高法院認爲，將方法專利中帶入電腦，與Mayo案的分析結果一樣。例如，在前述的Benson案中，其涉及將一演算法，放入一般目的的數位電腦中執行。該案中指出，當演算法屬於抽象概念時，請求項必須要對該概念提供一新穎且有益的應用（supply a 'new and useful' application），才具有專利適格性。但最高法院認爲，以電腦執行某演算法，並沒有提供必要的發明性概念，因此，該案中提出一重要原則，單純地將數學公式執行在硬體（電腦中），本身並非該原則的可申請專利的應用[24]。

同樣地，在前述Parker v. Flook案中，處理的也是將某一數學公式以電腦執行的專利。該公式本身是抽象概念，而電腦執行只是單純的慣例（conventional）。Flook案中提出一命題：試圖限制該抽象概念的應用於特定的科技環境，並不因此就使其具有專利適格性[25]。

不過，最高法院曾在另一個Diehr案[26]中，承認該案中涉及電腦程式執行的專利具有專利適格性。該案中，系爭專利乃是以電腦程式執行硫化橡膠的過程，具有專利適格性。但最高法院指出，該案中的專利確實只是運用一個已知的數學公式，但是卻是將之應用於「傳統產業運作」中解決科技問題，因而具有專利適格性[27]。Diehr案中的發明，乃使用一熱電偶溫度計（thermocouple）以持續記錄橡膠模具中的溫度，而這是過去業界無法取得之資訊。所測得之溫度傳到電腦後，其可以該數學公式重複計算尚須的硫化時間。最高法院認爲，這些額外的步驟，可將該過程轉化爲對該公式的發明性應用。換句話說，Diehr案的系爭專利之所以具有適格性，乃是因爲其改善了既存的技術過程，而非因爲其以電腦執行該公式[28]。

---

[23] Id. at 2357.
[24] Id. at 2357.
[25] Id. at 2358.
[26] Diehr, 450 U.S. 175.
[27] Id. at 177, 178.
[28] Alice v. CLS Bank, 134 S. Ct. at 2358.

上述這些案子都顯示，單純將一抽象概念透過電腦來執行，不會將抽象概念轉化爲具有專利適格性的發明。在請求項中對抽象概念加寫「應用於電腦中」，只是將兩個步驟結合，結果一樣不具專利適格性。因此，如果在請求項中提及電腦，卻只是指示透過電腦來執行該抽象概念，加寫這句話並不會因此具有專利適格性。由於電腦非常普遍，完全由電腦執行，並不是所謂的「額外特徵」（additional feature），而沒有提供任何實質保證，確保該專利並不是想要獨占該抽象概念[29]。

## （五）方法專利請求項

本案中，系爭方法專利請求項描述了以下步驟：1.爲該交易的每一方「創造」一影子紀錄；2.根據各方在交換機構的眞實紀錄，在交易日開始時「取得」該平衡；3.當交易進入時，「調整」該影子紀錄，只允許雙方具有足夠資源者進行交易；4.在交易日結束前發出不可撤回之指示，要求交換機構執行所允許的交易。系爭的方法請求項需要使用一電腦創造電子紀錄、追蹤多方交易，並且下達同時的指示，換句話說，該電腦本身就是中介者[30]。

最高法院認爲，將上述四項元件獨立（separately）來看，電腦所執行的程序步驟，都是「單純地慣例」步驟。不論是「創造影子帳戶」、「取得資料」、「調整帳戶平衡」、「下達自動指示」，都只是單純的慣例性活動[31]。

將所有元件合併一起觀察（as an ordered combination），專利權人的方法請求項，只是指出將中介者交割的概念交由電腦執行。系爭方法請求項並不是想改善電腦本身的運作，或在另一個科技或技術領域中發揮改善的效果。因此，系爭請求項只是將中介者交割的抽象概念由某種電腦執行，並不足以將該抽象概念轉化爲具有專利適格性的發明[32]。

[29] Id. at 2359.
[30] Id. at 2359.
[31] Id. at 2359.
[32] Id. at 2359.

### （六）系統請求項與媒體請求項

最高法院認爲，專利權人的系統請求項與媒體請求項，基於與上述差不多的理由，一樣不具有專利適格性。對於系統請求項，專利權人強調，請求項寫到安裝「特定硬體」以執行「特定的電腦功能」。但專利權人所界定的特定硬體，乃指「資料處理系統」搭配「傳輸控制器」和「資料儲存」，而這些都是單純的慣用性或一般性的電腦設備。因此，該系統請求項中所提到的硬體，並沒有對「透過電腦執行」以外，提出有意義的限制。換句話說，實質上該系統請求項與方法請求項沒有不同。方法請求項提到以一般性的電腦執行該抽象概念，而系統請求項乃以一些一般性的電腦原則裝置來執行同一個概念。由於專利權人的系統請求項和媒體請求項對該抽象概念並沒有增加實質的內容，最高法院認爲該二者均不具有專利適格性[33]。

本案最後，最高法院支持上訴巡迴法院的全院判決，認爲系爭專利的三項請求項，均不具有專利適格性。

## 四、結語

臺灣的專利審查實務，某程度而言，符合美國最高法院的發展。在2014年版的臺灣專利審查實務基準彙編[34]中指出：「在請求項中簡單附加電腦軟體或硬體，無法使原本不符合發明之定義的申請標的（如數學公式、商業方法等）被認定符合發明之定義。請求項中藉助電腦軟體或硬體資源實現方法，若僅是利用電腦（或網路、處理器、儲存單元、輸出入裝置）取代人工作業，且相較於人工作業僅是使速度較快、正確率高、處理量大等申請時電腦之固有能力，難謂其具有技術思想，此時該電腦軟體或硬體無法令原本不具技術性的發明內容產生技術性。」

「惟若發明整體具有技術性，例如克服了技術上的困難，或利用技術

---

[33] Id. at 2360.

[34] 專利審查實務基準彙編，第二篇、第十二章、電腦軟體相關發明，頁2-12-3，2014年版。

領域之手段解決問題，而對整體系統產生技術領域相關功效，例如增強資訊系統安全性、提高資訊系統的執行效率、加強影像辨識精準度或強化系統穩定性等，則應被認定符合發明之定義。判斷時應考量電腦軟體或硬體是否為解決問題所不可或缺的一部分，以及電腦軟體或硬體的特殊性。若在解決問題之手段中，電腦軟體或硬體並非必要，而可由人工取代，或是可由習知之一般用途電腦執行，而不需藉助特殊演算法，則該電腦軟體或硬體非屬有意義的限制，無法使原本不符合發明之定義的申請標的被認定符合發明之定義。」

# 第二章　專利要件

美國專利法中的專利要件，包括專利實體要件，以及說明書撰寫之要件。專利實體要件包括產業利用性、新穎性、非顯而易見性；在說明書撰寫上，包括書面說明要件、據以實施要件、請求項明確性要件等。本章以六則最新案例，介紹上述要件。

## 第一節　喪失新穎性：2019年Helsinn v. Teva案

### 一、新穎性要件

#### （一）喪失新穎性

美國專利法第102條(a)(1)規定：「任何人應有權獲授專利，除非——在發明有效申請日前，所申請技術已被他人獲准授予專利、載於刊物、公開使用、銷售（on sale）或可為公眾取得。[1]」亦即只要有上述五種情況，就屬於先前技術，發明會喪失新穎性（novelty）。

在美國2012年專利法修正前，原本的條文也規定，銷售會喪失新穎性。當時的102條(b)規定：「一個人有權獲得專利，除非——……(b)該發明已被他人取得專利、在美國或外國的印刷出版物中被描述，或在美國公開使用或銷售，比在美國申請專利日期早一年以上。[2]」

#### （二）新穎性優惠期

第102條(b)則給予一年的新穎性優惠期。第102條(b)規定：「在請求保護的發明的有效申請日之前一年或更短時間做出的揭露，不構成(a)(1)下請求發明的先前技術，如果——

---

[1] 35 U.S.C. § 102(a)(1).
[2] 35 U.S.C. §§ 102(a)-(b) (2006 ed.).

(A)揭露是由發明人或共同發明人做出的，或者是由從發明人或共同發明人處直接或間接獲得揭露客體的其他人做出的；或者

(B)揭露的客體在該揭露之前，已經由發明人或共同發明人或從發明人或共同發明人處直接或間接獲得揭露的客體的其他人所公開揭露。[3]」

## 二、事實

### （一）簽約與保密

原告Helsinn Healthcare S. A.是一家瑞士製藥公司，生產Aloxi，一種治療化療引起的噁心和嘔吐的藥物。Helsinn於1998年獲得了Aloxi中活性成分palonosetron的開發權。2000年初，其向美國食品藥物管理局（FDA）提交了第三期臨床試驗方案，建議研究0.25mg和0.75mg劑量的palonosetron。2000年9月，Helsinn宣布開始第三期臨床試驗，並爲其palonosetron產品尋找營銷合作夥伴[4]。

Helsinn找到MGI公司作爲營銷合作夥伴，其是明尼蘇達州的一家製藥公司，在美國銷售和分銷藥品。Helsinn和MGI簽訂了兩項協議：授權協議和供購協議。該授權協議授予MGI在美國分銷、推廣、營銷和銷售0.25mg和0.75mg劑量palonosetron的權利。作爲回報，MGI答應向Helsinn支付預付款與支付未來分發這些劑量的授權金。根據供應和採購協議，MGI同意從Helsinn獨家購買FDA核准的任何palonosetron產品。Helsinn則同意被核准藥劑持續供貨給MGI。兩項協議均包含劑量資訊，並要求MGI對根據協議收到的任何財產性資訊予以保密[5]。

### （二）公開簽約但未揭露細節

Helsinn和MGI在一份聯合新聞稿中宣布了這些協議。MGI還在其向美國證券交易委員會提交的8-K表格文件中報告了這些協議。儘管8-K文

---

[3] 35 U.S.C. § 102(b)(1).

[4] Helsinn Healthcare S. A. v. Teva Pharmaceuticals USA, Inc., 139 S. Ct. 628, 630-631(2019).

[5] Id. at 631.

件包括協議的編輯過的副本，但8-K文件和新聞稿均未揭露協議涵蓋的具體劑量配方[6]。

### （三）申請專利

2003年1月30日，在Helsinn和MGI簽訂協議近兩年後，Helsinn提出一份臨時專利申請，涵蓋0.25mg和0.75mg劑量的palonosetron。在接下來的十年裡，Helsinn提出四項專利申請，援引2003年1月30日臨時申請日之作爲優先權。Helsinn於2013年5月提出第四份專利申請（與此處相關），並獲得美國專利號第8,598,219號專利（簡稱'219號專利）。'219號專利涵蓋5毫升溶液中0.25mg固定劑量的palonosetron[7]。

### （四）提告Teva侵權

Teva是一家生產學名藥的以色列公司及其美國子公司。2011年，Teva尋求FDA核准銷售學名藥0.25mg的palonosetron產品。Helsinn隨後起訴Teva侵犯其專利，包括'219號專利。Teva抗辯'219號專利無效，因爲0.25mg劑量在Helsinn於2003年1月提出涵蓋該劑量的臨時專利申請案前一年多就已經「銷售」[8]。

## 三、法院判決

### （一）一審認為不屬銷售

本案一審時，地方法院認爲不適用「銷售」條款。其認爲，除非因銷售或要約，使請求保護的發明讓公眾可得，否則不屬於「銷售」[9]。由於兩家公司在公開揭露Helsinn與MGI的協議時並未揭露0.25mg的劑量，因

---

6 Id. at 631.
7 Id. at 631.
8 Id. at 631.
9 Helsinn Healthcare S.A. v. Dr. Reddy's Laboratories Ltd., 387 F.Supp.3d 439 (D.N.J., Mar. 3, 2016).

此法院認定該發明在關鍵日期之前並未「銷售」。

## （二）二審認為已銷售

聯邦巡迴法院卻推翻一審判決[10]。其認爲，如果銷售的存在被公開，則無需在銷售條款中公開揭露發明的細節，就會喪失新穎性。由於Helsinn和MGI之間的銷售被公開揭露，因此其適用銷售限制（on-sale bar）。

## （三）最高法院

本案上訴到最高法院，以全院一致同意做出判決，支持上訴法院看法。

最高法院認爲，對第三方進行商業銷售，縱使要求其對發明保密，根據第102條(a)規定，仍屬於將該發明置於「銷售中」。

在美國專利法2012年修正之前有效的專利法規，也包含銷售禁止。1998年，最高法院曾經做出Pfaff v. Wells Electronics, Inc.案判決，其認爲，當一發明爲「商業上提供銷售的標的」（the subject of a commercial offer for sale），以及「準備好申請專利」（ready for patenting），就符合「銷售」之定義[11]。當時並不要求該銷售是否要將發明細節讓公眾得知[12]。

聯邦巡迴法院在2012年修改美國專利法前，也曾做過判決，認爲「秘密銷售」（secret sale）可能會使專利無效[13]。當美國國會2012年修法時，在法條中沿用了修法前的「銷售」，則解釋上，國會也接受了過去法院對這個詞的概念。雖然修正後的條文在「銷售」後面加上「或以其他方式讓公眾可得」（or otherwise available to the public）等概括用語，此不

[10] Helsinn Healthcare S.A. v. Teva Pharmaceuticals USA, 855 F.3d 1356 (Fed.Cir., May 1, 2017).
[11] Pfaff v. Wells Electronics, Inc., 525 U.S. 55, 67, 119 S.Ct. 304, 142 L.Ed.2d 261 (1998).
[12] Helsinn Healthcare S.A. v. Teva Pharmaceuticals USA, Inc., 139 S.Ct. at 633.
[13] Id. at 633. 其引述Special Devices, Inc. v. OEA, Inc., 270 F.3d 1353, 1357.

足以讓法院得出結論認爲國會打算改變「銷售」的概念[14]。

因此，美國最高法院此見解認爲，就算是秘密銷售，只要符合：1.商業上提供銷售的標的；和2.準備好申請專利，就會喪失新穎性。此與其他國家認爲，必須公開始用到讓公眾得知其技術內容才會喪失新穎性，有所不同。

---

[14] Id. at 633-634.

# 第二節 新穎性與主張專利無效之舉證責任：2011年Microsoft v. i4i Ltd.案

## 一、背景

### （一）新穎性

美國2011年9月16日頒布《Leahy-Smith美國發明法》（Leahy-Smith America Invents Act, AIA），最主要的改變，乃從過去的先發明主義（first to invent）改爲先申請主義（first invertor to file），並於2013年3月16日生效。

從先發明主義改爲先申請主義，最主要的改變，表現在美國專利法第102條之新穎性與第103條之顯而易見性。在條文中，均不再採用發明日等日期，而改爲以申請日爲基準。

第102條文經改寫後，第102條(a)列出兩種會使一所請發明喪失新穎性的狀況：一是第102條(a)(1)，有效申請日前所請發明已公開，不限公開者身分、公開形式、公開地區；一是第102條(a)(2)，有效申請日前已有（PCT指定）美國案有效申請並揭露該發明，隨後並依法公開或公告。第102條(b)則相對於第102條(a)(1)及(2)，列出新穎性喪失之例外[1]。

以下以表2-1，整理出喪失新穎性之規定，以及例外不喪失新穎性的情形[2]。

---

1 黃蘭閔，美國AIA系列修法：USPTO公告First Inventor to File配套修法及相關審查基準，2013.3.4，http://www.naipo.com/Portals/1/web_tw/Knowledge_Center/Laws/US-71.htm。

2 本表綜合參考黃蘭閔，美國專利改革法AIA部分法條新舊條文對照，2011.11.16，http://www.naipo.com/Portals/1/web_tw/Knowledge_Center/Laws/US-27.htm及黃蘭閔同註1文，並略加改寫。

表2-1　美國專利法新穎性規定

| 條號 | 內容 |
| --- | --- |
| 102(a)(1)<br>喪失新穎性<br>已有先前技術存在 | 申請日前，所請發明已獲准授予專利、載於印刷刊物、公開使用、為販售之用，或以其他方式可為公眾取得。 |
| 102(b)(1) (A)<br>例外（新穎性優惠期） | 所請發明有效申請日前未逾一年所為揭露—若有以下狀況，則對該所請發明而言，此一揭露應未構成35 USC 102(a)(1)先前技術—<br>(A) 揭露人為（共同）發明人，或其他直／間接自前者取得揭露的客體內容者；或<br>(B) 在此揭露前，揭露的客體內容已先由前述人員公開揭露。 |
| 102(a)(2)<br>擬制喪失新穎性 | 所請發明已記載於依35 U.S.C. 151公告之專利或依35 U.S.C. 122(b)公開或視為公開之專利申請案（早期公開），而該專利或申請案所列發明人另有其人，且於所請發明有效申請日前即有效申請。 |
| 102(b)(2)<br>擬制喪失新穎性之例外 | 例外—載於申請案及專利之揭露—若有以下狀況，則對該所請發明而言，此一揭露應未構成35 U.S.C. 102(a)(2)先前技術—<br>(A) 揭露的客體內容直／間接得自（共同）發明人；<br>(B) 在〔載有〕此一〔揭露的〕客體內容〔之申請案或專利〕如35 U.S.C. 102(a)(2)敘述有效申請前，揭露的客體內容已先由以下人士公開揭露：（共同）發明人，或其他直／間接自前者取得揭露的客體內容者；或<br>(C) 所請發明有效申請日或當日前，揭露的客體內容與所請發明為同人所有，或有義務讓予同人。 |

## （二）銷售阻卻

不論美國發明法案修法前或修法後，原則上，若專利申請日前已曾公開銷售（on-sale），則會喪失新穎性。

在舊法時規定於第102條(b)，在申請專利一年前（one year prior to the date of application），該發明已被任何人（即包括發明人和申請人在內）在境內或境外取得專利或發表於刊物上，或是在境內已被公眾使用或販售

（on sale）[3]。該發明即喪失新穎性，不得取得專利[4]。

在修法後，則規定於第102條(a)(1)：「在標的專利的有效申請日之前，該標的發明已經取得專利、見於公開刊物、或已被公開使用、販售、經由公開途徑取得。該發明即喪失新穎性，不得取得專利。[5]」不過，若此一公開銷售，是在申請日前一年內爲之，則可主張新穎性優惠期[6]，例外不喪失新穎性。

## （三）專利推定有效

美國專利法第282條(a)規定：「一專利應被推定爲有效。一專利的每一個請求項（不論爲獨立項、附屬項或多重附屬項），不論其他請求項之有效性，均應被推定爲有效；就算所附屬的請求項爲無效，附屬項或多重附屬項仍應被推定爲有效。證明一專利或其請求項無效的舉證責任，應該由主張無效的當事人負擔。[7]」

既然專利法第282條(a)，推定被核准的專利爲有效，他人想推翻此推定，要負舉證責任，但此舉證責任的標準，採取哪一種標準？

美國訴訟中的舉證責任標準，一般有三種標準。在一般民事案件中，只要原告所提證據比被告說服力高一點即可勝訴，該標準爲證據優

---

[3] 35 U.S.C. § 102(b)(2010)("the invention was patented or described in a printed publication in this or a foreign country or in public use or on sale in this country, more than one year prior to the date of application for patent in the United States.").

[4] 陳弘易，美國專利法關於新穎性之規定，2012.7.25，http://zoomlaw.pixnet.net/blog/post/46180994。

[5] 35 U.S.C. § 102(b)(AIA)("(1) the claimed invention was patented, described in a printed publication, or in public use, on sale, or otherwise available to the public before the effective filing date of the claimed invention; or").

[6] 35 U.S.C. § 102(b)(1)(AIA)("(1) Disclosures made 1 year or less before the effective filing date of the claimed invention.— A disclosure made 1 year or less before the effective filing date of a claimed invention shall not be prior art to the claimed invention under subsection (a)(1) if ...").

[7] 35 U.S.C. § 282(a)("(a) In General.— A patent shall be presumed valid. Each claim of a patent (whether in independent, dependent, or multiple dependent form) shall be presumed valid independently of the validity of other claims; dependent or multiple dependent claims shall be presumed valid even though dependent upon an invalid claim. The burden of establishing invalidity of a patent or any claim thereof shall rest on the party asserting such invalidity.").

勢標準（preponderance of the evidence）。相對地，在刑事案件中，基於無罪推定原則，檢察官要負很高的舉證責任，要證明到無合理懷疑的程度（beyond unreasonable doubt）。介於這二個標準之間的，就是清楚且具說服力之證據標準（by clear and convincing evidence）。

美國聯邦巡迴上訴法院過去對第282條(a)的解釋，都認為，若被告想要推翻專利有效性之推定（presumption），必須達到清楚且具說服力之證據標準，亦即採取較高的標準。

2011年聯邦最高法院在Microsoft Corp. v. i4i Ltd. P'ship案中，最高法院肯定上訴法院一貫的立場，認為即便被告主張專利無效之證據乃專利商標局審查專利時未看過的新證據，被告對專利無效所負的舉證責任，一樣是採取清楚而具說服力之證據標準。

## 二、事實

本案中的專利權人是i4i公司，其所擁有的專利，是一種編輯電腦文件的改良方法專利，其將文件內容與文件結構的後設碼（metacodes）分開儲存。2007年時，i4i公司控告Microsoft公司構成蓄意侵權（willful infringement），主張Microsoft所製造和銷售的Microsoft Word產品，侵害了i4i公司的專利。Microsoft一方面否認其侵權，並提起反訴，要求法院確認i4i的專利無效（invalid）且無法實施（unenforceable）[8]。

Microsoft主張，i4i公司在申請系爭專利一年以前，就曾經銷售S4軟體，故根據美國舊專利法（AIA修法前）第102條(b)的銷售阻卻（on-sale bar）規定，系爭專利無效。i4i公司同意，其確實在申請系爭專利一年以前，即已銷售S4軟體，但是其主張S4軟體並沒有實施系爭專利。因為S4軟體的原始碼，在本件訴訟提起之前，就已經被銷毀，因而，在本案一審訴訟時，陪審團只能根據兩位S4軟體的工程師證詞，來判斷究竟S4軟體有無實施系爭專利。而兩位工程師均作證，S4軟體並沒有實施該專利所

[8] Microsoft Corp. v. i4i Ltd. P'ship, 131 S. Ct. 2238, 2243 (2011).

揭露的關鍵發明[9]。

在系爭專利申請過程中，S4軟體從來沒有給美國專利商標局的審查官檢視過。由於Microsoft主張系爭專利無效，地區法院必須給陪審團裁決指示（instruction），地區法院法官提出的指示，是要求Microsoft必須達到清楚且具說服力之證據標準，證明系爭專利無效。

但Microsoft要求給陪審團的裁決指示修改如下：「Microsoft證明專利無效或無法實施的舉證責任，爲清楚且具說服力之證據標準。然而，Microsoft援引專利審查官在專利審查過程中並沒有看過的先前技術而提出的無效抗辯（defense of invalidity），其舉證責任採取證據優勢標準（preponderance of the evidence）。」但地區法院不同意Microsoft要求採取的混合舉證責任標準，地區法院仍然指示陪審團：「Microsoft對於專利無效所負之舉證責任，採取清楚且具說服力標準。[10]」

最後，陪審團認定，Microsoft構成蓄意侵害i4i的專利，且未能成功證明系爭專利因爲銷售阻卻而無效。Microsoft對陪審團裁定不服，主張地區法院給予陪審團不適當的指示，而請求改判，但地區法院拒絕其請求。聯邦巡迴上訴法院也維持地區法院判決。上訴法院認爲，根據美國專利法第282條的解釋，地區法院所給予陪審團的指示，要求Microsoft採取清楚且具說服力的舉證責任標準，並沒有錯誤。Microsoft不服，又上訴至聯邦最高法院[11]。

## 三、最高法院判決

Microsoft主張，其在專利侵害訴訟中提出專利無效抗辯，所負的舉證責任，只需要達到證據優勢標準即可；或者，其主張，若被告所主張專利無效之證據，乃美國專利商標局審查系爭專利時從未檢查過的證據，應採取證據優勢標準。但最高法院判決，並不同意Microsoft主張，而支持聯邦

---

[9] Id. at 2243-2244.
[10] Id. at 2244.
[11] Id. at 2244.

巡迴上訴法院之看法。

## （一）國會制定專利法時已選擇舉證責任

如果美國國會在制定法律時已經明文規定了舉證責任標準，那麼法院均尊重國會的選擇。本案的問題在於，美國國會制定專利法第282條(a)時，是否對舉證責任標準做出選擇？從第282條(a)的文字上來看，其只說要推定專利有效，主張專利無效的當事人要負舉證責任，但並沒有清楚規定舉證責任標準[12]。

最高法院認爲，當國會在法條（statute）中使用普通法上的用語（common-law term），法院應該推定，若沒有其他相反主張，該用語應該帶有普通法上的意義。而在第282條(a)中使用「推定有效」（presumed valid），國會所使用的就是在普通法上具有確定意義的用語[13]。

最高法院認爲，1934年的Radio Corp. of America v. Radio Engineering Laboratories, Inc.案[14]中，撰寫全院一致意見的Cardozo大法官，追溯了過去一世紀以上的判例，而得出結論，說道：「當推定有效時，唯有採取清楚且具說服力之證據，方能推翻該推定。[15]」（there is a presumption of validity, a presumption not to be overthrown except by clear and cogent evidence.）

Microsoft主張，在1952年制定美國專利法以前，只有在二種情形下，法院才會採用清楚且具說服力之證據標準，而不包括提出專利無效抗辯的情形。第一種情形是，當以口頭證言提出先前技術時，必須提高舉證責任標準以檢驗該證詞的可信度；第二種情形，則是根據發明之優先性而質疑專利無效，過去這類訴訟是在美國專利商標局的程序中進行，通常會提高舉證責任標準[16]。但最高法院認爲，從過去的案例中，並沒有看到「專利

[12] Id. at 2244-2245.
[13] Id. at 2245.
[14] Radio Corp. of America v. Radio Engineering Laboratories, Inc., 293 U.S. 1, 1934 Dec. Comm'r Pat. 651 (RCA).
[15] Id. at 2.
[16] Microsoft Corp. v. i4i Ltd. P'ship, 131 S. Ct. at 2247.

無效採取清楚且具說服力標準」有適用範圍的限制[17]。

Microsoft又主張，倘若根據上訴法院解釋，法條中寫了「專利應該被推定有效」（a patent shall be presumed valid），就已經足已認定「當事人要負清楚且具說服力標準」，那麼法條中又加上「主張專利無效之當事人應負專利無效之舉證責任」（the burden of establishing invalidity of a patent ... shall rest on the party asserting such invalidity），不就使這段話顯得多餘？所以，Microsoft主張，「專利應該被推定有效」這句話，不應該被解釋爲提高被告的舉證責任，而只是在「分配提出證據的責任」（allocates the burden of production）或者「移轉提出證據責任與說服責任」（shifts both the burden of production and the burden of persuasion）。不過，最高法院認爲，過去認爲，「法條文字必然有其意義，不然不需多寫」這個原則，只有當對多寫的文字可得出其他解釋時，方有其適用。但是Microsoft對「專利應該被推定有效」的二種解釋，看起來也是多餘，跟第282條(a)後段的「主張專利無效之當事人應負專利無效之舉證責任」來比，也是不必要的，故不接受Microsoft對「專利應該被推定有效」所提出的解釋[18]。

## （二）以「專利局審查時未曾看過的新證據」主張專利無效

Microsoft認爲，倘若不全面降低專利無效的舉證責任標準，至少在「提出專利局審查官未審查過的證據以主張專利無效時」，應該降低舉證責任標準，降爲「證據優勢標準」。Microsoft提出，在最高法院2007年的KSR Int’l Co. v. Teleflex Inc.案中，判決書最後提到一句話：「推定專利有效的理由，是因爲專利商標局根據其專業審查後核准該請求項（但本案中漏未考量某先前技術），讓此理由減弱」（the rationale underlying the presumption–that the PTO, in its expertise, has approved the claim–seems much diminished）[19]。最高法院認爲，那句話並沒有錯，但是推定專利有

---

[17] Id. at 2247-2248.
[18] Id. at 2248-2249.
[19] KSR Int’l Co. v. Teleflex Inc., 550 U.S. 398, 426 (2007).

效還有其他理由。但不管推定專利有效的理由爲何，本案的問題在於，國會是否明定了舉證責任的標準？就如同之前所述，最高法院認爲國會在法條上採用了普通法上「推定專利有效性」的用語，間接地就是採用了較高的舉證責任標準[20]。

而且，1952年制定專利法之前的判例，並沒有採用或支持Microsoft所提出舉證責任的變動。判例中完全沒有提到，在專利侵權訴訟中提出專利無效抗辯要採取低於清楚且具說服力之舉證標準。而且，過去法院在前述1934年的Radio Corp. of America v. Radio Engineering Laboratories, Inc.案中，明白指出應採取清楚且具說服力標準；此外，過去法院通常都採用較高的舉證責任標準，而不論相關證據是否爲專利商標局審查官未曾審查過的先前技術[21]。

美國國會在制定第282條時，並沒有想要根據每一個案中所出現的不同事實，而提高或降低舉證責任。當陪審團所得到的證據與專利商標局看過的資料不同時，如果國會眞的想在此種情況下降低舉證責任標準，國會必定會清楚的寫在條文裡[22]。

沒錯，在1952年制定專利法前的許多上訴法院，曾經指出，當侵權訴訟中提出的先前技術是專利商標局沒有審查過的證據，那麼專利有效性的推定就會「減弱」或「消失」。但是，這只是說，若專利商標局沒有審查過這些先前技術，其審查結果的效力會打折扣。但並不因此改變舉證責任標準。在此情形，法院可以指示陪審團，判斷系爭證據是否是專利局從來沒審查過的新證據，如果是，以清楚且具說服力之標準判斷該證據是否可以證明專利無效[23]。

## （三）過高的舉證責任是否為適當證據

最後，Microsoft及其法庭之友意見主張，採取清楚且具說服力之證據

---

20 Microsoft Corp. v. i4i Ltd. P'ship, 131 S. Ct. at 2249.

21 Microsoft Corp. v. i4i Ltd. P'ship, 131 S. Ct. at 2250.

22 Id. at 2250.

23 Id. at 2250-2251.

並不是一個好的政策，此會讓某些「不良專利」免受專利無效性的挑戰。他們也主張，當時的多方再審查（inter partes reexamination）程序無法有效解決不良專利的問題，因爲在該程序中，並不能主張某些專利無效事由（例如本案中的銷售阻卻）。不過，最高法院指出，最高法院並不適合判斷，到底採取清楚且具說服力之證據標準在政策上是否妥適。國會既然在1952年制定專利法時採取了這個標準，隨後聯邦巡迴上訴法院多年來也採取此一標準，而國會歷次修改專利法也沒有改變這個舉證標準，所以，是否要改變訴訟中主張專利無效之舉證責任標準，最高法院認爲仍應交由美國國會決定[24]。

## 四、結語

美國對於核准之專利，原則上推定有效，若要主張專利無效者，必須提出清楚且具說服力證據，該舉證責任標準較高，使專利較不容易被認定無效。臺灣的法院訴訟與智慧財產局舉發程序中，並不嚴格界定主張專利無效的舉證責任標準，故容易因不同法官而得出不同答案。美國採取明確標準，不論是否妥當，至少是一清楚標準，此種方式或可供臺灣參考。

[24] Id. at 2251-2252.

# 第三節　非顯而易見性與「教示、建議與啓發檢測」：2007年KSR v. Teleflex案

## 一、背景

### （一）非顯而易見性

美國專利法第103條規定：「若一所申請之發明，雖然沒有如第102條所述一模一樣被揭露，但對一個所屬技術領域中具有通常技藝之人，比較專利申請日前之先前技術，整體來看顯而易見（obvious），則不可核准其專利[1]。」此即所謂的非顯而易見性（臺灣稱爲進步性）。

### （二）Graham v. John Deere Co. of Kansas City案

美國最高法院在1966年的Graham v. John Deere Co. of Kansas City案[2]中，建立了適用第103條的分析架構。該分析順序如下：

根據第103條規定，先確認先前技術所屬的範圍與內容（the scope and content of the prior art are to be determined）；然後確認先前技術與系爭專利的差異（differences between the prior art and the claims at issue are to be ascertained）；以及認定所屬技術領域中通常技藝之人的程度（the level of ordinary skill in the pertinent art resolved）。基於上述背景，可決定申請標的之顯而易見或非顯而易見性。

此外，完成該發明標的相關環境中某些「次要考量因素」（secondary considerations），諸如商業上成功（commercial success）、解決長久以來未能解決的需求（long felt but unsolved needs）、其他人之失敗（fail-

---

1 35 U.S.C. § 103 ("A patent for a claimed invention may not be obtained, notwithstanding that the claimed invention is not identically disclosed as set forth in section 102, if the differences between the claimed invention and the prior art are such that the claimed invention as a whole would have been obvious before the effective filing date of the claimed invention to a person having ordinary skill in the art to which the claimed invention pertains. Patentability shall not be negated by the manner in which the invention was made.").

2 Graham v. John Deere Co. of Kansas City, 383 U.S. 1 (1966).

ure of others）等，也可作爲顯而易見性的輔助判斷因素[3]。

### （三）教示、建議或啓發檢測法

聯邦巡迴上訴法院爲了讓顯而易見性的判斷更加一致，採取了所謂的「教示、建議或啓發」檢測法（teaching, suggestion, or motivation test），簡稱TSM檢測法。採取此檢測法，如果在先前技術（prior art）、問題本身（the nature of the problem）或所屬技術領域中具有通常技藝之人的知識（the knowledge of a person having ordinary skill in the art）中，可發現某些結合先前技術教示的啓發或建議（some motivation or suggestion to combine the prior art teachings），而得出系爭發明，該發明則顯而易見[4]。

但在2007年最高法院KSR Int'l Co. v. Teleflex Inc.案中，最高法院認爲聯邦巡迴上訴法院過度限縮地適用「教示、建議、啓發檢測法」，而與Graham案的分析架構不一致；其認爲雖然「教示、建議、啓發檢測法」有參考價值，但仍應符合Graham案的分析架構。以下深入介紹此判決。

## 二、KSR Int'l Co. v. Teleflex Inc.案事實

### （一）事實

本案的專利乃美國專利號第6,237,565號專利，名爲「電子節流閥控制的踏板組件」（Adjustable Pedal Assembly With Electronic Throttle Control）。專利權人是Steven J. Engegau，故該專利以下簡稱爲「Engelgau專利」。本案中的原告乃Teleflex公司，是該專利的專屬被授權人。其控告被告KSR公司，侵害其專利[5]。

Teleflex指控，被告KSR在自己之前設計的油門踏板上面加裝電子感應器，侵害其專利，但KSR則主張，系爭專利根據專利法第103條規定，

---

[3] Id. at 17-18.
[4] 例如，Al-Site Corp. v. VSI Int'l, Inc., 174 F.3d 1308, 1323-1324 (CA Fed. 1999).
[5] KSR Int'l Co. v. Teleflex Inc., 550 U.S. 398, 405 (2007).

乃屬於顯而易見（obvious）而無效[6]。

## （二）先前技術

過去的汽車尚未採用電腦控制節流閥前，油門踏板乃透過纜線或其他連結機制與節流閥互動。踏板的作用方式，像是一個槓桿，圍繞著樞軸轉。以纜線帶動節流閥，當踩下腳踏板時，就會拉動纜線，纜線則拉開活門，讓油和空氣進入[7]。

90年代後，汽車開始使用電腦控制引擎運作。電腦控制節流閥，乃透過電子訊號，控制開關。要用電腦控制節流閥，電腦必須知道踏板的狀況。用機械連結或纜線，無法傳達踏板的狀況，故必須使用電子感應器，將機械的運作，轉爲電子資料，傳送給電腦[8]。

傳統的踏板設計，可以踩下或放開，但卻無法在駕駛腳下空間中前後調整位置。因此，駕駛想要調整自己與踏板的位置，必須調整駕駛座的前後。爲解決此問題，70年代開始，有發明人開始設計，可以在駕駛腳下空間調整位置的踏板。其中，Asano申請的美國專利號第5,010,782號專利（1989年7月28日申請）（簡稱Asano專利）與Redding申請的美國專利號第5,460,061號專利（1993年9月17日申請）（簡稱Redding專利）就是這類設計。Asano專利揭露了一種支持結構，可容納腳踏板，讓踏板位置調整時，樞軸的位置不變。其也設計成，將踏板踩下所需的力量，與其位置的調整無關。Redding專利則揭露了一種滑動機制，可讓踏板與樞軸同時調整[9]。

在Engelgau申請系爭專利之前，已經有人申請包含電子踏板感應器的節流閥。例如，美國專利號第5,241,936號專利（1991年9月9日申請）（簡稱'936號專利），已經教示了，在踏板組件中而非引擎組件中偵測踏板位置會比較好。'936號專利揭露了在一踏板組件中，在樞軸上裝置電子

---

[6] Id. at 405.
[7] Id. at 407.
[8] Id. at 408.
[9] Id. at 408.

感應器。另外，Smith申請的美國專利號第5,063,811號專利（1990年7月9日申請）（簡稱Smith專利），已經教示了，爲避免連接感應器到電腦的線路被磨損，以及避免駕駛腳的損害，感應器應該裝置於踏板組件中的固定位置，而非裝置於踏板的板面上[10]。

除了上面幾個組合於踏板中的感應器外，也有人申請獨立的模組感應器專利。模組感應器（modular sensor）是獨立於踏板的模組，可安裝於各種類型的機械踏板上，直接安裝於使用電腦控制節流閥的汽車。例如，美國專利號第5,385,068號專利（於1992年12月18日申請）（簡稱’068號專利）就是這種發明。此外，在1994年，美國雪佛萊汽車製造一系列卡車，使用模組感應器，加裝於踏板組件支持架上[11]。

先前技術中，也已經出現將感應器加裝於可調整踏板上的專利。例如，Rixon發明的美國專利號第5,819,593號專利（1995年8月17日申請），揭露了一個可調整踏板組件，包含電子感應器以偵測踏板位置。在Rixon專利中，電子感應器乃位於踏板的板面上，因此，一般認爲，Rixon的踏板，踏板被踩踏時會磨損線路[12]。

## （三）本案系爭專利

本案的被告KSR是一家加拿大公司，製造並提供車用零件，包括踏板系統。福特汽車在1998年，採用KSR的可調整踏板系統在其多款纜線控制節流閥的車輛上。KSR公司爲福特設計的可調整位置的機械踏板，獲得美國第6,151,986號專利（於1999年7月16日申請）（簡稱’986號專利）。2000年時，通用汽車採用KSR公司所提供的可調整位置踏板系統，用在雪佛萊和通用汽車的卡車上，這些卡車乃使用電腦控制節流閥。KSR公司爲了讓其’986號專利踏板與可這些卡車相容，直接在’986號專利踏板上加裝模組感應器[13]。

---

[10] Id. at 408-409.
[11] Id. at 409.
[12] Id. at 409.
[13] Id. at 410.

原告Teleflex公司是KSR公司的競爭對手，也設計、製造可調整位置的油門踏板。其也是Engelgau專利的專屬被授權人。Engelgau先生在2000年8月22日申請系爭專利，其乃是1999年1月26日所申請之第6,109,241號專利的連續案。他宣示自己乃在1998年2月14日發明系爭標的。Engelgau專利揭露了一個可調整位置的電子踏板。Engelgau專利的請求項第4項乃結合了一種電子感應器與可調適自動油門踏板的機制，油門踏板的位置可以傳送到電腦中，而電腦可以控制器車中的節流閥。其記載如下：

「一支架固設於車體中；

一可調整的踏板組樞設於支架上，其包含有一可前後移動的踏板臂；

一用以樞接踏板組及支架的樞軸，其具有一樞轉軸線；

一電子控制裝置設於支架中；

其特徵在於，該電子控制裝置係用以反應該樞軸的動作而提供一訊號，該訊號對應於該踏板臂相對於該樞轉軸線所樞轉的位置，且當該踏板臂前後移動時，該樞軸位置不變。[14]」

Engelgau在向美國專利商標局申請專利時，專利局曾經駁回一個與請求項第4項類似但範圍較大的請求項；其與第4項不同的地方在於，其並未限制感應器裝置於固定的樞軸。專利局認為，該請求項乃因將前述的Redding專利和Smith專利結合而顯而易見，專利局解釋，將Redding專利中可調整踏板的設置，加上Smith專利所教示的將電子感應器加裝於踏板支撐架，就會讓系爭專利顯而易見[15]。

該請求項被退回後，Engelgau對請求項做了修改，改成後來的第4項，亦即加上「感應器必須裝置於固定的樞軸上」此一限制，就與Redding的專利有所不同。當時，Engelgau申請資料中並沒有提及Asano專利，所以專利局並沒有想到採取固定樞軸的可調整位置踏板。因此，專利

[14] Id. at 410-411。此翻譯參考謝銘洋教授，智慧財產權法：7.智慧財產權取得方式，授課簡報。

[15] Id. at 411.

局於2001年5月29日核准該專利[16]。

## （四）地區法院判決

在一審時，被告KSR申請即決判決，主張系爭專利第4項因顯而易見而無效。地區法院採用Graham案的分析架構，在車踏板技術領域中的通常技藝水準，乃「一個機械工程領域的大學生，且熟悉車踏板控制系統」。接著，地區法院認定系爭專利相關的先前技術，包括上述所提到的各式專利。接著，地區法院比較先前技術的教示，以及Engelgau專利的請求項，發現差異非常小。因爲，Asano專利已經教示了系爭專利請求項第4項的幾乎所有內容，只差了電子感應器以偵測踏板位置並將其傳送到控制節流閥的電腦。但這個差異部分，也已經被前述'068號專利及雪佛萊汽車所使用的感應器所揭示[17]。

採用Graham案的分析架構後，地區法院接著採用聯邦巡迴上訴法院所建立的TSM檢測標準。採取該檢測標準後，地區法院認爲，系爭專利顯而易見。因爲：1.工業的狀況將無可避免地走向將電子感應器與可調整位置踏板結合；2. Rixon專利已經提供了這些發展的基礎；3. Rixon專利中所存在的線路容易被磨損的問題，Smith專利已經教示了解決之道，亦即，只要將電子感應器裝於踏板的固定結構上即可，而這將導向發明人採取Asano專利的結構加上電子感應器[18]。

此外，地區法院也提到，美國專利商標局當初在審查系爭Engelgau發明時，曾經將Redding專利結合Smith專利，以駁回系爭請求項的初稿；因此，倘若Engelgau在申請資料中將Asano專利列爲先前技術，專利局應該會發現，只要將Asano專利結合Smith專利，系爭發明就顯而易見。最後，地區法院也思考了次要考量因素，尤其是Teleflex系爭專利在商業上的成功，但地區法院認爲這並不影響其結論，而認爲系爭專利乃顯而易見。故

---

[16] Id. at 411.
[17] Id. at 412-413.
[18] Id. at 413.

最後地區法院以即決判決（summary judgment），認爲系爭專利無效[19]。

## （五）上訴法院判決

本案上訴到聯邦巡迴上訴法院後，上訴法院採用TSM檢測標準，推翻了地區法院的判決。其認爲地區法院並沒有正確地適用該檢測標準。上訴法院認爲，地區法院並未能證明，對一個在所屬技術領域中具有通常知識者，其有特殊的環境或原理，會啓發（motivated）一個不知道系爭發明的人去想出這個發明。地區法院以爲「問題的本身」（nature of the problem to be solved）就已經滿足了這個要件，但上訴法院認爲這是錯誤的，因爲，除非先前技術已經提到了系爭發明人所想要解決的具體問題，否則，問題本身並不會啓發一個發明人，去參考這些先前技術文獻[20]。

本案中，上訴法院認爲，Asano專利的踏板，原是用來解決「固定比率問題」（constant ratio problem），亦即想確保，不論踏板的位置如何調整，所需施加在踏板上的力量都一樣。而Engelgau專利是想要提供一個更簡單、更小、更便宜的可調整位置之電子踏板。至於Rixon專利踏板會有線路磨損的問題，而並非試圖解決這個問題。因此，Rixon專利並沒有提供任何教示，以幫助Engelgau完成其發明。而Smith專利，則與可調整位置之踏板無關，對於將一個電子感應器加裝於踏板組件支架上，不必然會提供什麼啓發。因此，上訴法院認爲，上述這些專利並不會讓一個所屬領域中具有通常知識者，想到要將電子感應器加裝於Asano專利踏板上[21]。

此外，地區法院提及，專利商標局若聯想到Asano專利，當初也可能會駁回系爭專利請求項第4項。但上訴法院認爲，地區法院的角色，不是去思考專利商標局可能會怎麼做。相反地，地區法院原則上應該推定專利乃有效的，並自己根據先前技術的審查，而做出獨立的關於「顯而易見性」的判斷[22]。

---

[19] Id. at 413.
[20] Id. at 413-414.
[21] Id. at 414.
[22] Id. at 414-415.

最後，上訴法院認為，本案系爭專利到底有無顯而易見，具有實質爭議，就不應該做出即決判決，而應進入陪審團審理[23]。

## 三、最高法院判決

本案上訴到聯邦最高法院，九位大法官做出全體一致判決，由Kennedy大法官撰寫意見書，推翻了聯邦巡迴上訴法院之判決，並認為上訴法院所採取的TSM檢測標準過度僵化，違背了最高法院在Graham案的分析架構。

### （一）組合專利之顯而易見

首先，最高法院認為上訴法院所採取的TSM檢測標準過度僵化，而應回歸Graham案，採取較廣且有彈性的方法。Graham案中，採取的是一種功能性方法（functional approach），提出了較廣的分析方式，並讓法院在適當時，參考次要考量因素[24]。

法院認為，若一發明乃是將先前技術中的元件加以組合，應避免給予此種組合發明專利。若給予此種組合發明專利，乃是將領域中已經知道的知識納為己有，減少了所屬技術領域中人們可用的資源。這也是為何對於顯而易見之發明不該給予專利的主要理由。利用已知方法將相近之元件組合，很可能是顯而易見，因為其僅產生可預期的結果[25]。

當一項作品已經存在於發明人所屬領域中，設計上動機和其他市場力量，就會促使對該作品進行變化，不論在同一領域或不同領域。如果一個具有通常知識之人，可以實施可預期的變化，則專利法第103條應禁止此種變化取得專利。同樣地，如果一技術可被用來改良一個設備，且所屬技術領域中具有通常技藝者也可認知，其可以用同樣方式改良該設備，則使用該技術就是顯而易見，除非其眞實應用超越了他的技能。法院應該探

[23] Id. at 415.
[24] Id. at 415.
[25] Id. at 415-416.

究，根據先前技術元件已有的功能，系爭改良是否超越了先前技術元件可預期的功用[26]。

上述原則，在本案的討論相對容易，因爲本案系爭發明只是將一個已知元件取代另一個元件，或者只是將一個已知技術應用在一個先前技術中加以改良。要判斷是否存在明顯理由將二個已知元件組合，法院通常必須思考組合專利的相關技術、該設計社群已知的需求效果、所屬技術領域中具有通常技藝者擁有的背景知識等。法院的判決爲了有助於後續的上訴審查，應該明確地進行顯而易見性之分析。不過，這種分析，並不需要找到特定具體的教示，以指向所申請之發明，法院可以考量具有通常技藝者可能會參考的相關文獻和創意步驟[27]。

## （二）探求發明人為何結合既有已知元件仍有意義

聯邦巡迴上訴法院採取教示、建議、啓發檢測標準，以判斷組合專利的顯而易見性，是有益的觀點：一個由多個元件所組合而成的專利，並不能只因每個原則獨立來看都已存在於先前技術中，就認爲其當然顯而易見。雖然常識讓我們容易懷疑組合專利的貢獻，但是，界定出「爲何一個所屬領域中通常技藝者會想到將二個已知元件結合」的理由，仍很重要。畢竟，大部分的發明，都是站在前人的肩膀上，結合已知的知識，才得出的[28]。

不過，上述有益的觀點，不需要成爲僵化、強制的公式。若僵化地應用TSM檢測標準，將與法院過去對顯而易見性所建立之標準不相容。基於發明方法與現代科技的多樣性，我們應避免將顯而易見性的分析，限縮於教示、建議、啓發這種文字公式，或過度強調既有文獻的重要性和專利的明文內容。在許多領域，也許少有顯而易見的技術或結合的討論，或者在某些領域中，市場需求而非科學文獻就可驅動設計趨勢。對於不具眞正

[26] Id. at 417.
[27] Id. at 417-418.
[28] Id. at 418-419.

的創新，而是在正常過程中本來就會出現的改良，給予專利保護，會阻礙進步，且若是對結合既有已知元件給予專利，會剝奪先前發明的價值和效用[29]。

聯邦巡迴上訴法院的前身早已發展出TSM檢測標準，聯邦巡迴上訴法院也多年使用該標準，但此標準不應與Graham案提出的分析架構彼此衝突。最高法院認為，本案中上訴巡迴法院過度僵化地使用TSM標準而限制顯而易見性之分析，乃是錯誤的[30]。

## （三）應用TSM檢測法的錯誤

上訴巡迴法院為顯而易見性分析時適用TSM檢測法，而出現下述錯誤。

第一個錯誤在於，上訴法院要求法院和專利審查官，只能看「先前技術中的專利權人想要解決什麼問題」。此錯誤在於，啓發專利權人的問題，可能只是其所發明客體所解決的眾多問題的其中之一。正確的分析方式應該是，該領域中已知的需求和問題，以及先前專利所解決的問題，都可以提供系爭發明將已經元件結合的理由[31]。

第二個錯誤在於，上訴法院假設具有通常技藝之人，為解決該問題，只會參考之前解決同樣問題的先前技術。Asano專利的主要目的，是為了解決「固定比率問題」，上訴法院因而認為，系爭發明是想解決在可調整位置踏板上加裝電子感應器的問題，沒有理由會去參考Asano專利。但是常識告訴我們，類似的物品，會有超出原本設計目的以外的明顯應用，而在許多案例中，具有通常技藝之人，可像拼組披薩片一樣將多個專利的教示合併在一起。不管Asano專利最初的設計目的為何，其提供了一個「可調整位置的踏板搭配固定樞軸」的明顯例子；而其他先前技術專利中也一再提及固定樞軸上是裝置電子感應器的理想位置[32]。

---

[29] Id. at 419.
[30] Id. at 419.
[31] Id. at 419-420.
[32] Id. at 420.

第三個錯誤在於，上訴法院認爲，不能因爲證明「組合既有元件是很明顯的嘗試」，就認爲該發明顯而易見。最高法院認爲，當有解決某問題的設計需求和市場壓力，且存在幾個可界定、可預期的解決選項，具有通常技藝之人，當然很可能會利用他已知的技能去嘗試這些已知的選項。如果這樣的嘗試導致了可預期的成功，其產品並非來自「創新」（innovation），而只是來自通常技藝以及常識[33]。

第四個錯誤在於，上訴法院因爲擔心地區法院和專利審查官用「後見之明」（hindsight bias）審查顯而易見性，因而導致太過嚴格適用TSM檢測標準。最高法院認爲，根據相關判例，這種嚴格的預防性規則，讓調查者不能援引常識，是不必要的[34]。

## （四）本案系爭發明顯而易見

回到本案，最高法院同意地區法院適用Graham案的分析。首先，其同意地區法院所認定的先前技術，以及其所決定的「所屬領域中的通常技藝水準」。然後，如同地區法院的分析，本案系爭Engelgau專利請求項第4項所揭露的可調整位置的電子腳踏板，與Asano專利和Smith專利的教示，兩者間的差異很小。而一個所屬領域中具有通常技藝之人，應可以將Asano專利與踏板電子感應器結合，如同Engelgau專利第4項所採取的方式，且應可以預期到這麼做的利益[35]。

Teleflex主張，由於Asano專利的樞軸機械的設計，沒辦法輕易地如系爭專利第4項所述的方式與電子感應器結合。亦即，其認爲，就算在Asano專利上加裝電子感應器是顯而易見，但是系爭專利第4項並不單純是這樣，故第4項也不會顯而易見。但最高法院認爲，Teleflex並沒有在地區法院審理時提出這項主張，在聯邦上訴法院審理時，也不清楚其是否眞的提出過這項主張。既然地區法院已經認定，結合Asano專利與加裝於樞軸上的電子感應器，可落入第4項的範圍；Teleflex如果不同意這項認定，

---

[33] Id. at 420-421.

[34] Id. at 421.

[35] Id. at 422.

在地區法院就應該清楚地對這點提出反對主張。既然Teleflex沒有以清楚地方式在地區法院前主張此點，而上訴法院對此點也沒有著墨，因此，最高法院認爲，地區法院對此爭點的結論是正確的[36]。

最高法院認爲，在Engelgau設計第4項標的時，對一個具有通常技藝之人來說，結合Asano專利與裝於踏板樞軸上的感應器，是顯而易見的。當時的市場，已經創造了強烈的需求，要將機械踏板轉換爲電子踏板，且先前技術已教示了許多達成此進步的方法。但上訴法院卻過度限縮地思考這個問題，其只去問：在白板上寫字的踏板設計者是否會同時選擇「Asano專利」和「如同雪佛萊卡車和'068號專利的模組電子感應器」。最高法院認爲，正確的問題應該是問：一個具有通常技藝的踏板設計者，面對該領域之發展所創造的大量需求，是否會看見「將Asano專利升級搭配電子感應器」的利益。若一個設計者先從Asano專利出發，他要解決的問題就是應該在哪裡加裝電子感應器。'936號專利已經教示了將電子感應器加裝於腳踏板裝置上的效用，而不要加裝於引擎上；接著，Smith專利解釋了應將感應器加裝於踏板的支撐結構而非裝於踏板的板面上；進而，一般已知Rixon專利會有線路磨損的問題，而Smith專利教示了「踏板組件不可促進連結線路的任何運動」。因而，一個設計者應該會知道，要將感應器加裝於踏板結構中不會運動的部分。而在結構中不會動又可輕易偵測踏板位置的最顯而易見的點，就是樞軸。因此，設計者最終將會採用Smith專利的建議，將感應器加裝於樞軸上，而設計出系爭專利請求項第4項所涵蓋的可調整位置的電子踏板。設計者有可能如上所述，是先從Asano專利開始，想辦法與電腦控制節流閥的車子配合；當然設計者也可能，是先從Rixon專利這種可調整位置電子踏板開始思考，如何解決線路磨損問題[37]。

Teleflex間接地主張，先前技術存在「反向教示」（taught away），認爲不可在Asano專利上加裝感應器，因爲Asano專利本身體積大、複雜

[36] Id. at 422-424.
[37] Id. at 424-425.

且昂貴。但Teleflex所提的證據並不充分[38]。

此外，Teleflex也沒有提出任何次要考量因素，可排除法院對「請求項第4項顯而易見」的認定結果。因此，最高法院最後認定，本案系爭專利第4項，因不符合專利法第103條之要件，而無效[39]。

上訴法院原本認爲，存在事實上的爭議，故地區法院不可核發即決判決，而應進入陪審團審理。但是，最高法院不同意，認爲顯而易見的最終判斷，仍是法律上的判斷。且本案中，先前技術的內容、專利請求項的範圍、所屬領域中通常技藝的水準，都沒有事實上的爭議，而系爭請求項的顯而易見性也很明顯，故同意地區法院可採取即決判決[40]。

## 四、結語

2007年美國最高法院在KSR Int'l Co. v. Teleflex Inc.案中，認爲聯邦巡迴上訴法院過度限縮地適用「教示、建議、啓發檢測法」，而與Graham案的分析架構不一致，認爲雖然「教示、建議、啓發檢測法」有參考價值，但仍應符合Graham案的分析架構。本案中，最高法院也在判決中，具體說明了，一個假設中所屬技術領域中具有通常技藝之人，面對一個市場需求創造出的問題，「可能會採取怎樣的思考」，可能會結合哪些先前技術，而若該人可能會想到將二個已知的先前技術加以結合，結合後的發明不具有顯而易見性。這樣的例子，讓我們更瞭解顯而易見性的操作。

---

[38] Id. at 425-426.

[39] Id. at 426.

[40] Id. at 426-427.

# 第四節 說明書可據以實施要件：2023年Amgen Inc. v. Sanofi案

美國專利法第112條(a)規定：「說明書應對發明、創作與使用該發明的方式和工藝過程，以完整、清晰、簡潔而精確的詞句進行書面描述，使任何熟悉該發明所屬技術領域或與該發明最密切相關的技術領域的人，都能製造及使用該發明。說明書還應該提出發明人或共同發明人所思及的實施發明的最佳實施例。[1]」

## 一、背景

免疫系統會製造抗體（antibodies），防禦外來物質抗原（antigens）。當一特定抗原（例如病毒）進入身體，免疫系統會產生抗體以攻擊之。如成功攻擊，該抗體會瞄準並結合抗原，阻止其繼續傷害身體。其中一些實驗室製造的抗體不是針對外來物質，而是針對人體自身的蛋白質、受體和配體[2]。抗體可能非常多元，這些多元性展現在其結構和功能上[3]。

抗體由氨基酸（amino acids）組成，科學家通常根據特定的氨基酸序列來識別特定的抗體，其稱之為抗體的「一級結構」（primary structure）。但抗體不僅僅是氨基酸的線性鏈。當氨基酸的原子相互作用時，它們會產生折疊，從而形成複雜的三維形狀。科學家將抗體複雜的形貌稱為「三級結構」（tertiary structure）[4]。

抗體的結構在很大程度上決定了它的功能，亦即其與抗原結合的能力，在某些情況下，還能阻斷（block）體內其他分子與抗原結合。要使抗體與抗原結合，兩個表面必須貼合在一起並在多個點相互接觸。但是僅

---

1 35 U.S.C. § 112(a).
2 Amgen Inc. v. Sanofi, 2023 WL 3511533, at 4 (May 18, 2023).
3 Id. at 3.
4 Id. at 3.

僅因爲抗體可以與抗原結合，並不意味著它也可以阻斷。要結合和阻斷，抗體必須與抗原建立足夠廣泛、牢固和穩定的結合。根據構成它們的氨基酸及其三維形狀，不同的抗體具有不同的結合和阻斷能力[5]。

## 二、事實

### （一）結合PCSK9特定區域之抗體

本案涉及有助於降低低密度脂蛋白膽固醇（low-density lipoprotein cholesterol）水平的抗體。低密度脂蛋白膽固醇有時被稱爲LDL膽固醇或壞膽固醇（因爲它會導致心血管疾病、心臟病和中風）[6]。

人體會產生LDL受體（receptors），而執行從血液中移除LDL膽固醇的功能。而PCSK9是一種天然存在的蛋白質，可結合並降解LDL受體。科學家研究如何使用抗體來抑制PCSK9結合和降解LDL受體，以此作爲治療高LDL膽固醇患者的一種方法[7]。

2000年代中期，許多製藥公司開始研究製造針對PCSK9的抗體的可能性。他們試圖創造可以結合PCSK9特定區域（稱爲「最佳點」）的抗體。最佳點是PCSK9的692個總氨基酸中的15個氨基酸序列。科學家發現，通過結合最佳點，抗體可以防止PCSK9結合並降解LDL受體[8]。

最終，Amgen開發了一種PCSK9抑製藥物，並以Repatha爲名上市銷售。被告Sanofi也生產了一種命名爲Praluent的藥物。每種藥物都使用具有其獨特氨基酸序列的不同抗體[9]。

### （二）系爭專利

2011年，Amgen獲得了Repatha中使用的抗體專利，Sanofi獲得了一項

5 Id. at 4.
6 Id. at 3.
7 Id. at 4.
8 Id. at 4.
9 Id. at 5.

涵蓋Praluent中使用的抗體的專利。每項專利都透過其氨基酸序列描述了相關抗體。在本案中，這兩項專利均不存在爭議[10]。

本案的爭議，集中在Amgen在2014年獲得的另外兩項專利，這兩項專利與該公司2011年的專利有關。其分別是美國專利號第8,829,165號專利（2014年9月9日）、美國專利號第8,859,741號專利（2014年10月14日），簡稱爲'165號專利和'741號專利。本案涉及'165號專利的請求項19和29，以及'741號專利的請求項7。在這些請求項中，Amgen並未主張對氨基酸序列描述的任何特定抗體的保護。反之，Amgen聲稱主張自己擁有抗體的「整個屬」，只要這些抗體具有下述二功能：1.「與 PCSK9上的特定氨基酸殘基結合」；以及2.「阻斷PCSK9與LDL受體結合」[11]。

## （三）說明書提供26個實施例與實驗方法

在提交給美國專利局的說明書中，Amgen明確識別執行這兩種功能的26種抗體的氨基酸序列，並描述了這26種抗體中兩種抗體的三維結構。但除此之外，Amgen僅向科學家提供了兩種方法來製造其他抗體，這些抗體可執行其描述的結合和阻斷功能。

第一種方法是Amgen所說的「路線圖」。路線圖指導科學家：1.在實驗室中產生一系列抗體；2.測試這些抗體以確定是否有任何抗體與PCSK9結合；3.測試那些與PCSK9結合的抗體，以確定是否有結合請求項中所述的最佳結合點；4.測試那些與請求項中描述的最佳點結合的抗體，以確定是否有任何抗體阻斷PCSK9與LDL受體的結合。

第二種方法是Amgen所說的「保守替代」。這項技術要求科學家：1.從已知執行所述功能的抗體開始；2.用已知具有相似特性的其他氨基酸替換抗體中選定的氨基酸；3.測試產生的抗體，看它是否也執行所描述的功能[12]。

---

10 Id. at 5.
11 Id. at 5.
12 Id. at 5.

### （四）控告侵權

在獲得這二項專利不久後，Amgen公司起訴被告Sanofi侵權[13]。

Sanofi提出抗辯，主張系爭專利不符合專利法第112條之可據以實施要件，系爭專利無效。其要求專利申請人「以完整、清晰、簡明和準確的術語描述其發明，以使所述技術領域中具有通常知識者……能夠製造和使用該發明。[14]」Sanofi辯稱，雖然其說明書中揭露了26種此種抗體的氨基酸序列，因爲其專利請求項涵蓋的範圍，可能高達數百萬種抗體。而且，Amgen所指出的二種找出其他抗體的方法，並無法讓所屬技術領域中具有通常知識者眞的找出所有具有此二功能的抗體。反之，這些方法需要科學家參與一個反複試錯試驗（trial-and-error）的發現過程[15]。

最終，地方法院和聯邦巡迴上訴法院判決都支持Sanofi。上訴法院指出，沒有合理的事實調查者可以得出結論，Amgen除了在其根據其氨基酸序列確認的26個抗體實施例的狹窄範圍之外，已經提供了製造和使用所請求保護之抗體的「適當指導」（adequate guidance）[16]。

## 三、最高法院判決

此案上訴到最高法院，最高法院於2023年5月18日，全體一致同意做出判決，維持上訴法院判決。

### （一）可據以實施要件

最高法院過去多次強調可據以實施要件（enablement）之要求。其強調，如果一項專利請求保護方法、機器、製造或物質成分的整個類別（entire class），則該專利的說明書必須使本領域技術人員能夠製造和使用整個類別[17]。

---

[13] Id. at 3.
[14] 35 U.S.C. § 112(a).
[15] Amgen Inc. v. Sanofi, 2023 WL 3511533, at 5.
[16] Id. at 3.
[17] Id. at 7.

不過，過去的判決並不是要求說明書總是必須詳細描述如何製作和使用所請求類別中的每個單獨的實施例。如果說明還公開了「一些通用品質……貫穿」整個類別，賦予其「對特定目的的特殊適用性」，那麼提出一個實施例就足夠[18]。說明書讓所屬技術領域中具有通常知識者從事某種程度的改編或測試，也未必會導致說明書不充分[19]。說明書可能要求進行合理數量的實驗來製造和使用所請求保護發明，而是否合理，取決於發明的性質和基礎技術[20]。

## （二）本案認定

回到本案中的系爭專利請求項。Amgen的請求項範圍比它根據氨基酸序列確定的26種實施例的抗體要廣泛得多。Amgen未能讓其所請求的範圍都能被據以實施，即便允許進行合理程度的實驗。雖然Amgen試圖壟斷一整類由其功能定義的東西——每一種抗體都結合到PCSK9最佳點的特定區域並阻止PCSK9與LDL受體結合，但紀錄顯示，這類抗體不僅僅包括Amgen已透過其氨基酸序列描述的26種抗體，還包括尚未描述的大量其他抗體[21]。

Amgen堅稱其請求項仍然有效，因爲科學家只要遵循「路線圖」或「保守替代」方法，就可以製造和使用每種功能性抗體。然而，這兩種方法只不過是兩項研究任務。「路線圖」方法僅描述了Amgen自己尋找功能性抗體的試錯法的分步說明。而「保守替換」方法也一樣，其要求科學家對已知有效的抗體的氨基酸序列進行替換，然後測試生成的抗體，看它們是否也有效[22]。

---

[18] Id. at 9. 其引述Incandescent Lamp, 159 U.S., at 475, 16 S.Ct. 75.
[19] Id. at 9. 其引述Wood v. Underhill, 5 How. 1, 4-5.
[20] Id. at 10. 其引述See Minerals Separation, Ltd. v. Hyde, 242 U.S. 261, 270-271.
[21] Id. at 10.
[22] Id. at 10.

## （三）其他論點

Amgen另指出，聯邦巡迴法院錯誤地將發明是否可據以實施的問題，與所屬領域技術人員在廣泛的請求項中做出每個實施例可能需要多長時間的問題，混爲一談。但聯邦巡迴法院明確表示，它並未將製造整類抗體所需的累積時間和努力視爲決定性因素[23]。

Amgen進而爭辯，專利法提供了一個單一的、通用的可據以實施標準，而聯邦巡迴法院對Amgen的此種請求項（亦即由其功能定義的一整類實施例），應用了更高的標準。最高法院原則上同意存在一個法律的統一標準，但聯邦巡迴法院在本案中的處理方式完全符合國會的指令和最高法院的先例[24]。

最後，雖然Amgen警告說，此見解可能會破壞了專利法對突破性發明的激勵措施。法院認爲，自1790年以來，國會在專利法中設計了許多制度，包括可據以實施要件，就是要在「激勵發明人」與「確保公眾獲得創新的好處」之間達成平衡。在這種情況下，法院的職責是根據專利法的要求執行可據以實施要件[25]。

[23] Id. at 11.
[24] Id. at 11.
[25] Id. at 11.

# 第五節 請求項明確性要件：2014年Nautilus v. Biosig案

## 一、背景

專利權某程度是一種財產權（property），像其他財產權一樣，其範圍必須清楚[1]。美國國會在1790年制定第一部專利法時，就要求專利權人必須提出書面說明書（specification），包含對所發明或所發現事物的描述，該描述應該「特別」（particular），將該發明或發現與其他已知或已使用事物加以區別。雖然專利的解釋重心已經從說明書移轉到請求項，但是專利法仍然保留此一明確性要求（requirement of definiteness）。1870年之專利法，明文規定，專利申請人應該在說明書中寫進一個以上的請求項，且必須特別指出且可區別地主張其發明或發現的部分、改善或結合（particularly point out and distinctly claim the part, improvement, or combination which [the inventor] claims as his invention or discovery），亦即須符合特別性（particularity）和可區別性（distinctness）。1870年專利法的明確性要件，到1952年修改專利法時，於專利法第112條中保留下來[2]。

美國專利法第112條(b)規定：「在說明書的結尾，發明人或共同發明人應該提出包括一項或一項以上的請求項，特別指出並清楚主張（particularly pointing out and distinctly claiming）申請人所認爲的發明客體。[3]」

專利請求項若欠缺明確性（definiteness），根據美國專利法第282條(b)(3)(a)[4]，不符合第112條之規定者，其專利無效。

對於請求項明確性要件，應採取何種標準？2014年美國聯邦最高法

---

[1] Nautilus, Inc. v. Biosig Instruments, Inc., 134 S. Ct. 2120, 2124 (2014).

[2] Id. at 2124-2125.

[3] 35 U.S.C. § 112(b)(" (b) Conclusion.— The specification shall conclude with one or more claims particularly pointing out and distinctly claiming the subject matter which the inventor or a joint inventor regards as the invention.").

[4] 35 U.S.C. § 282(b)(3)(A) ("(b) Defenses.— The following shall be defenses in any action involving the validity or infringement of a patent and shall be pleaded: ... (3) Invalidity of the patent or any claim in suit for failure to comply with—(A) any requirement of section 112, ...").

院在Nautilus v. Biosig案中，建立了一新標準，要求一請求項，參考其說明書及申請歷程，對所屬領域中具有通常技藝者，以合理確定性（reasonable certainty）之程度，告知該專利請求項之範圍。

## 二、事實

### （一）心律監測器

本案的發明人爲Lekhtman博士，於1994年取得系爭美國專利號第5,337,753號專利（簡稱'753號專利），並轉讓給Biosig儀器公司。該專利乃關於一個運動中的心律監測器。過去的心律監測器，在測量心跳電子訊號（心電圖，electrocardiograph或ECG訊號）時，常會不準確。之所以會不準確，是因受到另一種訊號肌電圖（electromyogram或EMG訊號）的干擾。這些肌電圖訊號會遮蔽心電圖訊號，因而阻礙偵測。Lekhtman博士宣稱其發明可以改善先前技術的問題。其發明關注於心電圖訊號和肌電圖訊號波形的不同：測量使用者左手的心電圖訊號，會與測量右手的訊號有相反的兩極；但不管哪隻手測量出來的肌電圖訊號都有一樣的兩極。此一專利設備，運作時，同時測量兩隻手的心電圖與肌電圖訊號，找出相等的肌電圖訊號，並在電路圖上加以刪除，就可以過濾掉肌電圖的干擾[5]。

本案中，'753號專利描述了一個安置於中空圓柱棒的心律監測器，讓使用者兩手握住圓棒，兩隻手分別接觸到兩個電極，一個是活性電極（live），一個是共同電極（common）。請見圖2-1該專利圖。

'753號專利的請求項1，涉及了本案爭議中的一些限制，其敘述「一個與運動設備和運動程序一起使用的心律監測器」「其至少包含下述元件：一設置有一顯示裝置的長形構件（圓棒）；包括一差動放大器（difference amplifier）的電子電路；及在圓棒的每個半部上，一活性電極（live electrode）與一共同電極（common electrode）形成彼此相間隔關係（in spaced relationship with each other）」。此外，該請求項尚有其他要

5　Nautilus v. Biosig, 134 S. Ct. at 2125.

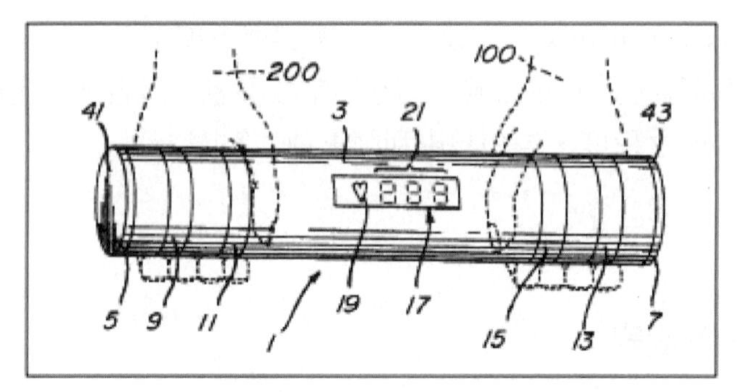


**圖2-1 美國第5,337,753號專利之圖1**

件，包括使用者雙手要接觸此一圓棒的兩端電極。進而，兩組電極偵測出的肌電圖訊號，讓差動放大器可讓兩個訊號在大小和波長上一致，從一個訊號刪除另一個訊號，產生一個實質上爲零的肌電圖訊號[6]。

## （二）訴訟歷程

1990年代時，Biosig公司將系爭技術揭露給StairMaster運動醫療產品公司。Biosig主張，StairMaster公司沒有得到授權，就將包含Biosig專利技術的運動機器，銷售給被告Nautilus公司，後來Nautilus公司取得StairMaster之商標。2004年，Biosig公司在紐約南區聯邦地區法院，向Nautilus公司提起專利侵權訴訟[7]。

Biosig公司起訴後，Nautilus向美國專利商標局申請再審查（reexamine）'753號專利。該再審查程序著重於，系爭專利是否被先前技術所預見（anticipated）或因而顯而易見（obvious）。該先前技術乃1984年Fujisaki先生取得的專利，其類似地揭露了一個心律監測器，使用兩組電極，以及一個差動放大器。Biosig公司爲主張自己的專利與該先前技術有所不同，提交了Lekhtman博士的宣示書。宣示書宣稱，'753號專利已經足以告知一個所屬領域中具有通常技藝者，如何安裝此一偵測電極，產生左手和

---

6 Id. at 2126.
7 Id. at 2126.

右手的相同肌電圖訊號。Lekhtman博士解釋，此一電極設計可因空間、形狀、大小、材質不同而變化，在各種運動機器上不可能都長得一樣，但是一個所屬技術領域具有通常技藝者，可以採取「試錯」（trial and error）程序以找到讓電波相同的方法。因而，要讓肌電圖訊號能被刪除，必須以不同的電極結構實驗，以找到最佳的方法。2010年，專利商標局做出決定，支持'753號專利請求項之可專利性[8]。

### （三）地區法院認為請求項不明確

隨後，Biosig公司重新開啓其侵權訴訟。2011年，地區法院進行馬克曼聽證（Markman hearing），要判斷系爭專利請求項的適當範圍，以及請求項中「彼此相間隔關係」（in spaced relationship with each other）這句話的意思。Biosig公司主張，所謂的「間隔關係」指的是在每一組電極的活性電極和共同電極間的距離（distance）。Nautilus公司則援引Biosig公司在再審查階段提交給專利局的說明中所講的「間隔關係」必須比每一電極的寬度還大（greater than the width of each electrode）。地區法院最終解釋該文字，指的是「在圓棒一端的活性電極和共同電極間有一個清楚關係，且同樣或不同的清楚關係也存在於圓棒另一端的活性電極和共同電極之間」，卻沒有提到電極的寬度[9]。

Nautilus公司因而請求即決判決（summary judgment），主張根據地區法院所解釋的「間隔關係」，違反第112條的請求項明確性原則。地區法院同意其請求，認爲這段文字，無法告訴法院或任何人，到底精確的空間爲何，也沒有提供任何決定適當空間的參考資訊[10]。

### （四）上訴法院之標準

但上訴到聯邦巡迴上訴法院後，上訴法院推翻此一判決。法院多數意見認爲，只有在請求項「無法解釋」（not amenable to construction）

---

[8] Id. at 2126-2127.
[9] Id. at 2127.
[10] Id. at 2127.

或「無法解決地模糊」（insolubly ambiguous），才會被認為請求項不明確[11]。在此標準下，上訴法院多數意見認為，本案中的'753號專利並沒有不明確。首先其參考內部證據（intrinsic evidence），亦即請求項文字（claim language）、說明書（specification）及申請歷程（prosecution history），多數意見可以找出系爭設備的某些內在參考資訊，讓一個所屬領域中具有通常技藝者足以瞭解間隔關係的邊界[12]。多數意見解釋，參考這些來源，讓我們明白，在圓柱每一半邊的活性和共同電極間的間隔距離，「不可以大於使用者手的寬度」，「因為請求項1要求活性電極和共同電極在一手的兩個不同位置點獨立地偵測電子訊號」。此外，多數意見指出，內部證據也教示了，此一距離「不可無止盡地小，小到讓活定電極和共同電極合併成為一個單一位置點上的一個電極」。進一步，多數意見認為，系爭請求項中的功能條款，也能幫助我們理解所謂的「間隔關係」的意義。多數意見看完專利商標局再審查的紀錄後，認為一個所屬領域中通常技藝者可以知道，透過調整設計的變數，包括空間，可達到讓肌電圖訊號相等並移除的功能[13]。

本案又上訴到聯邦最高法院，最高法院於2014年6月2日做出判決，推翻了上訴法院之見解[14]。

## 三、最高法院判決

### （一）請求項明確性

最高法院認為：1.請求項明確性，應該以所屬領域中具有通常技藝者的角度來判斷；2.判斷明確性時，應該參考專利說明書和申請歷程；3.應該是以「申請專利時」所屬領域中通常技藝者的角度來判斷明確性[15]。

---

11 Biosig Instruments, Inc. v. Nautilus, Inc., 715 F. 3d 891, 898 (Fed. Cir. 2013).
12 Id. at 899.
13 Id.
14 Nautilus v. Biosig, 134 S. Ct. 2120 (2014).
15 Id. at 2128.

不過本案中，雙方當事人對於專利法第112條對請求項之不明確，到底容許到什麼程度，有不同意見。最高法院認爲，請求項明確性要件，必須考量到文字的內在侷限（inherent limitations of language）。一方面，少許的不確定，是確保提供適當創新誘因的必要代價；且專利並非寫給律師或一般人民閱讀，而是給所屬領域中具有通常技藝者閱讀[16]。

但另一方面，專利必須夠精確，提供清楚的告知，讓人知道什麼東西受到請求，也因而讓人民知道還有什麼東西是沒人申請過的；否則就會創造出不確定地帶，導致創業者或實驗家都要冒著侵權的風險投入相關研究[17]。

最高法院認爲，專利法第112條所要求的請求項明確性，應該可參考專利說明書與申請歷程，看是否對所屬領域中具有通常技藝者，以合理確定性（reasonable certainty）之程度，告知該請求項的範圍（a patent's claims, viewed in light of the specification and prosecution history, inform those skilled in the art about the scope of the invention with reasonable certainty）。此一請求項明確性標準，是在認知到不可能達到絕對精確的前提下，盡量地要求清楚（clarity）[18]。

## （二）無法解決地模糊太過寬鬆

聯邦巡迴上訴法院所採取的標準爲，請求項是否「可以解釋」或「無法解決地模糊」，最高法院認爲，這樣的標準未達到第112條所要求的精確程度。若採用上訴法院的「無法解決地模糊」標準，則所容許的不精確性，將會減損前述請求項明確性要件的「通知人民」功能（public-notice function），且會造成阻礙創新的「不確定地帶」（zone of uncertainty）[19]。

Biosig公司主張，其實「無法解決地模糊」只是一種好記的用語，聯

[16] Id. at 2128-2129.
[17] Id. at 2129.
[18] Id. at 2129.
[19] Id. at 2130.

邦上訴法院實際上對這個詞的解釋，並不寬鬆。最高法院認為，雖然選用哪一個用語不重要，但是仍應確保聯邦巡迴上訴法院的檢測標準，至少能夠「反映出基本的審查內容」（probative of the essential inquiry）。「無法解決地模糊」和「可以解釋」這兩個用語，近來瀰漫於聯邦巡迴上訴法院對第112條的判決中，卻沒辦法正確地反映出基本的審查內容，而會讓各級法院和專利代理人迷失於大海中[20]。

### （三）本案結論

最後，最高法院將本案發回給聯邦巡迴上訴法院，請其根據最高法院新建立的標準，重新檢討到底系爭專利，是否符合請求項明確性原則[21]。

本案發回後，在聯邦巡迴上訴法院採取新的標準下，認為系爭專利請求項，對所屬技術領域中具有通常技藝者，可以透過內部證據，理解該發明的內在參考資訊。其認為，「間隔關係」這個字，並沒有造成最高法院所擔心的「阻礙創新的不確定地帶」問題，且系爭專利以合理確定程度告知了所屬領域中具有通常技藝者該請求項的範圍[22]。因此，系爭專利請求項並符合請求項明確性要件。

## 四、發回上訴法院重審結果

### （一）重新審判後雙方主張

本案發回後，Nautilus公司主張，適用最高法院提出的新標準，本案的系爭請求項應該不明確，因為搭配內部證據以解讀「相間隔關係」，可能有兩種方向。第一種可能，「相間隔關係」是指一種特殊間隔，對達成所記載之效果有某種重要性；第二種可能，則是相間隔關係不受所記載的效果之限制或與之無關[23]。

---

[20] Id. at 2130.
[21] Id. at 2131.
[22] Biosig Instruments, Inc. v. Nautilus, Inc., 783 F.3d 1374, 1384 (Fed. Cir. 2015).
[23] Biosig Instruments, Inc. v. Nautilus, Inc., 783 F.3d 1374, 1379 (Fed.Cir. 2015).

而Biosig公司則主張，最高法院所提出的「合理確定性」（reasonable certainty）並不是一個新標準，與聯邦巡迴上訴法院過去所發展的「無法解釋」（not amenable to construction）或「無法解決地模糊」（insolubly ambiguous），並無不同；最高法院只是擔心這樣的用語，會對地方法院和專利代理人傳達錯誤的訊息[24]。

## （二）聯邦巡迴上訴法院重新判決認定符合專利明確性

聯邦巡迴上訴法院重新判決後，認為就算採取最高法院所提出的新標準，一個具有通常技藝之人，仍然能夠判斷所謂的「相間隔關係」，並非無限地小，也不可能大於一個人手掌的寬度[25]。

### 1. 說明書提供之資訊

說明書指出，地區法院雖然提到，'753號專利的說明書，並沒有以實際的參考資訊（例如，活性電極與共同電極間的間隔為一吋），明確地界定「相間隔關係」。但是，'753號專利請求項的用語、說明書以及圖示，在介紹活性與共同電極間的相間隔關係時，對一個具有通常技藝之人，說明了對該用字的界線，或對之提供了足夠的清楚性。例如，一方面，活性電極與共同電極不可能大於一個人的手掌寬度，因為請求項1要求活性電極與共同電極獨立地對應一隻手掌上二個獨立點的電子訊號。另一方面，在活性與共同電極間的距離也不可能無限地小，若太小則實際上會將活性電極與共同電極合併為一個電極，對同一個點做偵測[26]。

### 2. 申請歷程

從申請歷程也可以得知，該用語並非不明確。因為系爭請求項1在審查時曾經修改過，增加了功能子句（whereby clause），如下：

藉此（whereby），第一肌電圖訊號可在該第一活性電極和第一共同

---

[24] Id. at 1379.
[25] Id. at 1382
[26] Id. at 1382-1383.

電極間偵測，且與該第一肌電圖訊號同樣震幅週期的第二肌電圖訊號可在第二活性電極和第二共同電極間被偵測；而該第一肌電圖訊號應用於該第一端點，且該第二肌電圖訊號應用於該第二端點，第一和第二肌電圖訊號將彼此消除，在該差動放大器產輸出中產生一實質爲零的肌電圖訊號。

在請求項中的主體結構後，增加的此一功能子句，描述了實質上刪除肌電圖訊號的功能。美國專利局的審查官認爲，此一功能對於超越先前技術而使該專利具有可專利性，爲「重要」（crucial）的點。因此，在請求項1中記載此一功能，對確認活性電極與共同電極間「相間隔關係」的適當界線，具高度相關[27]。請求項1記載此一功能，不僅對於界定活性電極與共同電極間「相間隔關係」的界線高度相關，其也顯示了，一個具有通常技藝之人可以採取測試，以判斷哪種「相間隔關係」方能達到實質上消除肌電圖訊號的功能[28]。

### 3. 發明人宣示書

在專利申請中，Biosig公司提出過發明人Gregory Lekhtman先生的宣示書。Lekhtman先生說明，在裝置所請求之心律監測器時，具有通常技藝之人可以透過計算哪些點肌電訊號可實質上被消除，以判斷活性電極與共同電極之間的「相間隔關係」。其指出，肌電圖訊號偵測的強度，與電極間的距離和大小成比例。在1992年對所屬技藝中具有通常知識者，應該知道，每一隻手的肌電圖訊號可能不同，而'753號專利要求在裝置偵測器時，能從左手和右手產生相同的肌電圖訊號。透過偵測左手和右手掌之肌電圖訊號，傳輸到肌電圖測量設備的差動放大器中，可達成此一平等或平衡。因此，必須調整各種設計參數，直到不同的輸出最小化，趨近於零……[29]。

---

[27] Id. at 1383.
[28] Id. at 1383-1384.
[29] Id. at 1384.

### （三）最終判決結果

本案最終判決結果，聯邦巡迴上訴法院認為，一所屬技藝領域中具有通常知識之人，可以透過內部證據，瞭解該發明的內在參考資訊，因此，「相間隔空間」並不會出現最高法院所擔心的因為不確定性導致發明的阻礙；相對地，其符合了最高法院所要求地，對所屬技藝領域中具有通常知識之人，以合理確定性之程度，告知了該請求項之範圍[30]。

## 五、結語

臺灣專利法第26條第2項規定：「申請專利範圍應界定申請專利之發明；其得包括一項以上之請求項，各請求項應以明確、簡潔之方式記載，且必須為說明書所支持。」其中「請求項應以明確……之方式記載」，或許類似於美國的請求項明確性原則。

不過，臺灣的專利舉發制度，容許在舉發過程中，根據第67條申請專利範圍之更正，只要是「一、請求項之刪除。二、申請專利範圍之減縮。……四、不明瞭記載之釋明。」均允許其在事後更正。亦即，對於請求項之更正，完全沒有時間限制，在專利屆期以前，均可提出請求項更正。

這導致臺灣的專利實務，一開始所申請的請求項，一律寫的抽象模糊，因為越抽象，其專利範圍越大。就算取得專利後，有人質疑其請求項範圍過大且過於模糊，也無法直接因請求項不明確而認定無效，尚要保障專利權人更正專利之機會。因此，某程度來說，臺灣或許表面上也接受請求項明確性原則，但實際運作上，卻不會因為專利權人之請求項過於模糊而使專利無效。此一發展是否妥當，值得我們反省。

---

[30] Id. at 1384.

# 第六節 解釋請求項的外部證據及其審查標準：2015年Teva Pharms v. Sandoz案

## 一、背景

### （一）請求項解釋與馬克曼聽證

1996年，美國最高法院在著名的馬克曼案（Markman v. Westview Instruments, Inc.[1]）指出，所謂的專利請求項，乃是專利文件中界定專利權範圍的部分[2]；而專利的解釋，包括其請求項內部技術文字的解釋。由於法官比較適合對文字進行解釋，故該案判決，此一問題不由陪審團認定，而應專屬由法院判斷[3]。就算解釋請求項文字時，需要證據支撐，仍然交由法院判斷[4]。

### （二）內部證據與外部證據

#### 1. 內部證據（intrinsic evidence）

所謂內部證據，乃指用於解釋申請專利範圍之內部證據，包括請求項之文字、發明（或新型）說明、圖式及申請歷史檔案。發明（或新型）說明包括發明（或新型）所屬之技術領域、先前技術、發明（或新型）內容、實施方式及圖式簡單說明。

#### 2. 外部證據（extrinsic evidence）

所謂外部證據，乃指「由專利與專利申請歷史以外的所有證據組成，包括專家證詞、發明人證詞、辭典以及學術著作。」外部證據可以協助解釋專利及專利申請歷史中出現的科學原理、科技詞彙以及專業詞彙。外部證據可以顯示發明時現有技術的情況。其有助於區別什麼是當時既有

---

1 Markman v. Westview Instruments, Inc., 517 U.S. 370 (1996).
2 Id. at 372.
3 Id.
4 Id. at 390.

的，什麼是新穎的，以協助法院解釋權利範圍[5]。

### （三）請求項解釋的審查標準

一般認為，請求項解釋屬於法律問題（question of law），應交由法院判斷；侵權與否屬於事實問題（question of fact），交由陪審團判斷。進而，當一審判決上訴到上訴巡迴法院，過去認為，對於請求項解釋，由於屬於法律問題，上訴法院可「自為重新審查」（de novo）；對於事實問題，上訴法院則應該尊重地區法院的認定，只有在發現「明顯錯誤」（clearly errors）時，才能推翻地區法院認定。

不過，美國聯邦最高法院在2015年1月20日的Teva Pharms. USA, Inc. v. Sandoz, Inc.案[6]，推翻了過去一般的認知。認為雖然大部分時候，請求項解釋比較類似法律問題，但若請求項解釋時尋求外部證據，就比較接近事實問題，上訴法院在審查地區法院的認定時，則應採取明顯錯誤標準。

## 二、事實

本案的關鍵在於，系爭專利請求項中使用了「分子量」（molecular weight）這個詞的解釋。原告是Teva製藥公司，擁有系爭專利美國專利號第5,981,589號專利。Teva製造公司利用該專利所生產的藥品，為Copaxone，乃一種治療多發性硬化症（multiple sclerosis）的藥物。該藥物的活性成分稱為「copolymer-1」，由不同大小的分子所組成。而請求項中，描述該成分為擁有「5到9千達因分子量」（a molecular weight of 5 to 9 kilodaltons）。

被告Sandoz等多家藥廠，向美國食品藥物管理局申請簡易新藥申請（Abbreviated New Drug Application, ANDA），希望生產Copaxone的學名藥。根據美國專利連結制度，食品藥物管理局通知專利權人Teva製藥，

[5] Markman v. Westview Instruments, Inc., 52 F.3d 967, 980 (Fed Cir. 1995).
[6] Teva Pharms. USA, Inc. v. Sandoz, Inc., 135 S. Ct. 831 (2015).

Teva製藥立刻控告Sandoz侵害其專利[7]。

## （一）平均分子量的解釋

Sandoz被訴後主張，系爭專利請求項中的「5到9千達因分子量」的敘述，未清楚界定其範圍，不符合專利明確性要求[8]。

原因在於，所謂的分子量，可以有三種不同解釋：1.其可能是指，該組合分子中最主要的分子的量。一般稱之爲「峰平均值分子量」（peak average molecular weight）；2.其可能是指，將所有不同大小的分子都加在一起，算其平均量。一般稱之爲「數量平均分子量」（number average molecular weight）；3.其可能是指，將所有不同大小分子都加在一起並計算平均值，但計算平均值時，對比較重的分子給予較多加權。一般稱此算法爲「重量平均分子量」（weight average molecular weight）[9]。

被告Sandoz認爲，Teva的專利請求項沒有說清楚到底採用哪一種計算方法，所以其請求項中的「分子量」一詞不明確，因而違反美國專利法第112條(b)後段[10]的「請求項明確性」（definiteness）要件[11]。

原告Teva認爲，分子量應採取第一種解釋，亦即峰平均值分子量。但被告Sandoz提出，系爭專利說明書中有一張附圖1（圖2-2）。在附圖1旁邊的說明指出，平均分子量爲7.7千達因，但在圖上，眞正的高峰卻略低於7.7，約爲6.8處。因此，Sandoz指出，這個7.7值，一定不是峰平均值分子量，但到底採取哪一種算法算出7.7千達因，則不明確[12]。

---

7 Id. at 835.
8 Nautilus, Inc. v. Biosig Instruments, Inc., 134 S. Ct. 2120 (2014).
9 Teva Pharms, 135 S. Ct. at 836.
10 35 U.S. Code § 112 (b) ("Conclusion.— The specification shall conclude with one or more claims particularly pointing out and distinctly claiming the subject matter which the inventor or a joint inventor regards as the invention.").
11 Teva Pharms, 135 S. Ct. at 836.
12 Id. at 842-843.

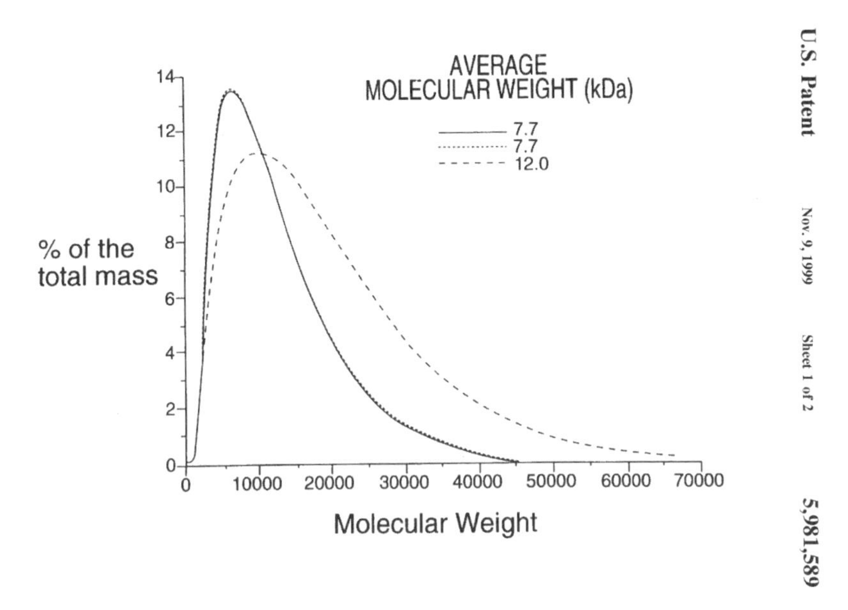


**圖2-2　美國專利號第5,981,589號專利之附圖1**

Teva方專家證人指出，所屬技術領域中具有通常知識者，可以知道，將色彩儀析譜上的資料轉換爲上圖的分子量分配曲線時，會出現一些偏移；而這可以解釋爲何該曲線的高峰位於6.8處，而非圖說指的7.7處。但Sandoz方專家證人作證認爲，不會發生這種偏移[13]。

## （二）訴訟過程

一審地區法院採信原告Teva方專家證人的意見，而不採被告Sandoz方專家證人的解釋。根據此一事實發現，地區法院做出了法律結論，認爲Teva的主張，分子量指的是第一種方法計算的分子量，附圖1也並沒有否定這個算法[14]。故一審法院認爲該專利請求項已經夠明確，而認爲系爭專利有效[15]。

[13] Id. at 843.
[14] Id. at 843.
[15] Teva Pharms. USA, Inc. v. Sandoz Inc., 810 F. Supp. 2d 578 (S.D.N.Y., 2011).

上訴後，聯邦巡迴上訴法院採不同見解，其認爲系爭專利請求項的分子量，並不明確。上訴巡迴法院對地區法院請求項的解釋，採取「重新自爲審查」（reviewed de novo），包括審查地區法院所參考的輔助事實（subsidiary facts），亦即專家證人的證詞[16]。

## 三、最高法院判決

Teva公司不服，因而上訴到聯邦最高法院。最高法院以7票比2票，認爲上訴法院對地區法院在解釋請求項過程中，涉及事實議題之輔助判斷（subsidiary factual matters）時，應採取明顯錯誤（clear error）標準，由Breyer大法官撰寫多數意見書。

### （一）Markman案並沒有說請求項解釋全部都是法律問題

美國聯邦民事訴訟規則（Federal Rule of Civil Procedure）第52條(a)(6)規定，上訴法院不可推翻地區法院的事實發現，除非存在「明顯錯誤」（clearly erroneous）[17]。此一規則適用在輔助事實（subsidiary facts）以及最終事實（ultimate facts）。當地區法院由自己判斷事實議題，非由陪審團判斷，上訴法院對地區法院判決的審查，並非採取重新自爲審查[18]。

最高法院認爲，1996年的Markman v. Westview Instruments, Inc.案，對上述原則，並沒有創造一例外。最高法院在該案中，只是認爲，請求項解釋的問題，應交由法院，而非交由陪審團[19]；但該案判決，對於上訴法院事實問題審查之原則，並沒有創造例外[20]。

在Markman案中，最高法院指出，法官在解釋專利請求項時，所從事

---

[16] Teva Pharms. USA, Inc. v. Sandoz, Inc., 723 F.3d 1363 (Fed. Cir., 2013).
[17] Fed. R. Civ. P. 52(a)(6)("(6) Setting Aside the Findings. Findings of fact, whether based on oral or other evidence, must not be set aside unless clearly erroneous, and the reviewing court must give due regard to the trial court's opportunity to judge the witnesses' credibility.").
[18] Teva Pharms, 135 S. Ct. at 836-837.
[19] Markman, 517 U. S. at 372.
[20] Teva Pharms, 135 S. Ct. at 837.

的工作，就好像在解決其他書面文件，包括契據、契約等[21]。對書面文件的解釋，通常只處理「法律問題」（question of law），尤其當所使用的文字，是在一般意義下使用。但如果書面文件使用科技用語或一般人不了解的字詞，這些文字就可能產生事實爭議。此時，可用外部證據（extrinsic evidence）協助瞭解交易上或當地的習慣用法。此種情況，已涉及事實問題的判斷，而非只是單純的解釋[22]。

在Markman案中，最高法院承認，法院在解釋專利時，有時必須處理輔助的事實爭議。而聯邦民事訴訟規則第52條規定，上訴法院在審查這些爭議時，應採取「明確錯誤」標準[23]。

尤其，在專利案件中，地區法院法官，才是主持開庭、聽審整個程序，其有全盤機會熟悉相關的科學問題與原則。而上訴法院法官，只能夠透過閱讀筆錄或當事人訴狀，才瞭解這些背後的科學知識[24]。

本案被告Sandoz主張，要區分法律問題與事實問題是很困難的，因此，其主張上訴法院在對地區法院請求項解釋的審查，應採取「重新自為審查」標準，而非採取二種不同的標準[25]。但是，上訴法院長久以來已經有能力區分法律議題與事實議題，且過去的案件中，上訴法院對事實發現與法律結論為相同處理，也出現許多複雜情況[26]。

至於被告Sandoz主張，若要求上訴法院採取「明顯錯誤」標準，將可能導致請求項解釋的不一致。不過最高法院認為，沒有證據可以證明，對請求項之解釋，會越來越仰賴輔助事實，而導致解釋結果不一致[27]。

### （二）解釋請求項參考外部證據

最高法院指出，當地區法院在解釋請求項時，只參考內部證據時，則

---

21 Markman, 517 U. S. at 384, 386, 388, 389.
22 Teva Pharms, 135 S. Ct. at 837-838.
23 Id. at 838.
24 Id. at 838-839.
25 Id. at 839.
26 Id. at 839.
27 Id. at 839-840.

只是處理法律議題。此時，上訴法院對地區法院的認定結果，可自爲重新審查[28]。然而，地區法院有時需要仰賴外部證據，以瞭解背後的科學知識（background science）或「申請時所屬技術領域中對該用字的意義」。當這些輔助事實有爭議時，法院就需要尋求外部證據（包括專家證人），認定輔助事實[29]。

此時，地區法院法官先判斷事實爭議，然後根據所認定的事實，以解釋專利請求項。若請求項的解釋是純粹法律的結論，上訴法院可採取重新自爲審查；但若要推翻地區法院法官之結論，是因爲背後的事實爭議，則上訴法院法官，必須發現地區法院法官在事實認定的過程中，有明顯錯誤，才可推翻地區法院的請求項解釋[30]。

本案中，所涉及請求項中分子量的解釋，請求項沒有明確定義。地區法院先尋求內部證據，亦即參考說明書或圖示。但是，被告Sandoz則針對專利說明書中附圖1的圖和圖說的矛盾，質疑分子量的解釋方法。對於此一問題，地區法院必須採用外部證據，亦即請雙方提出專家證人，說明圖1的矛盾。

最後地區法院採信原告Teva方專家證人的意見，而不採被告Sandoz方專家證人的解釋。根據此一事實發現，地區法院做出了法律結論，認爲Teva的主張，分子量指的是第一種方法計算的分子量，圖1也並沒有否定這個算法[31]。

但聯邦巡迴上訴法院審查地區法院判決時，不接受Teva方專家的解釋，卻沒有指出地區法院的判斷有明顯錯誤。

本案最高法院認爲，要推翻地區法院的事實發現，一定要基於明顯錯誤標準。因而撤銷上訴法院判決，將該判決發回更審[32]。

---

[28] Id. at 840-841.

[29] Id. at 841.

[30] Id. at 841.

[31] Id. at 843.

[32] Id. at 843.

## 四、結語

臺灣並沒有陪審團制度，專利訴訟中，不論事實問題與法律問題，不論請求項解釋或侵權認定，均由法官認定。那麼，一審法官做出之請求項解釋，上訴法院法官，該採取何種審查標準？

臺灣訴訟制度中，一審、二審均爲事實審，所以，一審審過的事實問題，二審可以從頭再審一次，並推翻一審之認定。在臺灣，只有三審是法律審，但就連三審，也不能算是「嚴格的法律審」。因此，在臺灣，一審法院已經對請求項解釋做過事實與法律認定，二審時也可以「重新自爲審查」。

不過，臺灣有一點與美國不同。美國專利訴訟一審在聯邦地區法院，二審在聯邦巡迴上訴法院。而臺灣，專利民事訴訟的一審、二審，均爲智慧財產法院，只是法官不能重複。但同一智慧財產法院法官均爲同事，彼此尊重，二審應該不會貿然推翻一審的認定，除非出現新的證據。

# 第三章　專利權歸屬

## 第一節　誰是專利發明人

### 一、發明人認定標準

1984年美國修正專利法，增加美國專利法第116條(a)規定：「當一發明爲兩人或兩人以上共同完成，除本法令有規定外，他們應共同提出專利申請，並個別進行宣誓。即便存在下述情況，發明人亦可共同提出申請：（1）他們未在同一地點或同一時間一起工作；（2）每個人貢獻的方式與程度不同；（3）並非每個人都對專利的所有請求項都有貢獻。[1]」其修正重點爲，強調只要對專利的某一請求項有貢獻，而不需要對全部請求項有貢獻，就可列名爲共同發明人[2]。其乃改變過去所要求之「所有請求項規則」（all-claim rule），亦即過去要求共同發明人必須對一專利所有請求項都有貢獻[3]。

在專利發明人的掛名上，誰是發明人，美國法院確有很明確的操作標準與案例。其強調必須對發明之構思（conception），具有重要貢獻（contribution is significant），若貢獻不重要（insignificant），就不足以成爲共同發明人。

---

1　35 U.S.C 116 (a) ("(a)Joint Inventions.—
When an invention is made by two or more persons jointly, they shall apply for patent jointly and each make the required oath, except as otherwise provided in this title. Inventors may apply for a patent jointly even though (1) they did not physically work together or at the same time, (2) each did not make the same type or amount of contribution, or (3) each did not make a contribution to the subject matter of every claim of the patent.").

2　Christopher McDavid, I Want a Piece of That! How the Current Joint Inventorship Laws Deal with Minor Contributions to Inventions, 115 Penn St. L. Rev. 449, 453 (2010).

3　Id. at 457.

### (一)構思

何謂發明之構思,法院定義爲「發明人腦中形成一完成(complete)且可運作發明的明確、永久(definite and permanent)之概念。[4]」但並不需要每一個共同發明人在腦中都形成此種概念,而是全體共同發明人一起滿足此一概念即可[5]。但所構思之發明,必須包含所申請專利之發明標的的所有特徵[6]。

所謂的「確定永久」,乃指發明人對系爭問題已經有特定、固定的概念,特定的解決方案[7]。而就該構思是否完成(complete),發明人不需要知道該發明在實際上如何運作[8]。該發明是否達到科學程度上的運作,乃是「付諸實施」(reduction to practice)的階段[9]。當所屬技術領域中具有通常知識者,不需過度研究或實驗,就可將該發明付諸實施,該發明就已經完成[10]。因此,該發明本身的科學專業程度,會影響通常知識者程度的判斷以及是否需要實驗,實質上將影響構思是否完成的判斷[11]。不過,既然所謂的構思完成,只需要所屬技術領域中具有通常知識者將之付諸實施,那麼,該發明的概念必須清楚特定的界定,而不能只是「一般目標或研究計畫」[12]。

### (二)發明性

法院判決指出,雖然某些努力對想出明確永恆概念有所貢獻,但並不足夠。發明人必須扮演發明性(inventive)角色,對最終解決方案(final solution)做出原創性貢獻(original contribution)[13]。如果只是「一所屬

---

4 Hybritech, Inc. v. Monoclonal Antibodies, Inc., 802 F.2d 1367, 1376 (Fed. Cir. 1986).
5 Christopher McDavid, supra note 2, at 459.
6 Id. at 459.
7 Burroughs Wellcome Co. v. Barr Labs., Inc., 40 F.3d 1223, 1228 (Fed. Cir. 1994).
8 Christopher McDavid, supra note 2, at 460.
9 Id. at 460.
10 Id. at 460.
11 Id. at 460.
12 Id. at 460-461.
13 Brown v. Regents of Univ. of Cal., 866 F. Supp. 439, 442-43 (N.D. Cal. 1994).引自Christopher McDavid, supra note 2, at 461.

技術領域中具有通常知識者，展現一般期待的通常技藝，而沒有發明性行為」，不足以成為共同發明人[14]。因此，一個人若只是提供發明人眾所周知之原則，或解釋所屬技術的現況，法院不認為其屬於共同發明人[15]。同樣地，只是展現通常技藝將發明付諸實施，也不足以成為共同發明人[16]。

### （三）在質上非不重要

第三，對構思之貢獻，相對於整個發明大小來看，其貢獻必須「在質上非不重要」（not insignificant in quality）[17]。但何謂貢獻在質上不重要，此部分留待本節第二部分，透過案例說明，以更清楚介紹貢獻不重要之情況。

### （四）合作

雖然前述專利法第116條明文規定共同發明人不一定要在同地點同時間一起工作，但法院還是認為仍必須有某種程度的合作（collaboration）或連結（connection）[18]。基本上，只需要每一發明人某種程度知道其他發明人在朝共同目的前進，即已足夠。在Kimberly-Clark Corp. v. Procter & Gamble Distributing Co., Inc.案[19]中，法院說明，共同發明人完全不知道其他人的存在，直到他們個別獨立努力後多年才知道對方的存在，無法成為共同發明人。亦即，共同發明人不能完全彼此獨立[20]。

## 二、貢獻不重要之案例

以下介紹幾個重要的美國判決，從個案中瞭解在各種情境中，如何認定誰才是專利的發明人，或者發明人的貢獻是否重要。

---

[14] Id. at 461.
[15] Id. at 461.
[16] Id. at 461.
[17] Id. at 462.
[18] Id. at 463.
[19] Kimberly-Clark Corp. v. Procter & Gamble Distrib. Co., Inc., 973 F.2d 911 (Fed. Cir. 1992).
[20] Id. at 917.

### （一）執行實驗：Stern v. Trs. of Columbia Univ.案

2006年聯邦巡迴上訴法院的Stern v. Trustees of Columbia University in City of New York案中，哥倫比亞大學是美國專利號第4,599,353號（簡稱'353號專利）之專利權人，該專利乃是適用前列腺素（prostaglandins）治療青光眼（glaucoma）。Lazlo Z. Bito是哥倫比亞大學的教授，被列名爲'353號專利的發明人[21]。

Bito教授已經發表了幾篇關於前列腺素對不同動物的眼內壓的影響，主要包括兔子、貓頭鷹猴，且在文章中指出，未來要繼續研究前列腺素對眼內壓的影響，恆河猴是好的研究對象[22]。

在Bito教授指示下，Stern同學在Bito教授實驗室進行實驗，並發現將一劑前列腺素局部施打，可以降低恆河猴和貓的眼內壓。Stern的實驗並沒有證明，在靈長類是否會產生快速抗藥反應（tachyphylaxis），必須沒有快速抗藥反應，才能算是成功的青光眼治療法。

Stern同學從哥大畢業後，Bito教授在研究持續對恆河猴施打前列腺素對眼內壓的反應時，構思出（conceived）'353號專利。因此，Bito教授在1982年申請系爭專利，1986年獲得核准[23]。後來Stern同學得知'353號專利的存在後，他以哥倫比亞大學爲被告提起訴訟，主張他應被列爲系爭專利請求項1，和附屬項第3項、第5項、第9項和第12項的共同發明人（co-inventor）。此外他也主張被告有詐欺隱瞞、違反忠誠義務、不當得利等[24]。

聯邦巡迴上訴法院認爲，Stern對於系爭發明並不眞的瞭解，也不是他發現前列腺素對眼內壓的效果，他也沒有發現持續反覆對靈長類的眼睛施以前列腺素，可以保持降低後的眼內壓，他也沒有構思出「將前列腺素

---

[21] Stern v. Trustees of Columbia University in City of New York, 434 F.3d 1375, 1376-1377 (2006).
[22] Id. at 1377.
[23] Id. at 1377.
[24] Id. at 1377.

用來降低靈長類眼內壓」這個概念[25]。

此外，上訴法院指出，Stern和Bito教授在研究青光眼治療上，並沒有某種合作關係（collaboration）。Stern只是將Bito教授之前已經做過的實驗，用在新的動物上（恆河猴），而Bito教授之前已經指出恆河猴是這類研究好的實驗對象。因此，Stern對系爭發明的貢獻，不足以（insufficient）成爲共同發明人[26]。

Stern另外主張，他在實驗室的筆記，可以證明他爲共同發明人，而這些筆記被Bito教授銷毀。但上訴法院認爲，不管筆記內容如何，既然沒有人可證實（witness）這些筆記，也不足以支持其可成爲共同發明人。因此，法院判決認爲，Stern所提證據，不足以作證其爲共同發明人[27]。

### （二）協助製作產品原型：Acromed v. Danek案

若有一個主要發明人已經構思出發明，沒有眞正做出產品，主要發明人請該領域的專家協助做出產品原型，此時，協助的專家是否爲共同發明人？美國聯邦巡迴上訴法院2001年的Acromed Corp. v. Sofamor Danek Group案[28]就是典型的這種問題。該案系爭專利是美國第4,696,290號專利（簡稱'290號專利），乃是關於治療脊椎變形的一種脊椎固定系統。

發明人是史帝夫博士（Dr. Arthur D. Steffee）。'290號專利乃是一種在脊柱上手術植入的一種骨板（plate），後通稱爲史帝夫氏板（Steffee plate）。植入骨板是要協助矯正變形的脊椎[29]。史帝夫博士是較早想出與骨板骨釘系統（plate-and-screw system）來治療脊椎變形的人。最初他的設計，是用一塊上面有固定螺孔的長板，然後在病人的脊椎骨上鑽孔，對準長板上的固定螺孔，以骨釘鎖緊。然而，他發現病人每塊脊椎骨間的距離不同，使用固定螺孔的骨板無法完全適用[30]。

---

[25] Id. at 1378.
[26] Id. at 1378.
[27] Id. at 1378.
[28] Acromed Corp. v. Sofamor Danek Group, Inc., 253 F.3d 1371 (Fed. Cir. 2001).
[29] Id. at 1374.
[30] Id. at 1374-1375.

1982年，史帝夫博士在克里夫蘭的一家醫院工作時，設計改良了原本的骨板骨釘系統。首先，他構思出（conceived of）無帽螺絲，這樣比較方便在不同角度下將螺絲鎖進每一個椎莖。出於這個想法，史帝夫博士將他的骨釘帶到克里夫蘭研究所（Cleveland Research Institute）醫院的機械室，尋求一名技工（machinist）Frank Janson先生的協助，將螺絲上的螺帽切掉。但切掉螺帽，則需要另一個固定螺絲的方式。他參考其他醫療器材的設計，構思出可以使用圓形的螺帽[31]。

接著，史帝夫認爲，他必須想出在骨板上的螺孔是可調整的方式。他參考了其他醫療器材的設計，想到可以使用在骨板上設計長條型槽孔（圖3-1的元件52），這樣骨釘的位置就可以在長條槽孔上調整[32]。

而最後一個問題就是，如何在長條槽孔上鎖住骨釘而不會滑動？爲解決此問題，史帝夫博士告訴Janson，他需要讓骨板設計爲，可以讓骨釘「嵌入且固定在那」（sinks in and stays right there）。而Janson先生對於此要求，則提出一種方式，就是在長槽上安置多個圓凹，讓骨釘可以固定在圓凹（圖3-1的元件116）中[33]。

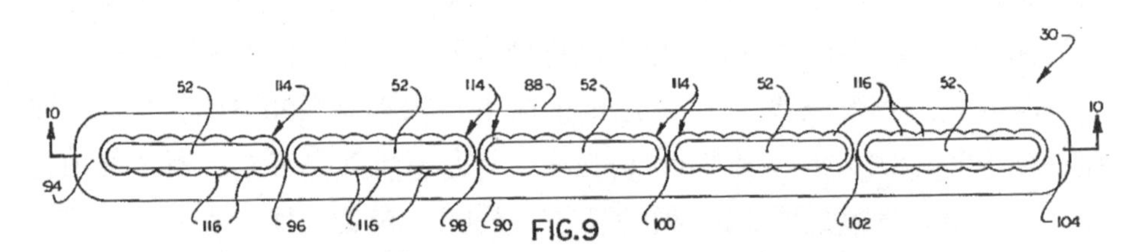


**圖3-1　史帝夫骨板，美國第4,696,290號專利的圖9**

聯邦上訴巡迴法院指出，要證明該貢獻，必須提出佐證證據（corroborating evidence）[34]。Danek主張，是Janson先生構思出請求項1中寫的拱型凹陷（arcuate recesses），但法院認爲，並沒有任何佐證證據可以證

[31] Id. at 1375.
[32] Id. at 1375.
[33] Id. at 1375.
[34] Id. at 1379.

明此點。Janson先生自己出庭作證，說自己是在史帝夫博士向他提出問題前，就想到圓帽螺絲與拱型凹陷以防止滑動，並說自己是第一個構思出整個骨板骨釘系統的人。但是，被告Danek公司沒有提出任何佐證證明，例如其他證人、有日期的設計圖，或其他證據，可以佐證Janson先生的說詞[35]。

法院認為，雖然是Janson先生在骨盤上切出拱型凹陷，但在骨盤上挖孔，並非所謂的「發明性構思」（inventive conception）。而訴訟紀錄支持，是史帝夫博士一個人構思出整個發明。其中，史帝夫博士帶著將長槽骨板和圓帽螺絲去找Janson先生，向他說明，我將圓帽螺絲鎖進去時，要讓骨釘「嵌入且固定在那」（sinks in and stays right there）。因而，法院認為，史帝夫博士是向Janson先生提出「指示」（instruction），要他根據其構思而設計骨板。而Janson在骨板上挖出拱型凹陷，只是任何一般技工在發揮被期待的正常技藝[36]。

此外，被告Danek公司負有舉證責任，必須提出佐證證據，證明設計拱型凹陷並非製作骨板的技工明顯知道的技術，但被告Danek公司也沒有證明此點[37]。

Danek公司主張，系爭專利請求項中的拱型凹陷，本身就是一個發明性構思，也就是系爭專利之所以能夠獲得專利的最重要之處。但法院認為，系爭專利能獲得專利，是因為整體的組合有進步性，而非只因為該該拱型凹陷。法院指出，系爭專利請求項1是一個組合專利，組合專利會將許多老元素加以組合，只要其組合具有新穎性，即可獲得專利保護。而請求項1中的每一個元素，都出現在先前技術中，包括在板子上的槽的拱型凹陷設計。但是，請求項1結合了這些舊有元素，而創造出新而具進步性的發明。所以，並非單純因為該拱型凹陷讓請求項1可獲得專利[38]。

最後，由於被告Danek公司沒有提出任何佐證證據，可以以清楚極具

[35] Id. at 1379-1380.
[36] Id. at 1380.
[37] Id. at 1380.
[38] Id. at 1381.

說服力之證據標準，證明骨板長槽中的拱型凹陷是一個發明性構思。因此，證據支持一審判決，亦即Janson並非共同發明人，系爭專利並沒有漏列發明人而無效[39]。

## （三）建議研發目標：Garrett Corp. v. United States案

聯邦巡迴法院在部分案例中提出，如果只是建議想做出的目標或結果，而沒有建議達成該目標之手段，也是不重要之貢獻[40]。

在1970年聯邦巡迴上訴法院前身的聯邦索賠法院，於Garrett Corp. v. United States案[41]中，宣稱爲共同發明人者，曾向發明人建議，將壓艙物空間，與橡皮救生艇的登船板連結[42]。法院一方面認爲，將這兩項特徵結合，從先前技術來看顯而易見[43]。此外，是原發明人自己畫了草圖，說明如何將兩者結合的結構，並獨自爲該結合之建構細節負責[44]。法院最後認爲，該宣稱爲發明人者，其對構思所爲貢獻並不重要，因爲其對發明性努力的參與，只是建議一個空泛的、明顯的概念，就是「將壓艙物空間與登船板結合」[45]。

## （四）貢獻眾所周知觀念：Nartron Corp. v. Schukra案

在Nartron Corp. v. Schukra U.S.A., Inc.案[46]中，系爭專利爲一汽車座位系統，可提供按摩功能。該案爭執點在於，未將Benson先生列爲共同發明人。Benson先生的貢獻在於一個腰部支撐調整的延長設計，其從椅背向外延伸到乘坐者的脊椎彎曲處。聯邦巡迴上訴法院認爲，這個貢獻不過只是運用所屬技藝領域中之通常知識，且指出這種延伸設計已經是既有的車子

---

[39] Id. at 1381.
[40] Bradley M. Krul, The "Four Cs" of Joint Inventorship: A Practical Framework for Determining Joint Inventorship, 21 J. Intell. Prop. L. 73, 88 (2013).
[41] Garrett Corp. v. United States, 422 F.2d 874, 881 (Ct. Cl. 1970)
[42] Id. at 869-870.
[43] Id. at 879.
[44] Id. at 870.
[45] Id.
[46] Nartron Corp. v. Schukra U.S.A. Inc., 558 F.3d 1352 (Fed. Cir. 2009).

座椅的一部分[47]。法院強調Benson先生的貢獻，相對於整個發明的完整大小而言，並不重要（insignificant）[48]。法院說明，該發明的關鍵並非座椅本身的結構，而是該控制該座椅之控制模組的結構和功能[49]。此外，法院指出，該專利說明書中在20行中只提到一次延伸設計[50]。

### （五）解釋現行技術狀態：Hess v. Advanced Cardiovascular Systems案

在Hess v. Advanced Cardiovascular Systems, Inc.案[51]中，兩位醫生發明了氣球血管擴張術用之導管，但兩位醫生就氣球不知道該使用何種適當材料。因而他們向一位工程師Hess先生請求諮詢，他建議使用一種特殊的材料，而後兩位醫生因而申請取得專利[52]。該案中，Hess先生認爲他應就其貢獻而成爲共同發明人，但法院認爲其不具備發明身分，因爲其所爲，不過是將所有屬技藝領域中具有通常知識者的眾所周知原則加以貢獻[53]。因此，法院認爲其貢獻不具備發明性（inventiveness）。

---

[47] Id. at 1357.
[48] Id. at 1357-1358.
[49] Id. at 1358.
[50] Id.
[51] Hess v. Advanced Cardiovascular Sys., Inc., 106 F.3d 976 (Fed. Cir. 1997).
[52] Id. at 977.
[53] Id. at 981.

# 第二節 錯列發明人之更正

美國在1952年制定專利法前，若有發明人錯誤的情形，將導致專利無效[1]。但1952年所制定的專利法，在第256條允許提出發明人資訊更正訴訟，只要該錯誤不帶有詐欺意圖（deceptive intention），專利不因此無效。美國專利法第256條乃發明人錯誤更正的規定。2012年修正後之第256條(a)規定爲：「錯將他人列爲發明人，或者錯誤遺漏了發明人，所有當事人和受讓人共同提出申請，專利商標局長，可基於事實證據或其他所規定之要件，發給證書，更正此錯誤。[2]」第256條(b)規定：「漏列發明人，或列了錯誤發明人，如果可透過此條規定加以更正，該專利不應而無效。將此問題訴諸法院時，法院在通知並聽取所有當事人意見後，可命令更正該專利，專利商標局長應重發專利證書。[3]」

根據第256條(a)規定兩種情形，一種是錯誤列入（misjoinder），另一種是錯誤漏列（nonjoinder）。

## 一、更正發明人資訊訴訟

在美國，被漏列的發明人自己，可以獨立根據第256條，請求更正發明人資訊。或者也可將其對發明之權利轉讓予他人，由受讓人代爲提起第256條之更正請求。

以下二之案例，討論錯誤漏列之發明人，主動請求第256條之更正，

1 Christopher McDavid, I Want a Piece of That! How the Current Joint Inventorship Laws Deal with Minor Contributions to Inventions, 115 Penn St. L. Rev. 449, 456 (2010).

2 35 U.S.C. § 256(a)("(a) Correction.— Whenever through error a person is named in an issued patent as the inventor, or through error an inventor is not named in an issued patent, the Director may, on application of all the parties and assignees, with proof of the facts and such other requirements as may be imposed, issue a certificate correcting such error.").

3 35 U.S.C. § 256(b)("(b) Patent Valid if Error Corrected.— The error of omitting inventors or naming persons who are not inventors shall not invalidate the patent in which such error occurred if it can be corrected as provided in this section. The court before which such matter is called in question may order correction of the patent on notice and hearing of all parties concerned and the Director shall issue a certificate accordingly.").

所需具備之適格性問題；其次三之案例則討論，潛在的侵權被告，得到漏列發明人之權利轉讓後，主動代爲請求第256條之更正，希望將來也成爲共同專利人，而毋庸負侵權責任。

## 二、主動提起第256條之適格性：Shukh v. Seagate案

如果一個發明人將所有系爭發明的權利都轉讓給他人，則他或他的受讓人，就沒有任何系爭專利上的財產利益，足以具有當事人適格而提起更正發明人資訊訴訟。過去聯邦巡迴上訴法院有一個非常重要的判決先例Filmtec Corp. v. Allied-Signal, Inc.案[4]。根據Filmtec案之見解，由於員工已經在僱傭契約中將所有發明權利轉讓給公司，故不具備所有人利益與財產利益[5]。

但以下介紹的2015年聯邦巡迴上訴法院的Shukh v. Seagate Tech., LLC案，卻推翻上述見解，認爲若只轉讓財產利益，仍然具有名譽利益，故仍可提出第256條之更正發明人資訊訴訟。

2015年10月，美國聯邦巡迴上訴法院做出Shukh v. Seagate Tech., LLC案[6]判決中，Shukh博士剛到任時，簽署了Seagate公司標準的僱傭契約（At-Will Employment, Confidential Information, and Invention Assignment Agreement）。在該契約中，Shukh博士同意「在此，將所有在Seagate期間發明的權利、地位、利益都轉讓給Seagate」。另外，Seagate公司政策乃禁止Seagate的員工，在任職期間對自己的發明自行申請專利。他們若有發明，被要求塡寫「員工發明揭露表格」（Employee Invention Disclosure Forms），交給Seagate的智慧財產部門。發明人須在表格中確認該發明的共同發明人包括誰。智慧財產部門會將表格轉送給內部的專利審查委員會（Patent Review Board），由其決定是否申請專利，或者以營業秘密

4 Filmtec Corp. v. Allied-Signal, Inc., 939 F.2d 1568 (Fed. Cir. 1991).
5 Id. at 1573.
6 Shukh v. Seagate Tech., LLC, 2015 U.S. App. LEXIS 17311, at 2 (Fed. Cir. 2015).

方式保護[7]。

2009年時，Shukh博士被裁員。Shukh博士離職後找工作不順，也怪罪前公司似乎散布他不利訊息害他找不到工作，故對前公司提起訴訟。

Shukh博士主張，Seagate公司至少六件專利（美國專利號第7,233,457號、第7,684,150號、第6,525,902號、第6,548,114號、第6,738,236號和第7,983,002號專利）以及四件申請中的專利，皆與半導體有關，而他有所貢獻，但公司未將他列爲發明人。此外，他也主張，Seagate公司因他的國籍而在任職期間對他有所歧視，也因爲他對此歧視申訴，公司才將他解聘[8]。

Seagate公司對於此訴訟，一開始的答辯，乃要求駁回第256條更正發明人資訊的訴訟，主張Shukh欠缺訴訟適格（standing）。Shukh博士提出他有三種訴之利益，一是專利所有人之利益，二是財產利益，三是名譽上之利益。地區法院對此爭議，先做出裁定，認爲Shukh博士因爲在僱傭契約中已經將所有發明權益轉讓給公司，故欠缺所有人利益及財產利益。不過，倘若Shukh博士眞的未被列爲發明人，的確會有名譽上之損害，故具有訴訟適格[9]。

該案上訴到聯邦巡迴上訴法院後，由Moore法官撰寫審判意見。Moore法官首先提出，要具有訴訟適格，原告被需證明，他遭受事實上之損害（injury-in-fact），該損害與所爭執之行爲有關，且可透過有利判決救濟該損害[10]。且該主張之損害，必須具體且特定（concrete and particularized）[11]。

過去聯邦巡迴上訴法院有一個非常重要的判決先例Filmtec Corp. v. Allied-Signal, Inc.案[12]。根據Filmtec案之見解，由於員工已經在僱傭契約

---

7 Id. at 3.

8 Id. at 4-5.

9 Id. at 5-6.

10 Chou v. Univ. of Chi., 254 F.3d 1347, 1357 (Fed. Cir. 2001).

11 Lujan v. Defenders of Wildlife, 504 U.S. 555, 560 (1992).

12 Filmtec Corp. v. Allied-Signal, Inc., 939 F.2d 1568 (Fed. Cir. 1991).

中將所有發明權利轉讓給公司，故不具備所有人利益與財產利益[13]。地區法院就是根據此一判例，而認爲僱傭契約中Shukh博士已將所有人利益和財產利益轉讓出去，因而沒有資格根據第256條提出訴訟。Moore法官指出，由於Filmtec案是一個判決先例，本案只是由巡迴上訴法院的三人法庭所審理，其無權推翻Filmtec案；只有聯邦巡迴上訴法院全院法庭審理（en banc），方有權限推翻該判決先例[14]。

其次，Shukh博士認爲，其仍然具有名譽上的損害，故具有提起第256條請求之訴訟適格。他認爲，若能對事實進行審判，陪審團有可能會發現，因爲他未被列爲系爭專利發明人，他的名譽確實受到損害。Moore法官認爲，過去的案件中，從來沒有討論過，若只有名譽上之損害，是否足以具備訴訟適格。而本案中，其認爲，如果有具體且特定的名譽上損害（concrete and particularized reputational injury），確實就具備訴訟適格[15]。

Moore法官指出，若被認爲是重要發明之發明人，是在其領域上成功的一種標誌。如果被指名爲發明人，通常也會伴隨著金錢利益的到來。尤其，若發明人乃是在該發明所屬領域中任職，或欲謀求該領域之工作，是否爲發明人確實會產生影響。例如，如果原告可以證明，被列爲發明人，將影響其工作之任用，則其所宣稱的名譽上損害，也很可能會有財產損害成分，那就足以具備訴訟適格[16]。

不過，地區法院卻以即決判決方式，認爲沒有事實爭議，而駁回Shukh博士之訴訟。但Moore法官發現，究竟Shukh博士未被列爲發明人是否會造成名譽上之損害，確實有事實上之爭議。

根據Shukh博士所提出證據，若進行審判，陪審團有可能會發現，被漏列爲發明人至少在二方面造成名譽上損失：（一）其傷害了他作爲半導體物理界之發明人的名譽；（二）其會導致他人更加認定，他會指控同事

[13] Id. at 1573.
[14] Shukh v. Seagate Tech., LLC, 2015 U.S. App. LEXIS 17311, at 7.
[15] Id. at 8.
[16] Id. at 8-9.

竊取其工作成果，是一個不好的團隊工作者，此也傷害了他的名譽。而且，Shukh博士也已經提出證據，若進行審判後陪審團有可能會發現，這些名譽上的傷害，帶來經濟上的後果，使Shukh博士在被Seagate解僱後找不到其他工作[17]。

最後，聯邦巡迴上訴法院撤銷地區法院認爲原告不具有第256條更正發明人資訊之訴訟適格的即決判決，並發回重審[18]。

## 三、潛在侵權被告取得發明人之權利轉讓請求更正：TriReme v. AngioScore案

美國專利法第262條規定：「除另有約定外，一專利的每一共同所有人，均可製造、使用、提供銷售、銷售或進口該獲得專利之發明，毋庸獲得其他所有人之同意，或向其他所有人報告。[19]」

因此，倘若一專利在申請時，沒有正確將所有發明人列爲共同發明人，而只列部分發明人，則被漏列之發明人，事後可將發明相關權利轉讓或授權給其他人。實務運作上，常常出現，潛在侵權被告發現最初申請時漏列了發明人，想辦法取得漏列發明人之權利轉讓，代爲主張第256條之更正，要求將漏列者改爲共同發明人。在更改成功後，由於侵權人已經獲得漏列發明人之權利轉讓或授權，所以其也可以自由使用該專利，故原本專利權人的侵權訴訟將敗訴。前述2001年的Acromed Corp. v. Sofamor Danek Group案就是採取此種策略。而以下介紹2016年之TriReme v. Angio-Score案，被控侵權被告也是採取此種策略。

美國聯邦巡迴上訴法院2016年2月，判決TriReme v. AngioScore案[20]，涉及契約對研發成果歸屬產生爭議的問題。該案中，AngioScore

---

[17] Id. at 9.

[18] Id. at 20.

[19] 35 U.S.C. § 262 ("In the absence of any agreement to the contrary, each of the joint owners of a patent may make, use, offer to sell, or sell the patented invention within the United States, or import the patented invention into the United States, without the consent of and without accounting to the other owners.").

[20] TriReme Medical, LLC v. AngioScore, Inc., 2015-1504 (Fed. Cir., Feb. 5, 2016).

公司主張，自己單獨擁有美國專利號第8,080,026號、第8,454,636號及第8,721,667號專利（以下簡稱系爭專利）。AngioScore公司販售一系列的氣球血管擴張術用之導管，稱為AngioSculpt產品（以下或簡稱系爭產品）。AngioSculpt產品的裝置，乃是要進入動脈中，並且在阻塞處讓氣球擴張。氣球表面包覆了金屬螺旋，當氣球膨脹時會展開，並且記錄流經阻塞動脈的血小板。然後氣球消氣，並將導管從動脈中抽出。

AngioScore公司的三項專利都與此觀念有關。當時申請專利列了三位發明人： Konstantino博士、Feld博士和Tzori博士。但並未將Lotan博士列為發明人。Lotan博士當時提供AngioScore公司諮詢服務。

TriReme公司與AngioScore公司是競爭對手。TriReme公司擔心AngioScore公司會針對自己的產品，要求支付三項專利的權利金，因此，TriReme公司想從Lotan博士處取得相關專利之權利。2014年6月，Lotan博士簽署了一契約，將其對系爭專利的所有權利，都專屬授權給TriReme公司。Lotan博士證詞主張，經專屬授權後，他對系爭專利並未保留任何財產利益。

如果Lotan博士是系爭專利的發明人，而TriReme取得他的利益，TriReme公司就可以實施系爭專利，且可作為侵權之抗辯。TriReme公司主張，Lotan博士已將系爭專利之權利轉讓給TriReme公司，因而提起訴訟，請求更正發明人姓名，依據美國專利法第256條，將Lotan博士列為發明人。

本案中對研發成果轉讓或授權之約定，主要規定在契約第9條，第9條(a)約定了2003年5月1日以前Lotan博士的工作成果，第9條(b)約定了簽約日之後Lotan博士的工作成果歸屬。其內容如下：

第9條(a)（保留與授權之發明）：「顧問可將所有顧問在簽署本契約之前所完成之發明、自己原創工作、發展改良、營業秘密等（統稱為『先前發明』），屬於顧問自己或顧問與他人，且與公司現在或未來事業、產品或發展有關者，列於附件C。如果沒有附上附件，表示顧問認為沒有這種「先前發明」。如果在顧問提供服務過程，顧問將顧問所擁有或有利益之先前發明，整合進公司產品、製成或機器或任何發明，公司在此獲得非專屬授權及再授權權利，可作爲這類產品、製程、機器或發明的部分或相關聯之用途，製造、既已製造、重製、修改、創作衍生作品、使用、銷售或其他方式散佈這些先前發明。」

第9條(b)（轉讓之發明）：「顧問同意，立即向公司揭露並在此轉讓給公司或其代表，所有顧問在此契約有效期間，與服務有關，顧問單獨或共同構思（conceive）、發展（develop）、付諸實現（reduce to practice）之所有發明（invention）、原始工作、發展（development）、概念、know-how、改良（improvement）或營業秘密，不論是否具有專利適格性，之所有權利、資格、利益（統稱爲『發明』）。」

在2003年5月1日簽約之前，Lotan博士曾經做過一天的實驗，將AngioSculpt產品的原型，用在豬隻動脈上。在該實驗中，Lotan博士發現一個明顯的滯留問題，就是氣球表面的金屬螺旋，在抽離豬動脈時，會從導管上脫離。Lotan博士懷疑此問題起於，該螺旋只固定在氣球的一端，另一端屬於自由活動，讓螺旋可以隨氣球的擴張和收縮而活動。觀察到此問題後，Lotan博士在備忘錄上記下，強調收縮的問題，並建議未依附的一端應該要更加確保能夠附合。根據Lotan博士的證詞，後來與AngioScore公司的二次開會，他都建議未依附的一端，要以聚合管固定於氣球上，他相信這可以更確保該螺旋與氣球之附合，也可讓氣球在擴張與收縮時螺旋同步擴張收縮。後面的建議，後來成爲專利的內容，亦及在導管上增加了Lotan博士建議的附加裝置。

AngioScore在地區法院時主張，Lotan博士在豬隻實驗上的工作，符合了顧問契約中所謂的發明、發展、改良，且與AngioScore公司的事業有關，且是在簽約日之前由Lotan博士所完成。因此，Lotan博士理應將豬隻實驗列入附件C，但既然沒有列入，就變成將該成果轉讓給AngioScore公司，而不只是授權而已。地區法院同意，由於顧問契約中，第9條(a)與第9條(b)合併，就是要將Lotan博士的發明貢獻轉讓給AngioScore公司，只要他沒有將豬隻實驗列入附件C中。

但是，聯邦巡迴上訴法院不同意地區法院的看法。其認爲，第9條(a)的意思，是當顧問將先前發明在顧問契約期間，整合進AngioScore產品時，授予AngioScore公司非專屬授權。這項授權並非專屬授權，也沒有排除Lotan博士不能事後將他的研發之利益轉讓給TriReme公司。簡言之，地區法院由於錯誤解釋契約第9條(a)，所以認爲Lotan已將權利都轉讓給AngioScore公司。

另外，上訴法院認爲，到底Lotan博士的工作是否被是第9條(b)所規範，存在事實爭議，而不可以裁定駁回。因此，上訴法院將本案發回地區法院，要求地區法院繼續審理，究竟Lotan博士在簽約日後繼續對系爭產品的工作，是否落入契約第9條(b)之範圍。

## 四、將使專利無效或無法實施

在一侵權訴訟中，被告也可抗辯系爭專利發明人不正確。只要在訴訟中證明錯列發明人資訊，將導致專利無效。

爲何漏列發明人資訊將導致專利無效？原本美國專利法第102條(f)規定：「除非有下列情形，申請人有權取得專利：……他並非自己發明其所申請之標的。[21]」而聯邦巡迴上訴法院於1998年的Pannu v. Iolab Corp.案[22]中，說該條的「他」指的是申請文件中列名的人[23]。而第102條(f)要求應列出正確的發明人[24]。因而，列出正確發明人原本爲美國專利有效性之要件之一。但2012年美國發明法案修正時，將第102條(f)刪除。但根據修法說明[25]，認爲該條刪除並無礙於其他既有之運作，表示錯列發明人仍然將導致專利無效。

倘若在侵權訴訟中，法院認定發明人資訊錯誤，此時法院會根據第

[21] 35 U.S.C. 102(f)(" A person shall be entitled to a patent unless -...(f) he did not himself invent the subject matter sought to be patented.").

[22] Pannu v. Iolab Corp., 155 F.3d 1344 (Fed.Cir.1998).

[23] Id. at 1349.

[24] Id. at 1349-1350.

[25] Dennis Crouch, With 102(f) Eliminated, Is Inventorship Now Codified in 35 U.S.C. 101? Maybe, but not Restrictions on Patenting Obvious Variants of Derived Information, October 4, 2012, https://patentlyo.com/patent/2012/10/with-102f-eliminated-is-inventorship-now-codified-in-35-usc-101.html.

256條(b)，主動通知並聽取所有當事人意見後，看其是否願意請求更正發明人資訊。若被漏列之發明人無意願提出請求，則法院會主動判決該專利無效。若被通知之漏列發明人願意提起第256條之請求，則法院再進一步決定是否允許更正。若所有共同發明人當初申請時均意圖欺騙專利商標局，亦即沒有善意無辜的發明人時，法院則不准更正發明人資訊。一般認爲，除非被漏列發明人當初不列名具有欺騙意圖（intent to deceive），否則均可請求更正發明人資訊[26]。

美國專利法在2012年修法前，原本的專利法第256條規定爲：「當因錯誤在專利申請案中將一自然人被列爲發明人，或因錯誤一發明人未被列於專利申請案中，只要此錯誤就他來說並沒有欺騙意圖（deceptive intention），所有當事人和受讓人共同提出申請，專利商標局長，可基於事實證據或其他所規定之要件，發給證書，更正此錯誤。[27]」但2012年美國發明法案修正時，將第256條(a)所提到的「沒有欺騙意圖」等字眼刪除。但一般認爲[28]，其無法改變法院對於誠實與不正行爲之長期看法。因此，漏列發明人有欺騙意圖，仍然無法請求更正發明人資訊。

---

[26] Christopher McDavid, supra note 1, at 456.

[27] 35 U.S.C.A. § 256 (November 2, 2002 to September 15, 2012)(“§ 256. Correction of named inventor

Whenever through error a person is named in an issued patent as the inventor, or through error an inventor is not named in an issued patent and such error arose without any deceptive intention on his part, the Director may, on application of all the parties and assignees, with proof of the facts and such other requirements as may be imposed, issue a certificate correcting such error....”).

[28] Kevin E. Noonan, The Disappearance of Deceptive Intent in S. 23, March 23, 2011, http://www.patentdocs.org/2011/03/the-disappearance-of-deceptive-intent-in-s-23.html.

# 第三節　政府補助大學研究之專利權歸屬：2011年Stanford v. Roche Molecular案

## 一、背景

### （一）發明人為申請人

美國專利法對於專利權的申請，採取一重要原則，就是申請人必須是眞的發明人，亦即只能是自然人提出申請，而不能是公司機構。美國專利法第101條規定：「任何人發明或發現任何新穎而有用的程序、機器、製造品或組合物……可以根據本法取得專利。[1]」

而專利法第111條(a)(1)規定，必須由發明人或其授權之人，提出專利申請[2]。且專利法第115條規定，發明人必須宣誓，他相信自己是所申請發明的原始發明人[3]。之後專利申請核准後，專利權則可透過轉讓，專利證書直接發給登記於專利商標局的發明人之受讓人[4]。因此，雖然發明人可透過書面轉讓，將其權利轉讓給所屬公司或第三人，但最初的申請人必須是發明人。

### （二）拜杜法

1980年，美國國會通過了拜杜法（Bayh-Dole Act），正式名稱爲1980年大學與小企業專利程序法（University and Small Business Patent Procedures Act of 1980）。其目的乃爲了鼓勵大學將受美國聯邦政府資助之研究成果申請專利，而將研究成果的專利申請權，歸屬於受資助機構，

---

[1] 35 U.S.C. § 101.

[2] 35 U.S.C. § 111(a)(1)("(1) Written application.— An application for patent shall be made, or authorized to be made, by the inventor, except as otherwise provided in this title, in writing to the Director.").

[3] 35 U.S.C. § 115(b).

[4] 35 U.S.C. § 152("Patents may be granted to the assignee of the inventor of record in the Patent and Trademark Office, upon the application made and the specification sworn to by the inventor, except as otherwise provided in this title.").

而非聯邦政府。

具體來說，該法先定義了「承攬人」（contractors）與「受資助發明」（subject invention）的定義。所謂承攬人，乃指任何簽署資助協議的自然人、小企業或非營業組織[5]。而所謂的「受資助發明」，指承攬人在資助協議中，首次構思或付諸實施的發明[6]。進而，拜杜法規定，承攬人內負責專利事務的專員，在得知受資助發明的合理期間內，應向聯邦機構揭露每一個受資助發明[7]。而專利法第202條(a)規定，承攬人在為該揭露後，承攬人可以「選擇保留該受資助發明的權利」（elect to retain title to any subject invention）[8]。其必須在揭露的二年內，以書面方式正式選擇保留該發明之權利[9]。且承攬人必須在法律期限內（揭露的一年內）提出專利申請[10]。

美國拜杜法規定，受政府資助之受資助者，可選擇保留該研發成果專利。但此一規定，是否即表示，受資助者（史丹佛大學）不需與其研究人員約定專利權利歸屬？

美國專利法第202條(a)規定，受政府資助之發明，承攬人在向政府揭露發明成果後，承攬人可以「選擇保留該受資助發明的權利」[11]。規定表面上看起來，是規範受聯邦政府資助的研發成果，應歸屬於受資助機關，亦即承攬人。但是，受資助的機關，是否當然就可以取得研發成果的專利權？美國聯邦最高法院2011年的Stanford v. Roche Molecular Sys.案[12]，就是處理此一爭議。

美國最高法院判決指出，拜杜法之規定，並沒有排除專利法中發明成果歸屬於發明人之原則，因此，縱使拜杜法規定，受資助者可選擇保留該

---

[5] 35 U.S.C. § 201(c).
[6] 35 U.S.C. § 201(e).
[7] 35 U.S.C. § 202(c)(1).
[8] 35 U.S.C. § 202(a).
[9] 35 U.S.C. § 202(c)(2).
[10] 35 U.S.C. § 202(c)(3).
[11] 35 U.S.C. § 202(a).
[12] Bd. of Trs. v. Roche Molecular Sys., 131 S. Ct. 2188 (2011).

研發成果，但不必然表示，此研發成果歸屬於受資助者，還是可能歸屬於直接發明人。

## 二、事實

### （一）史丹佛大學與民間公司合作研發

1985年，加州一家小研發公司Cetus，開始研發人類免疫缺乏症候群病毒（HIV）的血液測量病毒數量的方法。其檢測方法，主要採用了聚合酶連鎖反應（Polymerase Chain Reaction, PCR）技術，該技術可讓一點血液樣本，複製出數十億的DNA序列。1988年起，Cetus公司開始與史丹佛大學傳染病學系的科學家合作，以該方法檢測新愛滋病藥物的有效性。Mark Holodniy博士，約在1988年起，成爲該系的研究員。他與學校簽署了著作權與專利協議（Copyright and Patent Agreement, CPA），同意將所有受僱期間的研發成果的「權利與利益」（right, title and interest），轉讓（assign）給史丹佛大學[13]。

在史丹佛期間， Holodniy博士計畫使用聚合酶連鎖反應技術，改善檢測血液樣本中HIV病毒數量的方法。但因Holodniy博士並不熟悉聚合酶連鎖反應技術，他的主管安排他進Cetus公司進行研究。而在進到Cetus公司內研究前，該公司也要求Holodniy博士簽署一份「訪問者保密協議」（Visitor's Confidentiality Agreement, VCA）。該協議內容爲，Holodniy博士同意「將轉讓且現在轉讓」（will assign and do hereby assign）給Cetus公司，他在此公司期間產出的所有概念、發明與改良的權利與利益（right, title and interest in each of the ideas, inventions and improvements）[14]。

接下來的九個月，Holodniy博士在Cetus公司期間，成功設計了一個以聚合酶連鎖反應技術爲基礎的程序，來計算病人血液中的HIV病毒量。

---

[13] Id. at 2192.
[14] Id. at 2192.

該技術讓醫生可以判斷HIV治療法對病人是否有效。後來Holodniy博士回到史丹佛大學，繼續實驗他的測量技術[15]。

由於史丹佛大學關於HIV檢測技術，乃受到美國國家衛生研究院（National Institutes of Health, NIH）資助，須適用前述的拜杜法。因此，史丹佛大學根據該法，向國家衛生研究院揭露該項受資助發明，並選擇保留所有發明之權利[16]。史丹佛大學在後來幾年，與參與這項技術實驗改良的研究人員（包括Holodniy博士），均簽署了轉讓協議，並提出了數件專利申請案，最後史丹佛大學取得了三件HIV測量程序的專利[17]。

### （二）史丹佛大學控告Roche公司

1991年時，另一家專門研究診斷血液篩選的公司Roche Molecular Systems，收購了Cetus公司與聚合酶連鎖反應技術有關的所有技術資產，包括與Holodniy博士簽署的保密協議所獲得的所有權利。後來，Roche公司就將HIV測量方法，開始進行商業販售。

2005年時，史丹佛大學的信託委員會（Board of Trustees of Stanford University），決定向Roche公司提起訴訟，主張Roche公司銷售的HIV檢測方法，侵害了史丹佛大學的專利。Roche公司則答辯，因爲Holodniy博士所簽署的訪問者保密協議中，已經將他的權利轉讓給Cetus公司（後由Roche公司買下），故Roche公司是HIV檢測技術的共有擁有者。因此，其認爲史丹佛大學欠缺提起專利侵害的當事人適格。但史丹佛大學反擊，主張Holodniy博士已經沒有權利可以轉讓給Cetus公司，因爲根據拜杜法，因爲該項受資助發明乃由史丹佛大學原始取得[18]。

### （三）地區法院判決

本案一審爲加州北區地區法院。法院認爲，雖然Holodniy博士簽署的

---

[15] Id. at 2192.
[16] Id. at 2193.
[17] Id. at 2192.
[18] Id. at 2193.

「訪問者保密協議」，將權利轉讓給Cetus公司，但因爲拜杜法本身，就讓承攬人（史丹佛大學）可選擇保留該受資助發明的專利申請權，因此，Holodniy博士根本沒有權利可以轉讓給Cetus公司。地區法院解釋，根據拜杜法，只有當資助契約的承攬人和政府，都放棄該項專利權，原本的發明人才可取得發明的權利[19]。

### （四）上訴法院判決

本案上訴到聯邦巡迴上訴法院後，法院推翻了地區法院的見解。法院認爲，Holodniy博士與史丹佛大學簽署的「著作權與專利協議」，只是承諾未來會將相關權利轉讓給史丹佛大學；但是Holodniy博士與Cetus公司簽的「訪問者保密協議」，卻是現在就將發明相關權利轉讓給Cetus公司。因此，從契約法來看，應該是由Cetus公司取得了相關發明的權利[20]。

其次，上訴法院認爲，美國專利法的原則，就是專利申請人只能是發明人，而拜杜法也是專利法的一部分，並沒有打破這個原則，因此，拜杜法並沒有取消受聯邦資助之發明的發明人權利，因此Holodniy博士的確可轉讓其權利給Cetus公司[21]。因此，被告Roche公司對系爭專利亦擁有權利，故史丹佛大學提起專利侵害之訴，不具當事人適格[22]。

## 三、最高法院判決

本案又上訴到聯邦最高法院，最高法院以7票比2票，支持聯邦巡迴上訴法院的看法。該案判決由首席大法官Roberts撰寫。

### （一）美國專利法由發明人原始取得專利申請權

美國專利法對於專利權的申請，採取一重要原則，就是申請人必須是

[19] Bd. of Trs. v. Roche Molecular Sys., 487 F. Supp. 2d 1099, 1117-19 (N.D. Cal., 2007).
[20] Bd. of Trs. of the Leland Stanford Junior Univ. v. Roche Molecular Sys., 583 F.3d 832, 841-842 (Fed. Cir., 2009).
[21] Id. at 844-845.
[22] Id. at 836-837.

眞的發明人，亦即只能是自然人提出申請，而不能是公司機構。美國專利法第101條規定：「任何人發明或發現任何新穎而有用的程序、機器、製造品或組合物……可以根據本法取得專利。」[23]而專利法第111條規定，必須由發明人或其授權之人，提出專利申請。且專利法第115條規定，發明人必須宣誓，他相信自己是所申請發明的原始發明人[24]。之後專利申請核准後，專利權則可透過轉讓，專利證書直接發給受讓人[25]。因此，雖然發明人可透過書面轉讓，將其權利轉讓給所屬公司或第三人，但最初的申請人必須是發明人。

### （二）承攬人之發明

史丹佛大學主張，拜杜法中對「受資助發明」（subject invention）的定義，乃指「任何履行資助協議之工作而首次構思或付諸實現之『承攬人的發明』（any invention of the contractor）」，而所謂的承攬人的發明，包括了「所有承攬人員工所爲的發明」。但最高法院認爲，既然要強調「of the contractor」，其就不包括承攬人員工的發明。如果要包括承攬人員工的發明，則可以刪除「of the contractor」這幾個字，這樣受資助發明的定義就會改爲「任何履行資助協議之工作而首次構思或付諸實現之『發明』」。因此，所謂承攬人的發明，應該指「承攬人擁有之發明」（invention owned by the contractor）或「屬於承攬人的發明」（invention belonging to the contractor）[26]。但是，前述美國專利法的原則，乃是縱使在僱傭關係下，受僱人的發明，仍然屬於受僱人自己的發明，而非當然屬於僱用人的發明。

另外，在拜杜法的202條(a)中規定，承攬人可以「選擇保留權利」（elect to retain title），但並非使用「賦予其權利」（vest title）。最高法院認爲，既然使用的字眼爲保留，就必須先擁有該權利，才能保留該權

[23] 35 U.S.C. § 101.
[24] 35 U.S.C. § 115(b).
[25] 35 U.S.C. § 152.
[26] Bd. of Trs. v. Roche Molecular Sys., 131 S. Ct., at 2196.

利。因此，最高法院認爲，美國拜杜法並沒有將受聯邦政府資助之發明，賦予承攬人，或授權承攬人片面地取得該發明的權利；拜杜法只是保證，承攬人可以保留其已經擁有的權利[27]。

### （三）仍須透過約定解決專利權歸屬

最高法院另指出，拜杜法中完全沒有規定，當發明的歸屬產生爭議時（例如受僱人或第三人主張其擁有該發明）的爭議解決程序。由於受政府資助的單位，也常常會與其他私人公司合作研發，所以一定會有這種專利權歸屬的爭議。但拜杜法中卻沒有解決爭議的機制。最合理的解釋，就是拜杜法假設，其所適用的「受資助發明」，乃是承攬人已經從發明人那邊取得利益的發明。所以拜杜法只需要處理承攬人與聯邦政府的關係，而無需處理發明人與受僱人的關係[28]。

最高法院也指出，其採取之解釋，也符合現實的運作。大部分受聯邦政府資助的承攬人，都還是會與其員工簽署轉讓協議。而在聯邦機構這邊，通常也要求承攬人要先跟其受僱人簽署轉讓協議。例如本案的美國國家衛生研究院，在其招標案的作業規則中，就說明在美國，發明人擁有發明的權利，所以承攬人在接受補助時，應與受僱人簽署轉讓協議[29]。

美國最高法院結論就是，美國拜杜法的規定，雖然說受資助機構（承攬人）可以選擇保留受資助之發明，但是，其並沒有改變美國專利法的基本原則，就是發明人才是專利申請權人。必須發明人明確地將發明成果轉讓給承攬人，承攬人才能選擇保留該發明權利。因此，最高法院最後判決史丹佛大學敗訴。

## 四、結語

臺灣於1999年通過的科學技術基本法，其中第6條關於政府資助研發

---

[27] Id. at 2197.
[28] Id. at 2198.
[29] Id. at 2199.

成果的歸屬，乃參考美國1980年的拜杜法。科學技術基本法第6條第1項規定：「政府補助、委託、出資或公立研究機關（構）依法編列科學技術研究發展預算所進行之科學技術研究發展……其所獲得之智慧財產權及成果，得將全部或一部歸屬於執行研究發展之單位所有或授權使用，不受國有財產法之限制。」此乃學習美國拜杜法的規定。因而，過去國科會、現在的科技部，對各大學進行的補助，其研發成果，可歸屬於各大學。

但是，這是否就意味者，各大學一定可以取得該受補助之研發成果？

臺灣專利法與美國不同。臺灣專利法第7條第1項：「受雇人於職務上所完成之發明、新型或設計，其專利申請權及專利權屬於雇用人，雇用人應支付受雇人適當之報酬。但契約另有約定者，從其約定。」亦即，在臺灣，僱傭關係下完成的職務上發明，專利申請權及專利權歸屬於雇用人。但是在美國，僱傭關係下完成之發明，專利申請權仍然歸屬於發明人自己。

在大學裡面，大學與大學教授，雖然屬於僱傭關係，但大學教授所爲的研發成果，是否屬於「職務上之發明」，卻容易產生爭議。由於大學教授都是自主從事研究，並沒有主管指揮監督，因此，很難說大學教授從事的研發成果，屬於僱傭關係下職務上之發明。

那麼，若是申請科技部計畫的研發成果，是否當然就屬於職務上之發明？還是根據科學技術基本法第6條第1項，就認爲一定歸屬於「執行研究發展之單位」？

臺灣實務上出現了一個非常有爭議的例子。在智慧財產法院98年度民專訴字第153號民事判決中，長庚大學某教授執行國科會計畫，而取得研發成果，卻自己到美國申請專利，然後辭去長庚大學職務。長庚大學對該教授提起訴訟，爭執系爭專利的歸屬，但是，法院認爲，如何證明系爭專利一定是執行該國科會計畫的產出成果？難以認定，最後判決長庚大學敗訴[30]。

---

30 智慧財產法院98年度民專訴字第153號民事判決。

從這個案例中我們或許可以得到啓發，各大學是否應該開始思考，與老師們簽訂研發成果的歸屬協議。此外，對於究竟某一發明是否屬於國科會補助的產出，也應該有一個具體的認定方式。以免政府出錢資助之研發成果，原始美意是要讓大學自行申請專利並進行商業利用，卻被大學教授中飽私囊。

# 第四章　專利申請駁回之救濟

美國的專利審查程序，包括審查（examination）和再審查（reexamination）。再審查後若被駁回，可向專利審理暨訴願委員會（Patent Trial and Appeal Board）提出訴願（appeal）；若訴願被駁回，可向聯邦巡迴上訴法院或地區法院提起行政訴訟。本章先介紹專利申請被駁回後之訴願及行政訴訟程序。第五章再詳細介紹各種複審程序。

## 專利申請駁回後行政訴訟程序：2012年Kappos v. Hyatt案

### 一、背景

#### （一）美國專利駁回後之訴願程序

在美國申請專利，若遭到美國專利商標局駁回，申請人可以根據美國專利法第134條，至美國專利商標局內的專利審理暨訴願委員會（Patent Trial and Appeal Board）提出訴願（administrative appeal）。此一委員會在舊法時代稱爲聯邦專利訴願暨衝突委員會（Board of Patent Appeals and Interferences）。

#### （二）專利行政訴訟程序

如果該委員會駁回其訴願，專利法則給予專利權人二條救濟管道。

1.根據專利法第141條，可針對該訴願決定，向聯邦巡迴上訴法院提起訴訟。

2.根據舊專利法第145條，可向哥倫比亞特區聯邦地區法院，以美國專利局長爲被告，提起行政訴訟（civil action）；而根據新專利法第145

條，則可向維吉尼亞東區聯邦地區法院提起訴訟[1]。需注意的是，美國並沒有嚴格的行政訴訟與行政法院，所以其法條中所使用的civil action，同時對應於我國的民事訴訟與行政訴訟。

## （三）行政訴訟中能否提出新事證

根據專利法第144條，在第141條訴訟程序中，聯邦巡迴上訴法院必須根據專利商標局所有的行政紀錄，來審查專利商標局的決定[2]。因此，在此種訴訟程序中，申請人並沒有機會提出新的事證。在美國最高法院1999年的Dickinson v. Zurko案[3]中，最高法院認爲，聯邦巡迴上訴法院在處理第141條的訴訟，應適用美國行政程序法（Administrative Procedure Act）第706條，因此，只有當美國專利商標局之決定「無法獲得實質的證據支持」（unsupported by substantial evidence），才能夠推翻專利商標局的決定[4]。

在上述Zurko案中，最高法院也指出，第145條訴訟程序與第141條的訴訟程序不同，申請人可以向地區法院提出在專利商標局申請階段所沒有提出的新事證[5]。在訴訟中能夠提出新證據的機會，對申請人來說非常重

---

1 35 U.S.C. § 145 (“An applicant dissatisfied with the decision of the Patent Trial and Appeal Board in an appeal under section 134 (a) may, unless appeal has been taken to the United States Court of Appeals for the Federal Circuit, have remedy by civil action against the Director in the United States District Court for the Eastern District of Virginia if commenced within such time after such decision, not less than sixty days, as the Director appoints. The court may adjudge that such applicant is entitled to receive a patent for his invention, as specified in any of his claims involved in the decision of the Patent Trial and Appeal Board, as the facts in the case may appear and such adjudication shall authorize the Director to issue such patent on compliance with the requirements of law. All the expenses of the proceedings shall be paid by the applicant.”).

2 35 U.S.C. § 144 (“The United States Court of Appeals for the Federal Circuit shall review the decision from which an appeal is taken on the record before the Patent and Trademark Office. Upon its determination the court shall issue to the Director its mandate and opinion, which shall be entered of record in the Patent and Trademark Office and shall govern the further proceedings in the case.”).

3 Dickinson v. Zurko, 527 U. S. 150 (1999).

4 527 U. S., at 152.

5 527 U. S., at 164.

要，因爲一般而言，美國專利商標局並不接受口頭證詞。

不過，過去最高法院並沒有明確討論，在此訴訟中所能提出的新證據，究竟有無限制，或者地區法院在考量這些證據實應採取何種審查標準。此一問題，在2012年美國聯邦最高法院之Kappos v. Hyatt案，得到回答。

## 二、Kappos v. Hyatt案事實

### （一）事實

1995年，Gilbert Hyatt申請一專利，該專利一共有117項請求項。美國專利商標局審查官認爲每一項專利均欠缺適當書面說明（adequate written description），而駁回其請求。Hyatt因而向專利審理暨訴願委員會提出訴願。最後該委員會核准了其中38項請求項，駁回其餘請求項。Hyatt繼而根據專利法第145條，向聯邦地區法院，以專利商標局局長爲被告，提起行政訴訟[6]。

Hyatt爲了說明自己的專利申請並沒有欠缺適當書面說明，向地區法院提交了一書面宣誓書（written declaration）。在其宣誓書中，Hyatt指出其專利說明書中的部分內容，已經支持了他所申請的請求項。但地區法院卻認爲，其不能接受Hyatt的宣誓書，因爲申請人不可提出新的議題（new issues），尤其是欠缺正當理由可解釋，爲何在之前的專利商標局審理階段（包括訴願階段）未能提出該新事證。由於Hyatt在此第145條訴訟中只提出這一項新證據，且被法院排除，因此，地區法院所接受的證據，跟專利商標局擁有的行政紀錄完全相同。而地區法院對這些證據審查，採取行政程序法中的較寬鬆且順從（deferential）的「實質證據」（substantial evidence）標準，因此最後地區法院做出即決判決（summary judgement），判決美國專利商標局長勝訴[7]。

---

6 Kappos v. Hyatt, 132 S. Ct. 1690, 1695 (2012).

7 Id. at 1695.

Hyatt因此又上訴到聯邦巡迴上訴法院。上訴法院分庭判決認為，美國行政程序法對第145條訴訟所允許提出的新證據，確實有所限制，且地區法院的審查標準，並非「完全重新審查」（wholly de novo）[8]。

進而，聯邦巡迴上訴法院受理此案進行全院審理（en banc），審理結果撤銷了地區法院的即決判決。全院判決認為，國會制定第145條之訴訟，允許專利申請人可在該訴訟中提出新事證，其所受限制，跟一般的民事、行政訴訟相同，就是僅須遵守聯邦證據規則（Federal Rules of Evidence）與聯邦民事訴訟規則（Federal Rules of Civil Procedure），就算申請人欠缺正當理由可解釋為何在專利商標局審理階段未能提出相關證據，仍可提出新證據[9]。此外，全院判決認為，當新的、不一致的證據提出於第145條之訴訟中，地區法院必須採取重新審理（de novo），並將該證據納入考量[10]。

在聯邦巡迴上訴法院全院判決之後，專利商標局長對此案提起上訴，故本案進入聯邦最高法院。最高法院於2012年做出判決，支持上訴巡迴法院之全院判決見解。該判決由Thomas大法官撰寫多數意見書。

## （二）美國專利商標局長的主張

美國專利商標局長主張二點：1.地區法院若要在第145條訴訟程序中接受新證據，必須提出證據者，在之前專利商標局的審理過程中，沒有合理機會（had no reasonable opportunity）所能提出之證據；2.若有人提出新證據時，地區法院只能夠在，該新證據很清楚地證明專利商標局的事實發現錯誤，才能夠推翻專利商標局之決定。這二項主張有一共通前提，就是第145條創造了一特殊程序，與典型的聯邦地區法院的民事、行政訴訟有所不同，因此要採取不同的程序規則。而專利商標局長提出這樣的解釋，乃根據行政法的基礎原則，以及第145條之前舊的專利法規[11]。

---

[8] Hyatt v. Doll, 576 F.3d 1246, 1269-1270 (2009).

[9] Hyatt v. Kappos, 625 F.3d 1320, 1331 (2010).

[10] Id. at 1336.

[11] Kappos v. Hyatt, 132 S. Ct. 1690, 1695-1696.

# 三、最高法院判決

## （一）美國專利法第145條之文字

最高法院並不同意專利商標局長的主張。首先，其從第145條的文字本身討論。該條規定，專利申請人可向局長提起行政訴訟作爲救濟（remedy by civil action against the Director）。又規定，地區法院可以根據案情，判決該申請人是否有權獲得專利，該判決並可授權專利商標局長依照法律之要求頒發專利證書（may adjudge that such applicant is entitled to receive a patent for his invention, as specified in any of his claims involved in the decision of the [PTO], as the facts in the case may appear and such adjudication shall authorize the Director to issue such patent on compliance with the requirements of law.）。從條文上來看，其並沒有對證據的提出加以限制，也沒有對證據的審查採取較嚴格的標準[12]。

## （二）法院須順從專利商標局之事實認定？

專利商標局長在第145條的文字上，並沒辦法找到其主張的依據，因此，局長認爲應該參考行政程序法的精神。其認爲，專利商標局是一個專業機構，其所做決定乃附理由之決策（reasoned decisonmaking）。地區法院在審查專利商標局之決策時，應該順從專利商標局的事實發現[13]。

最高法院指出，在美國行政程序法第706條規定下，對行政機關之決定所爲之司法審查，只能限於行政紀錄（administrative record）[14]。但是專利商標局長也承認，第145條訴訟並不受此限制，故地區法院可以考慮新證據。最高法院認爲，當地區法院接受新證據，就是擔任事實發現者（factfinder）的角色。那麼，要求地區法院對專利商標局之事實認定採取順從的立場，並無道理。因此，最高法院認爲，地區法院應該採取重新審

[12] Id. at 1696.
[13] Id.
[14] 5 U.S.C. § 706.

理（de novo）以認定事實，且其並非行政程序法第706條中所規定的審查法院（reviewing court）[15]。

## （三）必須在之前的行政程序中沒有機會提出的新證據？

此外，專利商標局長主張，當事人應窮盡所有的行政程序，方能提起訴訟，根據此一原則，當事人只有在之前的行政程序中沒有機會提出的證據，方能在訴訟中提出[16]。

但最高法院認爲，第145條訴訟程序並不適用行政程序窮盡原則（principles of administrative exhaustion）。應先窮盡行政程序的目的，是爲了避免過早地干涉行政程序。但是會去使用第145條訴訟，就是已經走完了行政程序。而且，第145條之訴訟，並沒有規定法院可因出現新證據而將該案發回給專利商標局，事實上也不用發回，因爲地區法院本來就有權審理新證據，並且擔任事實發現者的角色。因此，最高法院認爲，在第145條訴訟程序中，地區法院對行政機關之審查，並不用採取順從的審查[17]。

## （四）判決先例的見解

美國專利法第145條的前身，主要是美國1870年的專利法，經1878年修正後的修正條文第4915條（Revised Statute § 4915 (R. S. 4915)）。因此，修正條文第4915條的相關司法解釋，有助於我們瞭解現在第145條的內涵。

但是，相關判例卻有不同見解。1884年的Butterworth v. United States ex rel. Hoe案[18]和1894年的Morgan v. Daniels案[19]，兩案都討論到修正條文第4915條程序的性質，但是兩案的結果卻互相矛盾。

---

[15] Kappos v. Hyatt, 132 S. Ct. at 1696.
[16] Id.
[17] Id. at 1696-1697.
[18] Butterworth v. United States ex rel. Hoe, 112 U.S. 50 (1884).
[19] Morgan v. Daniels, 153 U. S. 120 (1894).

Butterworth案認爲，第4915條程序是一個原始的請求（original civil action），可要求對專利申請決定，進行重新判斷。而Morgan案則認爲，第4915條程序乃是對行政機關決策的司法審查（judicial review of agency action），故應採取較順從的審查標準[20]。

最高法院認爲，其實這二個案子處理的是不同的情況。Butterworth案是專利申請被駁回後，申請人起訴挑戰該駁回決定；而Morgan案涉及的情況則是申請衝突（interference）的問題，亦即專利權歸屬的問題。專利權歸屬衝突的問題，現在由美國專利法第146條處理，已經不是由第145條處理，而專利權歸屬衝突問題，並不允許提出新證據。

在本案中，最高法院所關心的是第145條的問題，第145條允許在地區法院提出新證據，應該採用Butterworth案之見解。因此，地區法院在處理第145條訴訟時，可以考慮所有具證據能力之證據，而非僅能考慮那些在專利商標局審理階段沒有機會提出的新證據[21]。

### （五）最高法院判決結論

因此，最高法院支持聯邦巡迴上訴法院全院判決之見解，認爲，在第145條訴訟程序中提出新證據，只會受到聯邦證據規則（Federal Rules of Evidence）和聯邦民事訴訟規則（Federal Rules of Civil Procedure）之限制，而且如果提出於地區法院的新證據，涉及有爭議的事實問題，則地區法院必須將之前已經提出於專利審理及訴願委員會之證據，加上新證據，進行重新審理[22]。

雖然最高法院好像不支持美國專利商標局之立場，認爲地區法院可在第145條訴訟中接受新證據。但是最高法院也提醒，在接受新證據時，地區法院可以考量，申請人在專利商標局審理階段是否有機會提出該證據，以決定要賦予該新證據多大的證據力與價值[23]。

---

[20] Kappos v. Hyatt, 132 S. Ct. at 1698-1699.
[21] Id. at 1699.
[22] Id. at 1699-1700.
[23] Id. at 1700.

## 四、結語

美國2012年的Kappos v. Hyatt案，處理的是專利申請駁回後提出行政訴訟程序時，專利申請人能否提出新證據的問題。就此問題，臺灣行政訴訟法、智慧財產案件審理法中，均無此種類似規定。智慧財產案件審理法第33條規定：「關於撤銷、廢止商標註冊或撤銷專利權之行政訴訟中，當事人於言詞辯論終結前，就同一撤銷或廢止理由提出之新證據，智慧財產法院仍應審酌之。」其討論的是撤銷專利權之行政訴訟，可以提出新證據。但是申請專利核駁後之行政訴訟，能否提出新證據？法院應如何審理？並無規定。原則上，若無禁止規定，應該表示可以提出新證據，法院也可審酌。

# 第五章　專利複審程序

若專利申請案核准，核准後欲更正請求項，可利用再發證（reissue）程序更正請求項。此外，其他人對核准之專利有效性有所質疑，可利用多方複審程序（inter partes review）及核准後複審程序（post-grant review）向審理暨訴願委員會挑戰該專利有效性。

## 第一節　三種專利複審程序*

美國發明法案之修法，使新複審制度有別於過去再審查制度，具有強烈之審判意味，新修法下之複審程序整體規範與流程雖具有一致性，但仍有部分之運作情況、程序細節以及適用本質之不同，以下先敘述三種領證後複審程序，初步簡介三種複審程序之差異，再分序介紹三種複審程序大體上流程之概述，並藉此引述彼此間因立足點不同而存在之差異。

### 一、三種程序概述

#### （一）多方複審程序（Inter Partes Review, IPR）

新法實施後，多方複審程序於2012年9月16日生效，除取代原有的多方再審查程序外，乃爲一適用於所有已領證專利之審判程序[1]。然而申請多方複審之專利，必須爲專利授權後或已領證之日起算九個月後方可提出，若該專利於領證後九個月內先啓動核准後複審程序，則可啓動多方複審之時點則爲核准後複審程序終止之時[2]。此外，專利商標局長有權於多方複審程序生效時起算之前四年中，每年對於提出多方複審程序之申請數

* 第一節內容，改寫自作者與碩士生黃婷翊發表之期刊論文。

1 USPTO, Inter Partes Review, 2014/12, (Sep. 13, 2015), available at http://www.uspto.gov/blog/director/entry/ptab_update_proposed_changes_to (last visited 2016/10/3) .

2 35 U.S.C. § 311(c)(1)-(2) (2015).

量做出立案之總量管制[3]，因此，若當事人開始普遍選擇多方複審程序，那根據這項規定，每年年初可能都會出現申請人集中遞交多方複審申請，以避免專利商標局對多方複審申請數量限制而被直接退回之情形[4]。申請人挑戰專利無效之理由可根據新穎性或非顯而易見之專利要件，並以專利或公開出版刊物所記載之現有技術作爲請求專利中一項或多項請求項無效之依據[5]。

### （二）核准後複審程序（Post Grant Review, PGR）

核准後複審程序於2012年9月16日生效，僅適用發明人先申請制之專利申請案才適用核准後複審程序[6]，亦即2013年3月16日當天以及該日期後送件申請之專利才適用此程序，如此一來美國專利商標局即可避免實施後一瞬間過多之申請案[7]，畢竟核准後複審程序相較於其他複審程序可提出專利無效之理由較廣泛，同業之間採取核准後複審程序具有相當之策略優勢。申請人可提出之時點乃於專利領證後或重新核發專利證書後起九個月內，而可挑戰專利無效之理由爲專利法第282條所規範之內容，除可根據新穎性以及非顯而易見性，以公開文獻記載和現有專利技術之理由外，亦可依據專利標的之適格性以及專利說明書撰寫作爲審理依據，而專利法第282條亦明文規定專利權人未揭露最佳實施例不再爲專利無效審理之基礎。

---

3 37 C.F.R. § 42.102 (2015).

4 Quinn emanuelurquhart & sullivan,美國國會制定專利訴訟型審查程序，http://www.quinnemanuelcht.com/the-firm/news-events/article-february-2012-patent-litigation-update/，最後瀏覽日：2015年9月26日。

5 35 U.S.C. § 311(b) (2015).

6 USPTO, Post Grant Review, 2014/12, (Sep. 13, 2015), available at http://www.uspto.gov/patents-application-process/appealing-patent-decisions/trials/post-grant-review (last visited 2016/10/3).

7 Hon. Gerald J. Mossinghoff、Stephen G. Kuni、李淑蓮撰文，新的領證後複審程序間接提升美國專利品質新的領證後複審程序間接提升美國專利品質，北美智權報，2013年，http://www.naipo.com/Portals/1/web_tw/Knowledge_Center/Laws/US-74.htm，最後瀏覽日：2015年4月19日。

### （三）涵蓋商業方法專利複審程序（Transitional Program for Covered Business Method Patent Review, CBM）

涵蓋商業方法專利複審程序之定義乃適用於用以實施、經營，或管理金融產品服務之資訊處理或其他操作程序之專利；並不包括技術性之發明專利[8]。此新制主要乃針對近年來美國商業方法專利的濫訴問題，所設計之複審制度，若是專利權人以商業方法專利提起侵權訴訟，被告可以申請涵蓋商業方法專利複審程序，較快速地挑戰系爭專利之有效性[9]。涵蓋商業方法專利複審程序與相關標準乃援引自核准後複審[10]，同於2012年9月16日生效，但仍有部分程序規範存在差異。如涵蓋商業方法複審專利須於領證九個月後方能提出，提出申請之人必須爲系爭專利侵權訴訟中之被控侵權人、利害關係人（real party in interest）或與申請人有密切聯繫之人（privy）；沒有核准後複審程序僅適用發明人先申請制之限制，但進行涵蓋商業方法專利複審之專利若爲先發明制下之領證專利，則對於新穎性或非顯而易見性之先前技術引證，則須遵從舊法（pre-AIA）之規定[11]。此外，涵蓋商業方法專利複審程序乃爲過渡期之制度，如同先前所提，係爲解決近期美國商業方法專利之濫訴問題，故設有落日條款，將於2020年9月16日停止使用[12]。

## 二、複審程序之流程

發明法案實施後，三種複審程序之流程具有一致性，於複審立案與否之決定前，申請人須先依照各複審制度之提出規定，提交書面資料，此書

[8] AIA § 18(d)(1) (2011).

[9] 楊智傑，北美智權報，涵蓋商業方法專利複審程序最終書面決定之審查：聯邦巡迴上訴法院Versata v. SAP案，http://www.naipo.com/Portals/1/web_tw/Knowledge_Center/ Infringement_Case/publish-165.htm，最後瀏覽日：2015年9月26日。

[10] AIA § 18(a)(1) (2011).

[11] AIA § 18(a) (2011).

[12] USPTO, Transitional Program For Covered Business Method Patents, 2014/12, (Sep. 27, 2015), available at http://www.uspto.gov/patents-application-process/appealing-patent-decisions/trials/transitional-program-covered-business (last visited 2016/10/3).

表5-1 複審程序初步簡介差異表

| | IPR | PGR | CBM |
|---|---|---|---|
| 生效日期 | 2012/9/16 | 2012/9/16 | 2012/9/16 |
| 申請時點 | 專利領證九個月後；PGR程序結束後 | 專利領證後九個月內；再核發專利證書後九個月內 | 專利領證九個月後 |
| 適用專利範圍 | 任何已領證專利 | 先申請制之領證專利 | 任何已領證專利 |
| 專利無效理由 | 35U.S.C.102或103（新穎性／進步性） | 任何專利無效理由 | 任何專利無效理由 |
| 落日條款 | 無 | 無 | 2020/9/16 |

資料來源：35 U.S.C. Chapter 31 & 32 (2015)；本研究自行整理。

面資料之申請將會由美國專利商標局對專利權人進行通知。專利權人在收到專利商標局之通知後，須於三個月內選擇是否提交初步回應並檢附相關佐證，專利商標局局長於收到專利權人之初步回應後三個月內，則須做出是否立案之決定。

專利審理與訴願委員會一旦決定立案，基本上須於一年內做出最終決定，除非具有合理之情況，專利與訴願委員會方可延長程序審理時間，但延長時間不得超過六個月[13]。以快速的審查機制解決專利權衝突之問題，此乃美國發明法案下複審程序訂立之目的之一，並加強行政制度以取代聯邦地方法院於專利訴訟之負擔。然複審程序經啓動後，專利權人須於三個月內回覆並提出更正，此階段亦爲專利權人之事證開示期間；專利權人提出回覆後，則進入申請人針對專利權人書面回應內容，提出回覆並反對專利權人更正之階段，此階段則爲申請人事證開示期間；申請人回應後則爲專利權人最後一次針對申請人提交之書面內容提出反駁之機會，此階段專利權人僅有一個月的時間準備回覆內容，專利審理與訴願委員會於收到回覆後，則進入雙方提出將證據列入觀察或排除期間，並等待口頭審理時

[13] 35 U.S.C. § 316(a)(11) (2015).

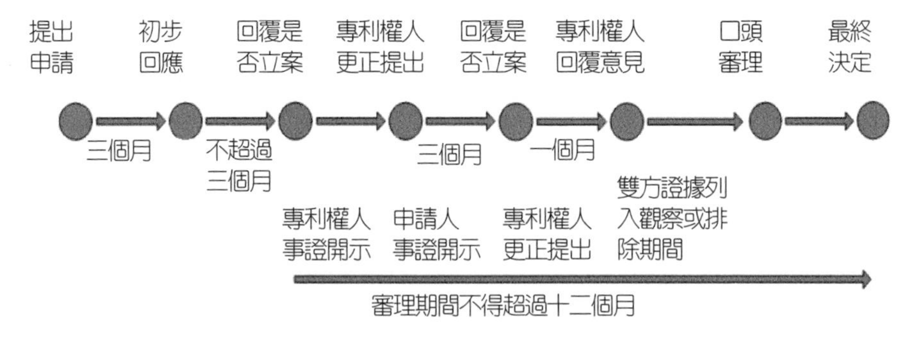


**圖5-1　複審程序之簡要流程**

資料來源：77 F.R. 48757 (2012)；本研究自行整理。

程，最後階段，專利審理與訴願委員會將做出最終決定[14]。大體上之程序內容請參考圖5-1的複審程序之簡要流程。

複審程序從立案至最終決定須於12個月完成，若包含程序啓動前之前置流程，從申請人提出申請後至最終審理時間大約18個月，尙未包含合理情況下專利審理與訴願委員會可延長六個月之時間。若對於最終決定不服者，後續上訴至聯邦巡迴上訴法院之程序更耗費時日，儘管於此，複審程序相較於聯邦地方法院之無效訴訟還是顯得簡便有力，畢竟行政與訴訟兩者間審理性質不同，出發之角度與程序複雜度亦有所差異。而過去行政審查制度已不能提供足夠的應對機制滿足潛在侵權人對專利權人採取之防禦行動，因此複審新制帶予潛在或被控侵權人新的策略優勢，並改善過去制度缺失以及專利濫訴之情形。

本文有關複審流程之介紹，主要參考美國專利行政規則（37 C.F.R.）之規範事項，逐一介紹複審流程中每個環節之進行方式；此外，複審程序實施以來，業界人士對於部分程序內容認爲有應改善之處，而專利商標局對此亦給予適時之回應與協調，於2016年調整了相關的程序規範。故若於各個流程環節之介紹有內容涉及2016年5月2日專利行政規則正式生效之修法範圍，本文亦將隨最新之修法內容進行更新。

[14] 77 F.R. 48757 (2012).

## 三、程序申請之規範

### （一）申請要件

申請人提出申請時須同時繳納申請費用[15]，多方複審程序申請費用為9,000美金，請求項限制於20個以內，若超過20個請求項，每項增列200美金的要求；而核准後與涵蓋商業方法專利複審之申請費用則為12,000美金，請求項限制一樣為20個，但每超出一項則須加收250美金費用[16]。申請人須揭露所有利害關係人，並提出將影響審查決定之任何關聯事項[17]，且須於提交之書面資料上，明確指出每一專利請求項無效之根據及理由，須詳附每項理由根據之專利技術或公開出版資料；此外，提交之書面資料須提供副本於專利權人[18]。專利審理與訴願委員會可拒絕不符合上述要件之申請案，特別是揭露利害關係人乃屬強制規定，時常作為拒絕立案之原因。

RPX Corp. v. VirnetX Inc.案即為多方複審案中利害關係人未揭露完全之例子[19]，案件中Apple Inc.本身因35 U.S.C. § 315(b)之程序限制不得對系爭案件之專利權人提出多方複審程序[20]，最後於RPX Corp.提出的多方複審程序中被認定為申請人之利害關係人。專利權人指出RPX Corp.並未完全揭露其利害關係人，而Apple Inc.係為RPX Corp.之利害關係方，請求專利審理與訴願委員會否決此申請案，專利權人亦要求官方介入釐清RPX Corp.與Apple Inc.之間存在之利害關係，最後得知Apple Inc.於2013年支付一筆金額於RPX Corp.，主導多方複審程序之進行[21]，且因雙方之間具有

---

[15] 35 U.S.C. § 312(a)(1) (2015).

[16] 37 C.F.R. §§ 42.15(a)-(b) (2016).

[17] 37 C.F.R. § 42.8 (2015).

[18] 35 U.S.C. § 312(a)(3)-(4) (2015).

[19] 潘榮恩，real party-in-interest案例討論- RPX Corp. v. VirnetX Inc. (P.T.A.B. 2014)，http://enpan.blogspot.tw/2015/09/real-party-in-interest-rpx-corp-v.html，最後瀏覽日：2015年9月26日。

[20] Law360, A Definition For IPR 'Real Party-In-Interest, (Sep. 27, 2015), available at http://www.law360.com/articles/548079/a-definition-for-ipr-real-party-in-interest (last visited 2016/10/3).

[21] RPX Corp. v. VirnetX., Inc., Decision Denial of Inter Partes Review, IPR2014-00171 (Patent 6,502,135); IPR2014-00172 (Patent 6,502,135); IPR2014-00173 (Patent 7,490,151); IPR2014-00174 (Patent 7,921,211); IPR2014-00175 (Patent 7,921,211); IPR2014-00176 (Patent

合作往來之機密文件，而RPX Corp.以商業機密作爲不能揭露之理由，但仍然受到專利審理與訴願委員會之檢視[22]，認爲Apple Inc.爲此複審程序中未具名之利害關係人，否決多方複審程序之審理[23]。複審申請人常因其利害關係人和專利權人有其他程序上之關聯，而不願詳列署名利害關係人清單，逕而得對專利權人提出複審程序，因此，專利權人於收取申請人提交之書面資料時，不妨可利用此強制規範，向專利審理與訴願委員會提出合理解釋，並請官方協助釋疑。

## （二）其他程序限制

申請人申請之複審案件，若與專利商標局專責處理之其他程序，或與民事訴訟於同時段進行處理，其處理方式與程序間彼此之關係有明確規範，下列詳列四種規範情況。

第一種：申請人或利害關係人已先向聯邦法院提出專利無效確認之訴（Declaratory Judgment），則不得於嗣後再向專利商標局提出領證後複審程序；同樣地，爲強化複審程序取代訴訟審理重複之情形，以及避免不必要的司法資源浪費，申請人若已先向專利商標局提出複審程序，於之後再向聯邦法院提出專利無效確認之訴，法院則應停止訴訟，除非專利權人請求繼續審判，或專利權人另訴或反訴對造與利害關係人有侵害其專利之虞，或申請人與利害關係人請求法院駁回無效確認之訴，而專利法第315條、第325條所規範之專利無效訴訟，於侵權訴訟中當事人對專利權人提出之專利無效反訴不在此限[24]。

第二種：於複審程序尚未做出最終決定前，如針對系爭專利有其他程序（衍生調查程序、專利更正、單方再審查程序）之提出，專利商標局局長可決定是否啓動，或者決定與其他程序該如何進行，包含停止程序、移轉、合併案件或終止其中任一程序[25]。

---

7,418,504); IPR2014-00177 (Patent 7,418,504), at 4 (2014).

[22] RPX Corp. v. VirnetX., Inc., Decision Motion to Expunge, IPR2014-00171, at 3 (2014).

[23] Id. at 2.

[24] 35 U.S.C. §§ 315(a)(1)-(3) & 325(a)(1)-(3) (2015).

[25] 35 U.S.C. §§ 315(d) & 325(d) (2015).

第三種：此情況爲針對多方複審程序之單獨規定，申請人、與其利害關係人或與申請人有密切聯繫之人於收到專利侵權起訴狀一年後，不得對系爭專利提出多方複審程序[26]。

第四種：涵蓋商業方法專利複審程序除援引核准後複審程序之規範外，另單獨規定申請人須爲侵權訴訟繫屬中之被控侵權人、被控侵權人之利害關係人或與被控侵權人有密切聯繫之人，不符合此規範不得提出涵蓋商業方法專利複審程序[27]。

**表5-2 複審程序申請規範差異表**

| | IPR | PGR | CBM |
|---|---|---|---|
| 申請規費 | 9,000美金 | 12,000美金 | 12,000美金 |
| 請求項限制 | 20個；<br>超過數量以每項200美金加收規費 | 20個；<br>超過數量以每項250美金加收規費 | 20個；<br>超過數量以每項250美金加收規費 |
| 申請頁數限制 | 14,000字 | 18,700字 | 18,700字 |
| 立案規費 | 14,000美金 | 18,000美金 | 18,000美金 |
| 請求項限制 | 15個；<br>超過數量以每項400美金加收規費 | 15個；<br>超過數量以每項550美金加收規費 | 15個；<br>超過數量以每項550美金加收規費 |
| 申請人限制 | 專利權人以外，申請人已提出無效確認之訴不得申請，反訴不在此限；申請人、與其利害關係人或與申請人有密切聯繫之人於收到專利侵權起訴狀一年後，亦不得提出申請 | 專利權人以外，申請人已提出無效確認之訴不得申請，反訴不在此限 | 專利權人以外，申請人必須為專利侵權案件中之被控侵權人、被控侵權人之利害關係人或與被控侵權人有密切聯繫之人，若已提出無效確認之訴則不得申請，反訴不在此限 |

資料來源： 37 C.F.R. §§ 42.15 & 42.24 (2016); 35 U.S.C. Chapter 31 & 32 (2015); AIA § 18；本研究自行整理。

[26] 35 U.S.C. § 315(b) (2015).

[27] AIA § 18(a)(1)(B) (2011).

### （三）強制最初揭露（Mandatory Initial Disclosures）

複審程序之強制最初揭露乃援引美國聯邦民事訴訟規則（Federal Rules of Civil Procedure）中Rule 26(a)(1)(A)之規定[28]，雙方無須待證據開示程序之提出，則義務性地將彼此應該揭露之資料提交於雙方[29]，雙方則須遵循強制最初揭露應提交項目之規定。雙方基本上須於申請人提交書面資料時起至專利權人提交初步回應期限前，達成最初揭露範圍之協議，並提交最初揭露資料，於專利審理與訴願委員會啓動複審程序之前，雙方可自動提出事證開示，以尋求對造將最初揭露之資料進一步充分釋明[30]。若雙方於強制最初揭露範圍未達成協議，則質疑之一方可另提出事證開示程序[31]。

## 四、專利權人初步回應

專利權人在收到專利商標局之複審申請日通知後三個月內，可選擇提交初步回應並檢附相關佐證，或放棄初步回應之機會以加快複審程序進行，採取不進行初步回應之舉動並不會使專利權人於後續程序產生負面影響[32]。專利權人之初步回應內容僅能提出使專利審理與訴願委員會應拒絕啓動複審程序之理由，可依據複審程序之立案標準（35 U.S.C. § 314或§ 324之規範），敘述複審申請並未達啓動程序之門檻，專利權人於此初步回應內容中，可以提出新的證詞性證據（testimonial evidence）；而初步回應階段並無提供專利權人修正請求項之機會，專利權人於初步回應內容中可根據專利法第253條(a)專利請求項排除（disclaimer）之規範，選擇排除爭議之請求項，達到修正專利範圍之效果，因被排除之請求項已非系爭專利所屬之專利範圍，故該排除請求項不納入後續審理階段[33]。

---

[28] 77 F.R. 48762 (2012).
[29] FRCP 26 (a) (1) (A) (2014).
[30] 37 C.F.R. § 42.51(a)(1)(i)-(ii) (2015).
[31] 37 C.F.R. § 42.51(a)(b) (2015).
[32] 77 F.R. 48764 (2012).
[33] 37 C.F.R. § 42.107 (2016).

專利權人初步回應可以針對下列幾點進行充分論述，以說服專利審理與訴願委員會做出不應啓動複審程序之決定，包括：提出法定禁止申請人提出複審程序之規定；主張專利請求項無效所引用之文獻技術內容，非事實上所存在之現有技術；前案缺乏足夠之技術內容與材料揭露專利請求項之範圍；申請人引證之前案並未充分顯示對系爭專利之組合發明有教示（teaches）、聯想（suggests）之具體依據；申請人對系爭專利請求項之解讀不具合理性；如果申請人以不具專利適格性（35 U.S.C. § 101）之理由請求核准後複審程序進行，應說明系爭專利爲不具專利適格性之發明（patent-eligible invention）之直接理由[34]。

## 五、複審程序之立案

### （一）立案標準

專利商標局局長於收到專利權人之初步回應後三個月內，或專利權人未做回應，於提交初步回應之最後期限日起算三個月內，須決定是否啓動多方複審程序[35]。專利審理與訴願委員於評估申請人提交之內容與專利權人之初步回應後，須具備明確啓動多方複審程序之理由，並且確認申請人提出此複審程序與其他相關程序之關係，再決定是否立案[36]，亦即啓動複審程序前須參酌申請人提供之不具可專利性資料，以及專利權人之初步回應內容，進行雙方提交資料之評估。多方複審程序之立案門檻是一個彈性化的標準，給予三位行政法官一定的審理空間進行立案決定[37]，啓動多方複審程序之門檻乃須明確顯現申請人可成功挑戰系爭專利請求項至少一項不具可專利性之合理可能性（reasonable likelihood would prevail）。多方複審程序之立案門檻於複審程序立法過程中，明確顯示不具可專利性之合

[34] 77 F.R. 48764 (2012).
[35] 35 U.S.C. § § 314(b) & 324(c) (2015).
[36] 35 U.S.C. § § 316(a)(2)-(4) & 326(a)(2)-(4) (2015).
[37] Birch, Stewart, Kolasch & Birch, LLP., Starting An AIA Post-Grant Proceeding: The Different Threshold Standards, (Sep. 27, 2015), http://www.postgrantproceedings.com/resources/procedures/Threshold_Standards.html (last visited 2016/10/3).

理可能性門檻高於再審查之實質可專利性之新問題（substantial new question of patentability），其可成立之程度位於中階，故可能成立之機率爲50%。

核准後複審與涵蓋商業方法專利複審之立案門檻不同於多方複審，爲請求項至少一項較有可能（more likely than not）不具可專利性，其可成立案件之程度須高於50%，亦即成立案件之難度較高，乃因其任何專利無效理由皆可提出，故相對給予較嚴格的立案標準[38]。

此外，核准後複審程序與涵蓋商業方法專利複審程序一樣須於啓動前參酌申請人提供之不具可專利性資料，以及專利權人之初步回應內容，進行雙方提交資料之評估[39]，方可以啓動此二種複審程序。此外，核准後複審程序與涵蓋商業方法專利複審程序可以滿足門檻之條件更包含對於其他專利或專利申請案而言爲重要之新的或未決的法律問題（a novel or unsettled legal question that is important to other patents or patent applications）[40]。如KSR案[41]於訴訟中所探討的顯而易見性判斷準則，雖然不是新的議題，但卻倍受爭議，亦爲訴訟當時未決的法律問題[42]。

複審程序之立案門檻，對於標準之界定似乎充斥著極高的不確定性，專利商標局對此表示，還是須視個案情況進行判斷[43]。專利商標局對於是否立案之決定，亦會將案件成立後對經濟之影響、專利制度整體完整性、是否能達到有效管理之因素納入考量[44]，特別是評估一複審案件是否能於法定時限之規定內將程序完成，亦即專利審理與訴願委員會將拒絕成立超過時限規定之複審案件。可能發生的情況如申請人根據千份之先前技術文獻中的幾百個專利請求項，來主張系爭專利無效[45]，資料過於繁冗龐

[38] Id.
[39] 35 U.S.C. § 324(a) (2015).
[40] 77 F.R.48692 (2012).
[41] KSR International Co. v. Teleflex Inc., 550 U.S. 398 (2007).
[42] Donald S. Chisum, 1-SA02 Patent Law Digest § 6 6.3.3.1.2. (3th ed. 2013).
[43] 77 F.R. 48702 (2012).
[44] 35 U.S.C. § § 316(b) & 326(b) (2015).
[45] 77 F.R. 48702 (2012).

大將可能造成程序拖延。

複審程序之立案門檻相較於舊制實質可專利性之新問題有著很大的差異，新制度之立案標準係以專利請求項至少一項無效之可能作爲案件成立之基礎。專利商標局統計顯示，過去再審查程序實施以來，單方以及多方再審立案之機率皆超過90%，滿足專利商標局做出表面上不具專利性之論點（Prima Facie Case of Unpatentability）以啓動再審查程序之標準較低，實質可專利性之新問題確實相較於新制複審程序之立案門檻來得容易成立，聯邦巡迴上訴的法官Paul Redmond Michel更指出，幾乎所有的案件都可以經由稱職的專利律師提出實質可專利性之新問題以成立再審查程序[46]。

### （二）再聽證請求（Request for Rehearing）

雖然專利商標局對於複審程序立案與否之決定不得上訴[47]，但任何不服此決定之一方可以對專利審理與訴願委員會提出再聽證之請求[48]，以獲得額外的救濟途徑。通常專利審理與訴願委員會同意再聽證之機率不高，因此任一方提出再聽證都將面臨艱難的程序準備[49]。一般而言，有兩種情況可讓不服決定者提出再聽證之請求，分別是專利審理與訴願委員會做出拒絕立案之決定，則再聽證之請求將由申請人提出；以及專利審理與訴願委員會做出啓動案件之決定，則請求人換由專利權人提出再聽證。

若複審案件被拒絕成立，申請人於收到通知後，須於30天內提出再聽證請求，且申請人於再聽證程序當中負有舉證責任，且詳列說明專利審理與訴願委員會可能於提交申請審核過程忽略之事項，再聽證提出之資料僅限於否決立案前雙方提供之資料，除非有合理之情況，否則當事人不可

---

46 Birch, Stewart, Kolasch & Birch, LLP., supra note 39.

47 35 U.S.C. §§ 314(d) & 324(e) (2015).

48 37 C.F.R. § 42.71(d) (2015).

49 Charles R. Macedo, Jung S. Hahm, Amster Rothstein & Ebenstein LLP., Understanding PTAB Trials: Key Milestones in IPR, PGR and CBM Proceedings,1, at 5, 2014, (Oct. 3, 2015), available at http://www.arelaw.com/publications/view/practicallaw1014/ (last visited 2016/10/3).

提出新事證或新爭議事項[50]。專利權人於收到專利審理與訴願委員會授權通知後，於一個月時限內可針對再聽證內容提出回覆，若專利權人未取得相關單位之授權，專利審理與訴願委員會可拒絕將專利權人提出之任何回覆納入考量；若允許專利權人回覆，申請人須於收到專利權人回覆後的一個月內提出最後一次回應，即進入再聽證決定[51]。

若複審案件成立，則提出再聽證申請人為專利權人，不同於前述30天的提出時限，專利權人僅有14天的時間準備[52]，此乃複審程序已經啓動，審理單位須於最短時間內做出將影響後續審理程序之再聽證決定。專利權人須針對專利審理與訴願委員會可能於先前審核過程忽略之事項詳細說明，再聽證提出範圍與前述相同，除非有合理之情況，否則當事人不可提出新事證或新爭議事項；複審申請人若收到專利審理與訴願委員會之授權，有一個月的時間可針對專利權人提交之內容進行回應，專利權人於收到回應後亦有一個月的時間提出最後一次的回覆，即進入專利審理與訴願委員會對再聽證之決定[53]。同樣地，再聽證之決定不允許任何一方向聯邦巡迴上訴法院提出救濟[54]。專利審理訴願委員會對於再聽證之請求通常不予成立，由於成立再聽證之要求相當嚴格，須對專利審理與訴願委員會疏忽審理或未理解之事項提出非常細節的解釋，但至今仍然有少數成功之案例可供參考[55]。

## 六、事證開示程序

複審經啓動後，則進入事證開示期間，這是新制中可運用之程序[56]，以增加審理中可佐證之資料，並強化審理單位判斷之依據。而於此階段之事證開示分為兩種，第一種為一般事證開示（Routine Discovery），複審

---

[50] 37 C.F.R. § 42.71(d) (2015).
[51] Macedo, Hahm, Rothstein & Ebenstein LLP., supra note 49, at 6.
[52] 37 C.F.R. § 42.71(d) (2015).
[53] Macedo, Hahm, Rothstein & Ebenstein LLP., supra note 49, at 7.
[54] Id.
[55] Id.
[56] 35 U.S.C. § 316(a)(5) (2015).

程序立案後兩造皆應提交有關於己方資料文件的必要程序，除非雙方於事前已充分提供或達成某些協議，否則將互相提交資料包括表示任何有關此案的文獻與證據、交互檢閱宣誓證詞（affidavit testimony），若提交之資料有不符情事或資料不一致（inconsistent）時，應提出相對應之證明[57]。

而某些特定的情況下，可由其中一方提出額外事證開示（Additional Discovery），不同於上述一般事證開示程序，其並非提出即可獲准[58]。亦即一般事證開示程序，相對於額外事證開示而言爲自行啓動、自行實施，並非爲複審案件專利權人或申請人所提出的事證開示程序，於一般事證開示程序中，雙方有義務主動提出相關文件[59]。額外事證開示程序除非雙方皆同意進行，否則提出之一方須明確顯示額外事證開示請求符合司法利益（interests of justice）[60]，專利審理與訴願委員會對於額外事證開示請求將視複審程序種類而有不同之標準，多方複審程序通常須符合司法利益，而核准後複審和涵蓋商業方法專利複審則須符合合理之情況[61]。

過去多方複審程序案件中曾建立准予額外事證開示程序之參考標準，此參考標準稱爲*Garmin* factors，成爲後續複審案件如遇相同情況之沿用做法。內容包括是否具備更多可探討爭議處之可能性，以透過進一步的事證開示釐清、是否爲欲提早取得對造於訴訟之立場、是否無須透過額外事證開示程序即可推測，取得之資料（不符合司法利益）、資料說明是否容易明瞭、請求額外事證開示之一方對於資料說明要求是否過於繁瑣嚴格，上述五種判斷要件即爲專利審理與訴願委員會於多方複審程序中，判斷額外事證開示之提出是否符合司法利益之標準[62]。

---

[57] 37 C.F.R. § 42.51(b)(1) (2015).

[58] 37 C.F.R. § 42.224(a) (2015).

[59] 潘榮恩，Enpan's Patent & Linux practice, Routine Discovery v. Additional Discovery in AIA (2015/09)，http://enpan.blogspot.tw/2015/09/routine-discovery-v-additional.html，最後瀏覽日：2015年10月16日。

[60] 37 C.F.R. § 42.51(b)(2) (2015).

[61] Macedo, Hahm, Rothstein & Ebenstein LLP., supra note 49, at 8.

[62] Id.

## 七、專利權人回覆與更正請求項

專利權人於複審程序啓動後，須提出回覆與更正事項，惟專利權人於程序中僅有一次提出更正請求項之機會，且此更正時機不得晚於專利權人提出回覆與更正之時點[63]。如已逾更正提出時點仍須額外請求專利更正時，則必須經由專利審理與訴願委員會之授權，方可進行更正，允許額外更正之條件包含專利權人具更正專利之正當理由，或與申請人達成專利法第315條所規範之請求項更正[64]，額外專利更正之進行期間則將由專利審理與訴願委員會另行指定[65]。此外更正須和專利審理與訴願委員會協商後方可進行，更正之內容可刪除被挑戰之請求項或提出合理之替代請求項，而更正不可超過原請求項範圍或增加新事項[66]。

複審實施至今，專利審理與訴願委員會似乎不太願意讓專利權人對請求項進行更正，使具爭議之請求項範圍再次獲得專利有效性，此情況可於申請案件數量最多的多方複審程序中看見，自2012年9月16日生效起至今（2015/5），龐大的申請件數與立案數量的比較下，太多的請求項審理結果爲不具可專利性，且僅有三件專利請求項得以於程序中進行實質性更正，因此聯邦巡迴法院以及專利審理與訴願委員會之行政法官皆曾對外形容，負責領證後複審程序之專利審理與訴願委員會就像是扼殺專利權的行刑隊，專利更正於複審程序之規範根本形同虛設[67]。專利商標局曾對外解釋，專利法僅賦予專利權人可提出更正之機會，並非等同於可進行更正[68]。此外，推測導致不允許更正之因素可能爲複審程序法定時限之要

---

[63] 37 C.F.R. §§ 42.121(a) & 42.221(a) (2015).

[64] 35 U.S.C. §§ 316(d)(2) & 326(d)(2) (2015).

[65] 37 C.F.R. §§ 42.121(c) & 42.221(c) (2015).

[66] 37 C.F.R. §§ 42.121(a) & 42.221(a) (2015).

[67] Andrew S. Baluch, Q. Todd Dickinson, Intellectual Property Owners Association, IPO Law Journal, (Oct. 20, 2015), available at http://www.ipo.org/wp-content/uploads/2015/06/Finding-a-Middle-Ground-on-IPR-Amend-Claims.pdf (last visited 2016/10/3).

[68] IPWatchdog, Overview of USPTO Proposed Rule Changes To Practice Before The Patent Trial And Appeal Board, (Oct. 20, 2015), available at http://www.ipwatchdog.com/2015/08/19/uspto-proposed-rule-changes-to-ptab-practice/id=60773/ (last visited 2016/10/3).

求，而允許進行更正可能會對於滿足此一緊迫期限造成影響[69]。

在諸多爭議之情況下，專利商標局於2015年5月19日對外公告，針對專利審理與訴願委員會領證後程序進行部分規則修訂，新規定於公告之日起生效，修訂之內容即包含請求項更正之規範，而修訂內容爲增加原提出更正請求頁數，由15頁提高至25頁，另外允許請求項表列可爲附件，不納入25頁之限制，同步調高複審申請人回覆與反對專利權人提出更正之頁數[70]，過去僅15頁之限額被專利權人認爲限制過多，使得更正之允許難上加難，提高頁數在程序中或許可以更充分的闡明欲更正之內容[71]。

對於複審程序難以取得更正獲准之情勢，相關專家對於官方修訂法規之內容，以目前而言似乎不抱持太多的期待，反而是利用過去多方複審案例經驗，提供專利權人較實務之途徑以嘗試解決僵持的局面。可行的方式爲利用專利法第315條(d)多項程序合併之規定，如單方再審查、補充審查的提出，請求專利商標局因多個程序同時進行，使其否絕、暫停或終止部分多方複審程序而傾向於由中央再審單位負責的其他程序，增加專利權人可更正之機會，而可能附帶之條件爲中央再審單位需要於六個月的時間完成相關之程序，以達後續複審程序審理時間之規定[72]，由於更正、修改專利範圍一職向來由中央再審單位專責，而專利審理與訴願委員會之三人小組則較傾向專於審判性質之程序。

## 八、最終決定

在整體事證開示與末端程序進行中，兩造皆可提出排除不允許被列入之證據，直至進入口頭審理階段，等待最終決定[73]。當雙方於複審進行中，已將所有該提出之資料與相關程序完成，任一方可於複審程序進行至

---

[69] Stefano John著，張宇凱譯文，北美智權報，第131期，2015年4月，http://www.naipo.com/Portals/1/web_tw/Knowledge_Center/Patent_Administrator/publish-63.htm.，最後瀏覽日：2015年10月20日。

[70] 80 F.R. 28562 (2015).

[71] Stefano John著，張宇凱譯文，註69文。

[72] Baluch & Dickinson, supra note 67.

[73] 77 F.R. 48757 (2012).

尾端提出口頭辯論（oral argument）請求，雙方於口頭辯論皆有時間對於己方之事證進行論述，亦可辯駁對造之事證，惟雙方皆不可於此階段提出相異於先前資料之新事證，通常專利審理與訴願委員會皆會先聽取複審申請人之敘述，再由專利權人接續，當然，委員會亦可以視情況需求調整先後順序[74]。

口頭辯論結束後，專利審理與訴願委員會必須於複審時限規定內做出最終決定，對於最終決定不服者，可向聯邦巡迴上訴法院提出救濟[75]。複審程序對申請人有禁反言（estoppel）之效果，若專利審理與訴願委員會已對複審程序做出最終決定，則申請人、其利害關係人，或與申請人有密切聯繫之人不得就複審程序中已經提出或可以提出之理由，再次於專利商標局、聯邦地方法院或國際貿易委員會挑戰已爭執過之專利請求項[76]。

---

[74] Macedo, Hahm, Rothstein & Ebenstein LLP., supra note 49, at 12-13.
[75] 35 U.S.C. §§ 319 & 329 (2015).
[76] 35 U.S.C. §§ 315(e) & § 325(e) (2015).

# 第二節 專利多方複審程序之啓動與審查：2016年Cuozzo Speed Technologies, LLC v. Lee案

## 一、背景

### （一）美國發明法核准後複審程序

美國於2011年9月通過美國發明法（Leahy-Smith America Invents Act）後，大幅修改美國專利法的規定，於2012年開始陸續實施其各項條文。其中，對於美國專利申請核准領證後的爭議程序，做了修正。在美國發明法之前，被控侵權人有兩種方式可以挑戰美國專利的有效性：單方再審查（Ex Parte Reexamination）以及多方再審查（Inter Partes Reexamination）程序；修法後，美國發明法新增了核准後複審（Post-Grant Review, PGR）及多方複審（Inter Partes Review, IPR）程序。其規定於美國發明法第6條，內容修改美國專利法第311條至第319條，放入多方複審程序；並修改第321條至第329條，放入核准後複審程序。核准後複審（PGR）及多方複審（IPR）程序於2012年9月16日起生效，原本之多方再審查程序於同日廢止，而原本的單方再審查程序則仍持續適用[1]。

### （二）多方複審程序

所謂多方複審程序，乃指專利核發九個月後，可向美國專利商標局（以下簡稱專利商標局）提出申請，質疑該專利請求項之有效性，並由專利商標局內組成的專利審理暨訴願委員會（Patent Trial and Appeal Board）進行審理。

---

[1] 較詳細的介紹，可以參考徐仰賢，美國專利訴訟外之新選項—多方複審程序（IPR）介紹暨實務分析，科技產業資訊室，http://cdnet.stpi.narl.org.tw/techroom/pclass/2013/pclass_13_A185.htm。

### （三）美國最高法院Cuozzo Speed Technologies, LLC v. Lee案

美國最高法院於2016年6月，判決了Cuozzo Speed Technologies, LLC v. Lee案[2]，該案乃是自從領證後複審制度上路以來，第一個上訴到美國最高法院的案子，具有重大代表意義，故本節將詳細介紹該案。該案涉及的主要問題有二：

1. 美國專利法第314條(d)規定，專利商標局局長，對於是否啓動多方複審程序所為之決定乃終局決定，且不可救濟[3]。則專利權人對於此一啓動決定，是否眞的無法救濟？

2. 美國專利法第316條(a)(2)和(a)(4)，授權專利商標局制定多方複審程序的相關命令，而專利商標局所制定的行政命令37 CFR § 42.100(b)中，規定在複審程序中，對請求項之解釋，應參考說明書採取「最大合理解釋」（broadest reasonable interpretation）。此一解釋方法，有別於一般法院所採取的「所屬技術領域中具有通常知識者之一般理解」之解釋。

以下詳細介紹該案事實與判決發展。

## 二、事實

### （一）車用GPS導航及速限顯示

Cuozzo Speed Technologies（以下簡稱Cuozzo）擁有美國專利號第6,778,074號專利（簡稱'074號專利），名稱為「速限指示裝置及用以顯示速度及相關速限之方法」（Speed limit indicator and method for displaying speed and the relevant speed limit）[4]，於2004年8月17日核准公告。該專利的內容，乃是一個顯示裝置，可同時顯示現在的車速以及此路段的速限。顯示的方式為，在白色車速計上附加一個紅色的濾器，當車速在速限內

---

[2] Cuozzo Speed Technologies, LLC v. Lee, 136 S. Ct. 2131 (2016).

[3] 35 U.S.C. § 314(d) ("(d) No Appeal. — The determination by the Director whether to institute an inter partes review under this section shall be final and nonappealable.").

[4] 科技產業資訊室－CAT撰稿，GPS速限指示專利訴訟，Cuozzo Speed控告Garmin及克萊斯勒，http://cdnet.stpi.narl.org.tw/techroom/pclass/2012/pclass_12_A168.htm，2012/6/27。

時，車速數字爲白色，車速超過速限時，顯示爲紅色。其乃利用GPS導航裝置，以偵測車子所處路段，並得知該路段的速限[5]。

而臺灣國際航電Garmin（Garmin International Inc.及Garmin USA, Inc.，以下統稱Garmin）向美國專利商標局申請多方複審程序（inter partes review, IPR），質疑'074號專利的第10、14及17請求項之有效性。

有爭議的請求項先以表列如下：

| | |
|---|---|
| 10 | A speed limit indicator comprising:<br>a global positioning system receiver;<br>a display controller connected to said global positioning system receiver, wherein said display controller adjusts a colored display in response to signals from said global positioning system receiver to continuously update the delineation of which speed readings are in violation of the speed limit at a vehicle's present location; and<br>a speedometer integrally attached to said colored display. |
| 14 | The speed limit indicator as defined in claim 10, wherein said colored display is a colored filter. |
| 17 | The speed limit indicator as defined in claim 14, wherein said display controller rotates said colored filter independently of said speedometer to continuously update the delineation of which speed readings are in violation of the speed limit at a vehicle's present location. |

第10項爲獨立項，最後一句話提到，該車速計「完整地附加於」（integrally attached）該彩色顯示上[6]。

請求項14乃請求項10的附屬項，其指出請求項10中所指的速限指示器，該彩色顯示是一彩色的濾器（wherein said colored display is a colored filter）。

請求項17乃請求項10的附屬項，敘述請求項14中的速限顯示，爲「該顯示控制器獨立於該里程計而旋轉該彩色濾器，以持續地更新繪示出

[5] In re Cuozzo Speed Techs., LLC, 778 F.3d 1271, 1274 (Fed. Cir. 2015).
[6] Id. at 1274-1275.

違反一車輛當前位置之一速限的速度讀數」[7]。

## （二）Garmin提起多方複審程序

於2012年9月16日，Garmin向美國專利商標局申請多方複審程序，質疑'074號專利請求項10、14、17的有效性。Garmin主張，請求項10因根據美國專利法第102條(e)而喪失新穎性，或根據第103條(a)而顯而易見，請求項14及17因根據第103條(a)而顯而易見。美國專利商標局因而啓動多方複審程序，認爲有合理之可能性（reasonable likelihood），請求項10、14、17會因爲結合美國第6,633,811號專利（簡稱Aumayer專利）、第3,980,041號專利（簡稱Evans專利）和第2,711,153號專利（簡稱Wendt專利）等三項專利而顯而易見；且／或因結合German擁有的美國第6,515,596號專利（簡稱Awada專利）、Evans專利和Wendt專利等三件專利，而顯而易見[8]。

本案最關鍵的爭執點在於，Cuozzo主張，專利商標局不應對請求項10及14，啓動多方複審程序，因爲在Garmin所提出的申請書中，針對請求項17所提出的先前技術，包括Aumayer專利、Evans專利和Wendt專利等專利，但是其針對請求項10和14所提出的先前技術，卻不包括Evans專利或Wendt專利[9]。因此質疑對請求項10及14啓動多方複審程序之決定。

## （三）專利商標局啓動程序與審理結果

專利商標局啓動程序後，由專利審理暨訴願委員會（以下簡稱審理委員會）審理，最後決定中指出，在請求項10的「integrally attached」的解釋，是系爭專利請求項是否有效的關鍵。而審理委員會採取最寬鬆的合理解釋標準（broadest reasonable interpretation standard），將「integrally attached」這個詞，解釋爲「分散的部分整合爲一個元件，但每一個部分又不喪失其獨立個體」（discrete parts physically joined together as a unit with-

---

7　此翻譯參考前揭註1文獻。

8　In re Cuozzo, 778 F.3d at 1275.

9　Id. at 1276.

out each part losing its own separate identity）。最後，審理委員會認爲，結合Aumayer專利、Evans專利和Wendt專利等三件專利，或結合Tegethoff專利、Awada專利、Evans專利和Wendt專利等四件專利，可使請求項10、14和17顯而易見[10]。

### （四）拒絕Cuozzo在程序中修改請求項

Cuozzo在多方複審程序中，曾要求修改專利請求項，以請求項21、22、23取代請求項10、14、17。審理委員會拒絕此一修改請求，而拒絕理由中，主要以請求項21爲例說明。其所提出的修改後請求項21，述序爲「一車速顯示，完整地附加在一彩色顯示上，車速顯示由液晶顯示構成，且彩色顯示就是該液晶顯示」（a speedometer integrally attached to [a] colored display, wherein the speedometer comprises a liquid crystal display, and wherein the colored display is the liquid crystal display）審理委員會拒絕此一修正，因爲：1.修正後的請求項21，無法獲得說明書之支持；2.修正後之請求項，將會不適當地擴大審理委員會所解釋的原請求項的範圍[11]。

## 三、上訴法院判決

對於審理委員會之決定，Cuozzo不服，根據美國聯邦法28 U.S.C. § 1295(a)(4)(A)向聯邦巡迴上訴法院提出訴訟[12]。2015年2月，聯邦巡迴上訴法院做出第一起關於多方複審決定之上訴判決。

### （一）啓動多方複審程序之決定可否救濟

Cuozzo主張，專利商標局不應對請求項10及14，啓動多方複審程序，因爲在Garmin所提出的申請書中，針對請求項17所提出的先前技術，包括Aumayer專利、Evans專利和Wendt專利等專利，但是其針對請求

[10] Id. at 1275.
[11] Id. at 1275.
[12] Id. at 1275.

項10和14所提出的先前技術，卻不包括Evans專利或Wendt專利[13]。也就是說，Cuozzo認爲，多方複審程序僅能從申請書中，去判斷是否有合理可能性使系爭之專利請求項無效，而啓動該程序。根據美國專利法第312條(a)(3)規定，多方複審程序之申請人，應該「以書面且特別地，列出質疑每一個請求項的依據」[14]。既然Garmin的申請書，沒有針對請求項10和14列出相關先前技術，就不可能有合理可能性認定其無效，

專利商標局認爲，第314條(d)已明確規定法院不可審查是否啓動多方複審程序之決定。但Cuozzo認爲，該條的意思，只是不可以在專利商標局一受理該申請，就馬上提出訴訟，但可以等到審理委員會在多方複審程序做出決定時，再一併提出救濟[15]。但最後聯邦巡迴上訴法院同意專利商標局的看法，認爲根據第314條(d)之規定，即便審理委員會做出多方複審之最終決定後，法院也不可對是否啓動多方複審程序之決定進行審查[16]。

### （二）請求項採取最大合理解釋方法

Cuozzo主張，審理委員會對請求項採取的解釋方法有錯誤。審理委員會對系爭請求項採取的解釋方法，乃採取「最大合理解釋」（broadest reasonable interpretation）。Cuozzo認爲，美國發明法在設計多方複審程序中，對於請求項之解釋，並沒有明文規定採取「最大合理解釋標準」[17]，也沒有授權美國專利商標局採取此一標準，採取此一標準也是不合理的。其認爲，應該如一般法院，對請求項之解釋，採取Phillips v. AWH Corp.案之標準，亦即採取「所屬技術領域中具有通常知識者的一般理解」[18]，又稱爲一般意義標準（ordinary meaning standard）。

---

[13] Id. at 1276.

[14] 35 U.S.C. § 312(a)(3)("(3) the petition identifies, in writing and with particularity, each claim challenged, the grounds on which the challenge to each claim is based, and the evidence that supports the grounds for the challenge to each claim, including—").

[15] In re Cuozzo, 778 F.3d at 1276.

[16] Id. at 1276-1277.

[17] Id. at 1278.

[18] Phillips v. AWH Corp., 415 F.3d 1303, 1314 (C.A.Fed. 2005) (en banc).

但專利商標局認為，一方面，專利法第316條(a)(2)和(a)(4)，本來就授權專利商標局制定多方複審程序的相關命令[19]；另方面，在多方複審程序中採取最大合理解釋標準也是適當的[20]。

聯邦巡迴上訴法院認為，在過去其他專利行政程序中，對專利請求項之解釋，都是採用最大合理解釋，包括在專利的初步審查（initial examinations）、權利衝突程序（interferences）、領證後的再發證（reissues）及再審查（reexaminations）等。亦即，只要專利還沒到期，所有專利商標局的行政程序，均採取此一標準[21]。

之所以採取這種最大合理解釋，主要的理由在於，行政審查時，對請求項文字應採取最廣義的可能解釋，以檢驗其最大的可能範圍，是否會因為先前技術而不具進步性，進而要求申請人將其請求項範圍限縮，這樣可以避免核發過大的專利範圍[22]。

不過，其有一個前提，就是專利行政程序中，大多均允許修改專利請求項。但是，Cuozzo認為，此一標準不適用在多方複審程序中，因為多方複審程序中，並不像其他程序允許請求項修改[23]。

聯邦巡迴上訴法院認為，多方複審程序仍然允許修改請求項，所以與其他專利行政程序相同，故仍應採取最大合理解釋。美國專利法第316條(d)(1)，允許專利權人採程序中刪除任何受挑戰的請求項，或者提出合理的修改[24]，不過該修改不能擴大請求項範圍，或引入新的事項[25]。

---

[19] 35 U.S.C. § 316(a)(2),(4)("(a) Regulations.— The Director shall prescribe regulations— (2) setting forth the standards for the showing of sufficient grounds to institute a review under section 314 (a); (4) establishing and governing inter partes review under this chapter and the relationship of such review to other proceedings under this title;").

[20] In re Cuozzo, 778 F.3d at 1279.

[21] Id. at 1279-1280.

[22] Id. at 1280.

[23] Id. at 1280.

[24] 35 U.S.C. § 316(d)(1)("(d) Amendment of the Patent.—(1) In general.— During an inter partes review instituted under this chapter, the patent owner may file 1 motion to amend the patent in 1 or more of the following ways:(A) Cancel any challenged patent claim. (B) For each challenged claim, propose a reasonable number of substitute claims.").

[25] 35 U.S.C. § 316(d)(3)("(3) Scope of claims.— An amendment under this subsection may not enlarge the scope of the claims of the patent or introduce new matter.").

專利商標局的行政命令進一步規定其修改的限制，例如其所爲的修改只准許一次，且必須與審理委員會協商[26]，並在37 C.F.R. § 42.221(a)(2)(ii)規定，在此程序中對請求項修改，必須是回應對請求項有效性之質疑，倘若其修改「並非爲了回應專利有效性之質疑」，或是想「擴大請求項範圍或引進新事項」，均會被駁回[27]。

此外，Cuozzo認爲，多方複審程序比較接近審判程序，而非行政程序。但法院認爲，權利衝突程序（interferences）與多方複審程序一樣，都比較接近審判程序，但一樣都可適用最大合理解釋標準[28]。

## （三）本案判決結果

### 1.「完整地附加」一詞的解釋

本案中，請求項10包含下述限制：車速計完整地附加於該彩色顯示器上（a speedometer integrally attached to said colored display）。Cuozzo主張，審理委員會對「完整地附加」一詞的解釋，並不適當。審理委員會將「完整地附加」解釋爲「物理上分離的部分，連結在一起成爲一單元，但二者仍不失其獨自分離的個體」（discrete parts physically joined together as a unit without each part losing its own separate identity）。

但Cuozzo主張，正確的解釋應該是更廣泛，包括「連結或者合併，作爲一個完整的單元而作用」（joined or combined to work as a complete unit）。Cuozzo主張，其採用的解釋，包含了「一顯示器，同時在功能上或結構上，整合了計速器與彩色顯示器，故只有一個單一的顯示器」（a display that both functionally and structurally integrates the speedometer and the colored display, such that there only is a single display）。亦即，Cuozzo認爲，其應該包含計速器和速限指示在同一個液晶顯示器上，但審理委員會之解釋，卻不當排除了這種可能性[29]。

---

[26] 37 C.F.R. § 42.221(a).
[27] 37 C.F.R. § 42.221(a)(2).
[28] In re Cuozzo, 778 F.3d at 1281.
[29] Id. at 1283.

聯邦巡迴上訴法院認爲，審理委員會的解釋並沒有錯。因爲「附加」（attached）這個字一定有某種意義。如果二個部分已成爲同一單元，自己怎麼可能附加在自己身上？且專利說明書也支持此一解釋，說明書中強調，計速器與速限指示乃彼此獨立，且強調「本發明乃是一速限指示器，包含了速限顯示與附加的計速器」。因此，法院認爲其解釋並無錯誤[30]。

### 2. 系爭請求項因先前技術而不具進步性（顯而易見）

審理委員會採取上述解釋後，進而，審理委員會認爲此一專利範圍，會因爲結合三項先前技術Aumayer專利、Evans專利和Wendt專利，而顯而易見。

簡單地說，Aumayer專利已經揭露了，可以透過GPS，掌握該地點（location）的速限，並在車速計上，將速限以數字顯示出來。圖5-2爲Aumayer專利的圖示。

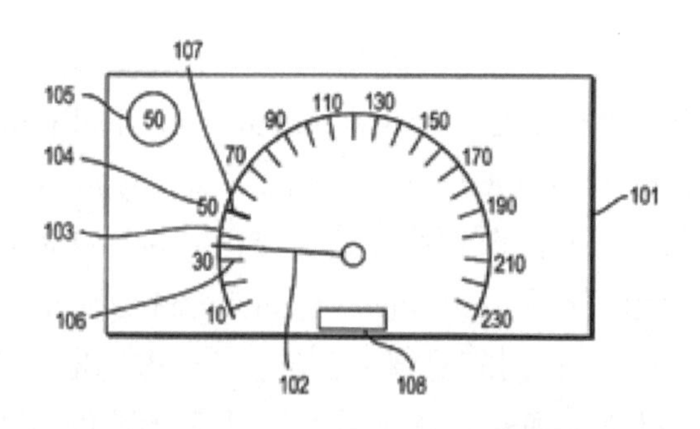


圖5-2　Aumayer專利圖示

資料來源：In re Cuozzo Speed Techs., LLC, 778 F.3d 1271, 1284 (Fed. Cir. 2015).

圖5-2中，元件105之數字，標出速限。元件107，則車速器上的速限數字，打燈標示該數字。元件102標示了該車現在的車速。

Evans專利，則比較傳統，其是在傳統的車速計上，在超過特定速限

[30] Id. at 1283.

的區域，加上一個透明罩。而該透明罩所遮罩的區域，就是超速區域。但是這個透明罩並不會自動隨地點改變而轉動，而必須手動轉動[31]。Evans專利的圖示請見圖5-3。

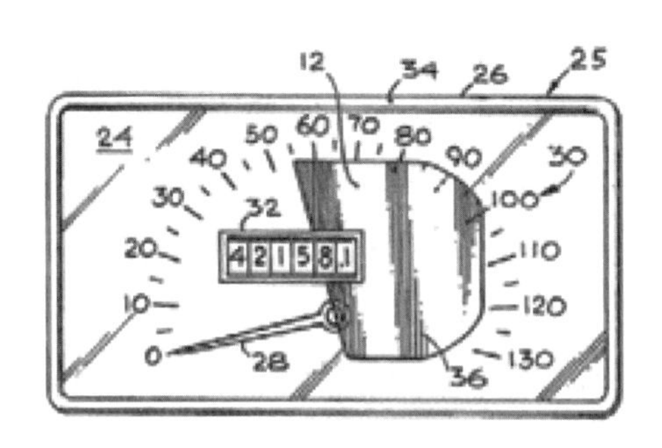


**圖5-3　Evans專利圖示**

資料來源：In re Cuozzo Speed Techs., LLC, 778 F.3d 1271, 1284 (Fed. Cir. 2015).

Wendt專利，則與Evans專利類似，其揭示了一個速限指示器，乃是在車速計上附加了一個吸盤，以指示現在的速限。但該吸盤的指針，必須手動才能轉變，而非自動偵測各地點的速限[32]。

Cuozzo主張結合Aumayer專利、Evans專利和Wendt專利，並沒有揭示如自己的專利，可以持續更新最新地點的速限。其認爲Aumayer專利只能顯示該地區（region）的速限，而非隨時顯示目前車子所在道路的速限。但是，法院認爲，Aumayer專利請求項所講的地點（location），並沒有限於「地區」，且的確也是透過GPS得知該地點的速限[33]。Cuozzo又主張，並沒有任何動機（motivation），會讓人想要合併Aumayer專利、Evans專利和Wendt專利，因爲Aumayer專利是一個自動裝置，而Evans專利和Wendt專利則是手動裝置。但是，法院認爲將新的電子科技結合傳統的機械裝置，是現在很常見的運用。因此，可以結合這三件專利，而認爲

[31] Id. at 1284-1285.
[32] Id. at 1285.
[33] Id. at 1285.

Cuozzo之請求項顯而易見[34]。

### 3. Cuozzo修改請求項乃不當擴大原專利範圍

最後，Cuozzo在多方複審程序中，希望修改其請求項，但審理委員會卻認爲其修改後之請求項，會不當擴大原專利範圍，而拒絕其修改。

Cuozzo原本希望用下列請求項21，取代原本的請求項10。其中最關鍵的，其請求項換了一句話。其改爲「車速計完整地附加在該彩色顯示上，而計速器由液晶顯示構成，且該彩色顯示就是該液晶顯示。」（a speedometer integrally attached to said colored display, wherein the speedometer comprises a liquid crystal display, and wherein the colored display is the liquid crystal display.[35]）

前已說明，專利法第316條(d)(3)及法規命令37 C.F.R. § 42.221(a)(2)(ii)，禁止請求項修改時擴大其專利範圍。至於如何判斷修改後之請求項是否擴大範圍？聯邦法院過去採取一種檢測標準，亦即，「倘若修改後的專利範圍，會包含某些可想得到的裝置或方法，不會落入原本的專利，那麼其修改就是擴大了專利範圍」[36]。

審理委員會認爲，修改後的專利，會包含了單一液晶顯示（single-LCD）的裝置，因爲請求項可能讓車速計和彩色顯示都是液晶顯示，而這並不在原本的請求項所包含範圍之內。而聯邦巡迴上訴法院也同意審理委員會之解釋，故認爲審理委員會拒絕Cuozzo所提的請求項修正，爲有理由[37]。

## 四、最高法院判決

聯邦巡迴上訴法院做出上述判決後，Cuozzo曾要求全院審理，但被拒絕，因而又上訴到聯邦最高法院。聯邦最高法院於2016年6月做出判

---

[34] Id. at 1285.
[35] Id. at 1286.
[36] Id. at 1286.
[37] Id. at 1286.

決，維持上訴法院判決。

## （一）啓動程序決定不可提起救濟

就第一個爭點，當事人對於審理委員會之啓動程序，能否提出質疑。最高法院認爲，不可提出質疑。

1.既然第314條(d)很明確地指出其決定是終局且不可救濟，那麼就是不可對該決定提出救濟[38]；2.如果允許當事人可以對啓動決定立即提起救濟，那麼國會賦予專利商標局有權重審並修正所核發專利的重要目的，將會受到影響[39]；3.多方複審制度的前身多方再審制度，也一樣規定對於啓動之決定不可提起救濟[40]。

不同意見認爲，所謂的不可救濟，乃指不可於複審程序中提起中間上訴（interlocutory appeals），但對於複審之最終決定，可一併爭執啓動決定。但是，最高法院認爲，美國行政程序法第704條[41]，本來就規定只能對終局決定進行救濟。倘若採取少數意見這種看法，那麼根本不需要有專利法第314條(d)的規定[42]。

此外，雖然一般而言，任何決定都「強烈推定」可以司法審查。但是，如果有「清楚且具說服力」的指示，國會希望禁止審查，那麼就可推翻前述推定[43]。不過，最高法院指出，所謂的不可救濟，在第314條(d)中，指的是本條中（under this section）的適用議題，倘若是援引憲法或其他相關法律而提起救濟，則不在本判決所討論範圍。不過在本案中，Cuozzo提起的議題就是本條的議題，雖然Cuozzo認爲對於請求項10及14啓動程序，乃違反第312條(a)(3)的「以書面且特別地，列出質疑每一個請求項的依據」規定，但最高法院認爲，其仍然屬於第314條(a)的「申請書

---

[38] Cuozzo Speed Technologies, 136 S. Ct. at 2139.
[39] Id. at 2139-2140.
[40] Id. at 2140.
[41] 5 U.S.C. § 704.
[42] Cuozzo Speed Technologies, 136 S. Ct. at 2140.
[43] Id. at 2140-2141.

所列之資訊」的議題，故仍屬於本條中的議題，故不可提出救濟[44]。

## （二）請求項採取最大合理解釋

就第二個爭議，專利商標局對複審程序中的請求項採取最大合理解釋，最高法院認爲屬於專利商標局的行政命令制定權限。

最高法院指出，當法律留有漏洞或不明確時，最高法院通常會認爲，國會乃授與行政機關規則制定權，讓行政機關有制定規則的餘地，但該行政命令必須在從法條的文字、性質及目的來看屬於合理。而本案中，由於專利法第316條(a)(4)本來就授權專利商標局制定多方複審程序的相關命令，而法條中也沒有明確提到在程序中要採取哪一種特定的請求項解釋方法。因此適用上述原則[45]。

不同意見認爲，所謂的規則制定權，應該僅限於程序事項。但最高法院多數意見認爲，這裡的規則制定權，並不限於程序事項。因爲在第316條(a)(4)的授權，乃是制定關於多方複審的規定，並沒有特別強調是制定「程序面」（proceedings）的規定[46]。

Cuozzo認爲，多方複審的性質和目的，就是想改變過去的多方再審，讓其比較像是法院的程序，所以，在請求項解釋方法上，也應該比照法院採取的方法。但最高法院認爲，多方複審程序的性質和目的，並沒有明確地要求專利局必須要採取特定的請求項解釋標準。雖然多方複審程序確實有些方面很像司法審判程序，但其更接近專業行政機關程序（specialized agency proceeding）。亦即，最高法院認爲，國會所設計的是一種複合程序，其一方面像法院一樣解決特定當事人間的專利相關爭議；但另一方面，也保護將專利獨占控制在合法範圍的最高公共利益[47]。

其次，最高法院認爲，專利商標局所制定的行政命令，乃是對其規則制定權的合理行使。其所採取的最大合理解釋，有助於在撰寫請求項時確

---

[44] Id. at 2141-2142.
[45] Id. at 2142.
[46] Id. at 2142-2143.
[47] Id. at 2143-2144.

保其精確性，也可避免專利範圍涵蓋過大，這樣有助於公眾從公開的發明中取得有用的資訊，並瞭解該請求項的合法限制。專利商標局過去在行政程序或者類似審判的程序〔衝突程序（interference proceeding）〕中，採取此一最大合理解釋，已經超過100年[48]。

Cuozzo又主張，一般行政程序中之所以採取最大合理解釋，乃給予申請人修改請求項的機會，但是在多方複審程序中，並沒有提供這樣的機會，因而對專利權人不公平。但是，最高法院認爲，實際上專利權人在多方複審程序中至少有一次修改請求項的機會。加上最初申請專利時已經有多次修改機會，並非對專利權人不公平[49]。

Cuozzo又主張，如果複審程序採取最大合理解釋，而法院訴訟採取一般意義標準，將導致複審程序審查結果與法院判決結果不一致。但最高法院多數意見認爲，國會設計雙軌制度時本來就有這個問題，且過去一直以來都是如此，而且在其他面向，例如舉證責任，複審程序與法院審判程序的舉證責任標準也不一致。因此，最高法院認爲，專利商標局所制定的行政命令是合理的，而最高法院則毋庸以政策考量判斷是否有其他更好的標準[50]。

## 五、結語

本案有以下幾個重點。

（一）美國專利商標局是否啓動多方複審程序之決定，原則上不得向法院提起救濟。

（二）在多方複審程序中，對請求項之解釋，採取最大合理解釋標準。

（三）在多方複審程序中，專利權人可以請求修改請求項，但不可實質擴大原有專利範圍，若擴大其範圍，專利審理暨訴願委員會將拒絕其修改。

---

[48] Id. at 2144-2145.
[49] Id. at 2145.
[50] Id. at 2146.

# 第三節 涵蓋商業方法專利複審程序最終書面決定之審查：2015年Versata v. SAP案

AIA所創造的三種複審，其中領證後複審（post-grant review）規定於專利法第32章（第321條以下），而涵蓋商業方法專利複審，本身只規定於AIA的第18條，並適用領證後複審的大部分條文（第321條至第329條）。其乃是一種過渡性程序，適用時間只有八年。

到底由專利審理暨訴願委員會（Patent Trail and Appeal Board）所進行涵蓋商業方法專利複審程序，可以審查何種專利有效性之問題？而若專利權人對於委員會之最終書面決定不服，上訴到聯邦巡迴上訴法院，上訴法院又可進行何種審查？

2015年7月9日，聯邦巡迴上訴法院做出Versata Dev. Group, Inc. v. SAP Am., Inc.案[1]判決，該案乃是商業方法專利複審程序最終書面決定，第一件上訴到聯邦巡迴上訴法院的判決。該判決詳細回答上述問題，以下介紹該判決。

## 一、事實

### （一）定價方法專利

本案的專利權人爲Versata公司，擁有美國專利號第6,553,350號專利（簡稱'350號專利）。該專利名稱爲「在多階層產品和組織團體定價產品的方法和設備」（method and apparatus for pricing products in multi-level product and organizational groups），該發明乃在「購買組織」（WHO）和「所購買產品」（WHAT）之間的表格間運算。例如，該發明圖1（見圖5-4），描述了WHO/WHAT表格的一種先前技術[2]。

---

[1] Versata Dev. Group, Inc. v. SAP Am., Inc., 793 F.3d 1306, 2015 U.S. App. LEXIS 11802 (Fed. Cir. 2015).

[2] Id. at *6-7.

FIG. 1

PRIOR ART

| WHAT / WHO | 486/33 CPU | 486/50 CPU | 486/66 CPU |
|---|---|---|---|
| ADAM | $40 | $60 | $80 |
| BOB | $42 | $58 | $72 |
| CHARLIE | $44 | $68 | $92 |

**圖5-4　美國專利號第6,553,350號專利之附圖1**

資料來源：USPTO.

但'350號專利指出，先前技術對WHO/WHAT的定價表格，需要大的資料表。而該專利可以減少大資料表的需求，尤其可將消費者（購買團體）安排於一個階層的消費者團體中，並將產品安排於階層的產品團體中。如此，WHO可由一個組織團體的組織階層所構成，每一個團體代表著該組織團體的特定。系爭專利的圖4A（見圖5-5），可表現一個組織團體的這種安排的例子[3]。

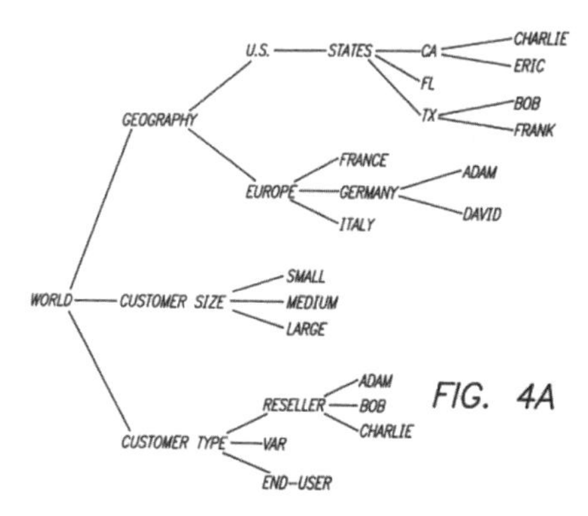


**圖5-5　美國專利號第6,553,350號專利之附圖4A**

資料來源：USPTO.

[3] Id. at 7.

本案關心的是請求項17和請求項26-29。請求項17內容為一「對提供給一購買團體的產品加以定價的方法」，包含特定步驟。請求項26內容為「電腦可讀記憶媒介，包含：執行請求項17方法的電腦指示」。請求項27內容為「對提供給一購買團體的產品決定定義的電腦執行方法」，包含特定步驟。請求項28內容為「電腦可讀記憶媒介，包含：執行請求項27方法的電腦指示」。請求項29內容為「提供給一購買組織的產品的定價設備」，包含特定限制[4]。

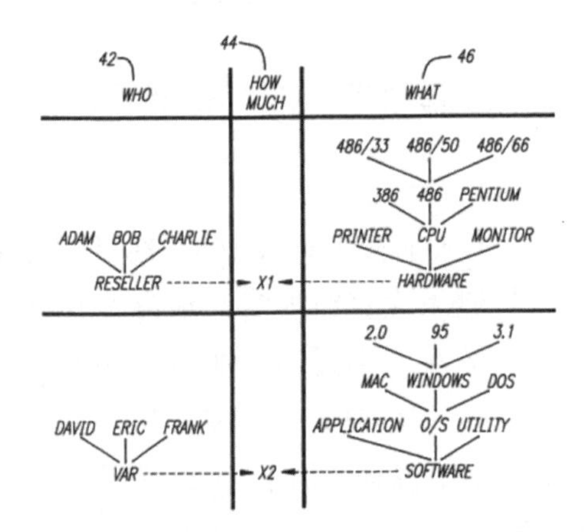


**圖5-6 美國專利號第6,553,350號專利之代表圖附圖5**

資料來源：USPTO.

## （二）訴訟過程

2007年4月20日時，Versata公司在德州東區聯邦地區法院，控告SAP公司侵害其'350號專利。訴訟進行中，2012年9月16日時，SAP公司向專利審理暨訴願委員會對'350號專利提起「涵蓋商業方法專利複審」，認為請求項17和26-29，因為不符合美國專利法第101條、第102條、第112條第1項和第2項而無效。

2013年6月11日，專利審理暨訴願委員會做出最終書面決定，認定請

4 Id. at *8.

求項17和26-29不符合專利法第101條而不具專利適格性。Versata對此最終書面決定要求重新聽審，但專利審理暨訴願委員會拒絕。Versata因而對此最終書面決定（final written decision）上訴到聯邦巡迴上訴法院。

### （三）本案爭議

專利審理暨訴願委員會的最終書面決定，認定Versata公司的專利請求項17和26-29因專利法第101條而不具專利適格性。Versata公司根據下述理由，質疑該決定[5]：

1. Versata公司的專利，並非「涵蓋商業方法專利」，或者應屬於「科技發明」（technological invention）例外。

2. 專利審理暨訴願委員會並沒有權力，依據專利法第101條，審理涵蓋商業方法專利之專利適格性（subject-matter eligibility）。

3. 專利審理暨訴願委員會對請求項之解釋是錯誤的，其不應該該請求項採取「最大合理解釋」（broadest reasonable interpretation），若採取適當的請求項解釋，在第101條的分析上，就不會認定其不具專利適格性。

## 二、上訴法院判決

### （一）法院可否審查專利審理暨訴願委員會之決定

首先，到底法院可否對專利審理暨訴願委員會之最終書面決定，進行審查？美國專利法第324條(e)規定：「專利局長對於是否啓動領證後複審程序之決定，乃終局且不可救濟。[6]」

本案是第一個案件，對於專利審理暨訴願委員會之最終書面決定，挑戰第324條(e)的範圍。不過，之前已經有好幾個案件，對於是否啓動多方複審程序（IPR）之決定，在審理期間就提起上訴。而聯邦上訴巡迴法院

---

[5] Id. at *15-16.

[6] (e) No Appeal.—The determination by the Director whether to institute a post-grant review under this section shall be final and nonappealable.

已經表示過意見[7]。

聯邦巡迴上訴法院認爲，第324條(e)只說，是否啓動領證後複審之決定，乃是終局且不可救濟。但是，該條文並沒有規定，複審程序的「最終書面決定」也無法提起救濟[8]。

法院認爲，長久以來，行政機關所爲的任何決定，在法律上都必須有基礎，並且都必須在其權限範圍內。而其權限範圍不是由行政機關決定，應由司法機關決定。最高法院過去反覆強調，有一個很強的推定，國會希望法院對行政行爲都採取司法審查，除非有具說服力的理由，可說明國會的目的是想限縮人民的司法救濟權[9]。

所以，聯邦巡迴上訴法院認爲，專利法第324條(e)並沒有排除司法審查，法院仍然可以審查專利審理暨訴訟委員會，是否違反了美國發明法第18條所賦予之宣告專利無效的權利限制[10]。

### （二）系爭專利是涵蓋商業方法專利？

第二個問題在於，美國發明法第18條，所限制的對象，必須是涵蓋商業方法專利。如果一個專利並非涵蓋商業方法專利，就不應該受到美國發明法第18條所規定的涵蓋商業方法專利複審程序的審查[11]。

美國專利法第18條(d)(1)定義了何謂「涵蓋商業方法專利」（covered business method patent）爲：

一專利，其請求一方法或相對應的設備，乃執行金融產品或服務之執行、行政、管理中使用的資料處理或其他運作（a patent that claims a method or corresponding apparatus for performing data processing or other operations used in the practice, administration, or management of a financial product or service）。

---

[7] Versata Dev. Group, Inc. v. SAP Am., Inc., at *17.
[8] Id. at *26.
[9] Id. at *28.
[10] Id. at *30.
[11] Id. at *30-31.

但該定義並不包含對科技發明的專利（except that the term does not include patents for technological inventions）。

## （三）「涵蓋商業方法專利」的範圍

Versata公司認爲，其擁有的’350號專利，並非一個涵蓋商業方法專利。而專利審理暨訴願委員會必須判斷，系爭專利請求項17和26-29是否符合條文中所指的「金融產品或服務」（financial products or services）[12]。

Versata公司認爲，自己的專利是一種定價方法，但並非金融相關方法。Versata認爲，既然在涵蓋商業方法專利的定義中提到「金融產品或服務」（financial product or service），專利審理暨訴願委員會的權限，就應限於金融產業的相關產品或服務，諸如銀行、證券、控股公司、保險、其他金融類似機構等所提供的產品或服務[13]。

而美國專利商標局認爲，所謂的金融，只要與金錢議題有關都算。而’350號專利符合這樣的解釋，因爲其請求的是一種決定產品價格的方法。而且，專利商標局認爲，在美國發明法第18條(d)(1)中，並沒有將涵蓋商業方法專利限定於任何特定的部門或產業[14]。

聯邦巡迴上訴法院同意美國專利商標局的見解，認爲所謂的涵蓋商業方法專利，在定義上並沒有限定金融產業的產品或服務，該專利不需要由金融機構所擁有，也不需要直接影響金融機構的活動。從該定義的字面「執行金融產品或服務之執行、行政、管理中使用的資料處理或其他運作」，其涵蓋了廣泛的金融相關活動[15]。而且，採取這種解釋，才符合國會制定此複審制度的目的，當初就是因爲商業方法專利的訴訟濫用，才制定此制度[16]。

---

12 Id. at *38-39.
13 Id. at *41.
14 Id. at *42-43.
15 Id. at *43.
16 Id. at *44.

## （四）科技發明例外

不過，美國發明法第18條(d)，對涵蓋商業方法專利提到了「科技發明」的例外。根據37 C.F.R. § 42.301(b)對科技發明的定義如下：「在認定一專利是否屬於涵蓋商業方法過渡程序下所謂的科技發明時，應依據下列因素，逐案加以判斷：所申請客體整體而言，是否寫入了科技特徵，其相對於先前技術屬於新穎且非顯而易見；且其使用技術手段解決了一技術問題。[17]」

專利審理暨訴願委員會指出，請求項17基本上就是一種決定價格的方法。而這種決定，可以用任何類型的電腦系統、程式或運算環境達成。因此，並不需要使用特定的、非傳統的軟體、電腦設備、工具或運算設備[18]。

聯邦巡迴上訴法院同意專利審理暨訴願委員會之認定，認爲請求項17並沒有使用科技手段解決科技問題。雖然Versata公司主張，其發明乃操作大公司所使用的層級資料結構以組織定價資訊，但是法院認爲，其並非科技手段，而比較像是創造了一個有組織的管理圖表[19]。法院認爲，不論所謂的科技發明這個字涵蓋的範圍多大，系爭的’350號專利就一般人的理解，本質上就不是科技的發明[20]。因此，法院支持專利審理暨訴願委員會之決定，認爲Versata公司的’350號專利是一個涵蓋商業方法專利，且並不符合科技發明例外[21]。

## （五）請求項幾標準採最大合理解釋

在領證後複審程序中，專利審理暨訴願委員會，一般對請求項均採取最大合理解釋（broadest reasonable interpretation）[22]。Versata公司質疑

---

[17] Id. at *45.
[18] Id. at *48.
[19] Id. at *48.
[20] Id. at *49.
[21] Id. at *49.
[22] Id. at *50.

專利審理暨訴願委員會，認為其不該採取最大合理解釋標準，尤其在「定價資訊」（pricing information）這個字上，其認為應該加入「反正常化數字」（denormalized numbers）此一要件[23]。

SAP公司指出，在附屬項中有提到「反向規格化數字」，但是獨立項中卻沒有提到，且專利說明書中對此一特徵的描述，只是描述為所申請發明的一個面向而已。因此，其認為採取最大合理解釋標準，不應該將請求項限縮於「反向規格化數字」[24]。

聯邦巡迴上訴法院指出，其在更之前的Cuozzo案[25]中，就已經說明，在複審程序中對請求項解釋之方法，應該採取最大合理解釋。所以，本案當然也允許專利審理暨訴願委員會對請求項解釋採取最大合理解釋[26]。而且，聯邦巡迴上訴法院也指出，就算不採取最大合理解釋方法，而採取一般法院所使用的「一個正確解釋」公式（“one correct construction” formula），其也認為，專利審理暨訴願委員會對系爭請求項的解釋也是正確的。這是因為，基於請求項差異化原則（principles of claim differentiation），以及對專利說明書的理解，對請求項17應該都沒有限於「反向規格化數字」[27]。

## （六）複審程序可以審查第101條之專利適格性

專利審理暨訴願委員會最終書面決定認為，系爭專利請求項17和26-29，因為是美國專利法第101條的「抽象概念」（abstract ideas）而不具專利適格性。但Versata公司爭執，涵蓋商業方法複審可質疑的專利要件，應該限於專利法第102條（新穎性）、第103條（非顯而易見性）和第112條（充分揭露），而不包括第101條的專利適格性。就算包括第101條專利適格性的審查，Versata公司也認為，其發明也不僅是抽象概念[28]。

---

[23] Id. at *50.
[24] Id. at *51.
[25] In re Cuzzo Speed Tech., LLC, 778 F.3d 1271 (Fed. Cir. 2015).
[26] Versata Dev. Group, Inc. v. SAP Am., Inc., at *51-52.
[27] Id. at *52.
[28] Id. at *53.

聯邦巡迴上訴法院認爲，從過去多年以來聯邦巡迴上訴法院的判決，以及最高法院的判決，都認爲第101條的問題，構成專利無效及可專利性的挑戰[29]。因此，第101條也是屬於專利有效性挑戰的重要依據，不論在法院判決如此，在專利審理暨訴願委員會之領證後複審程序、美國發明法第18條之涵蓋商業方法專利複審程序，均屬於專利有效性之挑戰基礎[30]。

## （七）系爭專利不具專利適格性

最後，既然可用美國專利法第101條質疑係爭專利之專利適格性，到底係爭專利是否具有專利適格？

聯邦巡迴上訴法院採用最高法院在2014年的Alice案所提出的分析架構。第一步，其同意專利審理暨訴願委員會之看法，認爲請求項17和26-29確實指向了使用組織和產品團體階層作爲定價的抽象概念。更具體來說，請求項17指向一個定價的方法。請求項27指向了定價的電腦執行方法，請求項26和28指向一個電腦讀取儲存媒體，其包含了執行請求項17和27的執行方法。請求項29則指向一個定價的設備，包含電腦軟體指示，可以執行請求項27所提到的方法步驟。使用組織和產團體階層作爲定價，只是一抽象概念，沒有特定具體或有形的應用。其只是一個構造磚塊，是一種組織資訊的基本概念架構[31]。

進而，採用了Alice案／Mayo案分析架構的第二步，其也同意專利審理暨訴願委員會之判斷，在個別獨立和結合地考量每一請求項的限制後，每一個請求項都沒有足夠的額外限制，可以將該請求項的本質，轉化爲一個對抽象概念之「具有專利適格性的應用」[32]。因此，最後聯邦巡迴上訴法院判決，支持專利審理暨訴願委員會對該案所爲的最終書面決定。

---

[29] Id. at *57.
[30] Id. at *57.
[31] Id. at *66.
[32] Id. at *67.

# 第四節　民事侵權訴訟是否因複審程序而停止審判：2014年VirtualAgility v. Salesforce.com案

## 一、背景

### （一）美國發明法核准後複審程序

美國於2011年9月通過美國發明法新增了核准後複審（Post-Grant Review, PGR）及多方複審（Inter Partes Review, IPR）程序。修法後，專利法第321條至第329條，規定核准後複審程序。核准後複審（PGR）及多方複審（IPR）程序於2012年9月16日起生效，原本之多方再審查程序於同日廢止，而原本的單方再審查程序則仍持續適用[1]。

### （二）商業方法專利複審程序

除了上述的核准後複審程序外，美國發明法第18條，也增加了「涵蓋商業方法專利過渡期複審」（Transitional Program for Covered Business Method Patent Review, CBM）。基本上其也屬於核准後複審程序的一種，但只是一種過渡性的程序，只實施八年。其主要是針對商業方法專利，由於其專利適格性的問題較容易引起爭議，故在基本的核准後複審程序外，另外增加這個涵蓋商業方法專利複審程序，希望在八年間，對於商業方法專利之爭議，有特殊的救濟管道。

### （三）複審程序與訴訟程序之衝突

美國的複審程序，會出現侵權訴訟與複審程序同時進行，而可能產生的矛盾問題。因此，在相關法條中，也規定了兩套制度的協調處理規定。

以下，本文將介紹自2012年9月美國專利複審制度以來，首個進入聯

---

1 較詳細的介紹，可以參考徐仰賢，美國專利訴訟外之新選項—多方複審程序（IPR）介紹暨實務分析，科技產業資訊室，http://cdnet.stpi.narl.org.tw/techroom/pclass/2013/pclass_13_A185.htm。

邦巡迴上訴法院的VirtualAgility Inc. v. Salesforce.com案[2]。該案件處理的是「涵蓋商業方法專利複審」程序與地區法院訴訟間關係的問題。

## 二、VirtualAgility Inc. v. Salesforce.com案事實

2013年1月，VirtualAgility公司（簡稱VA）控告Salesforce.com公司等被告，侵害其美國專利號第8,095,413號專利（簡稱'413號專利），其乃是一個商業方法專利，涉及某種雲端技術。2013年5月24日，Salesforce公司針對'413號專利的所有請求項，向專利審理暨上訴委員會（Patent Trial and Appeal Board, PTAB），申請進行「涵蓋商業方法專利過渡期複審」（Transitional Program for Covered Business Method Patent Review, CBM）這種領證後複審程序（post-grant review）。在該複審申請中，Salesforce公司主張所有'413號專利的請求項，都符合這一種類型的複審程序，因爲其符合美國發明法（America Invents Act, AIA）中第18條(a)(1)的「涵蓋商業方法專利」（covered business method patent）；且Salesforce公司符合第18條(a)(1)(b)的複審資格，因爲其正被控告侵害系爭專利。Salesforce公司進一步主張，專利審理暨上訴委員會應開啓「涵蓋商業方法專利過渡期複審」（CBM）此種複審程序，因爲所有'413號專利的請求項，根據美國專利法第101條，均不具專利適格性，且根據第102條、第103條，專利應屬無效[3]。

於2013年5月29日，被告等人向審理專利侵權案的地區法院，根據美國發明法第18條(b)(1)，認爲已經提出「涵蓋商業方法專利複審」，申請停止訴訟。2013年8月，地區法院對上述申請尚未做出裁定，卻下達了事證開示命令，並主持期程安排會議，決定2014年4月進行馬克曼聽證（請求項解釋），2014年11月挑選陪審團。2013年8月同時，原告VA公司對前述Salesforce所提出的複審，根據37 C.F.R. § 42.207(a)，提出初步答辯（preliminary response）。2013年11月時，專利審理暨上訴委員會裁定受

[2] VirtualAgility Inc. v. Salesforce.com, 759 F.3d 1307 (2014).
[3] VirtualAgility Inc. v. Salesforce.com, 759 F.3d 1307, 1308-1309 (2014).

理Salesforce之複審，其認爲所有'413號專利的請求項均涉及「被涵蓋方法專利」，且系爭專利「較有可能」（more likely than not）不具有專利法第101條之專利適格性，或「較有可能」因美國專利號第5,761,674號專利（簡稱Ito專利）而欠缺新穎性。專利審理暨上訴委員會也下達了自己的庭期，排定2014年7月審理'413號專利請求項的有效性[4]。

2014年1月，地區法院裁定駁回被告等人所提出的暫停專利訴訟的請求。被告等人立即對該裁定，向聯邦巡迴上訴法院提出抗告，並再次申請地區法院暫停訴訟程序，等待抗告程序結束。後來，原告VA提出申請，主張若專利審理暨上訴委員會認定系爭專利無效，則將有條件更正（Motion to Amend）'413號專利請求項。2月，聯邦巡迴上訴法院裁定，暫停地區法院的訴訟程序[5]。

## 三、上訴法院判決判決

### （一）是否停止訴訟之四因素

根據美國發明法第18條(b)(1)，地區法院在裁定是否因他人提起複審程序而停止訴訟時，需考量下列四點[6]：

(a) 裁定停止與否，是否可簡化系爭爭議，並使審判更爲有效（whether a stay, or the denial thereof, will simplify the issues in question and streamline the trial）；

(b) 事證開示（discovery）程序是否結束，審判期程是否已定（whether discovery is complete and whether a trial date has been set）；

(c) 裁定停止與否，是否會不當地傷害被聲請人，或對聲請人出現清楚的策略優勢（whether a stay, or the denial thereof, would unduly prejudice the nonmoving party or present a clear tactical advantage for the moving par-

---

4 Id. at 1309.
5 VirtualAgility Inc. v. Salesforce.com, Inc., 14-1232 (Fed. Cir. Feb. 12, 2014).
6 AIA § 18(b)(1).

ty）；

(d) 裁定停止與否，是否會減少雙方及法院的訴訟負擔（whether a stay, or the denial thereof, will reduce the burden of litigation on the parties and on the court）。

而美國發明法第18條(b)(2)規定，當提出複審之申請人要求地區法院停止訴訟，對於地區法院裁定，可向聯邦巡迴上訴法院提出抗告。且該條文清楚地規定，聯邦巡迴上訴法院審理此類抗告案時，應確保一致地適用既有的判決先例，並且可以自爲重新審理（may be de novo）[7]。

## （二）上訴法院審查標準

在本案中，雙方對於上訴法院所應採取的標準，有不同主張。被告等人主張，該條文希望上訴法院進行全部的重新審理，包括事實的證據，以及法律的結論，均應全部且獨立的重新審理。原告VA公司則認爲，上訴法院應該盡量尊重地區法院的裁定，因爲這種裁定涉及地區法院對其判決事項的管理（management of their own dockets），而這種議題傳統上屬於地區法院的裁量權[8]。聯邦巡迴上訴法院指出，在美國發明法之前，地區法院是否要因美國專利商標局的程序而暫停訴訟之裁定，基本上是不可抗告的，就算有人提出抗告，聯邦巡迴上訴法院應該也採取較爲寬鬆的立場，對地區法院之裁定僅採取「是否濫用裁量權」（abuse of discretion）之審查標準[9]。但是，在美國發明法中，對地區法院是否因「涵蓋商業方法專利複審」（CBM）程序而暫停訴訟之裁定，明確地創造了一項立即的抗告權，且交由聯邦巡迴上訴法院管轄，而該法條中唯一提及的審查標準，就是「重新自爲審查」（de novo review）。不過，聯邦巡迴上訴法院指出，在本案中，不管採取「是否濫用裁量權」或「重新自爲審查」標

---

7 AIA § 18(b)(2) ("(2) REVIEW.--A party may take an immediate interlocutory appeal from a district court's decision under paragraph (1). The United States Court of Appeals for the Federal Circuit shall review the district court's decision to ensure consistent application of established precedent, and such review may be de novo.").

8 VirtualAgility Inc. v. Salesforce.com, 759 F.3d. at 1310.

9 Procter & Gamble Co. v. Kraft Foods Global, Inc., 549 F.3d 842, 845, 848-849 (Fed. Cir. 2008).

準，都會得到相同的結論，即，地區法院裁定拒絕因「涵蓋商業方法專利複審」程序而暫停訴訟之裁定，應予推翻[10]。

### （三）第一因素（簡化爭議）與第四因素：訴訟負擔

前述四項決定是否要停止審判的四項因素中，第一個因素為能否簡化爭議（simplification of the issues）。地區法院認對第一因素的判斷，認為其並沒有被說服，專利審理與上訴委員會「可能」（probable）會在「涵蓋商業方法複審」程序中，刪除某些或全部的系爭請求項。地區法院閱讀了系爭'413號專利的漫長申請過程，地區法院相信，由於美國專利商標局在審查系爭專利時，已經詳細檢查過其專利有效性與先前技術的問題，因此，其認為專利局的詳細審查應該不太會有爭議。此外，地區法院又檢視專利審理與上訴委員會受理該複審案的意見。地區法院認為，雖然美國專利商標局在審查系爭專利時，沒有考量到Ito專利存在，但是由於美國專利局在漫長的申請過程中詳細地檢查了其他的先前技術，故未被說服，光一個Ito專利，就可以否決整個系爭專利所有請求項的新穎性。而且，地區法院認為，被告等人在地區法院的專利侵權訴訟中，另外還提出了二項重要的先前技術，故上訴委員會所指出的Ito專利，對地區法院的訴訟來說，只有「邊際」效果。至於上訴委員會受理要檢查系爭專利之適格性的問題，地區法院認為，系爭專利在申請過程中，早已因為第101條專利適格性的問題，作為修正。因此，地區法院基於自己對系爭專利的評估，其並沒有被說服，上訴委員會很可能（will likely cancel）會基於專利適格性問題撤銷系爭專利所有請求項。此外，上訴委員會受理該複審的意見中，根據另外二項理由，認為系爭專利所有請求項都「較有可能」（more likely than not）無效，但地區法院認為，其並不相信，上訴委員會真的會撤銷系爭專利的所有或部分請求項。綜合以上說明，法院認為，其並不認為涵蓋商業方法專利複審程序，可以簡化本案的爭議，因此，在第一因素的判斷上，其若未傾向拒絕停止審理，至少也是中立的（neutral, if not

---

[10] VirtualAgility Inc. v. Salesforce.com, 759 F.3d. at 1310.

slightly against, granting a stay）[11]。

判斷是否應停止訴訟的第四因素，則爲訴訟負擔（burden of litigation）。地區法院認爲，第四因素的概念，其實與第一因素乃「實質重疊」（substantially overlap）。而地區法院認爲，在本案的情況下，僅具有限的可能性，停止訴訟能減少雙方與法院的負擔。因此，在第四因素的判斷上，地區法院認爲，僅輕微地有利於停止訴訟（weighs only slightly in favor of a stay）[12]。

在地區法院裁定拒絕停止訴訟進行後，原告VA在CBM複審程序中提出了專利更正。被告等人因而再次申請停止訴訟程序，並且主張，VA既然已經提出專利有條件更正，則「CBM複審程序將簡化爭議」的可能性會提高。但是，地區法院對於第二次的暫停訴訟申請，仍然裁定駁回，其認爲，原告VA在CBM複審程序中所提出的對系爭專利的更正，並非其爲第一次是否要停止訴訟程序裁定時的相關文件[13]。地區法院認爲，被告等人並沒有證明，引發有條件更正的情況很可能會發生，沒有挑戰法院之前所爲的「撤銷部分或所有請求項之情形不太可能會發生」判斷[14]。因此，地區法院認爲，原告VA在CBM複審程序中提出的請求項有條件更正，並不會影響其對第一及第四因素的判斷[15]。

被告等人對聯邦巡迴上訴法院提出的抗告中主張，地區法院對第一因素的判斷是錯誤的。其認爲CBM複審程序可以簡化爭議並使審判更有效率，因爲若CBM複審程序中已經撤銷了某些請求項，那麼地區法院就毋庸審理被撤銷的請求項。此外，提出CBM複審程序後，對申請複審者而言，有一後續的限制。在美國發明法第18條(a)(1)(d)中規定，當複審程序做出決定後，提出複審之人，不可在後續的專利侵權訴訟中，再次已在複

[11] Id. at 1310-1311.
[12] Id. at 1311.
[13] See VirtualAgility Inc. v. Salesforce.com, Inc., 13-cv-00111, 2014 U.S. Dist. LEXIS 24848, 2014 WL 807588 (E.D. Tex. Feb. 27, 2014).
[14] Id. at 2.
[15] VirtualAgility Inc. v. Salesforce.com, 759 F.3d. at 1311.

審程序中提過之事由，主張該商業方法專利為無效[16]。雖然該法僅規範提出複審申請的人，而在本案中，由於被告有多人，似乎僅限於提出複審的被告，是否有禁止重複提出的限制，對其他被告沒有限制。但是，在本案被告等人向地區法院申請停止訴訟程序時，均同意，其均願意受到CBM複審程序後禁止重複為相同主張的限制[17]。因此，被告等人也主張，在CBM複審程序終結後，其不可在訴訟中挑戰系爭專利之有效性。而且，被告等人也主張，在CBM複審程序中所提出的請求項更正，會影響到專利侵權訴訟中的侵權主張。因此，被告等人認為，既然專利審理與上訴委員會在受理時表示，系爭議「較有可能」因Ito專利而喪失新穎性，且因違反第101條而無效，地區法院就不需要自己做二度猜測[18]。

聯邦巡迴上訴法院認為，地區法院再做是否停止訴訟裁定的判斷時，的確可以，並應該考量到，原告VA已經對其專利提出有條件更正。不過，其只需要考慮有這件事情即可，而不需要去判斷究竟所更正的請求項是否會影響到現在進行中的訴訟[19]。

其次，聯邦巡迴上訴法院也指出，第一因素與第四因素的考量雖然有點接近，但仍應該各自判斷。否則國會就不需要寫出四個因素，而只需寫出三個因素即可[20]。

第三，聯邦巡迴上訴法院認為，地區法院在裁定是否停止訴訟時，不應該去檢視專利審理及上訴委員會受理複審程序的意見。畢竟，那只是一個上訴委員會決定是否受理的初步決定而已，所採取的標準為「較有可

16 AIA § 18(a)(1)(D)("The petitioner in a transitional proceeding that results in a final written decision under Section 328(a) of title 35, United States Code, with respect to a claim in a covered business method patent, or the petitioner's real party in interest, may not assert, either in a civil action arising in whole or in part under section 1338 of title 28, United States Code, or in a proceeding before the International Trade Commission under section 337 of the Tariff Act of 1930 (19 U.S.C. 1337), that the claim is invalid on any ground that the petitioner raised during that transitional proceeding.").

17 VirtualAgility Inc. v. Salesforce.com, 759 F.3d. at 1311.

18 Id. at 1311.

19 Id. at 1312-1313.

20 Id. at 1313.

能」（more likely than not）標準[21]。此一標準已經比過去的再審程序（re-examination）來得嚴格。過去的再審程序採取的受理標準，乃是否提出一專利有效性的實質新議題（a substantial new question of patentability）[22]。而且，國會採取此新標準時，並沒有允許地區法院審理專利審理與上訴委員會是否受理複審案件的決定。若要在是否暫停訴訟時，去檢視專利審理與上訴委員會的決定，則會危害到暫停訴訟制度的目的。實際上，對於領證後複審決定的救濟，國會已經很明確地規定於專利法第141條，規定其救濟途徑乃直接向聯邦巡迴上訴法院提出救濟[23]。

由於地區法院判決，主要乃是去檢查專利審理與上訴委員會的意見，而聯邦巡迴上訴法院指出，這方面的討論均不適當。而地區法院裁定意見中，排除了這方面的討論後，從相關文件證據中做判斷，聯邦上訴法院認為，應傾向於裁定停止訴訟程序。專利法第324條對核准後複審程序的要件，就是「至少有一個受挑戰的請求項，較有可能無效」（it is more likely than not that at least 1 of the claims challenged in the petition is unpatentable）[24]。本案中，專利審理與上訴委員會很明確地表達，系爭專利所有的請求項，都較有可能專利無效。因此，商業方法專利複審程序的結果，即可能決定了地區法院專利侵權訴訟的結果。因此，此點應有利於裁定停止訴訟程序[25]。

但原告VA主張，被告Salesforce在提出複審時，只提出一項先前技術，但在地區法院的訴訟中，另外提出二項先前技術。因此，複審程序的審查，並無助於簡化地區法院的訴訟。聯邦上訴法院也同意此論點。法院指出，如果在地區法院訴訟與複審程序中所援引的先前技術一樣，那麼，複審程序將更有助於簡化訴訟程序。不過，在本案中，由於複審程序所受理的是系爭專利的所有請求項，而其仍然有助於簡化爭議，並有助於減少

[21] 35 U.S.C. § 324(a) (2012).
[22] 35 U.S.C. § 303(a) (2012).
[23] 35 U.S.C. § 141(c).
[24] 35 U.S.C. § 324(a).
[25] VirtualAgility Inc. v. Salesforce.com, 759 F.3d. at 1314.

訴訟負擔，故應傾向裁定停止訴訟程序[26]。

### （四）第二因素（事證開示是否完成、期程是否排定）

第二因素的判斷在於事證開示是否已經進行，以及法院的各種期程是否已經排定。換句話說，倘若在侵權訴訟還沒進入事證開始與請求項解釋的馬克曼聽證，則傾向於可裁定停止訴訟程序，等待複審程序結束。反之，若法院訴訟程序已經進展許久，就傾向於不停止訴訟程序。本案中，2013年5月Salesforce公司提出複審申請後，立刻向法院申請停止訴訟程序。但地區法院不立刻裁定，決定等待專利審理暨上訴委員會是否受理該複審案。等到2013年11月上訴委員會受理該複審案後，2014年1月地區法院才做出裁定。聯邦上訴法院認爲，地區法院等待複審案受理的結果再做出是否停止訴訟之裁定，是一個合法的做法，上訴法院給予尊重[27]。

不過，由於提出申請停止訴訟的時間是2013年5月，裁定的時間是2014年1月，究竟在做第二因素的判斷上，要以哪一個時間點作爲考量基準？聯邦法院同意地區法院的看法，認爲應以提出申請的時點作爲基準。本案中，2013年5月提出停止訴訟申請時，當時才起訴不到四個月，且還沒有進入事證開始，也尚未排出後續的期程，因此，本案是有利於選擇停止訴訟。就算從2013年11月上訴委員會受理該複審案作爲時間基準，該地區法院的訴訟仍然很早，雖然已經排了後續的期程，但是尚未進入事證開始，雙方對於請求項解釋的陳述狀也沒有提出。故就第二個因素，絕對有利於被告[28]。

### （五）第四因素：不當傷害或策略優勢

在是否裁定停止訴訟程序的第四個因素，則是考量停止訴訟程序是否會對某方造成不當的傷害（undue prejudice），若會的話，則不傾向停止訴訟程序。聯邦巡迴上訴法院認爲，此因素稍微傾向於不停止訴訟程序。

---

[26] Id. at 1314.
[27] Id. at 1316.
[28] Id. at 1316-1317.

因為，原告和被告雙方，屬於市場上競爭對手，停止訴訟程序可能會產生不當的傷害。而且，由於雲端計算的市場不斷成長，損失市占率或商譽的損害，不可小覷[29]。

聯邦上訴法院指出，所謂的不當的傷害，與禁制令審查中的無法回復之傷害（irreparable harm）很接近。其實大部分的專利侵權的損害，都可以透過事後的金錢賠償加以彌補。除非，專利權人認為不立即透過禁制令禁止侵權，對其事業會造成不可回復的損害。但在本案中，由於原告VA並沒有聲請禁制令，似乎不認為繼續侵權對其有多麼重大的影響。因而，聯邦上訴法院認為，停止訴訟程序對其而言並沒有不當的傷害[30]。

最後，第三因素還要判斷停止訴訟是否對某一方有明顯的策略優勢（clear tactical advantage）。本案中，被告Salesforce在複審程序中只提出一項先前技術Ito專利，但在地區法院的侵權訴訟中，另外提出了二項先前技術，分別是Oracle Projects的軟體以及Tecskor產品。因此，其可能是想避免，在複審程序結束後在後續程序中不得再為相同主張之限制，而故意不提出其他重要證據的策略。但是，被告Salesforce解釋，Oracle Projects的軟體並非公開文件，若提出於複審，還需要請證人解釋其軟體內的運作；而Tecskor產品的公司位於加拿大，一樣要從加拿大進行司法協助取得證據，也很麻煩，故沒有在複審程序中提出這二項證據。聯邦上訴法院認為，被告Salesforce解釋也有道理，並非明顯的策略優勢[31]。

綜合上述是否有不當傷害，以及是否有清楚策略優勢的判斷上，聯邦上訴法院認為，僅能說，在第三因素判斷上，稍微有利於拒絕停止訴訟程序[32]。

### （六）綜合判斷

最後，綜合四項因素的判斷，四項因素中，三項因素（1.簡化爭點

[29] Id. at 1318.
[30] Id. at 1318-1319.
[31] Id. at 1320.
[32] Id. at 1320.

與使訴訟更有效率；2.事證開始是否完成與審判期程是否安排；4.能否減少雙方當事人與法院的訴訟負擔）有利於停止訴訟程序。只有第3項因素（不當傷害）稍微有利於拒絕停止訴訟程序。最後，聯邦上訴法院認定，地區法院濫用其停止訴訟程序裁定之裁量權，故推翻地區法院之判決，要求該案停止訴訟，等候CBM複審程序結果[33]。

## 四、結語

根據美國專利法第326條(a)(11)，複審程序受理後，最多一年內要處理結束，在有正當理由情況下，最多再延長六個月。因此，實際上，因爲停止訴訟程序而等待CBM複審程序，並不會拖延過久。此外，在美國複審決定做出後，若有不服，則是向聯邦巡迴上訴法院提出上訴。此一法院和處理侵權訴訟的上訴法院，同屬一個法院。因此，就算停止訴訟程序後，CBM複審程序繼續上訴，聯邦巡迴上訴法院對系爭專利之有效性做出判斷後，交回地區法院，地區法院尊重上訴法院對系爭專利有效性之判斷，地區法院僅需處理剩下的侵權判斷與損害賠償認定部分。因而，以訴訟拖延來說，停止訴訟程序等待複審程序終結，似乎並沒有嚴重的拖延問題。

臺灣的專利訴訟實務中，過去因爲有舉發制度，法院審理專利侵權案件時，往往先暫停訴訟程序，等待專利舉發及相關救濟程序走完，確定專利有效性及範圍後，才重啓專利侵權訴訟程序。但在2008年設立智慧財產法院及通過智慧財產案件審理法後，在審理法第16條規定，法院可自爲專利有效性之判斷，毋庸等待專利舉發及救濟結果。

[33] Id. at 1320.

# 第五節 對複審決定請求再開聽證：2021年U.S. v. Arthrex, Inc.案

自從美國專利複審制度引進後，許多專利權人的專利都在複審程序中被宣告無效。因此，陸續有人在法院中質疑，複審程序違反憲法。2021年6月21日，美國最高法院做出U.S. v. Arthrex, Inc.案，認爲行政專利法官做出的決定不受上級監督，確實違憲，並提出解決違憲問題的建議。美國專利商標局在6月29日也立刻宣布遵從最高法院建議，對複審決定提供「請求再開聽證」的機會。

## 一、行政專利法官

2012年後，美國專利審理救濟委員會（Patent Trail and Appeal Board）的複審程序可認定專利無效，此一委員會的成員，乃是美國法上特殊的行政專利法官（administrative patent judge）。

近年來，被複審程序認定專利無效的專利權人，都想要主張整個複審程序是違憲的。第一波質疑的是認爲，專利無效的問題應該由美國憲法第3條的法官來決定，而非由專利審理救濟委員會的行政專利法官決定。但第一波挑戰卻失敗，2018年底美國最高法院在Oil States Energy Services v. Greene's Energy Group案[1]認爲，專利屬於「公權利」，可以由行政部門來決定其爭議[2]。

因而，又有專利權人發起第二波挑戰，認爲如果行政專利法官是行政官員，爲何他們的複審決定不受到上級長官的監督？

根據美國專利法第6條(a)，專利審理救濟委員會之組成，除了專利商標局長、副局長、專利局長、商標局長之外，其他都是行政專利法官，約

---

1 Oil States Energy Services v. Greene's Energy Group, 138 S.Ct. 1365 (2018).

2 該判決中文介紹，可參考楊智傑，專利審理暨救濟委員會準司法化審理是否違憲？2018年美國最高法院Oil States Energy Services v. Greene's Energy Group案，北美智權報第229期，2019/1/23。

有200餘位。行政專利法官乃由商務部部長諮詢專利商標局長後任命[3]。其中，根據專利法第3條，只有專利商標局長是由美國總統提名，並經參議會同意任命[4]。

## 二、Arthrex案事實

### （一）Arthrex公司主張

本案的背景事實為，Arthrex公司申請到關於骨科手術的程序與醫療器材之專利。Smith & Nephew等公司對系爭專利申請多方複審程序，主張該專利無效。專利審理救濟委員會由三名行政專利法官組成審理庭，最終認定系爭專利無效。

Arthrex公司不服，向聯邦巡迴上訴法院提出上訴，主張專利審理救濟委員會之組成，違反了美國憲法第2條第2項第2款之任命條款。

Arthrex主張，行政專利法官屬於主要官員（principal officers），應該由總統提名，經參議院同意後任命。而目前由商務部長任命的方式，屬於違憲。

### （二）美國憲法之任命條款

美國憲法第2條第2項第2款，一般稱為「任命條款」（Appointments Clause），其規定：「總統經參議院之咨議及同意，並得該院出席議員三分之二贊成時，有締結條約之權。總統提名大使、公使、領事、最高法院法官及其他未另做規定之美國官吏，經參議院之咨議及同意任命之。但國會如認為適當，得以法律將下級官員（inferior officers）之任命權授予總統、法院或各部長官。[5]」

---

[3] 35 U.S.C. § 6(a)(1).

[4] 35 U.S.C. § 3(a)(1).

[5] The U.S. Constitution, Art. II, § 2, cl. 2 ("He shall have power, by and with the advice and consent of the Senate, to make treaties, provided two thirds of the Senators present concur; and he shall nominate, and by and with the advice and consent of the Senate, shall appoint ambassadors, other public ministers and consuls, judges of the Supreme Court, and all other officers

因此，只有總統在經過參議院諮詢與同意下，可以任命主要官員（principal officers）。若是下級官員（inferior officers），該條款允許國會將任命權力授予總統、法院或各部長官。

## 三、最高法院判決

2021年6月21日，美國最高法院以5票對4票，對此案做出正式判決[6]。由首席大法官Roberts撰寫多數意見書，判決書的第I、II部分，獲得Alito、Gorsuch、Kavanaugh、Barrett大法官支持，但判決書的第III部分，Gorsuch則不支持。

### （一）下級官員必須受到上級行政官員的監督或審查

多數意見認為，一方面，行政專利法官在多方複審程序中所行使的權力，不受到專利商標局長的審查；二方面，他們卻僅由商務部長任命，似乎屬於下級官員（inferior officers），這兩者彼此矛盾。

在1997年的Edmond v. United States案[7]中，最高法院曾說，必須由總統提名、參議院同意任命之其他人，對下級官員行使某程度的指揮與監督。

該案涉及由交通部長任命的海防刑事上訴法院（Coast Guard Court of Criminal Appeals）之法官。最高法院當時認為，這些法官屬於下級官員，因為他們乃由行政部門中總統提名、參議院同意任命之若干官員，行使有效的監督。最高法院認為重要的是，如果沒有得到其他行政官員的同意，這些法官沒有權力代表美國聯邦做出最終決定。

---

of the United States, whose appointments are not herein otherwise provided for, and which shall be established by law: but the Congress may by law vest the appointment of such inferior officers, as they think proper, in the President alone, in the courts of law, or in the heads of departments.").

[6] United States v. Arthrex, Inc., – S.Ct. – (June 21, 2021).

[7] Edmond v. United States, 520 U.S. 651 (1997).

### （二）行政專利法官之決定不受行政審查與監督

但是，本案中的行政專利法官，卻沒有受到這種上級行政官員的審查。雖然專利商標局長有行政監督的工具，但是，專利商標局長和其他上級長官，都沒辦法直接審查行政專利法官所為的複審決定。甚至，在專利法第6條(c)，規定只有專利審理救濟委員會自己可以同意再開聽證（may grant rehearings）。這一限制，讓專利商標局長對行政專利法官所為之複審決定，既無從進行監督，也不用為其負責。

根據專利法第318條(b)，專利法官所做出的決定，也就是行政部門內的最終決定，專利商標局長只能根據行政專利法官的複審決定，核發並公告證書，撤銷專利請求項，或是確認專利請求項有效。

### （三）專利商標局長可以間接影響複審決定？

有人主張，專利商標局長有各種方式，可以間接影響多方複審的過程。例如，局長可以在指派三名行政專利法官組成複審庭時，挑他偏好的人來組成。但是這種方式，會模糊了憲法任命條款所要求的政治責任，讓當事人無法獲得由專家組成審理庭做出公正決定，也無法讓需負政治責任之官員對其透明決定負責。

另外，若專利商標局長對某些行政專利法官的複審決定不滿，以後可以不再指派他們參與審理庭，但是對於他們已經做出的最終決定，卻無權撤銷。

至於商務部長，也沒有辦法透過撤換職務，有意義地控制這些行政專利法官，因為想撤換聯邦行政官員，必須具有「提高該服務之效率」的這種理由。

雖然對專利審理救濟委員會之複審決定，可以上訴到聯邦巡迴上訴法院，但這種方式仍無法作為必備的監督方式。

最高法院認為，根據憲法，行政專利法官行使的是「行政權」（executive power），總統就必須對他們的行為負最終責任。目前的設計方式，總統既無法自己監督專利審理救濟委員會，若該委員會做得不好，總統也無法要其他上級官員爲其負責。因而整體而言，行政專利法官行使權力的設計，與聯邦憲法任命條款想要讓官員負政治責任的設計並不相符。

## （四）既然違憲，如何修改制度？

2019年時，聯邦巡迴上訴法院判決爲，行政專利法官的設計屬於違憲。當時上訴法院提到，如果要避免違憲，行政專利法官的終身職保障應該刪除，讓商務部長有權可以撤換行政專利法官[8]。

此次最高法院Roberts大法官主筆意見書的第III部分，則提出有一種方法可解決上述違憲的狀況。

原本專利法第6條(c)規定，只有專利審理救濟委員會自己能對最終決定，決定是否進行再開聽證（rehearing）。Roberts大法官認爲，解決的方式，就是讓專利商標局長，可對行政法官之最終複審決定，決定再開聽證，並自己做成代表專利審理救濟委員會之決定。

其認爲本案適當的救濟，就是將本案發回，先由目前的專利商標局長判斷，對Smith & Nephew公司之複審案，決定是否再開聽證。這樣的方式，是最簡單的修改方式。相對地，Arthrex無權要求由新的行政專利法官組成的新審理庭，再重新爲複審程序。

## （五）Gorsuch大法官認為應該由國會決定

Gorsuch大法官之所以不支持Roberts大法官判決的最後一部分，是認爲他所提出的解決方式並不妥當。因爲國會當初已經立法明確表達，不希望專利審理救濟委員會之複審決定，受到專利商標局長的審查。

學者還提到其他的解決方式。例如，要求行政專利法官都應該由總統提名、參議院同意，並讓總統可以直接審查行政專利法官所做的決定。或者，也可以將專利審理救濟委員會改納入司法部門，由司法部門來決定是否撤銷專利。

Gorsuch大法官認爲，要選擇哪一種避免違憲的方式，應該屬於政策

---

[8] Arthrex, Inc. v. Smith & Nephew, Inc., 941 F.3d 1320 (CAFC, 2019).

選擇，不該由最高法院解釋怎麼避免違憲，而應交給國會修法決定。

## 四、複審決定可請求「再開聽證」之審查

美國專利商標局於2021年6月29日公告，為了因應最高法院U.S. v. Arthrex, Inc.案之判決，即日起提供暫時程序，讓複審案當事人可對複審決定，向專利商標局長請求「再開聽證」，進行審查；而專利商標局長自己也可以主動進行審查[9]。

專利商標局特別強調這是一個暫時程序，因為目前並沒有相關規定，之後專利商標局應該會制定行政規定，明確規定複審當事人對複審決定不服時，到底該如何請求局長審查。

---

[9] https://www.uspto.gov/about-us/news-updates/uspto-issues-information-implementation-supreme-courts-decision-us-v-arthrex.

## 第六節 美國專利無效二元雙軌制

美國就專利無效，與臺灣類似，也有類似的民事訴訟程序與行政程序雙軌制。

在本書第八章第二節將會說明，美國專利民事訴訟，若法院判決專利有效，不會有爭點排除效，他人仍可另案挑戰該專利無效；但若法院判決專利無效，則會有爭點排除效，專利權人不得再對他人主張。此外，當事人也可在美國民事法院請求確認專利無效。美國案件一般很難上訴到最高法院，故民事訴訟一般只有二個審判，實質上聯邦巡迴上訴法院幾乎就是專利爭議的終審法院。

而就專利無效行政程序方面，本文篇幅無法深入說明[1]，此處僅以圖5-7表示並搭配簡單說明。過去美國僅有再審查（re-examination）制度，但再審查要先向專利商標局申請，對再審結果不服可向專利訴願暨審理委員會訴願，對結果不服再向聯邦巡迴上訴法院上訴，故一共有三個層級。在2010年美國發明法實施生效後，保留了單方再審查制度，將多方再審查改爲三種複審程序〔多方複審（inter-parte review）、核准後複審（post-grant review）、商業方法專利複審〕。

複審程序的設計引入訴訟對立特色，且允許事證開示程序，目的是要協助地方法院在侵權訴訟中認定專利無效問題[2]。複審程序與訴訟制度的關係有四：

一、如果被控侵權人已經主動提起民事確認訴訟主張專利無效，不能再申請複審程序[3]；但不包括反訴[4]。

---

[1] 可參考楊智傑、黃婷翊，美國專利複審程序及Cuozzo Speed Technologies, LLC v. Lee案，專利師季刊，第27期，頁18-57，2016年10月；英文介紹，可參考Arjun Rangarajan, Towards a More Uniform Procedure for Patent Invalidation, 95 J. Pat. & Trademark Off. Soc'y 375, 381-382 (2013).

[2] Arjun Rangarajan, id. at 382.

[3] 35 U.S.C. § 315(a)(1) (1)Inter partes review barred by civil action.—
An inter partes review may not be instituted if, before the date on which the petition for such a review is filed, the petitioner or real party in interest filed a civil action challenging the validity of a claim of the patent.").

[4] 35 U.S.C. § 315(a)(3).

二、若侵權人先申請複審程序，在至法院提起確認無效之訴，則該訴訟自動停止，但若專利權人提起侵權訴訟，則訴訟就可繼續進行[5]。

三、若專利權人提起侵權訴訟已經超過一年，則被告也不可申請複審程序[6]。

四、如果當事人申請複審程序，且程序走完做出複審決定，當事人不能再至一般法院民事訴訟或於國際貿易委員會程序中，用複審程序中已主張或可合理主張的理由，主張專利無效[7]，稱爲禁反言（estoppel）效果。

至於侵權訴訟和複審程序同時進行時，地方法院可否停止訴訟程序，則法院需根據美國發明法第18條(b)(1)，考量四項因素[8]。整體來看，美國國會設計的複審程序，就是想要協助，甚至取代地方法院對專利無效的處理，其有點類似德國將專利侵權與專利無效訴訟切割處理的做法，但

---

[5] 35 U.S.C. § 315(a)(2)("(2)Stay of civil action.—If the petitioner or real party in interest files a civil action challenging the validity of a claim of the patent on or after the date on which the petitioner files a petition for inter partes review of the patent, that civil action shall be automatically stayed until either—
(A) the patent owner moves the court to lift the stay;
(B) the patent owner files a civil action or counterclaim alleging that the petitioner or real party in interest has infringed the patent; or ... .").

[6] 35 U.S.C. § 315(b) ("(b)Patent Owner's Action.—
An inter partes review may not be instituted if the petition requesting the proceeding is filed more than 1 year after the date on which the petitioner, real party in interest, or privy of the petitioner is served with a complaint alleging infringement of the patent.").

[7] 35 U.S.C. § 315(e)(2)("(2)Civil actions and other proceedings.—
The petitioner in an inter partes review of a claim in a patent under this chapter that results in a final written decision under section 318(a), or the real party in interest or privy of the petitioner, may not assert either in a civil action arising in whole or in part under section 1338 of title 28 or in a proceeding before the International Trade Commission under section 337 of the Tariff Act of 1930 that the claim is invalid on any ground that the petitioner raised or reasonably could have raised during that inter partes review."); 35 U.S.C. § 325(e)(2)("(2)Civil actions and other proceedings.—
The petitioner in a post-grant review of a claim in a patent under this chapter that results in a final written decision under section 328(a), or the real party in interest or privy of the petitioner, may not assert either in a civil action arising in whole or in part under section 1338 of title 28 or in a proceeding before the International Trade Commission under section 337 of the Tariff Act of 1930 that the claim is invalid on any ground that the petitioner raised or reasonably could have raised during that post-grant review.").

[8] 參考楊智傑、黃婷翊，前揭註1，頁52-53；馮震宇，美國專利複審制度改革對我國專利制度的審思，智慧財產訴訟制度相關論文彙編第4輯，頁42-43，司法院，2015年12月。

沒有像德國一樣強制切割[9]。

另外，複審程序規定18個月內要結案，三個複審程序均直接向專利訴願暨審理委員會訴願，對結果不服向聯邦巡迴上訴法院上訴，縮短爲二個層級。同樣地，因爲一般鮮少案件能上訴到最高法院，故聯邦巡迴上訴法院就是複審實質上的最後層級。更重要的是，民事訴訟與複審的上訴訴訟，均由聯邦巡迴上訴法院管轄，可以避免裁判歧異。

不過，雖然2012年美國發明法案實施後，複審制度成爲專利無效行政程序的主要程序，但仍保留了單方再審查制度。但單方再審查程序，並沒有類似規定，某程度而言，侵權訴訟與再審查仍然可平行進行，且得到不同結果[10]。

若將美國與臺灣比較可知，美國在民事訴訟上，只有二個層級；且民事訴訟有爭點效，更擴大專利無效認定的拘束力。而複審程序上，雖仍保留了單方再審程序（三個層級），但現在多走複審程序（二個層級），且複審程序還規定了處理時間限制（18個月內要結案）。因此不論民事訴訟或行政無效程序，均比臺灣來得快速。

---

[9] N. Thane Bauz, Reanimating U.S. Patent Reexamination: Recommendations for Change Based upon a Comparative Study of German Law, 27 Creighton L. Rev. 945, 980 (1994).

[10] Nick Messana, Reexamining Reexamination: Preventing a Second Bite at the Apple in Patent Validity Dispute, 14 Nw. J. Tech. & Intell. Prop. 217, 227 (2016).但也因此造成類似臺灣的問題，就是民事判決專利有效並賠償後，在後續的再審程序中認定專利無效，而原民事判決尚未確定，導致全盤撤銷原本的民事判決。對於此種民事判決與再審程序認定結果不一致造成的問題，有許多學者提出討論，並提出修改建議。See Paul R. Gugliuzza, (In)Valid Patents, 92 Notre Dame L. Rev. 271 (2016); Jonathan Statman, Gaming the System: Invalidating Patents in Reexamination after Final Judgements in Litigation, 19 UCLA J.L. & Tech.1 (2015).

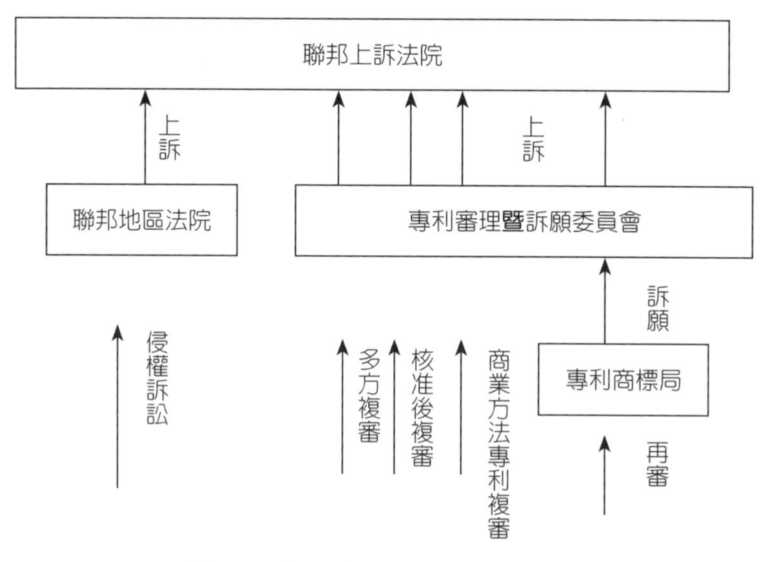


**圖5-7　美國專利無效二元雙軌制**

資料來源：作者自製。

# 第六章　專利之授權

## 第一節　專利屆期後權利金：2015年Kimble v. Marvel案

### 一、背景

#### （一）專利濫用

在美國，有所謂的專利濫用（patent misuse），通常所謂的專利濫用，乃指授權契約上的條文，試圖將專利授權範圍，擴張到專利權不保護的範圍。其中最典型的專利濫用，就是在授權時，將受專利保護之發明，與其他不受專利保護之客體，一起搭售。另一種會被認爲是專利濫用的契約安排，就是在授權契約中約定，在專利屆期後仍需支付授權金。若在專利有效期間被法院認爲構成專利濫用，法院將不協助實施該專利，亦即該專利無法實施（unenforceable）。

#### （二）專利屆期後授權金

美國最高法院在1964年的Brulotte v. Thys Co.案[1]中，曾經判決，專利權人在專利屆期後，不可再收取授權金。該案中，發明人將其採收麻草的機器授權給農夫，而在農夫採收麻草時收取權利金，但授權期間涵蓋專利到期之後。當時最高法院認爲，此一授權協議無法實施（unenforceable），因爲在體現於該機器的專利到期之後還要收取權利金，乃是當然違法（unlawful per se）[2]。最高法院在Brulotte案認爲，要求在專利到期之後還支付授權金，乃是將其專利獨占（patent monopoly）延續到專利期限

---

[1] Brulotte v. Thys Co., 379 U.S. 29 (1964).
[2] Id. at 30, 32.

之後。而這樣做的結果，就違反了專利法所建立的「屆期後進入公共領域（public domain）」的政策；所謂專利屆期後進入公共領域，就意味著任何人均可自由使用之前曾受專利保護的產品[3]。

2015年美國最高法院在Kimble v. Marvel案[4]，再度處理了類似專利屆期後授權金的問題。不過該案中，並非採取授權而是採用專利轉讓，只是轉讓價金的安排方式，除了一次性支付外，還包括產品銷售的權利金（royalty），且契約中未約定權利金的支付期限，表示專利屆期後仍須持續支付權利金。因此，最高法院必須回答，1964年的Brulotte案所建立的規則，是否仍然有效。以下介紹此判決。

## 二、事實

### （一）蜘蛛絲噴射罐

1990年時，Stephen Kimble先生取得一玩具專利，該玩具能讓小孩（或童心未泯的大人）扮演成蜘蛛人射出蜘蛛網，實際上是手中的罐子射出加壓的泡沫絲，專利號爲第5,072,856號專利。本案的被告是漫威娛樂公司（Marvel Entertainment, LLC），其製造並行銷蜘蛛人的相關周邊產品。Kimble先生主動找上漫威公司前身的總裁，討論他的構想。但後來，漫威公司並沒有與Kimble先生達成授權協議，就開始銷售「蜘蛛絲噴射」（Web Blaster），這個玩具跟Kimble先生的發明專利很像，讓小孩可以假裝是蜘蛛人，穿上塑膠手套和泡沫罐，而噴出絲狀泡沫[5]。

### （二）契約未約定權利金何時結束

因此，Kimble先生於1997年控告漫威公司，主張其侵害專利。雙方最終達成和解。和解方案爲，Kimble先生將專利整個賣給漫威公司，而漫威公司先一次支付一筆50萬美元，且在後續每銷售一個「蜘蛛絲噴射」玩

---

3 Id. at 33.
4 Kimble v. Marvel Entm't, LLC, 192 L. Ed. 2d 463, 468 (2015).
5 Id. at 468.

具或類似產品，就抽取售價3%的權利金。雙方並沒有設定收取權利金的截止日，似乎認為只要小孩還想要模仿蜘蛛人，就可繼續收取權利金[6]。

在談判授權時，雙方都不知道最高法院曾經做出Brulotte這個判決。美國最高法院在1964年的Brulotte v. Thys Co.案[7]中，曾經判決，專利權人在專利屆期後，不可再收取授權金。不過，Brulotte案的專利權人是保留專利權而採用授權的方式；但本案Kimble先生並非採取授權，而是將整個專利都轉讓給漫威，只是價金的約定方式仍包括後續的權利金。但漫威公司後來得知Brulotte案判決後，認為適用於這筆交易，可讓權利金支付有落日的一天，故在聯邦地區法院提起確認之訴，希望法院確認其在2010年系爭專利到期後，就毋庸再支付權利金[8]。

地區法院判決支持威漫公司見解，認為基於Brulotte案判決，權利金條款在Kimble先生專利到期後就無法實施。上訴到第九巡迴上訴法院後，上訴法院也維持原判，但在判決中表示，其對Brulotte案建立之規則表示懷疑，認為該規則「反直覺」，且其理由說服力很弱[9]。

## 三、最高法院判決

此案又上訴到聯邦最高法院，最高法院於2015年6月22日做出判決，仍維持Brulotte案之見解。

### （一）Brulotte案規則

根據美國專利法第154條(a)(2)[10]，發明專利於申請日起算20年後屆

---

6 Id. at 468.

7 Brulotte v. Thys Co., 379 U.S. 29 (1964).

8 Kimble v. Marvel, 192 L. Ed. 2d at 468.

9 Kimble v. Marvel Enters., 727 F.3d 856, 857 (2013).

10 35 U.S. Code § 154(a)(2)("(2) Term.— Subject to the payment of fees under this title, such grant shall be for a term beginning on the date on which the patent issues and ending 20 years from the date on which the application for the patent was filed in the United States or, if the application contains a specific reference to an earlier filed application or applications under section 120, 121, or 365 (c), from the date on which the earliest such application was filed.").

期。專利屆期日到後，製造和使用系爭發明的權利，就進入公共領域，任何人可自由使用。最高法院在過去的案例中，曾小心翼翼地確保屆期日的重要性，對於在屆期日之後限制使用系爭發明的法律或契約，都拒絕執行[11]。

1964年的Brulotte案，也是延續同一種理念。該案中，發明人將其採收麻草的機器授權給農夫，而在農夫採收麻草時收取權利金，但授權期間涵蓋專利到期之後。當時最高法院認爲，此一授權協議無法實施（unenforceable），因爲在體現於該機器的專利到期之後還要收取權利金，乃是當然違法（unlawful per se）[12]。

比起一次性的授權金（lump-sum fees），分期的授權金可以慢慢收取權利金，且將權利金的多寡與產品的成功加以連結。有時候，某些當事人會想將該授權協議期間拉長。例如，拉長權利金支付期，但每期支付較低金額，可能有助於現金較少的被授權人。有時，權利金收取期拉長，有助於分配商品化發明的風險和報酬，尤其當專利授權之後到眞正在市場上銷售之間還需要很長一段的開發期時，更是如此。但此一Brulotte案規則（Brulotte rule），會阻止當事人簽署上述想要的協議方式[13]。

不過，最高法院也指出，其實當事人間還是有其他方法，迴避Brulotte案規則。第一種方式，被授權人可以對專利到期前的使用，約定到期後再支付；因爲法院所禁止的，只是禁止對到期後的使用收取授權金。例如，授權人可要求在專利有效的20年期間以銷售金額10%作爲授權金，但卻均攤在40年期間慢慢償還。此種安排雖然無法達成長時期分配風險的目的，但至少可以降低早期的支付金額；第二種方式，當事人可以同時授權多項專利，或搭配授權一些非專利的權利。當同時授權多項專利時，在Brulotte規則下，權利金可收取至最後一項到期的專利爲止。若將專利與非專利之權利（例如營業秘密）搭配授權，也可延長授權金的收取時間。

---

[11] Kimble v. Marvel, 192 L. Ed. 2d at 469.
[12] 379 U.S. at 30, 32.
[13] Kimble v. Marvel, 192 L. Ed. 2d at 470.

例如，假設將專利與營業秘密搭配授權，約定在專利屆期前收取5%的授權金，而專利到期後因營業秘密仍然存在，收取4%的授權金。第三種方式，當事人可以不採取授權金的方式，而改採其他創投方式，讓雙方共享將該發明商業化的風險與報酬[14]。

本案中，Kimble先生認爲上述的迴避方式仍不足夠，而要求最高法院完全廢棄Brulotte案規則，對「專利屆期後權利金條款」改採彈性的、個案判斷式的、合理原則（rule of reason）之分析。合理原則來自反托拉斯法，要求法院在判斷某一行爲對競爭造成的影響時，須「考量各種因素，包括相關事業的特定資訊、採取該限制行爲之前和之後的條件、該限制行爲的歷史、本質和效果等」。Kimble先生認爲，採取合理原則分析時，最重要的因素在於，專利權人在相關市場上的力量，以及是否可能限制競爭[15]。

## （二）判決先例拘束原則

最高法院認爲，判例先例拘束原則（doctrine of stare decisis）要求，現在的最高法院，必須遵守之前最高法院的判決。然此一原則並非一成不變，但因爲其可促進法律原則公平、可預測、一致的發展，增加對司法判決的信賴，並有助於司法程序眞正與人民感受的公正，故仍應優先適用[16]。要推翻一個判決先例需要特殊的理由，必須比「認爲該判決錯誤的信念」來得更多[17]。

Brulotte判決當初是在解釋國會通過的成文法（statute），比起憲法解釋，此種情形判決先例拘束原則的效力更強，畢竟人們可以自由批評法院對法律之解釋，並訴求國會修法。但國會屢次放棄推翻Brulotte案規則的修法機會，甚至，1987年有人曾經一度提案修法取代Brulotte案的當然違

[14] Id. at 470-471.
[15] Id. at 471.
[16] Id. at 471.
[17] Id. at 471-472.

法規則，國會卻未接受該次修法[18]。

此外，Brulotte案所處理的乃是財產法（專利）與契約法（授權協議）領域的問題，在美國，此二領域最高指導原則就是判決先例拘束原則，因為人民通常會仰賴這些判例而做安排。例如，許多當事人就是因為知道Brulotte案的存在，所以才會認為在授權契約中不需要寫授權結束期限[19]。

綜上所述，本案中遵守判決先例拘束原則的理由很充足。要推翻Brulotte案，需要有很堅強的理由。但是，傳統上可推翻判決先例的理由，在本案都不具備。一，Brulotte原則的基礎並沒有改變，亦即，Brulotte案所解釋的專利法條，本質上並沒有改變。而且Brulotte案判決所仰賴的其他判決先例，仍然都被支持並引用（good law）。而且，Brulotte案與其他一系列案例的關係緊密，若要推翻Brulotte案，也會動搖其他案例的效力[20]。

二，Kimble先生未提出任何證明，Brulotte規則在訴訟上無法運作。相反地，該規則非常容易操作，反倒是Kimble先生所提出的合理原則的操作，不但會增加訴訟成本，且會讓判決結果不容易預測[21]。

## （三）經濟分析與專利政策

Kimble先生想推翻Brulotte案判決，但如上所述，傳統的推翻理由不夠，故其提出另外二項理由：1.他主張Brulotte案對於專利到期後權利金的競爭效果，採取錯誤的看法；2.他主張Brulotte案會阻礙科技創新，傷害國家的經濟。但最高法院認為，其理由或許可以說服國會修法，但不足以說服最高法院推翻此判決先例[22]。

Kimble先生提出，Brulotte案似乎認為，所有專利屆期後的權利金均

18 Id. at 472.
19 Id. at 473.
20 Id. at 473.
21 Id. at 474.
22 Id. at 474.

是反競爭的。Kimble先生指出，這種協議常常可以增加競爭，而非限制競爭，不論在專利屆期前或屆期後。如前所述，更長的支付期間，可能可以降低授權金。而在專利有效期間，授權金降低可讓終端售價跟著降低，使該受專利保護之科技，比起其他科技更有競爭力。此外，授權金降低也可讓更多公司願意取得授權，而加入市場競爭。而在專利屆期後，其他廠商均可自由進入此市場，原本的被授權人因爲必須繼續支付授權金，成本較高，因而鼓勵新廠商進入市場，以較低價格吸引客戶。因此，Kimble先生認爲，Brulotte案所採取的當然違法規則，並沒有道理[23]。

最高法院認爲，Kimble先生的經濟分析看起來沒錯。但就算Brulotte案判決是立基於錯誤的經濟判斷上，也應該交由國會去修正。因爲，專利法與反托拉斯領域的休曼法（Sherman Act）不同，休曼法賦予法院有權形成法律，並基於更好的經濟分析重新思考判決先例。但是，法院在專利法領域，並不能僅基於經濟分析就修正判決先例[24]。此外，Kimble先生所提出的見解，也不是因爲經濟理論發展而改變過去看法，其乃認爲當初最高法院在做Brulotte案判決時，根本搞錯了。但是，此一說法很難推翻判決先例。事實上，Brulotte案判決理由，並非認爲專利屆期後權利金乃會傷害競爭，而加以禁止。當時最高法院的理由，只是採取了一種類型原則，亦即，與專利有關之利益，都應該在專利屆期後結束。因此，Kimble先生的主張，只是從政策面來看該原則之利弊。若是如此，也應該是國會來決定專利政策，而非最高法院[25]。

Kimble先生也主張，Brulotte案判決，禁止當事人達成某種商業化專利的協議，會阻礙科技創新並傷害國家經濟。不過，最高法院認爲，這種說法也許對，也許不對。事實上，Brulotte案規則，讓雙方可以自由採取其他協議安排，仍然可以達到當事人延後支付權利金或風險分攤的目的。而且，Kimble先生並沒有提出任何實證證據，證明Brulotte規則與減少創

---

[23] Id. at 475.
[24] Id. at 475-476.
[25] Id. at 476-477.

新之間的關聯性。不論如何，主張一個法條的判決先例會阻礙創新，這比較適合由國會來處理[26]。

## 四、結語

上述美國最高法院1964年的Brulotte案，與2015年的Kimble v. Marvel案，都再次強調，在專利授權契約中不可約定，在專利屆期後支付權利金。若有此約定，在專利屆期後，該約定無效；在專利尚未屆期前，在美國，被授權人亦可主張該約定屬於專利濫用，故該專利無法實施。

不過，該案中，Kimble先生援引許多經濟學上的討論，認爲此種限制並無道理，不應該採取當然違法原則，而應該採取個案判斷的合理原則。但美國最高法院認爲，此種專利政策問題應交由國會判斷。

在臺灣，對於專利授權契約是否有不當約定，最受矚目的判決，乃是飛利浦光碟授權金案。該案中，飛利浦等三家公司對光碟相關專利集合爲一組專利，採取概括授權方式，且其權利金收取方式，爲每片光碟終端售價3%或10日圓，二者取其高。但因爲國際間光碟價格不斷降低，若採取光碟終端售價3%，早已低於10日圓。故飛利浦等廠商堅持一片光碟權利金應收取10日圓。但臺灣廠商認爲，市場行情已經變動，認爲飛利浦應調整授權金。此一案例引起諸多爭議與判決，臺灣廠商甚至到美國聯邦法院主張飛利浦等廠商授權構成專利濫用。此處無法深入討論相關案例，但至少讓我們知道，專利授權契約的各種安排，在美國有可能被認爲無效或專利濫用。

---

[26] Id. at 477.

# 第二節　讓與人禁反言原則與例外：2021年Minerva Surgical v. Hologic案

在美國專利法判決中，存在一個特殊的「讓與人禁反言原則」。典型的情況是，發明人將發明相關權利讓與給受讓人後，自己又實施相同發明，受讓人因而對發明人（讓與人）提告侵權，而發明人（讓與人）抗辯專利無效。此時，法院根據讓與人禁反言原則，禁止發明人（讓與人）主張自己讓與的專利無效。2021年6月29日，美國最高法院做出最新判決，認為讓與人禁反言原則至今仍然有效，但適用範圍要加以限縮。

## 一、事實

### （一）申請專利並轉讓公司

1993年，Truckai先生創立了NovaCept公司。1990年代末期，Truckai先生和其團隊，發展了所謂的「NovaSure系統」的醫療器材。該器材的運作，乃是透過向子宮施加二氧化碳氣體，並測量流出子宮的任何氣體流量，來檢測子宮穿孔。NovaSure系統使用三角形的應用頭，其設計符合子宮的形狀，可在兩分鐘或更短的時間內消融整個腔內的子宮內膜。NovaSure系統還提供水分輸送功能，其真空管可在輸送過程中從空腔中去除蒸氣和水分[1]。

系爭二件專利申請案，都將Truckai先生列為發明人。1998年8月，Truckai先生將美國專利申請案第09/103,072號（後來經過連續案申請，獲得9,095,348號專利），轉讓給NovaCept公司。2001年2月，Truckai先生將美國專利申請案第09/710,102號（後來經過連續案申請，獲得6,872,183號專利），也轉讓給NovaCept公司[2]。

---

1 Hologic, Inc. v. Minerva Surgical, Inc., 957 F.3d 1256, at 1261 (Fed Cir., 2000).
2 Id. at 1261-1262.

表6-1 第6,872,183號專利的歷程「用於檢測體腔穿孔的系統和方法」

| | |
|---|---|
| 1999.11.10 | 申請臨時申請案第60/164,482號 |
| 2000.11.10 | 申請延續案第09/710,102號 |
| 2001.2 | 權利轉讓給NovaCept公司 |
| 2003.3.27 | 申請連續案第10/400,823號 |
| 2004.5.24 | 申請連續案第10/852,648號 |
| 2005.3.29 | 核准專利 |
| 2007 | Hologic公司收購Cytyc公司 |
| 2017.4 | 複審決定無效 |
| 2020.11.20 | 專利屆期 |

資料來源：本文整理。

表6-2 第9,095,348號專利「接觸式電凝的水分輸送系統」

| | |
|---|---|
| 1998.5.8 | 申請臨時申請案第60/084,791號 |
| 1998.6.23 | 申請專利第09/103,072號 |
| 1998.8 | 權利轉讓給NovaCept公司 |
| 2004.10.6 | 申請分割第10/959,771號 |
| 2007 | Hologic公司收購Cytyc公司 |
| 2009.10.19 | 申請連續案第12/581,506號 |
| 2013.8.8 | 申請連續案 |
| 2015.8.4 | 核准專利，新增範圍較大的請求項 |
| 2018.11.19 | 專利屆期 |

資料來源：本文整理。

2004年，Cytyc公司收購了NovaCept公司，相關專利申請案之權利同時轉讓給Cytyc公司。2007年，本案的原告Hologic公司收購了Cytyc公司。

2004年，其中一件專利申請案，申請了連續案（Continuation Application），並於2005年獲得'183號專利。另一件專利於2013年8月申請連續案，於2015年8月獲得'348號專利[3]。至此，「NovaSure系統」獲得完整的專利保護。

### （二）發明人自己做類似系統，並核准上市

發明人Truckai先生在2008年離開NovaCept公司後，另外成立Minerva手術公司，自己擔任公司總裁、執行長、董事會成員。他們開發出「子宮內膜消融系統」（Endometrial Ablation System, EAS），在2015年獲得相關專利，也獲得美國FDA上市核准，並開始銷售[4]。

該系統使用消除子宮內膜細胞的應用頭，與NovaCept公司專利系統的應用頭不同，其依靠不同的方式來避免不必要的消融，它是「不透濕的」：在治療過程中不會吸收任何液體[5]。

### （三）受讓人利用連續案新增範圍較大之請求項

前面提到，系爭二項專利在轉讓後，又經過多次連續案。在2013年，Hologic公司知道Truckai先生開發類似系統後，因而對「接觸式電凝的水分輸送系統」申請專利連續案，對NovaSure系統新增了一個請求項，特別將一般的應用頭（不特別提及透濕性、吸水功能），也寫入請求項[6]。'348號專利於2015年8月獲得核准。

## 二、下級法院判決

2015年11月，專利權人Hologic公司在德拉瓦州地區法院控告Minerva公司，主張Minerva公司的EAS系統，侵害了他們的二件專利。

被告Minerva公司主張，自家的系統並未侵害系爭專利，且系爭專利也有無效事由。其中最重要的是，Minerva公司主張，Hologic公司在連續申請案新增加的請求項，亦即應用頭，與原本專利說明書的描述並不相

---

3 Id. at 1262.
4 Id. at 1262.
5 Minerva Surgical, Inc. v. Hologic, Inc., — S.Ct. — (2021.6.29).
6 Id.

同，因為原本專利說明書描述的應用頭是有透濕性的。因而，Minerva公司主張該一般應用頭之請求項，屬於無效[7]。

Hologic公司則在地區法院聲請即決判決，主張基於「讓與人禁反言原則」（doctrine of assignor estoppel），被告Minerva公司不得在法院中主張'183號和'348號專利無效。

地區法院認為，發明人Truckai先生與Minerva公司存在緊密關係，故基於讓與人禁反言原則，Minerva公司也不得主張系爭專利無效。因此，地區法院以即決判決，認為系爭專利有效，且進一步認為被告Minerva公司確實侵害系爭二件專利[8]。

該案上訴到聯邦巡迴上訴法院。上訴法院大部分同意一審判決，認為讓與人禁反言原則仍然有效[9]。

## 三、最高法院判決

本案上訴到最高法院，最高法院於2021年6月29日做出判決。

最高法院認為，讓與人禁反言仍然是一個有效的原則，但也有一些適用上的限制。這個原則，必須讓與人與受讓人間存在公平交易下，才有所適用。這個原則的內涵就是，若讓與人曾表示過專利有效，就不能為相反表示。當讓與人曾經擔保一專利請求項為有效，他之後否定其有效性，即違反了公平交易的原則[10]。

### （一）讓與人禁反言原則適用的限制

但是，最高法院提出，如果讓與人曾經做過的表示（不論明示或默示），與後來他提出專利無效之抗辯，兩者間並沒有衝突，也就沒有違反公平性的問題。此時，就沒有讓與人禁反言原則之適用[11]。

---

7 Id.
8 Hologic, Inc. v. Minerva Surgical, Inc., 957 F.3d at 1262-1263.
9 Id. at 1264-1265.
10 Minerva Surgical, Inc. v. Hologic, Inc., — S.Ct. — (2021.6.29).
11 Id.

第一種情況是，發明人還沒有擔保過特定專利請求項有效之前，就簽署了讓與協議。最典型的情況發生在僱傭關係，員工在上班初期就簽署協議，約定未來在受雇期間所完成之發明的權利，都轉讓給僱用人[12]。

第二種情況是，讓與人雖然在讓與時擔保專利有效，但是後來專利法修改，原本有效的發明，可能在新法下變成無效。

第三種情況，跟本案最接近。在讓與人讓與發明權利後，受讓人自己修改了請求項。最可能情況是，發明人先提出專利申請，然後將申請案的權利讓與受讓人。然後，受讓人可以在後續的專利審查中，修改請求項。如果新的請求項實質上大於（materially broader）舊請求項的範圍，讓與人並沒有擔保新請求項的有效性。讓與人若沒有擔保新請求項的有效性，他就可以在訴訟中挑戰新請求項之有效性。因爲，他的前後立場並沒有不一致，也就沒有所謂的禁反言問題[13]。

### （二）須判斷新請求項是否大於讓與時請求項

最高法院最後指出，由於聯邦巡迴上訴法院在二審時，沒有確認讓與人禁反言的適用限制。而本案中，Minerva公司主張，其所挑戰的請求項，比起當初Truckai先生所轉讓的請求項還要大。聯邦巡迴上訴法院判決認爲，Hologic公司有沒有擴張受讓的請求項範圍，並不重要。但最高法院認爲，倘若Hologic公司的新請求項，實質上大於Truckai先生當初讓與的請求項，則Truckai先生在讓與當時，並沒有擔保新請求項的有效性。既然前後的表示沒有不一致，就沒有所謂的禁反言[14]。

最高法院因而將上訴法院判決撤銷，發回重審，並要求在重審時要討論，Hologic公司的新請求項，是否實質上大於Truckai先生當初讓與的請求項[15]。

---

[12] Id.
[13] Id.
[14] Id.
[15] Id.

## 四、本案啓發

本案對讓與人禁反言原則的限縮，在實務上將產生一些影響。在最高法院說明的三種情況中，第一種情況其實是最常見的，可能影響也最大。

公司內部的研發人員，在任職初期就將未來的發明權益讓與給公司。內部研發人員，其實最清楚所屬技術領域中的先前技術。因而，如果該名員工離職後到競爭對手公司任職，協助開發類似產品，該員工有可能反過來挑戰原公司擁有的發明請求項。

另外，就本案的情況，讓與人將申請中專利讓與後，只擔保讓與時請求項的有效性，如果受讓人之後繼續修改專利請求項，實質大於原請求項範圍，則讓與人就不再擔保該請求項的有效性。不過，這種情況必須是後續請求項被修改並擴大請求項範圍，實際出現的機會較少。

# 第七章　專利侵權

## 第一節　美國專利侵權態樣

美國的專利侵權態樣中，依據美國專利法第271條規定，可分直接侵害（direct infringement）與間接侵害（indirect infringement）。間接侵害又分「誘導侵害」、「輔助侵害」及「國外之引誘侵權與輔助侵權」等三種專利侵害類型。間接侵害之成立前題，必須有直接侵害存在。

### 一、直接侵權（direct infringement）

專利法第271條(a)規定：「除本法另有規定，任何人未經授權，在專利有效期間內，在美國境內製造、使用、提供銷售或銷售任何受專利保護之發明，或進口任何受專利保護之發明到美國境內，乃侵害該專利。[1]」

### 二、引誘侵權（induces infringement）

專利法第271條(b)規定：「任何人積極地引起對專利之侵權，都應負侵權責任。[2]」

### 三、輔助侵權（contributory infringement）

專利法第271條(c)規定：「任何人在美國境內提供銷售或銷售，或由

---

1 35 U.S.C. 271(a)("Except as otherwise provided in this title, whoever without authority makes, uses, offers to sell, or sells any patented invention, within the United States or imports into the United States any patented invention during the term of the patent therefor, infringes the patent.").

2 35 U.S.C. 271(b)("Whoever actively induces infringement of a patent shall be liable as an infringer.").

外國進口一專利機器、製造物、結合物、組合物之重要部分，或實施方法專利權所使用之材料或裝置，且上述物品構成該發明的實質部分，且明知該物乃特別製作或改造以用來侵害該項專利權，當上述情形並非作爲非實質侵權用途之主要用品或商業上物品時，應負幫助侵權者之責任[3]。」

## 四、共同侵權（joint infringement）

美國專利法雖然規定了間接侵權中的引誘侵權與輔助侵權，卻沒有規定共同侵權這種類型。美國法院過去認爲，共同侵權的類型，可以適用第271條(a)的直接侵權的規定。但畢竟第271條(a)中並沒有寫到共同侵權這個字眼，其規定乃是「任何人……」因此，美國法院要將共同侵權行爲適用到第271條(a)，有其嚴格的限制。

[3] 35 U.S.C. §271(c) ("Whoever offers to sell or sells within the United States or imports into the United States a component of a patented machine, manufacture, combination or composition, or a material or apparatus for use in practicing a patented process, constituting a material part of the invention, knowing the same to be especially made or especially adapted for use in an infringement of such patent, and not a staple article or commodity of commerce suitable for substantial noninfringing use, shall be liable as a contributory infringer.").

# 第二節　引誘侵權「明知該專利存在」要件：2011年Global-Tech v. SEB S.A.案

## 一、背景

### （一）美國專利引誘侵權

美國專利法除了直接侵權規定外，還有間接侵權規定。在美國專利法第271條規定了專利之間接侵權，包括輔助侵權（contributory liability）和引誘侵權（induce infringement）。

引誘侵權規定在美國專利法第271條(b)：「任何人積極地引起（actively induces infringement）對專利之侵權，都應負侵權責任。[1]」

輔助侵權規定在美國專利法第271條(c)：「任何人在美國境內（within the United States）提供銷售或銷售，或由外國進口至美國（imports into the United States）一專利機器、製造物、結合物、組合物之重要部分，或實施方法專利權所使用之材料或裝置，且上述物品構成該發明的實質部分，且明知（knowing）該物乃特別製作或改造以用來侵害該項專利權，當上述情形並非作爲非實質侵權用途之主要用品或商業上物品時，應負幫助侵權者之責任[2]。」

### （二）引誘侵權與輔助侵權之差別

比較引誘侵權規定和輔助侵權規定，有二個重要差別。

第一個差別，引誘侵權並沒有限定在美國境內（within the United States）；但輔助侵權則明文限定在美國境內爲輔助行爲。

---

1　其原文爲："Whoever actively induces infringement of a patent shall be liable as an infringer."

2　其原文爲："Whoever offers to sell or sells within the United States or imports into the United States a component of a patented machine, manufacture, combination or composition, or a material or apparatus for use in practicing a patented process, constituting a material part of the invention, knowing the same to be especially made or especially adapted for use in an infringement of such patent, and not a staple article or commodity of commerce suitable for substantial noninfringing use, shall be liable as a contributory infringer."

第二個差別，輔助侵權要求行爲人「明知」所提供或進口之物品，乃作爲侵權之用。但引誘侵權卻只規定積極地引起侵權，即構成引誘侵權。但並沒有規定引誘人是否「明知」其引誘的行爲，將構成侵權。

雖然引誘侵權沒有像輔助侵權，規定明知要件，但過去美國法院皆認爲，引誘侵權者，也必須明知自己的行爲會引誘他人侵權。但是，所謂的明知，要明知哪些事項？是要明知自己的行爲會導致他人製造或銷售產品，還是必須明知該專利之存在？

對於此一明知的內涵，由於法條並不明確，故引發了2011年美國聯邦最高法院之Global-Tech v. SEB案[3]。

## 二、Global-Tech v. SEB案事實

### （一）海外代工

本案的專利權人SEB S.A.公司，是一家法國家電的製造商。在1980年代，其研發出一種不燙手（cool-touch）的油炸鍋。SEB在1991年申請取得美國專利，專利字號爲4,995,312號專利。其並開始在美國生產銷售該款產品，且獲得極大成功[4]。

1997年，SEB的競爭對手Sunbeam公司，要求Pentalpha公司代工類似的油炸鍋。Pentalpha是一家香港的製造商，並且是美國Global-Tech公司百分百持股的子公司。爲了達成Sunbeam公司的訂單，Pentalpha公司在香港購買了SEB油炸鍋，並且開始仿製[5]。

Pentalpha公司在香港購買的這款SEB油炸鍋，因爲屬於海外銷售，故在產品上並沒有標示美國專利字號。Pentalpha公司仿製了SEB的油炸鍋後，請了一位律師進行專利分析，但Pentalpha沒有告訴律師，此設計乃直接仿製SEB公司的產品。因此，該律師並沒有發現SEB公司的美國專利，

---

3 Global-Tech Appliances, Inc. v. SEB S.A., 131 S. Ct. 2060 (2011).
4 Id. at 2063-2064.
5 Id. at 2064.

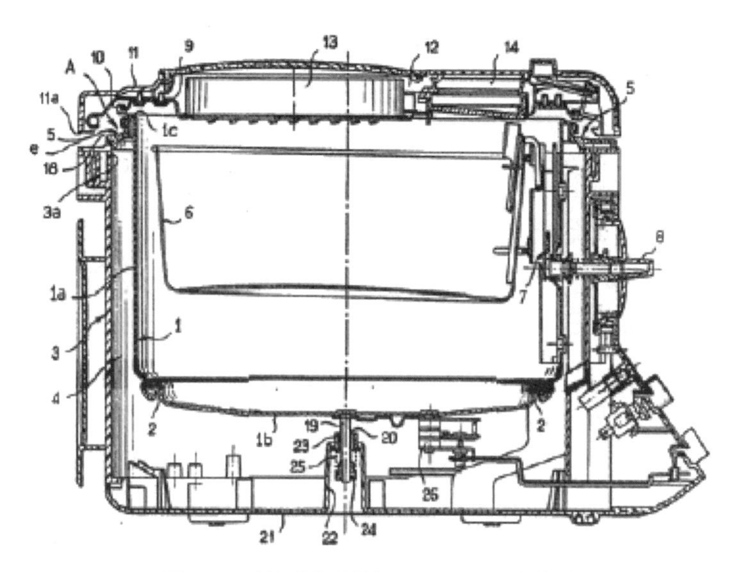


**圖7-1　美國專利第4,995,312號專利**

故在1997年8月，其提出分析意見，認爲Pentalpha的油炸鍋，並沒有侵害任何人的專利[6]。

1997年8月起，Pentalpha公司開始銷售該款油炸鍋給Sunbeam公司，Sunbeam公司則開始在美國境內販售該款產品。由於售價較便宜，該產品開始影響到SEB公司在美國市場的銷售。1998年3月，SEB在美國控告Sunbeam公司，主張該產品侵害了SEB的專利。4月，Sunbeam公司告知香港的Pentalpha公司，其產品被控侵權。結果，Pentalpha公司轉而將該產品，銷售給Fingerhut公司和Montgomery Ward公司。這兩家公司進而將此產品在美國境內銷售[7]。

SEB公司與Sunbeam公司和解後，進而又在美國法院控告Pentalpha公司（包括母公司Global-Tech公司），主張其有二種侵權行爲：1.其因爲銷售或提供銷售油炸鍋，違反了專利法第271條(a)的直接侵權；2.其積極地引誘Sunbeam公司、Fingerhut公司和Montgomery Ward公司，讓他們銷售

[6] Id. at 2064.
[7] Id. at 2064.

或提供銷售該侵權產品，故構成第271條(b)的引誘侵權[8]。

### （二）引誘侵權之明知要件

Pentalpha公司主張，並沒有足夠證據，可證明其違反第271條(b)，因爲Pentalpha公司在1998年4月得知Sunbeam被控告之前，並未「眞正知道」（actually know）SEB公司的專利存在。但地區法院駁回Pentalpha公司的主張。Pentalpha公司上訴到聯邦巡迴上訴法院，上訴法院支持地區法院的判決[9]。

聯邦巡迴上訴法院指出，第271條(b)的引誘侵權，必須有二個要件[10]：1.原告證明，侵權人明知（knew）或可得而知（should have known）其行爲將引起眞正侵權；2.原告證明，侵權人明知（knew）該專利之存在。

聯邦巡迴上訴法院認爲，雖然沒有明確證據，證明Pentalpha公司在1998年4月以前明知該專利之存在；但卻有適當證據可證明，Pentalpha公司刻意地忽略（deliberately disregard）一個已知的風險（known risk），就是「SEB擁有受保護專利」的風險[11]。上訴法院認爲，這種忽略，跟「眞正知情」（actual knowledge）並無不同，也屬於一種「眞正知情」的形式[12]。

Pentalpha公司上訴到聯邦最高法院，認爲引誘侵權的要件中，必須侵權人明知該專利的存在，而不可以用「刻意忽略一已知侵權之風險」標準取代。

## 三、最高法院判決

聯邦最高法院以8票比1票，維持聯邦巡迴上訴法院判決。由Alito大

---

[8] Id. at 2064.
[9] SEB S.A. v. Montgomery Ward & Co., 594 F.3d 1360 (2010).
[10] Id. at 1376.
[11] Id. at 1377.
[12] Id.

法官撰寫多數意見。

### （一）「引誘侵權」應比照「輔助侵權」之明知要件

比較第271條(b)與第271條(c)，第271條(b)的引誘侵權寫得非常簡略，沒有明確提到主觀之「故意」（intent）要件，但最高法院認為，要構成引誘侵權，仍然應該具有某種故意。所謂的引誘（induce），指的就是導致、影響、說服、透過說服或影響力推動（lead on; to influence; to prevail on; to move by persuasion or influence）。至於條文中加上「積極地」（actively）這個副詞，意指該引誘必須採取積極的步驟，帶來想要的結果。因此，所謂引誘，必然是故意行為[13]。

但有問題的是，所謂的明知，指應該明知其引誘的行為，是否還包括應明知該專利存在？最高法院認為，二種解釋都可能[14]。

最高法院認為，可從立法史的角度考量。此一條文，乃是美國國會1952年修改專利法時，將過去普通法（common law）判例中所承認的輔助侵權（contributory infringement）成文化。但過去普通法上的輔助侵權，並未區分引誘侵權與輔助侵權，在1952年修法時，才在法條上將二種類型區分[15]。因此，在1952年以前的判例，比較多的事實都是跟輔助侵權有關，而非引誘侵權。

若是參考1952年以前的判例，則二種見解都有。有的見解認為，要構成輔助侵權，只需要輔助者知道所賣出的零件將使用於某一產品上即可[16]；另一種見解認為，要構成輔助侵權，必須輔助者知道該專利存在，且知道侵權人將使用所賣零件從事侵權用途[17]。既然在1952年的修法，是想要將判例法的內容成文化，但是判例法對此議題的立場卻很模糊，因此，最高法院認為，1964年的Aro II案，對此問題具有重要參考價值。

---

[13] Global-Tech v. SEB S.A., 131 S. Ct., at 2065.
[14] Id. at 2065.
[15] Id. at 2066.
[16] Thomson-Houston Elec. Co. v. Ohio Brass Co., 80 F. 712, 721 (CA6 1897).
[17] Henry v. A. B. Dick Co., 224 U.S. 1, 33 (1912).

1964年的Aro II案[18]，涉及的是輔助侵權的問題。第271條(c)的輔助侵權規定：「……明知（knowing）該物乃特別製作或改造以用來侵害該項專利權（knowing the same to be especially made or especially adapted for use in an infringement of such patent）。」究竟該條所謂的明知，是只要知道該零件會被用於一侵權產品上，還是必須明知該專利之存在？其實第271條(c)的輔助侵權，和第271條(b)的引誘侵權，就此一主觀要件之內涵，一樣並不清楚[19]。該案判決爲5票比4票，多數意見認爲，輔助侵權者，必須知道該零件所用於組裝的產品，本身受專利保護，且構成侵權[20]。

最高法院認爲，由於第271條(b)的引誘侵權和第271條(c)的輔助侵權，二者在1952年之前，都來自於普通法上的輔助侵權，且二者在修法後，對於間接侵權者的主觀要件，規範地都不明確。因此，Aro II案的見解，雖然是針對第271條(c)的輔助侵權，但一樣適用於第271條(b)的引誘侵權[21]。

## （二）蓄意視而不見（willful blindness）

既然引誘侵權一樣必須具備明知要件，且必須明知專利之存在。那麼回到本案爭點，Pentalpha公司主張，要構成引誘侵權，對「該專利存在」的明知，必須是眞正知情（actual knowledge），而非上訴法院採取的「刻意忽略該專利存在的已知風險」（deliberate indifference to a known risk that a patent exists）。最高法院認爲，上訴法院採取的標準並不恰當，而應採取刑法中普遍採用的「蓄意視而不見」標準[22]。

在美國，「蓄意視而不見」此一標準，乃是刑法上的標準。美國各州的刑法規定，常常規定被告必須「明知」（knowingly）或「蓄意」（willfully）爲一行爲。若被告刻意地漠視一些很清楚的關鍵事實，法院

[18] Aro Mfg. Co. v. Convertible Top Replacement Co., 377 U.S. 476 (1964) (Aro II).
[19] Global-Tech v. SEB S.A., 131 S. Ct., at 2067-2068.
[20] Aro II, 377 U.S., at 488.
[21] Global-Tech v. SEB S.A., 131 S. Ct., at 2068.
[22] Id. at 2068.

也會認爲其構成蓄意。採「蓄意視而不見」此一原則的理由，乃是認爲，這種被告的有責性，與眞正知情（actual knowledge）的被告一樣重[23]。

美國的刑法爲州法，美國法律學會（The American Law Institute）在1962年提出的模範刑法典（Model Penal Code）中，正式納入此一觀念。在模範刑法典第2.02條(7)中規定：「當明知特定事實之存在，乃一犯罪之要件時，如果一當事人知道有高度可能性該事實存在，也構成明知。除非當事人眞的相信其不存在。[24]」而此一模範刑法典中的標準，後來也被各法院廣爲採納。

最高法院認爲，既然「蓄意視而不見」此一標準，普遍用在刑法案件中，作爲明知的一種類型，那麼，在民事的專利引誘侵權中，當然也可以適用[25]。

最高法院認爲，「蓄意視而不見」原則，需具備二個要件[26]：1.被告主觀上相信，有高度可能性，該事實存在（the defendant must subjectively believe that there is a high probability that a fact exists）；2.被告採取刻意行爲，避免得知該事實（the defendant must take deliberate actions to avoid learning of that fact）。

## （三）「蓄意視而不見」與「刻意忽略已知風險」之不同

「蓄意視而不見」此種類型，與重大過失（recklessness）和過失（negligence）仍有所不同，其情形比這二種嚴重。所謂重大過失，根據模範刑法典第2.02條(2)(c)中規定，乃被告知道一實質且不正當之風險（substantial and unjustified risk）[27]；而所謂過失，則是被告可得而知存在

---

[23] Id. at 2068-2069.

[24] ALI, Model Penal Code § 2.02(7)("When knowledge of the existence of a particular fact is an element of an offense, such knowledge is established if a person is aware of a high probability of its existence, unless he actually believes that it does not exist.").

[25] Global-Tech v. SEB S.A., 131 S. Ct., at 2069.

[26] Id. at 2070.

[27] ALI, Model Penal Code § 2.02(2)(c) ("A person acts recklessly with respect to a material element of an offense when he consciously disregards a substantial and unjustifiable risk that the material element exists or will result from his conduct.").

實質且不正當之風險，但卻未發現[28]。

至於原本聯邦巡迴上訴法院採取的「刻意忽略該專利存在的已知風險」，與最高法院採取的「蓄意視而不見」之標準，有二個不同之處：1.上訴法院只要求「已知風險」（known risk），而非「高度可能性」；2.上訴法院的標準，並沒有要求被告採取積極行爲，去避免得知該行爲是否構成侵權。但最高法院的標準，要求被告應採取刻意行爲，以避免得知該事實[29]。

## （四）本案被告的確蓄意視而不見

最後回到本案，最高法院認爲，本案的證據足以支持，被告Pentalpha公司，確實構成「蓄意視而不見」，亦即避免得知該專利之存在，所以仍算是「明知該專利之存在」。就第一要件，Pentalpha公司曾經做過市場調查，知道SEB油炸鍋的銷售量在成長，可以推測其必然存在比較特殊的技術。這也使得Pentalpha公司決定仿製SEB之產品。而且，Pentalpha公司刻意購買了在香港銷售的SEB油炸鍋，其應該知道在海外銷售之產品上，不會標示美國專利字號。此外，Pentalpha公司找律師進行專利分析時，刻意不告知其產品乃仿製自SEB油炸鍋的資訊。以上種種，均足以讓陪審團認定：1.被告Pentalpha公司主觀上相信有高度可能性SEB油炸鍋有專利保護；2.Pentalpha公司採取刻意步驟避免得知該事實。因此，可以認定，其蓄意地視而不見，其產品會侵權的事實[30]。

---

[28] See § 2.02(2)(d)(“A person acts negligently with respect to a material element of an offense when he should be aware of a substantial and unjustifiable risk that the material element exists or will result from his conduct.”).

[29] Global-Tech v. SEB S.A., 131 S. Ct., at 2071.

[30] Id. at 2071-2072.

# 四、結語

## （一）無間接侵權規定

我國專利法中，並沒有明確的間接侵權規定。一般學說與實務均認爲，專利侵害爲民法侵權行爲之特別法，故民法第185條第2項：「造意人及幫助人，視爲共同行爲人。」本身規定了所謂的「幫助侵權」與「造意侵權」，相當於美國的輔助侵權與引誘侵權。

最高法院92年度台上字第1593號民事判決指出：「第2項所稱之幫助人，係指幫助他人使其容易遂行侵權行爲之人，其主觀上須有故意或過失，客觀上對於結果須有相當因果關係，始須連帶負損害賠償責任。[31]」進而，不少智慧財產法院判決均引述同一段話：「造意人及幫助人，視爲共同行爲人，民法第185條定有明文。又本條所稱『造意』、『幫助』，相當於刑法上之『教唆』、『幫助』概念，是以『造意』，係指教唆他人使生侵權行爲決意，並進而爲侵權行爲。而『幫助』，則指予行爲人助力，使之易於爲侵權行爲，其助力包含物質及精神上幫助。主侵權行爲人須爲侵權行爲，且客觀上造意、幫助行爲均須對侵權結果之發生有相當因果關係，造意人、幫助人始負共同侵權責任（最高法院92年度台上字第1593號民事判決，及王澤鑑，侵權行爲法第1冊，第39頁參照）。[32]」

至於幫助侵權與造意侵權，是否需要具備故意？在智慧財產法院101年度民專上易字第1號判決中，曾經提過一段話：「且『造意』、『幫助』均須出於故意（最高法院92年度台上字第1593號民事判決，及王澤鑑，『侵權行爲法』，第456至458頁參照）。準此，我國對『造意』、『幫助』之侵權責任係採從屬說，並非獨立說，並以故意爲必要，不將之『過失化』。[33]」因此，幫助侵權與造意侵權，在臺灣，原則上一定要具備幫助故意或造意故意。

---

[31] 最高法院92年度台上字第1593號民事判決。
[32] 該段話最早的出處，也是較早的智慧財產法院97年民專上字第20號判決。
[33] 智慧財產法院101年度民專上易字第1號判決。

只是該故意，是否包括知道專利之存在？是否如美國聯邦最高法院Global-Tech v. SEB案，可把「蓄意視而不見」也可當成是一種故意？在臺灣，所謂的故意，包括直接故意與間接故意，間接故意定義爲：「行爲人對於構成犯罪之事實，預見其發生而其發生並不違背其本意者，以故意論。」也許，美國最高法院所謂的「蓄意視而不見」，接近臺灣故意概念中的間接故意。

### （二）海外侵權

另外，前述Global-Tech v. SEB案有一個很有趣的問題，被告Pentalpha公司的引誘行爲，其實發生在美國海外，亦即屬於境外的侵權。但是美國的引誘侵權，並沒有侷限必須「在美國境內」，所以對海外的代工廠，只要在美國境內有資產，一樣可以在美國法院，控告其在海外的引誘行爲，構成引誘侵權。此一做法，對於謹守專利屬地主義之臺灣，也許值得借鏡。

# 第三節　引誘侵權「明知所引誘之行為侵害專利」要件：2015年Commil USA v. Cisco案

## 一、背景

美國最高法院在2011年所判決的Global-Tech Appliances v. SEB S.A.案[1]，認爲美國專利引誘侵權之被告，必須「明知該專利存在」，以及「明知所引誘行爲構成專利侵害」。但對於所謂的明知，除了「眞正知情」外，還包括「蓄意視而不見」（willful blindness），也算是明知。

不過，Global-Tech案著重於「明知該專利存在」，但對於「明知所引誘行爲構成專利侵害」此一要件，並未深入討論。美國最高法院於2015年5月26日做出Commil USA v. Cisco Sys.案判決[2]，認爲引誘侵權之被告，也需要「明知所引誘行爲構成專利侵害」，且就算被告基於善意相信「原告專利無效」，仍不妨礙其構成引誘侵權。

## 二、Commil USA v. Cisco Sys.案事實

### （一）事實

本案中，專利權人是Commil USA公司，其專利是一個執行短距離無線通訊網路之方法專利。一般公司、旅館或學校，區域範圍較大時，中央無線通訊系統需要設置多個基地台，讓使用者在該區域內走動仍可保持穩定連結。Commil之專利，乃是提供在設備和基地台間一個更快速和更穩定的通訊方法的專利[3]。

Cisco公司乃製造和銷售無線通訊網路設備的公司。2007年時，原告Commil公司在德州東區聯邦地區法院，對被告Cisco系統公司提起侵權訴訟。Commil公司主張，Cisco因爲製造及銷售網路通訊設備，而直接侵害

---

1 Global-Tech Appliances, Inc. v. SEB S.A., 131 S. Ct. 2060 (2011).
2 Commil USA, LLC v. Cisco Sys., 135 S. Ct. 1920 (2015).
3 Id. at 1924.

其專利。此外，Commil公司也主張，Cisco公司因銷售侵權設備給其他人使用，亦構成引誘侵權（induced infringement）。

### （二）一審判決：被告相信專利無效與引誘侵權無關

一審時，陪審團裁決，Commil公司的專利爲有效，且Cisco構成直接侵權。陪審團判決被告需賠償370萬美元。但陪審團認爲Cisco不構成引誘侵權。

對此判決結果，原告Commil認爲，Cisco的律師在審判中做出一些不適當的說明，而要求重新組成陪審團重新審理（new trial），而地區法院准許此一請求[4]。

在第二次陪審團審理開始前一個月，Cisco公司向美國專利商標局，申請單方再審查（ex parte reexamination），質疑Commil專利之有效性。專利商標局同意其請求，但其審查結果認爲Commil之專利有效[5]。

後來第二次陪審團審理進行中，關於引誘侵權部分，Cisco主張，其基於善意相信（good-faith belief）Commil專利爲無效，並想要提出支持此一主張之證據。但是，地區法院裁定，不准許Cisco提出此證據於陪審團前。地區法院法官對於此裁定，並沒有說明理由，但法院似乎認爲，當原告主張被告構成引誘侵權時，被告相信（belief）該專利爲無效，並不能成爲「不構成引誘侵權」之抗辯[6]。後來，一審陪審團認定，Cisco構成引誘侵權，且應賠償Commil 6,300萬美元。

### （三）二審判決：被告相信專利無效，不具備故意

Cisco不服，提起上訴，上訴的幾個理由中，特別提出，其認爲基於善意相信專利無效，也是引誘侵權的一種抗辯（defence）。聯邦巡迴上訴法院負責審理此庭的三位法官中，多數意見支持Cisco的見解，認爲若侵權被告基於善意相信該專利無效，可以推翻引誘侵權中主觀之故意

---

4 Id. at 1294

5 Id. at 1294.

6 Id. at 1294.

（intent）要件[7]。但Newman法官提出不同意見，其認為，被告善意相信專利無效，不可作為不構成引誘侵權的抗辯。因為，是否構成侵權，與被告「覺得有機會使該專利無效」的信念無關[8]。當事人雙方都聲請聯邦巡迴上訴法院全院審理，多數意見拒絕受理。當事人又上訴最高法院，最高法院受理此案[9]。

## 三、最高法院判決

### （一）基於善意相信專利無效

最高法院認為，討論此一問題，也涉及了直接侵權、共同侵權之解釋。故先從專利法第271條(a)的直接侵權說起。專利法第271條(a)規定：「除本法另有規定，任何人在美國境內製造、使用、提供銷售、銷售任何受專利保護之發明，或輸入美國任何受專利保護之發明，在專利有效期間，均侵害該專利。」從條文上來看，被告的心理狀態並不重要。亦即，可以說直接侵權屬於一嚴格責任（strict-liability）[10]。

輔助侵權規定於第271條(c)，其明文規定了「知情」（knowing）要件，因此，被控侵權人須知道該專利存在，且知道其輔助之行為構成專利侵害[11]。相對地，引誘侵權規定於第271條(b)，其規定：「任何人積極地引起一專利的侵權，應負侵權人之責任。」雖然條文上沒有提到「知情」（knowledge），但根據2011年最高法院所判決的Global-Tech Appliances v. SEB S.A.案，其認為引誘侵權與輔助侵權源自同一個理論，故引誘侵權應如同輔助侵權一樣，被告必須「知道該專利存在」（knew of the patent）[12]，且知道所引起的侵害行為。

而本案爭議與上述問題有點不同，亦即，被告縱使知道該專利存

[7] Commil USA, LLC v. Cisco Sys., 720 F. 3d 1361, 1368 (Fed. Cir., 2013).
[8] Id. at 1394.
[9] Commil USA, LLC v. Cisco Sys., 135 S. Ct. at 1925.
[10] Id. at 1296.
[11] Commil USA, LLC v. Cisco Sys., 135 S. Ct. at 1926.
[12] Global-Tech Appliances, Inc. v. SEB S.A., 131 S. Ct. 2060, 2063 (2011).

在，但相信該專利無效。因此，本案要探討的是，要構成第271條(b)之引誘侵權，是否必須知道或相信該專利有效（knowledge of, or belief in, a patent's validity）？換句話說，若被告基於善意相信該專利無效，是否可作爲引誘侵權之抗辯？

## （二）引誘侵權包括「明知該專利存在」與「明知引誘之行為構成專利侵害」

首先，對於2011年的Global-Tech案判決，對於引誘侵權，是否只要求其「明知該專利存在」？還是同時要求「明知引誘之行爲構成專利侵害」？似乎有所模糊。由於當時Global-Tech案中，被告Pentalpha和其母公司Global-Tech，主張其並不知道系爭專利的存在，所以該案的爭執點，集中於是否需「明知專利之存在」，但對於是否需「明知所引誘之行爲構成專利侵害」，並不明確。

而最高法院在此次判決中，再一次確認了，所謂的明知，必須同時「明知該專利之存在」以及「明知其所引誘之行爲構成專利侵害」[13]。假設下述情況，一個被告對原告之專利請求項的解讀，與原告之解讀不同，且其解讀乃合理的解釋方法，因而認爲自己所引誘或所輔助之行爲不構成侵權，但倘若只需「明知該專利存在」，而不需「明知所引誘或輔助之行爲構成專利侵害」，則此被告一樣構成引誘侵權或輔助侵權。但最高法院不同意這樣的結果，故其指出，Global-Tech案所要求的明知，乃同時要求「明知該專利之存在」以及「明知其所引誘之行爲構成專利侵害」[14]。

## （三）相信專利無效並非引誘侵權之抗辯

進而，最高法院要討論，到底被告相信系爭專利無效，可否作爲引誘侵權之抗辯。最高法院所提的答案爲否定。其認爲，引誘侵權的主觀要件（scienter element），關心的是侵害行爲（infringement），而侵害行爲與

[13] Commil USA, LLC v. Cisco Sys., 135 S. Ct. at 1926-1927.
[14] Id. at 1928.

有效性（validity）屬於不同的議題。專利法第271條(b)的文字，僅要求被告「積極地引起侵害行爲」（actively induced infringement）。而由於「侵害行爲」與「有效性」，在專利法中，屬於不同的議題，因此，「相信專利有效」並非引誘侵權的主觀要件[15]。

長久以來，專利權人提起侵害訴訟，其專利都被推定爲有效。亦即，專利權人不需要先證明其專利有效，即可提出侵害訴訟。被告若在訴訟中要推翻此一推定，必須以清楚且具說服力之證據標準（clear and convincing standard）推翻此推定。但是，倘若「相信專利無效」可作爲引誘侵權之抗辯，則被告只要證明他合理地相信該專利爲無效，即可免除引誘侵權責任，那麼，對於專利有效之推定，就大打折扣[16]。

當然，一個專利無效，就絕對不會構成侵權。但是，專利制度要良好運作，需法院解釋和執行專利法的體系，決定各種程序與順序（諸如證明構成侵權行爲、主張專利無效），好讓當事人得以遵循[17]。因此，專利無效與專利侵害，在程序上乃不同之程序，不可混淆。

如果被告眞的相信該專利無效，本來有其他管道可以使用。例如，其可以提起確認訴訟，要求聯邦法院確認該專利無效。其也可以向專利審理暨訴願委員會申請多方複審程序（inter partes review）主張專利無效，在12個月到18個月內就可以得到結果。又或者，如同本案中Cisco所使用的，向專利商標局申請單方再審查（ex parte reexamination）。最後，被告也可在侵權訴訟中，提出專利無效抗辯[18]。

而且，若對引誘侵權創造出新的「相信專利無效」抗辯，將使訴訟更加拖延，增加訴訟成本，也使陪審團判斷上更加混亂[19]。

---

[15] Id. at 1928.
[16] Id. at 1928-1929.
[17] Id. at 1929.
[18] Id. at 1929.
[19] Id. at 1929-1930.

### （四）避免無意義濫訴

某些擁有專利的公司，並不自己製造產品，而是向他人索取授權金。通常這種公司會寄發律師信，到處向人索賠，而並沒有事先做過嚴格專利比對。這種公司取得授權金，並不一定是對方眞的構成侵權，而可能是部分收到律師信的公司，因爲擔心高額的訴訟費用，而願意支付授權金。這種隨意提出的請求，或可稱爲「無意義之請求」（frivolous claim）[20]。

最高法院知道，可能會有這種問題存在。不過，本案中，當事人並沒有主張原告之請求乃無意義之請求。然最高法院仍要提醒各地方法院，其有職責避免人民提出無意義的訴訟。如果有人民向聯邦法院提出無意義訴訟，法院有權力根據聯邦民事訴訟規則第11條（Fed. Rule Civ. Proc. 11）懲處其律師。地方法院也有權根據專利法第285條，在極端例外情形（exceptional cases）判敗訴原告支付勝訴被告之律師費用[21]。

最高法院認爲，一方面，被告有其他管道可以主張專利無效，二方面，又有上述制度可避免專利權人提出無意義請求，那麼，已經足以避免專利權人濫訴問題。因此，仍應維持專利法中，將專利無效與專利侵害兩議題區分開來，亦即，「相信專利無效」不可作爲不構成引誘侵權之抗辯[22]。

最後，最高法院撤銷聯邦巡迴上訴法院之見解，將本案發回重審。

## 四、結語

智慧財產法院101年度民專上易字第1號判決提到：「且『造意』、『幫助』均須出於故意（最高法院92年度台上字第1593號民事判決，及王澤鑑，『侵權行爲法』，第456至458頁參照）。準此，我國對『造意』、『幫助』之侵權責任係採從屬說，並非獨立說，並以故意爲必要，不將

[20] Id. at 1930.
[21] Id. at 1930-1931.
[22] Id. at 1931.

之『過失化』。[23]」也就是說，智財法院認為，所謂的幫助侵權或造意侵權，必須具有幫助故意或造意故意，不承認過失的幫助行為或過失的造意行為。

但實務上，卻曾有判決承認「過失之幫助侵權」。智慧財產法院99年度民專訴字第59號判決中，被告以規格書指示下游客戶完成產品組裝使用。法院判決認為被告構成造意侵權，且認為造意侵權並不一定要有教唆故意，過失教唆也應負責。

智慧財產法院99年度民專訴字第59號判決指出，造意侵權人，不以故意為必要，過失的造意行為，也屬於造意侵權：「……民法第185條第2項所規定造意人，乃教唆為侵權行為之造意，其與刑法不同者，不以故意為必要，亦得有過失之教唆，倘若欠缺注意而過失之造意教唆第三人，該第三人亦因欠缺注意過失不法侵害他人之權利，則造意人之過失附合於行為人之過失，侵害他人之權利，造意人視為共同行為人，即應與實施侵權行為之人，負連帶損害賠償責任（最高法院98年度台上字第1790號判決意旨參照）。……被告天鈺公司所營事業更包括研究、開發、生產、製造、銷售積體電路等，亦有其公司登記表在卷可按，而原告本即係此領域之知名廠商，擁有多項相關專利，故以被告天鈺公司及其合併前之宣鈦公司之營業規模及組織，絕對有預見或避免因侵害原告專利致損害發生之能力及注意義務，卻仍未注意而侵害並使上開產品及規格書流通於市場上，致生自己或他人直接侵害系爭專利申請專利範圍第1項之行為，顯屬專利法第84條第1項、民法第184條第1項之侵權行為及民法第185條第2項所規定之造意、幫助共同侵權行為，且應認其有未盡注意義務之過失，及亦屬可得而知他人有專利權之情形。[24]」

此案後來上訴，智慧財產法院因為系爭專利欠缺新穎性及進步性，而廢棄原判決[25]。因而，其在判決理由中，並沒有對一審法院所為的造意

[23] 智慧財產法院101年度民專上易字第1號判決。
[24] 智慧財產法院99年度民專訴字第59號判決。
[25] 智慧財產法院101年度民專上字第31號判決。

侵權的意見，發表看法。雖然一審判決被廢棄，但是其所提出的，造意侵權並不一定要是故意之教唆，而可以是過失之教唆。但這與智慧財產法院101年度民專上易字第1號判決中所強調的，幫助侵權一定要是幫助故意，兩者似乎有所矛盾。

美國專利引誘侵權要求引誘人必須爲故意，其故意包括「明知該專利存在」以及「明知其所引起之行爲構成專利侵害」。在上述臺灣判決中，原告無法證明被告明知其專利存在，但法院認爲其對於不知該專利存在有過失，而也構成造意侵權。如果並未明知該專利存在，更很難說明知所引誘之行爲構成專利侵權。因此，智慧財產法院99年度民專訴字第59號判決之論理，頗有問題。

# 第四節　專利之共同侵權與間接侵權責任：2014年Akamai v. Limelight案

## 一、背景

### （一）無共同侵權規定

美國專利法雖然規定了間接侵權中的引誘侵權與輔助侵權，卻沒有規定共同侵權（joint infringement）這種類型。美國法院過去認爲，共同侵權的類型，可以適用第271條(a)的直接侵權的規定。但畢竟第271條(a)中並沒有寫到共同侵權這個字眼，其規定乃是「任何人……」因此，美國法院要將共同侵權行爲適用到第271條(a)，有其嚴格的限制。

早期的法院將共同侵權適用在第271條(a)時，對二個共同侵權人間存在的關係，乃要求較寬鬆的關係，例如採取「參加和合併行爲」（participation and combined action）或「某些連結」（some connection）標準。亦即，二個共同侵權人，只要是共同完成一個完整的侵害行爲，兩者間只要有輕微的關係，就可適用第271條(a)。

### （二）單一實體規則

然而，2007年時，美國聯邦巡迴上訴法院於BMC Resources v. Paymentech, L.P.案[1]中，改變此標準，採取更嚴格的「單一實體規則」（single-entity rule）。該案中，原告BMC的專利是處理不需要Pin卡的借貸交易（pin-less debit transactions）的方法專利，其需要多方的參與。被告Paymentech與其他參與者共同完成了方法專利的步驟。在該案中，法院認爲，要構成第271條(a)之直接侵權，需由單一實體完成所有的方法專利。而當被告參與直接侵權或鼓勵他人直接侵權，在適用間接侵權時，仍要求，必須在所有被控告的參與者中，由某一實體完成了所有的直接侵

---

1　BMC Resources v. Paymentech, L.P., 498 F.3d 1373, 1379-1381 (Fed. Cir. 2007).

權[2]。

該判決也說明，二個以上的實體共同完成一個侵權行爲時，必須這些行爲都可歸咎於其中一個單一實體，才可適用第271條(a)規定認定其構成侵權。法院指出，必須其中一個參與者，控制或指示（control or direction）其他人完成其他的專利之方法步驟。換句話說，若透過契約方式委託第三方完成某些方法專利的步驟，第三方的行爲仍可歸咎給主要參與者，而符合單一實體規則。亦即，具有契約關係或本人／代理人的關係時，仍可構成單一實體規則[3]。

但採取此種較嚴格的標準，會使很多共同侵權行爲人間，不具有密切關聯時，不容易被認定構成侵權。尤其在方法專利中，潛在侵權人，只需要執行前面大部分的方法步驟，然後交由下游廠商或消費者完成最後一個步驟。此時，此一「實施該方法專利」的侵權行爲，乃由主要侵權人與下游廠商或消費者共同完成，但因爲主要侵權人與下游廠商或消費者間，並沒有指示或控制關係，所以雙方都不會被認爲構成直接侵權。

2008年聯邦上訴法院做出另一判決Muniauction, Inc. v. Thomson Corp.案[4]。該案涉及的是一個使用電腦系統投注金融工具的方法專利，被告執行了該方法專利的某些步驟，被告並讓其客戶進入其系統，指示其客戶使用該電腦系統，完成了剩下的步驟。聯邦上訴法院在該案中堅持，直接侵權需要由單一當事人（single party），完成方法專利的所有步驟[5]。但若是由多數當事人完成，則需由單一的被告，執行控制或指示（control or direction）整個過程，使所有被執行的步驟都歸諸於控制的當事人[6]。該案最後法院判決，被告毋庸負直接侵權責任，因爲其並沒有控制或指示其客戶執行剩餘的步驟[7]。

---

2 BMC Res., 498 F.3d at 1379.

3 Id. at 1380-1381.

4 Muniauction, Inc. v. Thomson Corp., 532 F. 3d 1318 (2008).

5 Id. at 1329.

6 Id. at 1329.

7 Id. at 1330.

### （三）方法專利之共同侵權

美國2014年最高法院判決的Akamai Techs., Inc. v. Limelight Networks, Inc.案[8]，案情與前述Muniauction, Inc. v. Thomson Corp.案類似，一樣涉及電腦軟體方法專利，被告自己只完成了方法專利的前面幾個步驟，後面的步驟卻指示客戶完成。這種情況下，被告與其客戶，是否構成共同侵權？還是被告可以獨立構成引誘侵權？

## 二、事實

Akamai案曾經上訴到聯邦上訴法院全院聯席審理（en banc）判決，其乃是由二個案子所組成。第一個案子是Akamai Technologies控告Limelight Networks，另一個案子則是McKesson Technologies控告Epic Systems。原本這二個案子在巡迴上訴法院的分庭判決中，都對共同侵權行爲，採用過去較嚴格的標準，而認定被告不構成共同侵權行爲。但全院審理判決認爲，爲避免第271條(a)的嚴格要件，也許可以改採用第271條(b)的引誘侵權的規定，且放寬引誘侵權的條件[9]。但上訴到最高法院後，最高法院卻推翻了聯邦上訴法院判決，認爲不可放寬引誘侵權的條件。

### （一）Akamai Technologies v. Limelight Networks案

原告Akamai的專利，是由麻省理工大學（MIT）擁有，並專屬授權給Akamai，其是一個關於有效傳送網頁內容（content delivery network）的方法專利，專利字號爲美國專利第6,108,703號專利。其方法包含了數個步驟，其將客戶（內容提供者）的網頁內容元素放置在一個複製的伺服器中，通常這些被指定的內容元素，可能是一個較大的檔案，例如影音檔案。然後其將內容提供者的網頁修改，指示網頁瀏覽者從那些其他的複製伺服器中去取得網頁內容，以加快下載速度。被告Limelight公司乃經營一

[8] Limelight Networks, Inc. v. Akamai Techs., Inc., 134 S. Ct. 2111 (2014).

[9] Akamai Techs., Inc. v. Limelight Networks, Inc., 692 F.3d 1301, 1306 (Fed. Cir. 2012).

個伺服器網路，並將客戶（內容提供者）的網頁部分內容元素，上傳到其伺服器中，但沒有自己修改內容提供者的網頁內容，而是指示並提供技術支援，教導這些內容提供者，如何完成其中「指定上傳內容元素」的步驟。這個步驟又稱爲「標籤」（tag）步驟[10]。因此，Limelight並沒有自己完成所有的系爭方法專利的步驟，部分步驟乃是由其客戶完成。

2006年，原告Akamai在麻州聯邦地區法院，控告被告Limelight構成專利侵權。陪審團審理後，認定被告Limelight構成侵權，並判賠原告4,000萬美元以上賠償金。但在陪審團裁決後不久，2008年上訴法院剛做出的Muniauction案判決，再度強調單一實體規則。因此，Limelight向地區法院聲請，由法院根據法律自爲判決（motion for judgment as a matter of law）。

地區法院同意其聲請，並認爲根據前述Muniauction案的標準，由於系爭的'703號專利需要有標籤的動作，但是Limelight並沒有控制或指示其客戶完成標籤的動作，因此不構成第271條(a)的直接侵權。

該案上訴到聯邦巡迴上訴法院後，受理該案的分庭同意地區法院判決，認爲，若是由多位當事人完成所有侵權步驟，則只有在：1.當事人間有代理人關係（agency relationship）；或2.是一個當事人對另一當事人有契約上的義務要完成其他步驟（one party is contractually obligated to the other to perform the steps），被告才要負直接侵權責任[11]。而本案中，兩種情況都不具備，故該分庭認爲，被告Limelight毋庸負直接侵權責任。法院指出，在該案中，雖然Limelight的契約有指示其客戶，如何標籤其希望儲存在Limelight的CDN的部分檔案，但是，由於該契約並沒有讓Limelight控制其客戶，故客戶的標籤行爲不可歸諸於Limelight[12]。

---

[10] Limelight v. Akamai, 134 S. Ct., 2115.

[11] Akamai Techs., Inc. v. Limelight Networks, Inc., 692 F.3d 1301, at 1320 (Fed. Cir. 2012).

[12] Id. at 1320-1321.

### （二）McKesson Technologies v. Epic Systems案

另一案中的原告McKesson公司，其擁有的也是一個方法專利，乃是關於健康照顧提供者和其病患間的電子通訊方法。被告Epic公司也開發出一套軟體，授權給某些健康照顧機構使用，該軟體中的一個應用程式也允許健康照顧提供者與病患進行電子通訊。但是Epic公司沒有自己從事這些方法專利的任何一項步驟，這些步驟一開始是由病患執行，後續的步驟則是由健康照顧提供者執行。

聯邦巡迴上訴法院分庭判決也認爲，礙於單一實體規則，被告Epic並不用負擔共同侵權責任[13]。

## 三、上訴法院全院判決

### （一）引誘侵權不需要有直接侵權的單一實體規則

這二則分庭判決的專利權人都不服，而要求聯邦巡迴上訴法院進行全院審理（en banc）。其要求全院審理的理由，乃是判斷共同侵權採取單一實體規則的妥當性。然而有趣的是，聯邦巡迴法院的全院判決，卻沒有探討這項議題。反之，對於這類的共同侵權類型，創造了另一條途徑，認爲可以對共同侵權行爲的主要侵權者，採用第271條(b)項的引誘侵權責任。

但是有一個問題在於，過去認爲，要構成第271條(b)和(c)的間接侵權，一定要先有直接侵權的存在。而直接侵權的存在，由於BMC Resources案採取單一實體規則標準，本來就很難符合。如果沒有某個單一實體構成第271條(a)的直接侵權，如何能夠認定誰構成間接侵權呢？

但是，本案全院判決認爲，在認定是否構成第271條(b)的引誘侵權上，其前提雖然要有直接侵權，但其作爲前提的直接侵權，並不需要如同第271條(a)採取單一實體規則，亦即，法院認爲，在判斷是否構成引

[13] McKesson Techs. Inc. v. Epic Sys. Corp., No. 2010-1291, 2011 U.S. App. LEXIS 7531, at 1-2 (Fed. Cir. Apr. 12, 2011).

誘侵權的案件中，其直接侵權並不需由單一實體完成所有方法專利的步驟[14]。

## （二）理由

不過，這個論述聽起來很奇怪，爲何作爲引誘侵權前提的直接侵權，不需要符合第271條(a)的直接侵權呢？全院判決從美國專利法的立法史、其他法領域、專利法規定本身、判例和政策等五個面向，一一論述之。

1.法院回顧美國1952年專利法的歷史，認爲引誘侵權之前提的直接侵權，並不需要由單一實體完成所有的侵權內容。法院特別引用美國專利法主要起草者Giles Rich法院的說詞，指出他認爲「就算沒有直接侵權者，只要有明顯的侵害專利行爲，仍可認定構成間接侵權，這並沒有矛盾。[15]」

2.法院比較侵權法領域的類似規定，而發現，侵權法中也規定，本人不只要爲代理人的行爲負責，也要爲由本人所引誘的無辜中介者的行爲負責。無辜中介者由於沒有過失，不負直接侵權責任，但引誘者仍然負引誘侵權責任。所以，將侵權法的原理套用在專利法，當一個人引誘他人侵害專利時，就算直接侵權的人不用負責，但引誘該行爲的人仍要負責[16]。

3.法院則看回專利法規定本身。若仔細比較第271條每一項的文字，則可發現，每一項中所講的侵權（infringement）並不一樣，所以，其他項中所講的侵權，並不一定是指第271條(a)中的侵權。因此，第271條(a)的直接侵權要求的單一實體規則，不必然適用到第271條其他項中間接侵權的前提（直接侵權）要件[17]。

4.若參考聯邦最高法院的判決先例與聯邦巡迴上訴法院的判決先例，也可發現，過去的判決並沒有如BMC Resources案所要求，直接侵權一

---

[14] Akamai, 692 F.3d at 1306.
[15] Id. at 1310-1311.
[16] Id. at 1311-1313.
[17] Id. at 1314.

定要由單一實體所完成。例如，在聯邦巡迴上訴法院2004年的Dynacore Holdings Corp. v. U.S. Philips Corp.案[18]中，雖然要求引誘侵權的前提一定要有直接侵權，但並沒有要求必須由單一實體來完成該直接侵權。此外，本案涉及的是方法專利，與物品專利不同，在物品專利上，不管是製造、使用、銷售，任何一個行爲都可以構成直接侵權。因此，在過去一些關於物品專利間接侵權的判例中，要求一定要先有直接侵權存在，但物品專利的直接侵權很容易存在。但方法專利的侵權必須執行完所有的方法步驟，故並不容易找到一個單一實體完成直接侵權[19]。

5. 在專利的保護政策上，法院認爲，過度採取單一實體規則，容易讓人迴避專利侵權責任，而讓專利保護的政策落空。法院指出，既然美國專利法規定，引誘他人侵權者要負責任，但引誘他人侵權卻沒有任何單一實體完成所有侵權步驟時，引誘者卻可以不用負責，這完全沒有道理[20]。

總結來說，2012年的Akamai案，認爲若發生共同侵權行爲時，專利權人可以根據第271條(b)控告主要的發動者引誘侵權，而不一定要對以第271條(a)控告其共同完成直接侵權。其在適用第271條(b)之引誘侵權時，免除了其前提的直接侵權必須由單一實體完成的要求，但是在適用第271條(a)的直接侵權規定中，仍保留了單一實體規則。

## （三）判決結果

由於當初兩個案件的上訴人聲請全院審理Akamai案，主要是關心第271條(a)的單一實體規則問題，但全院判決卻另闢一個管道，亦即可採用第271條(b)的引誘侵權。但當初兩個案件的上訴人均未主張被告構成引誘侵權，故此案仍須發回審理。

不過，法院指出，在McKesson案中，被告Epic如果：1.知道原告McKesson的專利；2.被告引誘他人完成該方法專利的步驟；3.這些步驟確

[18] Dynacore Holdings Corp. v. U.S. Philips Corp., 363 F.3d 1263, 1372 (Fed. Cir. 2004).
[19] Akamai, 692 F.3d at 1315-1317.
[20] Id. at 1315.

實被執行了，這樣被告Epic確實可能構成引誘侵權[21]。

同樣地，法院指出，在Akamai案中，如果：1.被告Limelight知道專利權人Akamai的專利；2.其執行大部分的步驟，只保留一項步驟未執行；3.其引誘內容提供者執行該方法專利的最後一個步驟；且4.內容提供者眞的執行了該最後一步驟，那麼，被告Limelight的確會構成引誘侵權[22]。

## 四、最高法院判決

上述Akamai案，又上訴到最高法院。最高法院由Alito大法官做出全體一致判決。其判決結果，又推翻了前述巡迴上訴法院全院判決意見。

### （一）引誘侵權需有直接侵權之存在

最高法院認爲，巡迴上訴法院誤解了方法專利的概念。方法專利就是代表一系列的步驟，而在最高法院的判例中，只有所有步驟都被執行，才會構成侵害方法專利[23]。最高法院原則上同意原本聯邦巡迴上訴法院在Muniauction案的見解，亦即若方法專利的步驟不是由同一被告完成，必須剩下的步驟是由被告指示或控制下完成，而可歸諸於該單一被告。但若是沒有任何一個被告可負直接侵權責任，則不會有人要負第271條(b)的引誘侵權責任[24]。

最高法院指出，如果引誘侵權不需要有直接侵權的存在，那會出現一種可能性。例如，被告付錢請一個人執行了方法專利中的某個步驟，但沒有其他人完成後續的步驟。根據巡迴上訴法院的論理，這種情況下，該被告還是要負起引誘他人行爲的責任，即使根本沒有構成直接侵權[25]。

對照美國專利法第271條(f)(1)的寫法，也可證明此點。美國專利法第271條(f)(1)規定：「任何人未經許可，提供、或使人提供，該美國專利的

[21] Id. at 1318.
[22] Id. at 1318.
[23] Aro Mfg. Co. v. Convertible Top Replacement Co., 365 U. S 336, 344 (1961).
[24] Limelight v. Akamai, 134 S. Ct. 2111, 2117.
[25] Id. at 2117-2118.

全部或部分的元件，而積極地引誘該些元件在美國境外組裝，其組裝完成之物若在美國境內可以產生專利侵權的效果時，則應被視爲侵權。[26]」最高法院認爲，從這一條的寫法看得出來，美國國會若想針對引誘他人提供部分元件，而仍可構成引誘侵權時，知道如何寫出正確的條文。但既然第271條(b)寫的是：「任何人積極地引起對專利之侵權，都應負侵權責任。[27]」則其必須要引起全部的侵權步驟，亦即引起的是直接侵權[28]。

### （二）可檢討單一實體規則

Akamai認爲，如果按照最高法院的解釋，那麼可能出現漏洞，亦即，被告對於方法專利，刻意只完成部分步驟，並透過一個被告並沒有指示或控制的人完成剩餘步驟。最高法院肯認這確實可能發生，但實際上，關鍵在於聯邦巡迴上訴法院Muniauction案中對第271條(a)的解釋問題，而不是第271條(b)的問題。亦即，若想避免這種問題的產生，正確之道，也許應放寬第271條(a)的直接侵權的解釋，而不是將第271條(b)的解釋放寬，認爲不需要有直接侵權的存在[29]。

既然根本的解決之道，應該是好好解釋第271條(a)，但是最高法院卻拒絕解釋第271條(a)的問題。因爲其堅持，當初核發疑審令受理此案時，只是要解決「引誘侵權是否必須有直接侵權存在」爲前提，而不是要解決「第271條(a)的直接侵權認定」問題[30]。

不過，最高法院最後的這一段話，或許暗示了，其實上訴巡迴法院在共同侵權的認定上，不一定要堅持單一實體規則，亦即不一定要堅持被告對其他人有指示或直接控制關係。

---

[26] 其原文爲："Whoever without authority supplies or causes to be supplied in or from the United States all or a substantial portion of the components of a patented invention, where such components are uncombined in whole or in part, in such manner as to actively induce the combination of such components outside of the United States in a manner that would infringe the patent if such combination occurred within the United States, shall be liable as an infringer."

[27] 其原文爲："Whoever actively induces infringement of a patent shall be liable as an infringer."

[28] Limelight v. Akamai, 134 S. Ct. 2111, 2118.

[29] Id. at 2120.

[30] Id. at 2120.

## 五、結語

臺灣專利法中並沒有間接侵權與共同侵權規定，一般認爲，或許可援引民法第185條第1項的共同侵權與第2項的間接侵權規定。但實際上，閱讀臺灣智慧財產法院判決可知，智慧財產法院對共同侵權、間接侵權的使用得非常保守，通常不願意適用民法第185條第1項及第2項。

實務上，雖然智慧財產法院肯定共同侵權的適用，但大多只處理公司與其負責人的連帶賠償責任。至於一般學說上所謂的行爲關聯共同的「共同加害行爲」，以及更寬鬆的「共同危險行爲」，智慧財產法院均不承認。至於間接侵權部分，智慧財產法院會使用幾個理由拒絕適用，一是沒有人要負直接侵權責任或無法證明直接侵權責任的存在；二是欠缺幫助故意，而拒絕適用間接侵權責任。

相對照來看，美國雖然有間接侵權之規定，卻沒有共同侵權規定，故在方法專利的共同侵權行爲，必須要借助其他條文，目前主要就是適用美國專利法第271條(a)的直接侵權規定，而上訴法院適用該條時受限於「單一實體規則」。美國最高法院在2014年的Akamai案仍堅持，要構成引誘侵權，一定要有直接侵權的存在。但似乎認爲，其實適用第271條(a)處理共同侵權時，並不一定要堅持單一實體規定，或限制一定要有指示或控制關係存在。

兩相比較可知，臺灣智慧財產法院，不論是共同侵權，或是間接侵權，在態度上，都傾向拒絕適用。這對臺灣的被告廠商來說，也許是一件好事。但對專利權人來說，未必有利。智慧財產法院爲何在適用共同侵權與間接侵權時態度保守？也許出於個案情節中的衡平考量。另外，筆者猜想，臺灣工廠大多爲代工、零件製造商，智財法院限制使用共同侵權與間接侵權，某程度或許是想避免對臺灣代工廠商造成困擾。

## 第五節　共同侵權責任標準放寬：2016年Mankes v. Vivid Seats, Ltd.案

美國專利法沒有規定「共同侵權」（joint infringement）的條文，美國法院過去認為，共同侵權可以適用專利法第271條(a)的直接侵權規定，但受到嚴格限制，必須雙方有控制或指示關係方可構成。但2015年聯邦巡迴上訴法院在Akamai案中，放寬了此一嚴格的限制，在軟體方法專利下由不同行為人共同完成各步驟的共同侵權，有更多機會適用第271條(a)的直接侵權。而2016年聯邦巡迴上訴法院的Mankes v. Vivid Seats Ltd.案，再次肯定這點。

### 一、背景

#### （一）2015年Akamai案放寬共同侵權標準

2015年的代表案例Akamai Techs., Inc. v. Limelight Networks, Inc.案，該案一樣涉及共同侵權問題。最早在2012年的聯邦巡迴上訴法院判決Akamai案時，認為要適用第271條(a)的共同侵權有所困難，而改用美國專利法第271條(b)的「引誘侵權」，認為被告Limelight做完了前面大部分步驟，並引誘後人執行最後一個步驟，而構成引誘侵權[1]。

但該案於2014年上訴到最高法院後，最高法院卻認為，要構成引誘侵權，一定要有一個人負直接侵權責任，而在方法專利共同侵權行為中，沒有任何一個人做完所有的步驟，故沒有人負直接侵權責任，當然也沒有人要負引誘侵權責任[2]。

#### （二）Akamei V案

該案發回巡迴上訴法院後，2015年，聯邦上訴法院小組法庭再次做

[1] Akamai Techs., Inc. v. Limelight Networks, Inc., 692 F.3d 1301, 1306 (Fed. Cir. 2012).
[2] Limelight Networks, Inc.v. Akamai Techs., Inc., 134 S. Ct. 2111 (2014).

出判決[3]，認爲Limelight仍然不負直接侵權責任。其認爲，因爲被告Limelight並沒有控制或指示（direct or control）其客戶完成後續步驟，其客戶也不是Limelight的代理人，故Limelight和其客戶並不構成「共同的事業」（joint enterprise）[4]。但三個月後，聯邦巡迴上訴法院全院審理（en banc），做出判決，推翻了前面小組法庭的判決[5]，法院放寬了用第271條(a)處理共同侵權的嚴格限制。

全院判決認爲，如果雙方可構成共同事業，當然可以適用第271條(a)直接侵權。此外，下述情形亦可適用第271條(a)：

1. 侵權被告限制一活動的條件（when an alleged infringer conditions participation in an activity），或

2. 侵權被告因爲方法專利中某一步驟或某些步驟的執行而獲得利益，並制訂該步驟執行的方法或時間點（receipt of a benefit upon performance of a step or steps of a patented method and establishes the manner or timing of that performance）[6]。

另外，判決還說：「未來若出現其他情形，可認爲其他人對方法步驟的執行，可歸諸於某一人的責任時，亦可適用第271條(a)。」亦即，是否可將其他人的行爲歸諸於某一人，要視不同事實而定[7]。

## 二、事實

### （一）遠端訂票方法

Robert Mankes先生擁有美國專利號第6,477,503號專利，其描述了一個管理訂票或訂貨系統的方法，該系統將其庫存貨物區爲分本地的伺服器，以及遠端的網路伺服器。2013年10月，Mankes先生在北卡羅萊納州

3 Akamai Technologies, Inc. v. Limelight Networks, Inc., 786 F.3d 899 (Fed.Cir.2015).
4 Id. at 914-915.
5 Akamai Technologies, Inc. v. Limelight Networks, Inc., 797 F.3d 1020 (Fed.Cir.2015) (en banc).
6 Id. at 1023.
7 Id. at 1023.

北區地區法院控告Vivid Seats公司和Fandango公司，主張該公司以網路爲主的訂票系統運作，搭配電影院和其他娛樂場所的本地訂票系統，侵害了'503號專利。也就是說，其主張被告Vivid Seats公司和Fandango公司只執行了部分方法專利的步驟，剩餘的步驟則是由地方的電影院執行。

由於沒有任何一個人執行了系爭方法專利的所有步驟，因此，其乃是典型的「共同侵權問題」（divided infringement）[8]。

## （二）一審判決

一審時，地區法院認爲，當時若要用第271條(a)來處理共同侵權，必須採「單一實體規則」（single-entity rule），故認爲被告Vivid Seats公司和Fandango公司並不構成共同侵權。Mankes先生因而上訴到聯邦巡迴上訴法院[9]。但在上訴之後，聯邦巡迴上訴法院做出了前述2015年Akamai案的全院判決，放寬了共同侵權的要件。

本案系爭方法專利請求項第1項中，共有(a)(b)(c)……(j)十項步驟。而被告Vivid Seats公司和Fandango公司因營運一個線上售票系統，並將資訊傳達到地方的庫存持有者，執行了其中(b)、(e)至(g)、(j)等五項步驟。剩下的(a)、(c)、(d)、(h)、(i)五個步驟，則是由地方的電影院執行。本案中，被告負責網路事業，並和地方的電影院合作共同執行所有的步驟，彼此交易讓整個訂票系統能夠運作。有爭議的地方在於，在舊的單一實體規則下，地方電影院的行爲，是否可歸咎到被告Vivid Seats公司和Fandango公司身上[10]？

地方法院之所以判決被告Vivid Seats公司和Fandango公司不負第271條(a)下的共同侵權責任，是認定地方電影院並非被告代理人，也並非因被告的要求才執行這些步驟[11]。

---

[8] Mankes v. Vivid Seats Ltd. 1613280, at 1 (Fed.Cir., 2016).
[9] Id. at 2.
[10] Id. at 6.
[11] Id. at 6.

## 三、上訴法院判決

聯邦上訴巡迴法院認爲，因爲共同侵權的標準已經改變，所以，就算地方電影院並非被告代理人，也非因被告要求執行該步驟，但仍然可能構成第271條(a)下的共同侵權[12]。由於對於共同侵權責任的標準已經放寬，所以聯邦巡迴上訴法院認爲，其有權撤銷地方法院原判決，而要求根據新標準重審[13]。

聯邦巡迴上訴法院指出，他們並不直接認定，本案中到底有沒有構成共同侵權。不過，法院指出幾個特殊的事實：

（一）本案中的被告Vivid Seats公司和Fandango公司，乃主動向地方電影院推銷這個訂票系統，並提供其經濟誘因，讓地方電影院去執行系爭方法專利的剩餘步驟。

（二）地方電影院決定使用Vivid Seats系統或Fandango系統，而啓動商業安排，雙方持續溝通電影票的銷售情形，讓銷售方可以隨時更新其庫存數字。

（三）在這樣持續的相互的商業關係下，很有可能被告Vivid Seats公司和Fandango公司設定管理所需協調合作的規則。

法院指出，因爲2015年的Akamai案全院判決中，提到一種「限制參與活動」（conditions participation）的類型，因此，地方法院應可以參考相關事實，判斷是否符合這種類型，或是其他可能構成共同侵權的類型[14]。

但該如何認定本案的具體事實，以及是否可能構成放寬的共同侵權行爲，都應交由地方法院認定。最後聯邦巡迴上訴法院將原判決撤銷，並發回地區法院重審[15]。

---

[12] Id. at 7.
[13] Id. at 7.
[14] Id. at 7.
[15] Id. at 8.

## 第六節　學名藥仿單是否構成方法專利引誘侵權？2017年Eli Lilly and Company v. Teva Parenteral Medicines案

藥物除了物質專利外，還有使用方法之專利。但不同專利屆期日不同。物質專利屆期後，學名藥廠會申請學名藥上市，但是該藥物使用方法專利可能尚未屆期。此時，若學名藥廠的學名藥仿單中，列出了尚受專利保護的使用方法，教導醫師和病人如何使用該方法，是否會構成引誘侵權？2017年聯邦巡迴上訴法院的Eli Lilly and Company v. Teva Parenteral Medicines案[1]，認爲答案是會。

### 一、事實

Eli Lilly公司是美國專利第7,772,209號（簡稱'209號專利）之專利權人。被告則是多家藥廠，包括Teva Parenteral Medicines公司、APP Pharmaceuticals公司、Pliva Hrvatska公司、Teva Pharmaceuticals USA公司和Barr Laboratories公司。原告提起訴訟，主要是聲請法院禁止被告等藥廠在生產學名藥時所附的仿單，不可以教導他人爲侵權使用，原告認爲該教導內容，構成'209號專利之治療方法專利之引誘侵權[2]。

#### （一）化療藥物的使用方法

系爭'209號專利，乃是管理使用化療藥物pemetrexed的一種方法。Eli Lilly的強效藥Alimta®（pemetrexed）是一種葉酸拮抗劑，其可以抑制葉酸的作用，配合殺死癌細胞，因爲其是細胞再生的必要營養物。但爲了降低pemetrexed的毒性，故'209號專利乃在使用該藥物前預先使用兩種維他命：人工合成葉酸（folic acid）和維他命B12 [3]。

---

1 Eli Lilly and Company v. Teva Parenteral Medicines, Inc., 845 F.3d 1357 (2017).
2 Id.at 1361.
3 Id. at 1362-1363.

系爭專利請求項1和請求項12為獨立項。請求項1記載如下：

「1. 一種對病人施用（administering）pemetrexed disodium的方法，包括先施用一有效劑量的人工葉酸與一有效劑量的甲基丙二酸降低劑（methylmalonic acid lowering agent），隨後再施用一有效劑量的pemetrexed disodium，其中甲基丙二酸降低劑係選自，由維他命B12、hydroxycobalamin、cyano-10-chlorocobalamin、aquocobalamin perchlorate、aquo-10-cobalamin perchlorate、azidocobalamin、cobalamin、cyanocobalamin、或chlorocobalamin所構成之群組。」[4]

請求項9和10則為請求項1之附屬項，其乃進一步限制人工葉酸的劑量範圍[5]。

另外，請求項12記載如下：

「一種對化療病人施用pemetrexed disodium之改良方法，其中改良處包括：(a) 在第一次施用pemetrexed disodium前施用介於約350 μg到約1,000 μg的人工葉酸；(b) 在第一次施用pemetrexed disodium前施用介於約500 μg到約1,500 μg的維他命B12；且(c) 施用pemetrexed disodium。[6]」

## （二）被告申請學名藥上市

在2008年至2009年間，被告等多家藥廠，根據美國學名藥申請程序，向食品藥物管理局提起簡化新藥申請（Abbreviated New Drug Applications, ANDAs），欲申請Alimta®的學名藥。而專利權人Eli Lilly在系爭'209號專利核准後，被告等人根據21 U.S.C. § 355(j)(2)(A)(vii)(IV)之規定，向Eli Lilly寄發第IV段聲明（Paragraph IV certifications），主張'209號專利無效、無法實施或不侵權。Eli Lilly隨後向被告等人提起侵權訴訟，主張其生產之學名藥仿單將構成美國專利法第271條(e)(2)之侵權。其認為，被告等人的學名藥必然會在醫師指示下，事先服用人工葉酸與

4 Id. at 1362.
5 Id. at 1362.
6 Id. at 1362.

B12，故必然會侵害'209號專利[7]。

本案中，雙方均同意，並沒有任何單一個人實施所有方法專利步驟，而是由醫生和病人共同實施。其中，醫生對病人施用（administer）維他命B12和pemetrexed的劑量時間，但病人卻是在醫師的指示下自行施用人工葉酸[8]。因此，Eli Lilly要證明被告等藥廠構成引誘侵權，必須先證明有人要負直接侵權責任。

### （三）學名藥仿單內容

被告等人的藥品仿單，實質上與Alimta®的仿單內容相同。其包含兩個部分：醫師開藥資訊（Physician Prescribing Information）和病人資訊（Patient Information）。兩部分都有提到施用人工葉酸的說明。例如，醫師開藥資訊中寫到：「指示病人在進行pemetrexed治療的七天前，開始每天服用人工葉酸400 [μg]到1,000 [μg]。」「指示病人需要補充人工葉酸與維他命B12，以降低治療所產生的血液中與胃腸中的毒素……」在病人資訊中則提到：「爲了降低你使用pemetrexed產生的副作用，你也必須在pemetrexed治療前與治療期間服用人工葉酸。」「在pemetrexed治療期間服用人工葉酸與維他命B1以降低有害副作用，是非常重要的。你必須在首次進行pemetrexed治療的七天前的至少五天內每日服用400至1000微克的人工葉酸。[9]」

## 二、共同侵權新標準

### （一）Akamai V案共同侵權新標準

由於被告要構成引誘侵權，必須先有人構成直接侵權。本案系爭方法乃由醫師和病人共同完成，而美國並沒有共同侵權規定，發生共同侵權時，仍必須塞到美國專利法第271條(a)的直接侵權。

---

[7] Id. at 1363.
[8] Id. at 1362.
[9] Id. at 1364.

對於共同（分工）侵權問題，美國最高法院發回Akamai案後，聯邦巡迴上訴法院再一次做成全院聯席判決，一般稱爲Akamai V案[10]。該案中，對於超過一個人以上共同完成方法專利的所有步驟時，要構成美國專利法第271條(a)的直接侵權，只有「其中某個人的行爲可歸諸於（attributed to）另一個人，而使一個單一實體爲該侵權負責」[11]。至於何種情況下，執行方法專利的步驟會被歸屬於單一實體，聯邦巡迴上訴法院創造出兩種類型，一種是該實體「指示或控制」（directs or controls）其他人的行爲；另一種是所有行爲人「形成一聯合事業」（form a joint enterprise）[12]。

第一種類型下，必須其中一位侵權被告：1.限制一參與活動或獲得利益的條件（when an alleged infringer conditions participation in an activity or receipt of a benefit），條件爲實施方法專利中某一步驟或某些步驟（upon performance of a step or steps of a patented method）；並2.制定該步驟執行的方法或時間點（and establishes the manner or timing of that performance）。此時，其他人的行爲可歸諸於控制或指示的侵權人，故該侵權人可認爲是直接侵權的單一行爲人[13]。

本案的關鍵在於，醫師和病人間的共同侵權，是否可以都歸諸於醫師的行爲？

## （二）地區法院判決構成引誘侵權

2015年，印第安納州南區地區法院判決認爲，沒有任何單一行爲人實施所有請求項的步驟，因爲該步驟乃是由醫生和病人共同完成。然而，在採取Akamai V案的標準下，地區法院認爲該直接侵權可以歸諸於醫師，既然有一人要爲直接侵權負責，則被告等藥廠則要爲該直接侵權負引

[10] Akamai Technologies, Inc. v. Limelight Networks, Inc. (Akamai V), 797 F.3d 1020, 1022 (Fed. Cir. 2015).
[11] Akamai V, 797 F.3d at 1022.
[12] Id.
[13] Id. at 1023.

誘侵權責任[14]。

地區法院認爲，參照請求項所記載之方法服用人工葉酸，是降低pemetrexed所造成危害人命之毒素的重要與必要步驟。而法院進而認爲，根據明定的方法服用人工葉酸，是病人參與pemetrexed治療的條件[15]。而醫生也會指定人工葉酸的精確劑量，並且指示應每天服用[16]。根據Akamai V案之標準，地區法院認爲醫生和病人共同完成的所有請求項步驟，均可歸諸於醫師。

## 三、上訴法院判決

被告等公司不服一審判決，上訴到聯邦巡迴上訴法院，上訴法院於2017年1月做出判決。

### （一）限定遵守方法以作為獲得利益之條件

聯邦巡迴上訴法院2017年的判決，討論重點在於，醫師是否以限制病人實施特定方法專利之步驟作爲條件，讓病人獲得利益，而達到某種指示或控制的程度。

#### 1. 獲得利益

該案中，地區法院界定乃是醫師對病人「獲得利益」限定了條件，但所界定的「獲得利益」是「降低pemetrexed所造成危害人命之毒素」，而被告等人認爲此有錯誤。聯邦巡迴上訴法院同意，認爲醫師限制「施用人工葉酸的條件」所獲得的相關利益，是「pemetrexed治療」[17]，而非「降低pemetrexed所造成危害人命之毒素」。而法院認爲，醫師確實對於病人獲得利益（pemetrexed治療）限制了條件。

---

[14] Eli Lilly and Co. v. Teva Parenteral Medicines, Inc., 126 F.Supp.3d 1037 (S.D.Ind. 2015).
[15] Id. at 1042.
[16] Id. at 1043.
[17] Eli Lilly v. Teva, 845 F.3d at 1365.

### 2. 限定條件

地區法院認為，醫師確實有限制pemetrexed治療的「條件」為治療前及治療期間服用人工葉酸。從仿單中的醫師開藥資訊，就有說明人工葉酸是治療前的要求；在該藥品仿單中，重複地說明，醫師應該指示病人服用人工葉酸，並包括提供人工葉酸的劑量範圍與服用時間。仿單中的病人資訊也告知病人，「醫師有權根據治療前和治療中的定期驗血結果，決定是否調整或延緩你的pemetrexed治療。[18]」

被告等人認為，光是醫師對病人指引或指示，並不足以符合Akamai V案的「限定條件」。但上訴法院認為，不論從人工葉酸作為pemetrexed治療的必要前提，以及實務上醫師都會確實遵守，可以知道，這個要求絕不只是指引或指示而已。如果病人不遵守指示，醫師有權不提供治療。被告又認為，醫師不一定會「確認」病人是否會遵守指示，或「威脅」停止治療。但法院認為，所謂的「限定條件」，並不需要再次確認他人是否會遵守或進行威脅[19]。

## （二）制定該步驟執行的方法或時間點

至於第二個要件「制定該步驟執行的方法或時間點」，被告認為，藥品仿單給予病人用藥劑量的範圍（400 [μg] to 1000 [μg]），以及自行施用時間的範圍。但Eli Lilly提出證明，證明醫師都會開立或指明精確的人工葉酸劑量，並明定特定一段期間必須每日服用人工葉酸。因此，法院認為，醫師確實設定了該步驟執行的方法或時間[20]。

整體而言，聯邦巡迴上訴法院認為，醫師確實對病人參與活動或獲得利益（pemetrexed治療）限制了必須施用人工葉酸的條件，且制定了該執行的方法與時間點。不過，上訴法院提醒，本判決並非認為，所有醫師開藥的醫病關係，都一定會構成指示或控制要件，仍然要看不同的個案事

[18] Id. at 1366.
[19] Id. at 1366.
[20] Id. at 1367.

實，去適用Akamai V案所建立的兩步驟檢測法[21]。

### （三）學名藥廠引誘侵權之意圖

在上述將醫師與病人間的行爲，透過Akamai V案建立的指示或控制類型，而將病人的行爲都歸諸於醫師一人後，滿足了直接侵權要件。但是，證明有直接侵權，並不代表被告等藥廠會構成引誘侵權。引誘侵權的要件，必須證明被告有明確意圖，以及有該引誘侵權之行爲（specific intent and action to induce infringement）。只是「知道該行爲可能會構成侵權」尚不足夠[22]。

地區法院認爲，在pemetrexed治療前施用人工葉酸不只是一項建議，而是必要的步驟。被告在將印製的藥品仿單中如此撰寫，乃引誘醫師的侵權，因爲醫師會根據該仿單爲行爲[23]。

上訴法院認爲，由於本案的藥品仿單中的指示非常清楚，且被告等藥廠向食品藥物管理局申請使用的就是這些使用指示，這些都已經足以證明，被告等人具有引誘侵權的明確意圖[24]。即便有些使用者並不會遵守這些指示，甚至該藥品有其他非侵權用途，該指示仍足以構成引誘侵權[25]。

其次，由於藥品仿單中，一再指示或警告，服用人工葉酸治療的重要性與理由，且藥品仿單中的「醫師開藥資訊」很明確就是針對醫師而寫，所以，法院認爲，此仿單從表面上來看，毫無疑問就是在鼓勵和建議侵權活動[26]。

## 四、結語

從美國案例可知，聯邦巡迴上訴法院認爲，學名藥仿單所建議的使

---

[21] Id. at 1368.
[22] Id. at 1368.
[23] Id. at 1368.
[24] Id. at 1368.
[25] Id. at 1368-1369.
[26] Id. at 1369.

用方法，若使用方法尚受專利保護，可能構成引誘侵權。本案特別之處在於，由於該使用方法並非由醫師或病人單獨完成，而是共同完成，故法院先論證醫師病人的共同行爲可歸諸爲醫師的直接侵權，然後才進一步認爲學名藥廠的仿單構成引誘侵權。

# 第八章　跨域侵權

## 第一節　跨域侵權之類型

美國專利法透過修法，增加了域外侵權的類型，也透過判決，處理了域外侵權的某修爭議案例。

### 一、海外之引誘侵權

專利法第271條(b)所規定的引誘侵權，並沒有限定引誘的行爲是否發生於美國，而包含引誘的行爲發生於海外。因此，其不但可以規範到美國國內廠商，也間接地規範到在美國海外從事間接侵權的代工廠商。因此，實質上，將專利權保護的範圍，擴張到了海外。

### 二、出口零件海外組裝侵權

專利法第271條(f)規定的「海外之引誘侵權與輔助侵權」，實質上是針對美國國內製造商出口到海外的產品，在國內只製造零件，在國外才組裝，將之納入侵權範圍，某程度也是將專利權保護範圍擴張到了美國境外。

#### （一）出口零件海外組裝之引誘侵權

專利法第271條(f)(1)規定：「任何人未經許可，提供或使人提供，該美國專利的全部或部分的元件，而積極地引誘該些元件在美國境外組裝，其組裝完成之物若在美國境內可以產生專利侵權的效果時，則應被視爲侵權。[1]」

---

[1] 其原文爲："Whoever without authority supplies or causes to be supplied in or from the United

### （二）出口零件海外組裝之輔助侵權

專利法第271條(2)規定：「任何人未經許可，提供、或使人提供美國專利產品之任何元件，特別是當這些元件係爲了該發明而特別製造或適用，並且不會在一般的商業上有其他的不侵權行爲的用途，而且明知且希望這些元件在美國境外組合成一產品，而產品如在美國境內是會產生侵權效果，則應被視爲侵權。[2]」

## 三、跨域系統與方法專利之使用

美國專利法第271條(a)規定的製造、使用行爲，必須在美國境內（within the United States）[3]。現在的發明內容，包括系統專利與方法專利，可能都有跨國使用的問題，此種跨國或跨域使用，是否算是「在美國境內」？美國法院對於此問題，最具代表性的，乃是2005年聯邦巡迴上訴法院的NTP, Inc. v. Research In Motion, Ltd.案[4]。

---

States all or a substantial portion of the components of a patented invention, where such components are uncombined in whole or in part, in such manner as to actively induce the combination of such components outside of the United States in a manner that would infringe the patent if such combination occurred within the United States, shall be liable as an infringer."

[2] 其原文爲："Whoever without authority supplies or causes to be supplied in or from the United States any component of a patented invention that is especially made or especially adapted for use in the invention and not a staple article or commodity of commerce suitable for substantial noninfringing use, where such component is uncombined in whole or in part, knowing that such component is so made or adapted and intending that such component will be combined outside of the United States in a manner that would infringe the patent if such combination occurred within the United States, shall be liable as an infringer."

[3] 35 U.S.C. §271(a) ("Except as otherwise provided in this title, whoever without authority makes, uses, offers to sell, or sells any patented invention, within the United States or imports into the United States any patented invention during the term of the patent therefor, infringes the patent.").

[4] NTP, Inc. v. Research In Motion, Ltd., 418 F.3d 1282 (Fed. Cir., 2005).

# 第二節　直接侵權中的跨境使用：2005年NTP v. Research in Motion案

## 一、背景

### （一）美國境內使用

專利法第271條(a)規定：「除本法另有規定，任何人未經授權，在專利有效期間內，在美國境內製造、使用、提供銷售或銷售任何受專利保護之發明，或進口任何受專利保護之發明到美國境內，乃侵害該專利。」故，直接侵權中，禁止五種行爲，包括製造、使用、提供銷售、銷售與進口。

但這些行爲都必須在美國境內（whthin the United States）。不過，何謂在美國境內使用？現在的專利內容，包括系統專利與方法專利，可能都有跨國使用的問題。而美國對於此問題，最具代表性的，乃是2005年聯邦巡迴上訴法院的NTP, Inc. v. Research In Motion, Ltd.案[1]。

### （二）專利蟑螂

一般說起專利蟑螂（patent troll）對美國公司與專利制度的危害，最有名的例子，就是2000-2006年的BlackBerry案，正式的名稱爲NTP v. Research in Motion案。該案中，NTP公司是一家小型的非生產專利實體（non-practicing entity），其只擁有25件專利。該公司由一個工程師所創辦，沒有任何員工。NTP公司現行的擁有人乃是創辦人的遺孀，是一位律師。其公司所在地，就是這名律師的家[2]。

而該案中的被告Research in Motion（簡稱RIM公司），是21世紀初期在美國製造生產有名的黑莓機（BlackBerry）的加拿大公司。2000年，

1 NTP, Inc. v. Research In Motion, Ltd., 418 F.3d 1282 (Fed. Cir., 2005).

2 Tina M. Nguyen, Lowering the Fare: Reducing the Patent Trolls Ability to Tax the Patent System, 22 Fed. Cir. B.J. 101, 106 (2012).

NTP公司發了警告信函給RIM公司，索取授權金。RIM公司沒有回應，NTP公司立刻向維吉尼亞東區聯邦地區法院提起訴訟。

## 二、NTP v. Research in Motion案事實

### （一）用手機即時瀏覽電子郵件技術

本案涉及的技術，乃是一個「整合既存電子郵件系統（網路線系統，"wireline" systems）與廣播頻率（RF）無線通訊網絡」的系統科技，其可讓手機使用者透過無線網路接受電子郵件[3]。

本案系爭專利的發明人有三位，爲Thomas J. Campana, Jr.、Michael P. Ponschke和Gary F. Thelen，以下爲方便起見，統稱爲Campana先生。其發明的電子郵件系統，一共申請了五件美國專利，分別是美國專利第5,436,960號專利（簡稱'960號專利）、第5,625,670號專利（簡稱'670號專利）、第5,819,172號專利（簡稱'172號專利）、第6,067,451號專利（簡稱'451號專利）和第6,317,592號專利（簡稱'592號專利）。'960號專利最早於1991年5月20日申請，後續的四件專利都是其連續案（Continuation Application, CA），其說明書都一樣，但請求項有所不同[4]。而這些專利後來都轉讓給原告NTP公司。

早期的e-mail無法透過無線網路接收，對出外旅行的人，要如何用筆電接收電子郵件，非常麻煩。但Campana先生的專利，就是在整合既有的電子郵件系統和廣播頻率無線通訊網絡。簡單地說，其讓電子郵件不但可以透過網路線接收到電腦中，也可以讓使用者用手機中的廣播頻率接收器接收電子郵件。使用者可以在手機上看到電子郵件或訊息，然後再找時間，將手機上的訊息，傳送到電腦中儲存[5]。

[3] NTP, Inc. v. Research In Motion, Ltd., 418 F.3d 1282, 1287 (Fed. Cir., 2005).
[4] Id. at 1288-1289.
[5] Id. at 1289.

## （二）黑莓機

本案的被告，乃是生產知名黑莓機（BlackBerry）的加拿大RIM公司（Research In Motion），其主要營業所位於加拿大安大略省。RIM公司販售所謂的黑莓系統，其讓使用者可以在辦公室外利用小的無線設備，接收和傳送電子郵件。該系統利用下述元件：1.黑莓的BlackBerry手持裝置；2.電子郵件重導向軟體（email redirector software）；3.進入全國無線網絡。黑莓機的系統，利用使用者的手持裝置，不用使用者自己發動連結，就可以將電子郵件下載到使用者手機上。黑莓機系統的運作大致如下，其需要安裝電子郵件重導向軟體至使用者的電子郵件系統，而電子郵件重導向軟體，針對個人電腦、公司伺服器、郵件伺服器，而設計了不同版本，分別稱爲Desktop Redirector、BlackBerry Enterprise Server（簡稱BES）、Internet Redirector。這樣子當使用者的信箱收到郵件時，黑莓機的電子郵件重導向軟體，才會將該郵件自動複製、發送出來。但會先發送到位於加拿大的黑莓機轉接站（BlackBerry Relay），再從轉接站發訊息到使用者的手持裝置[6]。

## （三）訴訟歷程

在2001年11月13日，原告NTP公司在維吉尼亞東區聯邦地區法院對RIM公司提起專利侵權訴訟。其主張RIM的整個黑莓機系統（包括手持設備、重導向軟體和相關的無線網絡）侵害了其五項專利中的40個系統請求項和方法請求項[7]。其中31項請求項，地區法院認爲沒有爭議。在此馬克曼聽證對請求項做出解釋後，原告被告雙方均提出一些即決判決申請[8]。

被告RIM公司所提出二項即決判決要求，包括：1.系爭的專利請求項在適當解釋後，RIM的系統並不會被該請求項讀取；2.在黑莓機系統中的「轉接站」的位置，乃位於加拿大，故並不在美國專利法第271條(a)直接

[6] Id. at 1289-1290.
[7] Id. at 1290.
[8] Id. at 1290-1291.

侵權的適用範圍。不過，地區法院卻駁回了RIM公司這二項即決判決請求[9]。

原告NTP也提出部分即決判決申請。包括：1.其主張黑莓機的800和900系列，侵害了'451號專利的248請求項以及'592號專利的150請求項；2. BES電子郵件重導向軟體，侵害了'592號專利的653請求項；3.黑莓機的系統、軟體和手持裝置，侵害了'960號專利的15請求項。對於上述主張，地區法院認爲對這四個請求項，確實毫無疑義，所以做出侵權認定的即決判決（亦即不需要進入陪審團審理）。不過，對於黑莓機5810系列，是否侵害'960號專利的15請求項或'451號專利的248請求項，則交由陪審團認定[10]。

最後，一共有14個請求項是否被侵害的爭議，進入陪審團審理。陪審團於2002年11月21日做出裁決，認爲被告RIM對每一項爭議均敗訴，認定RIM公司對系爭14個請求項，分別構成直接侵權、引誘侵權、輔助侵權等。且陪審團認爲，該侵權屬於蓄意侵權。陪審團認爲損害賠償金應採取約5.7%的產品售價利潤，故判決應賠償約2,300萬美金[11]。被告RIM公司不服，要求法院「依據法律自爲判決」。法院最後於2003年8月5日，做出最終判決，仍判決RIM公司敗訴，且需賠償共高達約5,300萬賠償金[12]。

## 三、上訴法院判決

### （一）專利侵權屬地主義

本文之所以挑選本案，主要是該案涉及了一個有趣的問題，就是專利侵害之地域範圍的認定。美國專利法第271條(a)乃規範直接侵害專利，其規定：「除了本法令有規定外，在專利有效期間內，任何人未經授權在美國境內製造、使用、提供銷售、銷售任何受專利保護之發明，或進口受專

---

9 Id. at 1291.
10 Id. at 1291.
11 Id. at 1291.
12 Id. at 1291-1292.

利保護之發明進入美國，侵害該專利[13]。」

因此，專利侵害的領域範圍，有所限定，僅限於發生在美國境內的侵害行爲。這也就是一般所認知的專利屬地主義（territorialism）的其中一個內涵。亦即，國內的專利法，只管到國內的侵害行爲，至於國外的侵害，則非國內專利法所能置喙。

一般情形中，到底一侵害行爲是否發生在美國境內，很容易判斷。但是在本文介紹的黑莓機案中，卻有一點複雜，因爲：1.系爭的專利，並非單一設備，而是「一個包含了多個特定元件的系統（system）」，或者「包含一系列特定步驟的方法（method）」；2.而且這些元件或步驟的特性，允許其功能與使用並不侷限於物理位置所在地[14]。

本案中，被告RIM公司認爲，因爲系爭系統中的一項元件「黑莓轉接站」位於加拿大，因此不符合第271條(a)中侵害行爲發生在美國境內的要件。此一黑莓轉接站，構成了系爭專利請求項中的「介面」（interface）或「轉換介面」（interface switch）此一限定要件[15]。

在本案中，之所以會認定RIM公司構成輔助侵權和引誘侵權，乃因爲陪審團認定，其客戶乃對系爭的系統和方法專利，構成直接侵權。但是在上訴時，RIM質疑，不論是自己或客戶的直接侵權行爲，並未完全在美國境內發生。RIM認爲，若要適用第271條(a)，必須所有系爭的系統或方法，都發生在美國領土境內[16]。

## （二）美國製造海外組裝？

巡迴上訴法院認爲，從條文字面上來看，必須使用、提供銷售或銷售，發生在美國境內，但並沒有明確說受專利保護之發明要位在美國，

---

[13] 35 U.S.C. §271(a) ("Except as otherwise provided in this title, whoever without authority makes, uses, offers to sell, or sells any patented invention, within the United States or imports into the United States any patented invention during the term of the patent therefor, infringes the patent.").

[14] Id. at 1313.

[15] Id. at 1313-1314.

[16] Id. at 1314.

而是說侵害行爲要發生在美國。被告RIM引用，美國最高法院1972年的Deepsouth Packing Co. v. Laitram Corp.案[17]，認爲該案已經明確指出，第271條(a)只適用於美國境內之侵害行爲。但是，上訴法院認爲本案與Deepsouth案有所不同。在Deepsouth案，要處理的是，所有的侵權零件都在美國製造，卻出口到海外才組裝。該案中，最高法院認爲，此種情況，出口到海外組裝，並不會侵害美國的專利[18]。因爲，其認爲所謂的製造，必須包含所有元件最後的集結組合（operable assembly of the whole），但此一最後步驟並不發生在美國境內。

不過也正因爲此，美國國會在1984年修法，新增專利法第271條(f)，已解決這種在美國境內只生產零件，卻運送到海外組裝的問題，以解決這個漏洞[19]。

但是，上訴法院認爲Deepsouth案中，所謂的製造以及該「受專利保護之發明」，都發生在海外，但在本案中系爭的系統，部分在美國，部分在美國境外，且侵害行爲可以發生在美國境內或境外。因此，上訴法院認爲，最高法院的Deepsouth案並沒有太多參考價值。

## （三）主要使用在美國

倒是美國聯邦巡迴上訴法院之前身美國索賠法院（United States Court of Claims）的一個判決先例Decca Ltd. v. United States案[20]，比較有參考價值。

在Decca案中，原告乃根據美國法典28 U.S.C. § 1498，控告美國政府侵害其專利。系爭專利乃一無線電導航系統，需要訊號站傳送訊號，由

---

17 Deepsouth Packing Co. v. Laitram Corp., 406 U.S. 518 (1972).

18 Id. at 526.

19 Janice M. Mueller, An Introduction to Patent Law 322 (Aspen, 2006). 35 U.S.C. § 271(f) (“(1) Whoever without authority supplies or causes to be supplied in or from the United States all or a substantial portion of the components of a patented invention, where such components are uncombined in whole or in part, in such manner as to actively induce the combination of such components outside of the United States in a manner that would infringe the patent if such combination occurred within the United States, shall be liable as an infringer.”).

20 Decca Ltd. v. United States, 210 Ct. Cl. 546, 544 F.2d 1070 (Ct. Cl. 1976).

接受者接收後，計算訊號的不同時間，來計算其位置所在。本案中，美國政府經營了三個發送訊號站，其中一個訊號站位於挪威，不在美國境內。該案中，索賠法院認爲製造行爲（making）的確不全發生在美國境內，但就使用行爲（use）而言，雖然訊號站位於挪威，但是接受該訊號的航行者，就是在「使用」該訊號站，而此行爲，就發生於接收與使用的地方[21]。而此，美國擁有這個設備、控制（control）這個設備，且該系統眞正的有益使用（actual beneficial use）也在美國境內[22]。

聯邦巡迴上訴法院因而認爲，參考Decca這個判決先例，就算一專利系統的一部分位於美國境外，還是可能構成第271條(a)的侵權。但是，到底境外行爲是否構成侵權，會因爲侵害行爲的類型（製造、使用……）而有所不同，也會因專利的類型（系統專利、方法專利……）而有所不同[23]。

### （四）黑莓機用戶「在美國境內使用」系爭系統專利

首先，美國最高法院曾指出，所謂的「使用」（use）是一個很廣泛的字眼，包含使任何發明開始服務[24]。因此，若讓一個系統開始服務（put into service），也算是使用，亦即，控制該系統的地方開始運作，且該地方獲得系統的有益使用（the place where control of the system is exercised and beneficial use of the system obtained）[25]。上訴法院因而認爲，陪審團認爲RIM的系統在美國使用是正確的。因爲RIM的客戶位於美國，這些客戶控制原始資訊的傳送，也因爲資訊的交換而獲益。因此，儘管轉接站位於加拿大，就法律上來說，並沒有排除系爭系統專利的侵害[26]。

不過，RIM認爲眞正的控制系統，亦即RIM的轉接站，位於美國境外。但是，上訴法院強調直接侵權人乃美國客戶，是美國客戶操作手持裝

---

[21] Id. at 1083.
[22] Id. at 1083.
[23] NTP v. RIM, 418 F.3d at 1316.
[24] Bauer & Cie v. O'Donnell, 229 U.S. 1, 10-11 (1913).
[25] NTP v. RIM, 418 F.3d at 1316-1317.
[26] Id. at 1317.

置接收和傳送訊息，所以整個通訊系統的使用，乃發生於美國[27]。

### （五）不構成方法專利之侵權

不過，上述結論是針對系統專利。若針對方法專利，則結論將不同。因爲，所謂的方法專利，就是包含一系列的步驟，而若沒有利用所有的步驟，則不構成侵權。系統專利的使用，是整體使用，就算某一部分不位於美國，整體仍可算在美國境內使用。但是方法專利乃指使用每一個步驟，只要有一個步驟不在美國境內使用，就不能構成對第271條(a)的侵權[28]。本案中，由於'960號專利、'172號專利和'451號專利的方法請求項，都包含一個使用介面或轉換介面的步驟，而此一步驟必須使用位於加拿大的轉接站，因此，就法律上而言，該方法專利並沒有完全在美國境內使用[29]。因此，美國的消費者並沒有直接侵害系爭方法專利，則RIM公司也沒有間接侵權的問題。

進而，法院要探討，RIM公司，是否自己會構成「提供銷售」（offers to sell）或「銷售」（sell）系爭方法專利？原則上，單純執行方法專利的每一步驟，並非所謂的「銷售」。必須銷售使用方法專利所直接製造之產品，才會是一種侵害方法專利的「銷售」[30]。因此，RIM公司並沒有在美國直接「提供銷售」、「銷售」系爭方法專利。同理，其也沒有「進口」系爭方法專利到美國[31]。

所謂方法專利的侵害，在美國專利法第271條(g)則具體規定，若使用該方法專利所直接製成之物，將該製成之產品（product）進口到美國，或在美國境內銷售、提供銷售、使用，亦會侵害方法專利[32]。在本案

---

27 Id. at 1317.
28 Id. at 1317.
29 Id.
30 Id. at 1319-1321.
31 Id. at 1321.
32 35 U.S.C. §271(g) ("Whoever without authority imports into the United States or offers to sell, sells, or uses within the United States a product which is made by a process patented in the United States shall be liable as an infringer, if the importation, offer to sell, sale, or use of the product occurs during the term of such process patent. In an action for infringement of a pro-

中，原告NTP公司主張，利用該方法專利所產生之產品，就是訊息（message），亦即電子郵件的封包（e-mail packets）。上訴法院最後認為，不論是傳送資訊（transmitting information）或生產資訊（production of information），都不算是製造一個物理產品（manufacturing of a physical product），所以也不適用第271條(g)對方法專利之侵害[33]。

## （六）天價和解金

最後，聯邦巡迴上訴法院判決，部分維持地區法院判決，認定RIM公司仍然構成系爭系統專利的間接侵權，而推翻了部分專利請求項中，包含「原始處理器」（originator processor）之請求項的侵權，也推翻了涉及方法專利的侵權。上訴法院將此案發回地區法院更審，要求確認發給永久禁制令是否妥適[34]。

RIM公司在上訴法院敗訴後，試圖上訴到聯邦最高法院，但最高法院拒絕受理其案件。另外，RIM也利用當時的再審程序（re-examination），要求美國專利商標局認定系爭專利無效。但在聯邦巡迴上訴法院做出前述判決之後，專利商標局才做出認定，認為所有本案的系爭專利全部無效。但是NTP公司明確表達要對此一認定結果，至聯邦巡迴上訴法院提起上訴，加上發回地區法院審理的案件，正在討論永久禁制令的問題[35]，不得已，RIM公司與NTP公司進入和解談判，雙方於2006年達成和解，和解金竟是破天荒的6億1,200萬美元。這筆金額，除了支付過去侵權的損害賠償之外，也包括未來永久的一次性授權金，亦即未來RIM公司可以永久使用

---

cess patent, no remedy may be granted for infringement on account of the noncommercial use or retail sale of a product unless there is no adequate remedy under this title for infringement on account of the importation or other use, offer to sell, or sale of that product. A product which is made by a patented process will, for purposes of this title, not be considered to be so made after—(1) it is materially changed by subsequent processes; or (2) it becomes a trivial and nonessential component of another product.").

[33] NTP v. RIM, 418 F.3d at 1323-1324.

[34] Id. at 1326.

[35] Tina M. Nguyen, supra note 2, at 107.

NTP公司的系爭專利[36]。

## 四、結語

本案對我們有二個啓示。第一，此案讓我們看到了，不事生產的專利蟑螂，對具體生產產品的公司進行侵權之訴，對該公司造成的損害有多大。事實上，由於此一訴訟纏訟，導致後來RIM公司的獲益減少，黑莓機雖然風行一時，現在也已漸漸消退。

第二，本案涉及的跨國專利侵權的認定問題。可以發現，美國法院過去常常處理跨國專利侵權問題，而2005年的黑莓機案，涉及一個系統專利跨國的問題，但法院提出一結論，雖然該系統可能位於海外，但該系統的主要使用、控制與獲益在美國，仍構成美國之侵權。

[36] Settlement ends Blackberry case, http://news.bbc.co.uk/2/hi/business/4773006.stm.

# 第三節　出口零件到海外組裝：2007年Microsoft v. AT&T案

## 一、背景

關於專利侵權屬地主義的爭議，美國最早的案例，乃發生在1972年，也因而促使了美國國會修法，增訂了專利法第271條(f)之規定。

### （一）1972年Deepsouth Packing v. Laitram案

美國最高法院1972年的Deepsouth Packing Co. v. Laitram Corp.案[1]，該案明確指出，第271條(a)只適用於美國境內之侵害行爲。在Deepsouth案，要處理的是，所有的侵權零件都在美國製造，卻出口到海外才組裝。該案中，最高法院認爲，此種情況，出口到海外組裝，並不會侵害美國的專利[2]。因爲，其認爲，所謂的製造，必須包含所有元件最後的集結組合（operable assembly of the whole），但此一最後步驟並不發生在美國境內。

因爲最高法院在該案中，嚴格解釋所謂的美國境內，但也因而開放了一個漏洞，就是美國廠商可以不用在美國完成全部的製造，而只要完成所有零件後出口到海外，在海外完成組裝，就不會構成侵權，形成了一個漏洞。

### （二）國會修法增訂第271條(f)

因此，美國國會在1984年已經修法，新增專利法第271條(f)，已解決這種在美國境內只生產零件，卻運送到海外組裝的問題，以解決這個漏洞[3]。

---

1 Deepsouth Packing Co. v. Laitram Corp., 406 U.S. 518 (1972).

2 Id.

3 Janice M. Mueller, An Introduction to Patent Law 322 (Aspen, 2006). 35 U.S.C. § 271(f) ("(1) Whoever without authority supplies or causes to be supplied in or from the United States all or a substantial portion of the components of a patented invention, where such components

美國專利法第271條(f)(1)規定：「任何人未經許可，提供、或使人提供，該美國專利的全部或部分的元件，而積極地引誘該些元件在美國境外組裝，其組裝完成之物若在美國境內可以產生專利侵權的效果時，則應被視為侵權。[4]」

美國專利法第271條(f)(2)規定：「任何人未經許可，提供、或使人提供美國專利產品之任何元件，特別是當這些元件係為了該發明而特別製造或適用，並且不會在一般的商業上有其他實質非侵權用途，而且明知且希望這些元件在美國境外組合成一產品，而產品如在美國境內組裝將構成侵權，則應被視為侵權。[5]」

## 二、2007年Microsoft v. AT&T案

不過，雖然美國國會以明文修法方式，擴張專利保護範圍，但是從文字上來看，必須從美國提供「元件」到海外「組裝」，後來，於2007年聯邦最高法院的Microsoft Corp. v. AT&T Corp.案[6]，則必須處理此一條文的適用範圍。

---

are uncombined in whole or in part, in such manner as to actively induce the combination of such components outside of the United States in a manner that would infringe the patent if such combination occurred within the United States, shall be liable as an infringer.").

4 35 U.S.C 271 (f)(1)("Whoever without authority supplies or causes to be supplied in or from the United States all or a substantial portion of the components of a patented invention, where such components are uncombined in whole or in part, in such manner as to actively induce the combination of such components outside of the United States in a manner that would infringe the patent if such combination occurred within the United States, shall be liable as an infringer.").

5 35 U.S.C 271 (f)(2)("Whoever without authority supplies or causes to be supplied in or from the United States any component of a patented invention that is especially made or especially adapted for use in the invention and not a staple article or commodity of commerce suitable for substantial noninfringing use, where such component is uncombined in whole or in part, knowing that such component is so made or adapted and intending that such component will be combined outside of the United States in a manner that would infringe the patent if such combination occurred within the United States, shall be liable as an infringer.").

6 Microsoft Corp. v. AT&T Corp., 550 U.S. 437 (2007).

## （一）事實

該案中，AT&T擁有之專利，乃是電腦中用於數位編碼與壓縮錄製語言的方法專利。微軟（Microsoft）的視窗作業系統（Windows）可能會侵害該專利，因爲視窗包含了相關軟體，且一旦安裝後，會讓電腦自動執行該方法專利。微軟銷售視窗作業系統給國外的電腦製造商，讓其將視窗安裝於所銷售之電腦中。微軟以硬碟，或加密的網路傳輸，寄給每個電腦製造商一套視窗作業系統的母版（master version），讓電腦製造商用該母版進行複製，並安裝於每一台國外製造的電腦中。而這些在國外製造的電腦，也銷售給國外的消費者[7]。

AT&T於2001年時，在美國對微軟提起侵權訴訟，認爲在海外安裝微軟視窗作業系統，侵害其專利。其援引美國專利法第271條(f)，認爲微軟「從美國……提供」（supplied ... from the United States），於海外結合（combination）了AT&T之語言處理專利之元件（components），因此，要負第271條(f)之海外輔助侵權責任[8]。

但微軟主張，軟體是無體的資訊，不算是第271條(f)中所指的元件（components）。而且，在美國海外所複製的視窗作業系統，不能算是「從美國……提供」（supplied ... from the United States）[9]。

一審時，紐約南區聯邦地區法院判決微軟要負第271條(f)的海外輔助侵權責任，而上訴到聯邦巡迴上訴法院後，上訴法院負責審理的一庭，也支持地區法院判決。因而，本案又繼續上訴到聯邦最高法院。

## （二）最高法院判決

最高法院認爲，安裝於海外製造電腦中的視窗作業系統軟體之複製本（copies），並非微軟從美國出口，因此，微軟並不符合第271條(f)所謂的「從美國……提供」該電腦的「元件」，因此不構成第271條(f)之責

[7] Microsoft Corp. v. AT&T Corp., 550 U.S. 437, 441-442 (2007).
[8] Id. at 441.
[9] Id. at 446-447.

任。

首先，最高法院指出，根據第271條(f)(1)之規定，必須是受被告將專利保護之發明的元件（component），這些元件尚未組合成一整體或一部分，提供到美國海外，並積極地引誘將這些原則組合。而本案中，視窗作業系統的複製版本（copy of Windows），而非視窗作業系統本身（Windows in the abstract），才是第271條(f)中所謂的元件。該條條文中強調需將「這些元件」（such components），組合起來以形成受專利保護之發明。而在本案中，受專利保護之發明，乃是AT&T的語言處理電腦。抽象的軟體程式碼，若沒有物理的形體，只是一概念，所以並非第271條(f)所謂的「可組合」的「元件」。複製軟體複製本這個動作，是讓軟體可以讀取，而可能成電腦可組合的元件[10]。

釐清了第271條(f)中「元件」的概念後，本案中，微軟到底有無提供海外電腦製造商此元件？本案中，微軟將視窗作業系統的母版寄送到海外，再讓電腦製造商自行複製。因此，寄送此一母版，算不算是從美國提供到海外欲組成受專利保護之發明的元件？最高法院認爲，所謂的「提供」，與後續的複製、重製等行爲不同。法院指出，必須從美國提供到海外的元件，被組合起來，才會構成第271條(f)的責任。由於微軟提供海外一母版後，是海外的製造商再從母版複製，並將複製版本組合於電腦中。而海外電腦製造商的複製行爲，不能算是「從美國境內提供」[11]。

最高法院指出，專利法的基本原則仍然是尊重各國主權的屬地主義。海外的行爲原則上由國外的法律管轄，而專利法涉及不同的政策判斷，包括發明人、競爭者及公眾的利益，各國的判斷不相同。專利法第271條(f)，算是屬地主義之例外規定，但此一例外規定必須嚴格解釋。最高法院將美國專利法第271條(f)的元件，做限縮解釋，不包括軟體本身，而指軟體的載體，且不能擴張包含海外的軟體複製版，這是符合屬地主義的原則。而且，AT&T若想在海外保護其專利，應該取得其他國家的專利

---

[10] Id. at 447-452.

[11] Id. at 452-454.

並利用他國法院執行其專利[12]。

最高法院也知道，若嚴格解釋第271條(f)，不將海外複製的軟體包含進來，將對軟體製造商創造出一個漏洞（loophole）。但最高法院認爲，此一漏洞，應該交由國會去修法解決，而非交由法院透過解釋以擴張其適用範圍。事實是，美國國會當初會增訂第271條(f)，就是因爲最高法院1972年的Deepsouth Packing Co. v. Laitram Corp.案[13]判決結果。該案中，被告出口的產品，是有體的、可組裝的零件，並出口到海外由海外的買家所組裝。但當時美國最高法院判決，被告並不構成美國境內的侵權。因此，美國國會針對該案，才修法增訂了第271條(f)，以彌補其漏洞。因此，最高法院認爲，若要將美國專利擴張保護到輸出到國外的軟體，也必須交由國會彌補此一新的漏洞[14]。

## 三、結語

臺灣對專利侵權仍謹守屬地主義原則，並沒有像美國專利法第271條(f)之規定，所以對於出口零件到海外組裝，臺灣專利法並無從置喙。同樣地，對於美國2007年所發生的Microsoft v. AT&T案這種類型，臺灣專利法一樣管不到。不過，藉由此一案例，倒是可以讓我們反思，在全球化、各國彼此代工的情況下，是否還要謹守專利侵權屬地主義？值得檢討。

---

[12] Id. at 454-456.

[13] Deepsouth Packing Co. v. Laitram Corp., 406 U.S. 518 (1972).

[14] Microsoft Corp. v. AT&T Corp., 550 U.S. at 456-459.

## 第四節 提供一個元件到海外是否構成美國海外引誘侵權：2017年Life Technologies Corp. v. Promega Corp.案

美國專利法第271條(f)，打破專利屬地主義，擴大專利法保護，針對出口到海外的行為，亦認為構成美國的專利侵權。專利法第271條(f)(1)，可稱為海外之引誘侵權規定。不過，這一條文所禁止的海外引誘侵權，在Life Technologies Corp. v. Promega Corp.案中，引起適用要件上的爭議。該案涉及的是「提供一個元件」到海外，是否構成條文中所講的「實質部分」。原本2014年聯邦巡迴上訴法院認為，所謂的實質部分，乃指重要或必要，只要該元件是該發明的重要部分，就可以算是實質部分。後來上訴到聯邦最高法院，最高法院於2017年2月宣判Life Technologies Corp. v. Promega Corp.案，推翻了上訴法院的見解，認為單一元件不算是該條的實質部分。

### 一、背景

#### （一）海外引誘侵權

專利採取全要件原則，倘若侵權人製造了所有侵權元件，但在國內並不組裝，而刻意到輸出海外組裝，基於專利屬地主義，原則上無法禁止侵權人此種行為。美國最高法院1972年的Deepsouth Packing Co. v. Laitram Corp.案[1]，明確指出，第271條(a)只適用於美國境內之侵害行為。因此，美國國會在1984年修法，新增專利法第271條(f)，已解決這種在美國境內只生產零件，卻運送到海外組裝的問題，以解決這個漏洞。

專利法第271條(f)(1)規定：「任何人未經許可，提供、或使人提供，該美國專利的全部或實質部分的元件（all or a substantial portion of the components of a patented invention），而積極地引誘該些元件在美國境外

[1] Deepsouth Packing Co. v. Laitram Corp., 406 U.S. 518 (1972).

組裝，其組裝完成之物若在美國境內可以產生專利侵權的效果時，則應被視爲侵權。[2]」故且稱爲海外之引誘侵權規定。

不過，這一條文所禁止的海外引誘侵權，在美國聯邦巡迴上訴法院2014年的Promega Corp. v. Life Technologies Corp.案[3]中，引起適用要件上的爭議。爭議點有二：1.所謂的引誘，是否指輸出到海外必須有一個第三方存在？2.所謂的實質部分元件，是否必須包含二個以上元件？

## 二、事實

### （一）基因檢測組專利

本案的專利權人是Promega公司，其擁有關於DNA短縱列重複序列（STR）基因座複合擴增（multiplex amplification of STR loci）的發明。其中四個是Promega擁有的專利，另外一個則是得到Tautz專屬授權的專利（簡稱Tautz專利）[4]。

前四個專利被宣告無效，最後一個Tautz專利是本案的關鍵。該專利的請求項針對的是一個STR基因座檢測，包括了下述幾個部分：(1) a mixture of primers；(2) a polymerizing enzyme such as Taq polymerase；(3) nucleotides for forming replicated strands of DN；(4) a buffer solution for the amplification；(5) control DNA[5]。

本案的被告是LifeTech公司，系爭產品的基因檢測試劑，包含：1. a primer mix；2.聚合酶連鎖反應PCR reaction mix；3. a buffer solution；4. control DNA；和5.聚合酶（Taq），其爲聚合酶連鎖反應擴增的必要元

[2] 35 U.S.C. § 271(f)(1)("Whoever without authority supplies or causes to be supplied in or from the United States all or a substantial portion of the components of a patented invention, where such components are uncombined in whole or in part, in such manner as to actively induce the combination of such components outside of the United States in a manner that would infringe the patent if such combination occurred within the United States, shall be liable as an infringer.").

[3] Promega Corp. v. Life Technologies Corp., 773 F.3d 1338 (2014).

[4] Id. at 1342.

[5] Id. at 1343.

素[6]。

被告LifeTech只在美國境內製造此一Taq聚合酶，然後將此元件輸出到英國的工廠，加上其他元件，組成基因檢測試劑，然後銷售到美國以外的全球市場[7]。

被告LifeTech承認，其在美國銷售系爭試劑，會構成美國專利法第271條(a)的侵權。但是在一審時，陪審團卻根據美國專利法第271條(f)(1)，認爲被告LifeTech在全球的銷售，造成原告Promega的利益損失，而裁決給予賠償。

原告Promega公司是Tautz專利的專屬被授權人，其乃將該專利再授權給被告LifeTech，授權範圍包括全球，但只限定在特定的執法領域中使用（例如犯罪偵查）[8]。被告LifeTech只在美國境內製造此一Taq聚合酶，然後將此元件輸出到英國的工廠，加上其他元件，組成基因檢測試劑，然後銷售到美國以外的全球市場。

### （二）只在美國製造一個元件

後來LifeTech將該產品銷售到未被授權的市場，包括臨床診斷與研究市場，因而Promega公司在美國提起訴訟，主張其雖然只有在美國製造並輸出其中一個元件，但仍構成了美國專利法第271條(f)(1)海外引誘侵權之規定[9]。

美國專利法第271條(f)(1)規定：「任何人未經許可，提供、或使人提供，該美國專利的全部或實質部分（all or substantial portion）的元件，這些元件在美國境內尚未組裝，而積極地引誘該些元件在美國境外組裝，其組裝完成之物若在美國境內可以產生專利侵權的效果時，則應被視爲侵權。[10]」

---

6 Id. at 1350.
7 Id. at 1350.
8 Life Technologies Corp. v. Promega Corp., 2017 WL 685531, at 3 (2017).
9 Id. at 3.
10 35 USC §271(f)(1)("Whoever without authority supplies or causes to be supplied in or from the United States all or a substantial portion of the components of a patented invention, where

一審時，陪審團判決LifeTech構成蓄意侵權，LifeTech則請求法院依據法律自爲判決，主張其只在美國製造一個多元件發明的其中一項元件，所以不構成第271條(f)的「實質部分」。而地方法院同意其看法，認爲只有一個元件不構成所謂的實質部分。

但聯邦巡迴上訴法院推翻地區法院看法。上訴法院認爲，所謂的實質，乃指「重要」（important）或「必要」（essential），故單一元件也可能是所謂的實質部分。而專家出庭作證，認爲Taq聚合酶是該檢測組中的「主要」、「重要」部分，故認爲該單一元件已經符合第271條(f)(1)的實質部分[11]。

## 三、最高法院判決

本案上訴到最高法院，最高法院以多數判決（7票對0票），推翻上訴法院之認定。多數意見由Sotomayor大法官撰寫。

### （一）以量來判斷是否為實質

首先，其認爲第271條(f)(1)中的實質部分，指的是一種「量」的衡量。專利法本身並沒有定義何謂「實質」，而實質這個字的一般用法，有時可以指「質」的重要性，有時亦可指「量」的比例。但法院認爲，在這裡應該指的是「量」的意義。在第271條(f)(1)條文中，在「實質」這個字的前後文是「全部」（all）和「部分」（portion），表達的就是量的意思，在前後文中看不出來表達的是「質」的意思。而且，法條中講的全部和實質部分針對的是「元件（複數）」（of the components），如果採取質的解釋，那麼就可以省略中間的「of the components」，而只需要寫「all or substantial portion of patented invention」。因此，法院認爲，只有

---

such components are uncombined in whole or in part, in such manner as to actively induce the combination of such components outside of the United States in a manner that would infringe the patent if such combination occurred within the United States, shall be liable as an infringer.").

[11] Promega Corp. v. Life Technologies Corp., 773 F.3d 1338 (2014).

採取「量」的意思，這個條文才需要這樣寫[12]。

原告Promega公司所提出的「個案判斷法」（case-specific approach），必須由事實認定者去判斷，不論採取量的檢測或質的檢測，該些元件是否構成所謂的「實質部分」。法院認為，給陪審團這種個案判斷的任務，只會惡化該法條的模糊，而非解決該問題。Promega公司所提的一種分析架構，同時考量該元件的質與量，只會複雜事實認定者的審查工作，而非協助其審查[13]。

## （二）單一元件不構成第271條(f)(1)的實質部分

進一步，最高法院既然認為所謂的實質部分，指的是量上的判斷，那麼，單一元件是否可能構成第271條(f)(1)的實質部分呢？法院認為答案為否定。首先，在法條文字上，第271條(f)(1)中多次提到元件，都是用複數形式（components）。包括提供實質部分「元件」（of the components），「這些元件」（such components）在美國境內尚未組裝，並積極引誘「這些元件」（such components）在海外組裝[14]。

而在條文體系上，若對照第271條(f)(2)的海外幫助侵權的條文，用到的就是「任何元件」（any component），採單數形式，可以包括單一元件，其明確地指出「特別是當此一元件係為了該發明而特別製造或適用」，指的是一個元件。這一條的前後二款應採不同解釋，才能讓這二款有不同的適用情況[15]。

雖然單一元件不可能構成實質部分，那麼到底要幾個元件才算實質部分？對於這一點，最高法院明確地說，本案不予回答這個問題[16]。

---

[12] Life Technologies Corp. v. Promega Corp., 2017 WL 685531, at 5.
[13] Id. at 6.
[14] Id. at 6.
[15] Id. at 7.
[16] Id. at 8.

### （三）歷史解釋

最後最高法院進而提出，上述解釋，也符合第271條(f)被制定的歷史。當初國會制定這一條，乃是針對1972年的Deepsouth Packing Co. v. Laitram Corp.案[17]的結果。該案中，廠商在美國製造所有零件，但卻輸出到海外才組裝。而國會制定第271條(f)，就是要解決這個漏洞[18]。

因此，若要符合國會的立法目的，會構成第271條(f)(1)責任者，提供者必須提供該發明全部或實質部分的零件；相對地，會構成第271條(f)(1)責任者，提供者只需要一個單一元件，只要該元件乃特別製造或適用於該發明，且非具有其他非侵權用途的一般物品。不過，在本案中，該產品乃在國外製造，除了一個元件在美國製造外，其他元件都在海外製造，最高法院認為不在本條打擊範圍內[19]。

不過，對於最後一點，Alito大法官和Thomas大法官提出協同意見，認為國會當初制定第271條(f)，雖然是因為1972年的Deepsouth案而起，但並不是只想解決Deepsouth案本身的問題，所以才會有第271條(f)(2)的幫助侵權的規定。只是，到底第271條(f)的射程範圍有多大，其該法條的立法原因無法協助回答這個問題[20]。

## 四、結語

美國最高法院2017年Life Technologies Corp. v. Promega Corp.案判決，最後的結論是：第271條(f)(1)海外引誘侵權條文中的實質部分，乃從量上去做判斷，而若只提供一個多元件產品的單一元件，不會構成該條的實質部分。也就是說，若提供者只出口某發明的單一元件，到海外與其他元件組裝，將不會構成第271條(f)(1)的海外引誘侵權。此判決推翻了聯邦巡迴上訴法院2014年的「一元件從質上面來看是重要或必要的，就可能構成實質部分」的見解。

---

[17] Deepsouth Packing Co. v. Laitram Corp., 406 U.S. 518 (1972).
[18] Life Technologies Corp. v. Promega Corp., 2017 WL 685531, at 8.
[19] Id. at 8.
[20] Id. at 10 (Justice Alito, concurring).

# 第五節　出口零件海外組裝之海外所失利益賠償：2018年WesternGeco v. ION案

美國專利法第271條(f)，將專利侵權的範圍，擴張到出口零件到海外組裝的行爲。但是其條文乃是規定，出口零件到海外組裝，假設在海外的組裝發生在美國境內會構成侵權時，則出口的行爲也會構成侵權。其並不是直接規定海外行爲也侵害美國專利。2018年美國最高法院WesternGeco v. ION案，卻對於出口零件到海外組裝，並在海外的使用行爲爭奪了專利權人在海外的市場，可否請求海外所失利益賠償？最高法院判決可以請求海外所失利益損害賠償。

## 一、背景

專利法第271條(2)規定：「任何人未經許可，在美國或從美國提供、或使人提供美國專利產品之任何元件，特別是當這些元件係爲了該發明而特別製造或適用，並且不會在一般的商業上有其他的不侵權行爲的用途，而且明知且希望這些元件在美國境外組合成一產品，而產品如在美國境內是會產生侵權效果，則應被視爲侵權。[1]」

美國專利法第284條規定：「法院認定構成侵害後，應判給請求人適當的損害賠償金額，但不得少於侵權人使用該發明所應支付的合理授權金，以及法院所認定的利息及訴訟費用。若損害賠償金非由陪審團認定，則應由法院審酌認定。不論由誰認定，法院均可將所認定賠償金提高到三倍。[2]」

---

[1] 35 U.S.C. § 271(f)(2) ("Whoever without authority supplies or causes to be supplied in or from the United States any component of a patented invention that is especially made or especially adapted for use in the invention and not a staple article or commodity of commerce suitable for substantial noninfringing use, where such component is uncombined in whole or in part, knowing that such component is so made or adapted and intending that such component will be combined outside of the United States in a manner that would infringe the patent if such combination occurred within the United States, shall be liable as an infringer.").

[2] 35 U.S.C. §284 ("Upon finding for the claimant the court shall award the claimant damages

# 二、事實

## （一）出口零件海外組裝

本案的專利權人WesternGeco公司，擁有海底探測系統有關的四項專利。該系統使用橫向導引科技（lateral-steering technology）以產出比以前的探測系統更高品質的資料。WesternGeco公司並沒有銷售或授權這些科技給競爭對手，而是自己用來為石油或天然氣公司進行海底探測。多年以來，WesternGeco公司是使用這種橫向導引技術的唯一探測公司[3]。

2007年，被告ION公司開始銷售一個與WesternGeco公司系統類似的競爭系統。其在美國製造該系統的元件，然後銷售給海外的公司。海外的公司再將這些原件組裝，形成與WesternGeco公司系統差不多的探測系統，並與WesternGeco公司競爭[4]。

WesternGeco公司控告ION公司，主張其構成第271條(f)(1)的海外引誘侵權與第271條(f)(2)的海外輔助侵權。WesternGeco證明，因為ION的侵權行為，導致WesternGeco喪失了10筆特定的海底探測契約。一審陪審團認定，ION確實構成侵權，且應賠償WesternGeco公司1,250萬美元的權利金，以及9,340萬美元的「所失利益」（lost profits）。ION不服，要求法院自為判決，認為陪審團不應該判賠所失利益的損害賠償，因為第271條(f)不適用於海外的侵權行為。但地區法院拒絕其請求[5]。

## （二）上訴法院為不可請求海外所失利益損賠

上訴後，聯邦巡迴上訴法院推翻一審判絕對「所失利益」的賠償[6]。

---

adequate to compensate for the infringement, but in no event less than a reasonable royalty for the use made of the invention by the infringer, together with interest and costs as fixed by the court.

"When the damages are not found by a jury, the court shall assess them. In either event the court may increase the damages up to three times the amount found or assessed.").

3 WesternGeco LLC v. ION Geophysical Corp., 2018 WL 3073503, at 3 (U.S. 2018).

4 Id. at 3.

5 WesternGeco L.L.C. v. ION Geophysical Corp., 953 F.Supp.2d 731, 755-756 (S.D. Tex. 2013).

6 WesternGeco LLC v. ION Geophysical Corp., 791 F.3d 1340, 1343 (2015).

聯邦巡迴法院之前曾經判決，符合第271條(a)的直接侵權時，專利權人並不能請求所喪失的海外銷售的賠償[7]。因此其認爲，第271條(f)也該採相同解釋，因爲該項設計的目的，是希望讓專利侵權人處於「相同地位」[8]。

WesternGeco公司不服，向最高法院上訴。最高法院於2018年6月22日做出判決，撤銷上訴法院的判決，並發回要求法院要根據最高法院在2016年處理蓄意侵權的Halo Electronics, v. Pulse Electronics案中所提的考量因素，重新判決[9]。

重審後，聯邦巡迴法院的多數意見，仍然重申之前判決的立場，主張第271條(f)是海外侵權，不適用所失利益賠償[10]。

## 三、最高法院判決

WesternGeco公司再次上訴最高法院，最高法院於2018年6月22日做出判決[11]。本案判決爲7票比2票，由Thomas大法官撰寫多數意見。

### （一）禁止域外適用推定與分析架構

Thomas大法官首先指出，一般而言，美國聯邦法律均推定僅適於美國領土境內，這個原則可稱爲「禁止域外適用推定」（presumption against extraterritoriality）。此一推定的基礎在於，國會一般來說都是針對本土考量來制定法律。且這個原則可以避免國內法與其他國家法律的不可預期的衝撞，造成國際紛爭[12]。

最高法院過去建立了二步驟的架構，以決定域外適用的問題。第一步是問：「禁止域外適用推定，是否被推翻？」只有法條很明確地指示要適

---

[7] Id. at 1350-1351 (citing Power Integrations, Inc. v. Fairchild Semiconductor Int'l, Inc., 711 F.3d 1348 (C.A.Fed.2013)).

[8] WesternGeco, 791 F.3d, at 1351.

[9] WesternGeco LLC v. ION Geophysical Corp., 36 S.Ct. 2486 (2016).

[10] WesternGeco L.L.C. v. ION Geophysical Corporation, 837 F.3d 1358, 1361, 1364 (Fed.Cir.(Tex.), 2016).

[11] WesternGeco LLC v. ION Geophysical Corp., 2018 WL 3073503 (U.S. 2018).

[12] Id. at 4.

用於域外時，才會推翻該推定。如果排除域外適用推定沒有被推翻，架構的第二步是問：「本案是否涉及法條的國內適用？」法院在做判斷時，要界定該法條的聚焦點（focus），並看該聚焦點所涉及的行爲是否發生於美國領土內。如果該行爲發生於美國領土內，那麼該案件所涉及的，就是所該法條允許的國內適用（permissible territorial application）[13]。

本案最高法院要處理的是第二步的問題。雖然一般是要從第一步來判斷，但在適當的案例中，法院有裁量權可直接從第二步開始判斷。行使這種裁量權的理由之一是，如果處理第一步驟需要解決不改變該案件結果的「困難問題」，卻會對未來其他案件產生深遠影響時，就可以先跳過第一步。本案就是這種情形。WesternGeco公司主張，禁止域外適用推定絕對不應該適用於第284條，因爲該條文只是對國會認定違法的行爲提供一般性的賠償救濟規定。要法院處理這個大哉問，會涉及專利法以外的許多條文。因此，最高法院決定行使裁量權，跳過域外適用分析架構的第一步驟，直接進入第二步驟[14]。

## （二）第284條損害賠償規定的聚焦點在於侵害行為

在域外適用分析架構的第二步驟下，要界定該法條的聚焦點。一法條的聚焦點，就是其設計的目的，可以包括其想要管制的行爲，或者其想要保護的當事人或利益。如果與該條文聚焦點有關的行爲發生於美國內，那個該案件就涉及該法條允許的國內適用（permissible territorial application），即便該行爲發生於海外。但若該相關行爲發生於其他國家，那麼該案件就會涉及「不允許的域外適用」（impermissible extraterritorial application），不管其他行爲是否發生於美國領土內[15]。

在判斷一法條的聚焦點時，要從脈絡上來判斷。如果一條文是與其他條文一起搭配使用，就必須與其他條文一起合併判斷。否則，就無法正確

[13] Id. at 4.
[14] Id. at 5.
[15] Id. at 5.

地判斷該條文的適用是否爲「國內適用」。且判斷這個條文如何眞的被適用，是聚焦點檢測的整個重點[16]。

Thomas大法官指出，套用上述的原則，其認爲，本條文與條文聚焦點相關的行爲，乃是國內行爲。先從專利法第284條看起。該條乃是對專利法中所界定的各種專利侵害行爲，提供損害賠償救濟。第284條規定：「法院應該應判給請求人就該侵害行爲適當的損害賠償金額」（the court shall award the claimant damages adequate to compensate for the infringement）。因此，最高法院認爲該條的聚焦點在於「侵害行爲」（the infringement）。最高法院曾經指出，第284條最重要的目的，是要對侵害行爲提供專利權人完整的賠償。因此，該條的問題在於，專利權人因該侵害行爲受到多少損害？因而，侵害行爲很明顯是第284條的聚焦點[17]。

### （三）第271條(f)(2)的聚焦點在於從美國提供零件

但是因爲專利法所界定的侵害專利行爲有很多種。因此，本案還必須看到底涉及哪種侵害行爲。因而，法院在看到第271條(f)(2)，即是WesternGeco在本案主張的侵害行爲，並請求所受利益損害賠償的依據[18]。

Thomas大法官認爲，第271條(f)(2)聚焦的也是國內行爲。其規定，如果一公司「在美國或從美國」（in or from the United States）「提供」（supplies）某些專利發明的元件，且意圖「這些元件在美國境外組合成一產品，而產品如在美國境內是會產生侵權效果」。第271條(f)(2)管制的行爲，亦即其聚焦點，就是在「在美國或從美國提供」的國內行爲。如同過去法院所肯定的，第271條(f)要保護的是國內的利益，其是要直接塡補專利法的漏洞，並針對那些在美國製造但在海外組裝的零件。第271條(f)(2)要阻止的，是將零件從美國出口到海外的國內事業[19]。

因此，整體來看，第284條的聚焦點，若涉及第271條(f)(2)的侵害行

---

16 Id. at 5.
17 Id. at 5.
18 Id. at 5.
19 Id. at 5.

爲，其聚焦的是從美國出口零件到海外的行爲。換句話說，該條文設計的主要目的，是國內的侵害行爲。本案中，與該聚焦點相關的行爲很明顯發生於美國境內，就是ION公司在美國提供元件的行爲，侵害了WesternGeco公司的專利。因此，判給WesternGeco所失利益之損害賠償，是第284條的國內適用[20]。

## （四）駁斥ION所提海外損害賠償是域外適用的論點

ION公司所提出的論點，則無法說服法院。ION主張，第284條條文的聚焦點當然是損害賠償（damages），而非侵害行爲。但法院認爲，第284條雖然是要讓法院有權力提供損害賠償，但給法院什麼權力未必是其聚焦點。所謂的聚焦點是法條設計的目的，亦即是想要管制或保護的「行爲」、「當事人」或利益。法院認爲，損害賠償只是這個條文想要救濟侵害行爲所採取的手段[21]。

同樣地，ION公司主張，本案涉及第284條的域外適用，因爲「所受損害發生於海外」，在ION公司行爲之後，必須有海外行爲才會造成損害。但法院認爲這個看法不對，其認爲那些海外的後續行爲，對於侵害行爲只是附帶的。換句話說，這些海外的後續行爲，對於域外分析的目的來說，並不是最重要的點[22]。

此外，ION公司也從2016年最高法院的RJR Nabisco案[23]推論。該案中RICO的損害賠償主張，完全來自於海外的損害，故被認定屬於系爭條文（18 U.S.C. § 1964(c)）的域外適用。ION公司因而推而廣之，認爲只要是來自海外損害的損害賠償，都是屬於一損害賠償條文的域外適用。但Thomas大法官認爲，這樣過度推論誤解了RJR Nabisco案的意見。該案中在分析系爭條文的聚焦點時，關注的是請求權基礎的實質要件，而非損害賠償規定。該案判決認爲，原告不能根據系爭條文提起損害賠償請求，

[20] Id. at 6.
[21] Id. at 6.
[22] Id. at 6.
[23] RJR Nabisco, Inc. v. European Community, 136 S. Ct. 2090, 2111 (2016)

除非他能證明他的事業或財產有損害，且必須是國內的損害。因此，RJR Nabisco案在適用禁止域外適用推定，以解釋系爭條文損害要件的範圍，而並不是討論損害賠償[24]。

最終，最高法院支持給予WesternGeco公司的所失利益損害賠償，認爲其屬於第284條允許的國內適用。並推翻聯邦巡迴上訴法院的判決，並發回重審[25]。

## 四、兩位大法官不同意見

Gorsuch大法官和Breyer大法官提出不同意見。其認爲，之所以不應該給予海外所失利益損害賠償的理由很簡單，美國專利法賦予專利權人在美國製造使用銷售的獨占權利，但並沒有賦予其在海外的獨占權利。若允許專利權人利用美國專利、美國法院對海外的所失利益進行求償，將導致其可將美國專利保護的獨占效力，擴及到海外市場[26]。

Gorsuch大法官認爲，雖然第271條(f)(2)將侵權行爲增加到出口行爲，但只是說出口零件到海外，如果海外的組裝發生在美國境內構成侵權時，則出口行爲也是侵權。該條文並沒有說海外的組裝是侵害行爲，而是說「假設組裝發生在美國境內時會侵害」。因而，該條文只有禁止美國的製造零件與出口零件，而可以請求的救濟，是假設「最終組裝行爲發生於美國」會造成的損害。套用在本案中，假設本案的WesternGeco控告的ION的行爲，亦即不只是在美國製造零件，而是在美國組裝完所有零件（侵害發生在美國境內），在美國所造成的損害。若以此角度，實際上陪審團確實有對在美國製造零件並假設在美國組裝的損害，判賠1,250萬美元[27]。但另外判賠的9,340萬美元所失利益，並不是在美國的侵害。

甚至，如果美國法院採取這種立場，那麼其他國家的法院也可以採取

---

[24] WesternGeco LLC v. ION Geophysical Corp., 2018 WL 3073503, at 6 (U.S. 2018).
[25] Id. at 7.
[26] Id. at 7 (Gorsuch J. dissenting).
[27] Id. at 9-10 (Gorsuch J. dissenting).

相同的理論，加以反制。例如，一專利權人在某外國有專利，但在美國沒有，但專利權人可以利用外國專利、外國法院，對在美國的銷售使用行爲請求損害賠償。亦即，該專利權人在外國的專利獨占力，可以藉此擴張到美國，即便其在美國不受專利保護[28]。

2018年WesternGeco v. ION案對海外損失利益給予損害賠償，等於認爲海外使用組裝後系統的行爲，侵害了美國專利。實際上海外的組裝使用行爲，並沒有侵害美國專利。如此判決結果，假如眞的推廣，那麼確實會如Gorsuch大法官和Breyer大法官所提的，將美國專利法效力擴及到其他國家的不侵權行爲。這樣的發展值得繼續觀察。

[28] Id. at 11(Gorsuch J. dissenting).

# 第九章　權利耗盡抗辯

## 第一節　方法專利之權利耗盡：2008年Quanta v. LG案

### 一、背景

#### （一）無明文規定權利耗盡

美國專利法中，並沒有明文規定權利耗盡原則（exhaustion doctrine）。因此，美國專利權利耗盡原則的發展，均來自於法院個案的慢慢累積。

美國最高法院在1873年的Adams v. Burke案[1]，第一次明文承認專利權利耗盡原則。該案中，專利權人授權被授權人在波士頓半徑10英里內製造、使用和銷售受專利保護的棺材板。一個客戶在半徑10英里內購買了棺材板，但是後來在半徑10英里外使用（實質上就是轉售）該棺材板。因此，專利權人控告該客戶，但最高法院認爲不構成侵權。其認爲，一旦該棺材被合法製造和銷售，其使用不存在任何限制。因爲該銷售乃是合法的銷售，被告取得使用該棺材板的權利，並可免於專利權人的請求。

#### （二）限制耗盡原則的態樣

專利權人在合法銷售之後，就不得再控制該專利產品的使用與轉售。但專利權人往往仍試圖控制該專利產品的後續使用，而試圖迴避耗盡原則的適用。在美國，至少有下述幾種態樣，引發討論。

##### 1. 限制銷售區域與對象

專利權人在授權製造及銷售時，增加了特殊限制，例如範圍的限

[1] Adams v. Burke, 84 U.S. (17 Wall.) 453 (1873).

制，限制銷售區域或客戶等。此時，倘若被授權人銷售的範圍逾越了授權銷售的區域範圍，是否還屬於合法的銷售？美國最高法院在General Talking Pictures Corp. v. Western Electric Co.案[2]中，明確地支持，專利權人對製造商授權時，可限制其銷售區域。若該製造商逾越銷售區域的限制，仍然構成專利侵害。因此，該逾越區域的銷售，就不是一個「得到授權的合法銷售」，因而也無法啓動權利耗盡原則。此種「銷售上使用區域之限制」（field-of-use limitations on sale）乃是合法的。

**2. 銷售後限制**

另一種情況則是「銷售後限制」（post-sale restrictions or limitations），乃是希望對於產品銷售之後，限制其使用或轉售。這種類型的限制，則較有爭議。銷售後限制中，若是對轉售價格的限制，或是搭售的限制，本身會違反反托拉斯法，因而無效。但是除了上述違反反托拉斯法的銷售後限制，一般廠商會使用的銷售後限制，包括「只准使用一次」（single use only）或「只准裝填原廠墨水」（refill only with proprietary ink）。違反這種限制的銷售，是否是「未經授權」（unauthorized），而不適用於權利耗盡？

1992年聯邦巡迴上訴法院在Mallinckrodt, Inc. v. Medipart, Inc.案[3]中，支持此種銷售後限制。法院認爲，專利權人可以用標示（notice）的方式，限制專利產品的銷售，限制購買者對該產品的處置。該案中，專利權人擁有醫療設備的專利，銷售給醫院使用，並在產品上面張貼「只准使用一次」的貼紙。被告向醫院購買這些設備，重新消毒後，回銷給醫院。聯邦巡迴上訴法院認爲，此種「使用一次限制」可被有效執行，因爲其限制乃在「合理的專利權內」（reasonably within the patent grant）。

---

2 General Talking Pictures Corp. v. Western Elec. Co., 304 U.S. 175 (1937) .

3 Mallinckrodt, Inc. v. Medipart, Inc. with Quanta Computer, Inc. v. LG Electronics, Inc., 976 F.2d 700, 708 (Fed. Cir. 1992).

### 3. 銷售半成品

有一種情況是銷售半成品，由於專利產品尚未完全完成，所以尚未完全實現專利，銷售該半成品後，是否就可主張權利耗盡？此一問題，在2008年美國聯邦最高法院的Quanta Computer, Inc. v. LG Elecs., Inc.案，引起討論。以下詳細介紹此案。

## 二、事實

### （一）方法專利

本案的專利權人是LG電子公司，其在1999年購買了一個專利組合（portfolio），包含了三項專利：美國專利號第4,939,641號專利（簡稱'641號專利）、第5,379,379號專利（簡稱'379號專利）、第5,077,733號專利（簡稱'733號專利）（在本案中，將這三項專利統稱爲LGE專利）。電腦系統的主要功能，乃透過微處理器（或稱中央處理器）執行，其解讀電腦程式之指令、處理資料，並且控制電腦系統中的其他設備。而匯流排則連結微處理器到晶片組，其可在微處理器和其他設備（包含鍵盤、滑鼠、螢幕、記憶體和硬碟間）傳送資料[4]。

電腦所處理的資料，主要儲存於隨機存取記憶體中，或稱爲主記憶體。而最近所存取的資料，一般儲存於快取記憶體中，其通常就位於微處理器本身。儲存於快取記憶體中的資料，可比儲存於主記憶體的資料更快速地被存取。不過，若一份資料同時儲存於快取記憶體與主記憶體，當修改其中一份檔案時，另一份檔案可能還是舊的。'641號專利就可解決此一問題。其揭露了一個系統，可以透過監視資料指令，自動更新主記憶體中的資料，以確保從主記憶體中擷取的乃是最新資料[5]。

'379號專利與主記憶體中讀取或寫入指令間的協調有關。根據時間先後順序來處理指令，會讓系統變慢，因爲讀取指令通常比寫入指令執行上

---

4 Quanta Computer, Inc. v. LG Elecs., Inc., 553 U.S. 617, 621 (2008).

5 Id. at 621-622.

來得快。優先處理所有讀取指令，可確保快速的存取，但因為同一份資料的寫入指令尚未執行完畢，若立即要求執行讀取該資料，可能造成擷取的資料是舊的。'379號專利揭露了一個有效率方法，可組織讀取與寫入指令，其讓電腦接收到讀取指令時，電腦會先執行尚未完成的寫入指令，等完成後再回覆讀取指令，以確保最新的資料被擷取，而確保資料的正確性[6]。

連結二個電腦元件之匯流排發生資料阻塞時，管理資料阻塞的方法，乃不讓任何一個設備獨占該匯流排。其讓多個設備共享該匯流排，給予重度使用者優先權。'733號專利描述了一些方法，可建立旋轉的優先權系統，根據預先設立好的輪迴號碼，讓每一個設備交替地優先使用匯流排，而重度使用者可維持較多輪次的優先性，而不會無限制地霸占該設備[7]。

### （二）LGE對Intel之授權協議

LGE公司對Intel公司授權一專利組合，其中包括本案的三項LGE專利。此一交互授權稱為「授權協議」（License Agreement），允許Intel製造和銷售所有使用LGE專利的微處理器和晶片組，這些產品簡稱為「Intel產品」（Intel Products）。該「授權協議」授權Intel可以「製造、使用、銷售（直接或間接）、提供銷售、進口或以其他方式處理」自己所生產執行LGE專利的產品。雖然授權條文好像很寬鬆，但是卻加了下面這一句話：

「並未授予當事人下述權利由第三人，將當事人的被授權產品，與來自本協議當事人以外的其他來源的項目、元件等加以結合，或使用、進口、提供銷售、銷售該結合品。[8]」

---

[6] Id. at 622.

[7] Id. at 622-623.

[8] 原文為：No license "is granted by either party hereto ...to any third party for the combination by a third party of Licensed Products of either party with items, components, or the like acquired... from sources other than a party hereto, or for the use, import, offer for sale or sale of such combination."

可是，雖然有上述條文，該「授權協議」似乎並未改變一般的權利耗盡原則（patent exhaustion），其約定如下：

「不論本協議如何約定，雙方當事人均同意，當本約當事人銷售任何自己的被授權產品時，本約均不會限制或修改專利耗盡之效果。[9]」

此外，在另一個名爲「主協議」（Master Agreement）的契約中，Intel公司同意，會向所有他的客戶給予書面告知，其已經得到LGE的授權，其內容爲：「確保你所購買的所有Intel產品，都得到LGE的授權，且不會侵害任何LGE擁有的專利。」

但該協議又加上一句話：此授權「不論以明示或暗示，均不及於你將Intel產品結合任何非Intel產品所製造出來之產品。」但此「主協議」也規定了一句話：「違反本協議，並不會對專利授權造成任何影響，也不能因此終止專利授權。[10]」

## （三）廣達結合Intel產品與非Intel產品

本案的被告爲臺灣的廣達電腦（Quanta Computer）公司。廣達向Intel購買了微處理器與晶片組，也收到「主協議」中的書面告知。然而，廣達使用Intel的零件，與非Intel的記憶體和匯流排加以組合，製造出電腦，其組合的方式，侵害了本案系爭的三項LGE專利。廣達並沒有修改Intel的元件，而是按照Intel的說明書，將其元件納入自己的電腦系統中[11]。

LGE向廣達提起專利侵害訴訟，主張廣達將Intel產品與非Intel的記憶體與匯流排結合侵害了LGE專利。地區法院以即決判決，判定廣達勝訴，其認爲，基於專利耗盡原則，既然LGE已經授權給Intel，那麼對於Intel產品的合法購買者，均已喪失了提起侵權訴訟之權利[12]。地區法院也認爲，雖然Intel產品尚未完全執行系爭方法專利，但因爲不存在合理的

---

[9] 原文爲："notwithstanding anything to the contrary contained in this Agreement, the parties agree that nothing herein shall in any way limit or alter the effect of patent exhaustion that would otherwise apply when a party hereto sells any of its Licensed Products."

[10] Quanta v. LGE, 553 U.S. at 623-624.

[11] Id. at 624.

[12] LG Electronics, Inc. v. Asustek Computer Inc., 65 USPQ 2d 1589, 1593, 1600 (ND Cal. 2002).

非侵權用途（have no reasonable noninfringing use），因此其合法之銷售（authorized sale），也已經讓專利權利耗盡。不過，地區法院後來又修改其判決，認爲權利耗盡原則僅適用於設備或組合物專利上（apparatus or composition-of-matter），而不適用於程序或方法專利上[13]。因爲LGE專利包含了方法專利，所以本案不適用權利耗盡。

上訴後，聯邦巡迴上訴法院同意，權利耗盡原則不適用於方法專利。但是，其認爲之所以本案中不適用權利耗盡原則，是因爲LGE並沒有授權Intel銷售Intel產品給廣達讓其與非Intel產品結合[14]。

## 三、最高法院判決

本案又上訴到聯邦最高法院。最高法院判決認爲，專利耗盡原則一樣適用於方法專利，且本案的「授權協議」已經授權銷售實質上體現該專利（substantially embody）的零件，故耗盡原則可阻止LGE對實質上體現該專利之產品主張專利權。

### （一）半成品也可能適用權利耗盡

專利耗盡原則內涵爲，一旦受專利保護的產品經合法銷售（authorized sale）後，將使該產品上的專利權耗盡[15]。最高法院最近一次處理專利權利耗盡問題，乃是1942年的United States v. Univis Lens Co.案[16]。該案的專利權人是Univis鏡片公司，其擁有眼鏡鏡片的專利。其授權購買者可以將不同的鏡片部分結合，創造出一個雙光鏡片或三光鏡片，製造出鏡片毛胚（lens blanks），然後以約定好的價格，銷售給其他Univis的批發商。批發商被授權可將該鏡片毛胚研磨成受專利保護的鏡片完成品，然後以固定的價格銷售給Univis授權的眼鏡零售店。最後，眼鏡零售店可再將

---

[13] LG Electronics, Inc. v. Asustek Computer, Inc., 248 F. Supp. 2d 912, 918 (ND Cal. 2003).
[14] LG Elecs., Inc. v. Bizcom Elecs., Inc., 453 F.3d 1364,1370 (Fed. Cir., 2006).
[15] Quanta v. LGE, 553 U.S. at 625.
[16] United States v. Univis Lens Co., 316 U.S. 241 (1942).

鏡片細磨，以固定價格賣給消費者。當時，美國政府以反托拉斯法中的薛曼法（Sherman Act），控告Univis違法限制交易。Univis則主張，其擁有的專利權，可作爲反托拉斯訴訟的抗辯。最高法院在該案中，認定Univis對鏡片完成品的專利，乃由批發商與眼鏡零售店所構成實施；但認爲銷售該鏡片毛胚，就已經耗盡了鏡片完成品的專利[17]。

因此，最高法院認爲，從United States v. Univis Lens Co.案可以延伸得知，當一個人銷售一個未完成品，其已經足以體現（sufficiently）受專利保護發明的必要特徵（embodies essential features），就算沒有完全實施該專利，其唯一且設定的用途（only and intended use）算是完成了，此時，也應該適用專利耗盡原則[18]。

## （二）方法專利也適用權利耗盡

LGE主張，本案涉及方法專利，所以不適用耗盡原則。但最高法院不認爲從過去的判例中可以支持此結論。雖然，方法專利的銷售方式，與物品和設備專利不同，但是方法仍然會「體現於」（embodied）產品中，而銷售該產品仍會耗盡該專利[19]。

若將方法專利排除於耗盡原則的適用，將會嚴重掏空耗盡原則；因爲專利權人只要想辦法在撰寫請求項時，盡量寫成方法專利而非設備專利，就可試圖避免耗盡原則的適用[20]。

根據LGE的說法，雖然其授權Intel可銷售執行LGE專利的電腦零件，但任何購買該電腦零件的下游買家，卻仍然可能構成專利侵害。此一結果，將違反了長久以來建立的耗盡原則，亦即，當一個受專利保護的項目，一旦合法製造和銷售後（once lawfully made and sold），專利權人就不可以限制其使用[21]。

[17] Univis, 316 U.S., at 248-249.
[18] Quanta v. LGE, 553 U.S. at 627-628.
[19] Id. at 628.
[20] Id. at 629.
[21] Id. at 630.

### （三）是否體現該專利

那麼，本案中的「Intel產品」在尚未與其他記憶體與匯流排結合前，是否體現了該專利，而可啓動（trigger）權利耗盡原則？最高法院認爲，「Intel產品」已經體現了系爭專利。本案與Univis案一樣，由於鏡片毛胚的唯一合理且設定的用途，就是要執行該專利，且該鏡片毛胚已經體現了受專利保護發明之必要特徵，所以啓動了權利耗盡。最高法院認爲，本案中Intel銷售給廣達的微處理器與晶片組，擁有與Univis案中的鏡片毛胚相同的特徵[22]。

第一，廣達主張，除了將「Intel產品」結合進入電腦系統內而執行LGE的專利，不存在其他合理的用途：因爲微處理器與晶片組一定要與記憶體與匯流排結合才能作用。就如同Univis案一樣，Intel將產品銷售給廣達的唯一明顯目的，就是要讓廣達將「Intel產品」結合入會執行該專利的電腦中[23]。

第二，「Intel產品」與Univis案的鏡片毛胚一樣，構成了受專利保護發明的主要部分，但尚未完全執行該專利。要執行該專利所剩下的唯一必要步驟，就是應用普通程序或增加標準部分。所以，系爭三項專利的所有發明成分，都已經體現於「Intel產品」中[24]。因此，LGE試圖區分本案與Univis案的差異，是失敗的[25]。

### （四）是否合法銷售

要啓動專利耗盡原則，必須是專利權人合法授權的銷售。LGE認爲，本案中並沒有合法授權的銷售，因爲「授權協議」並沒有允許Intel銷售其產品與非Intel產品結合去執行LGE的專利[26]。但最高法院認爲，「授權協議」並沒有限制Intel不能銷售給想要將其產品與非Intel產品結合的購買

---

22 Id. at 631.
23 Id. at 631-632.
24 Id. at 633.
25 Id. at 634.
26 Id. at 635-636.

者[27]。雖然，LGE確實要求Intel須告知其客戶，LGE並沒有授權這些客戶執行其專利，但是，本案中並沒有任何當事人主張，Intel違反該協議中此約定[28]。

LGE主張，「授權協議」明確地告知，並未授予第三人將被授權產品與其他產品結合以執行該專利的權利。不過，本案中第三人是否得到默示授權（implied licenses）並不重要，因爲廣達所主張執行該專利的權利，並非來自默示授權，而是因爲權利耗盡。而本案之所以適用權利耗盡，是因爲Intel得到授權銷售執行LGE專利的產品[29]。

另外，LGE主張，專利權利耗盡並不適用於售後限制（postsale restrictions），限制其「製造」（making）物品。但最高法院認爲，其只是換一種方式主張，將「Intel產品」與其他零件結合，比起標準的完成步驟，還要更多。如前所解釋的，製造一個實質上體現專利的產品，就耗盡原則的角度來說，就等同於製造了受專利保護物品本身。換句話說，增加標準零件（記憶體和匯流排）並不算是後續的「製造」[30]。

## 四、結語

### （一）廣達案的未決問題

在前述廣達案中，其實LGE某程度，就是在做一種銷售上的區域限制，亦即其想限制Intel銷售的對象，只限於願意將Intel產品與Intel或LG產品結合的客戶，而不希望銷售給將Intel產品與其他來源產品結合的客戶。但是，最高法院認爲，由於在該案中，LGE和Intel簽署的授權協議，並沒有嚴格限制其銷售的對象，只是聲明不授權範圍而已。因此，最高法院認爲，既然沒有明確限制銷售對象，故認定其並沒有對銷售對象做任何限制。

---

[27] Id. at 636.
[28] Id. at 636.
[29] Id. at 637.
[30] Id. at 637.

另外，在前述一背景介紹中討論，聯邦巡迴上訴法院在1992年的Mallinckrodt案，認為在銷售產品上貼了「僅准使用一次」構成合法的銷售後限制，而引起諸多質疑。美國最高法院在廣達案中，並沒有去探討Mallinckrodt案。一般期待廣達案可以順便處理Mallinckrodt案的見解是否正確，但最高法院卻迴避了這個問題。

### （二）比較臺灣

臺灣專利法第59條第1項第6款：「專利權人所製造或經其同意製造之專利物販賣後，使用或再販賣該物者。上述製造、販賣，不以國內為限。」明文規定了專利權利耗盡原則。不過，臺灣此明文規定，並不像美國曾發生過這麼多複雜的類型。因此，前述美國各種專利耗盡原則適用的類型，均可供臺灣借鏡思考。

# 第二節　基改種子與權利耗盡：2013年Bowman v. Monsanto案

## 一、背景

### （一）植物專利

在美國，新發明的植物，除了可以依據美國植物品種保護法（Plant Variety Protection Act, PVPA）申請品種權保護之外，也可以申請植物專利。其規定於美國專利法第161條至第164條。

第161條規定：「任何發明、發現或透過無性繁殖培植出任何獨特而新穎的植物品種者，包括培植出變形芽、突變體、雜交植物及新發現的種苗，除由塊莖繁殖的植物或在非栽培狀態下發現的植物外，都可以按照本法所規定的條件和要件取得對該植物的專利權。除非另有規定，本法中有關發明專利的規定適用於植物專利。[1]」

第162條規定：「如果對發明的描述已經盡可能完整，不能因爲不符合本法第112條規定而宣告植物專利無效。專利說明書中的請求項，應使用所表明或描述的植物之正式名稱。[2]」

第163條規定：「植物專利授予權利人，有權排除他人在美國用無性繁殖方法繁殖該植物，或使用、提供銷售、銷售如此繁殖之植物或其部分，或排除他人進口如此繁殖之植物或其部分進入美國。[3]」

---

[1] 35 U.S. Code § 161 ("Whoever invents or discovers and asexually reproduces any distinct and new variety of plant, including cultivated sports, mutants, hybrids, and newly found seedlings, other than a tuber propagated plant or a plant found in an uncultivated state, may obtain a patent therefor, subject to the conditions and requirements of this title. The provisions of this title relating to patents for inventions shall apply to patents for plants, except as otherwise provided.").

[2] 35 U.S. Code § 162 ("No plant patent shall be declared invalid for noncompliance with section 112 if the description is as complete as is reasonably possible. The claim in the specification shall be in formal terms to the plant shown and described.").

[3] 35 U.S. Code § 162 ("In the case of a plant patent, the grant shall include the right to exclude others from asexually reproducing the plant, and from using, offering for sale, or selling the plant so reproduced, or any of its parts, throughout the United States, or from importing the

### （二）與權利耗盡原則間之問題

植物專利或種子專利的保護問題在於，根據權利耗盡原則，合法銷售取得之專利產品，任何人即可自由使用或轉售。但若買入一個受專利保護之植物或種子，可否自由地將其種植於土地？因爲將其種植後，將長出新的植物或作物，而「製造」了一個新的產品。此種具有自我複製功能的專利產品，與權利耗盡原則之間，如何協調？2013年美國聯邦最高法院的Bowman v. Monsanto案，就是處理這樣的問題。

## 二、事實

### （一）基改大豆與授權協議

本案的專利權人是孟山都（Monsanto）公司，其發明了一種基改大豆，讓大豆在噴灑嘉磷塞（glyphosate）時仍能存活，嘉磷塞是一種除草劑常用的活性成分，包括孟山都公司自己的除草劑「Roundup」也是這種除草劑。孟山都公司稱自己所改良的這種大豆爲「Roundup Ready種子」，並賣到市場上。農夫種植此種基改大豆，可使用嘉磷塞除草劑，這樣可以殺死雜草，但不會傷害作物。孟山都公司對此種Roundup Ready科技，包括基改大豆，有二個專利，爲美國專利號第5,352,605號專利及RE39,247E號專利[4]。

孟山都公司自己銷售Roundup Ready大豆種子，或者授權其他公司銷售Roundup Ready大豆種子，以一種特別的授權協議方式，賣給農夫。該授權協議允許農夫僅可在一季裡種植所購買的種子。收成後，農夫可以自己消費這些種子，或將其當作商品賣出，賣給穀倉業者或農業加工者。在此協議下，農夫不可用收成後的種子再去種植，也不可將種子提供給他人種植。之所以要這樣限制，是爲了避免農夫自己去生產「Roundup Ready大豆種子」，因爲，這種基改種子的特性，可以透過種植後自我複製。孟

---

plant so reproduced, or any parts thereof, into the United States.”).

4 Bowman v. Monsanto Co., 133 S. Ct. 1761, 1764 (2013).

山都公司為了要讓農夫每季都持續向其購買新種子，故不允許農夫留種再種[5]。

本案的被告是Vernon Bowman先生，他是印第安納州的農夫。他從孟山都公司的關係企業購買「Roundup Ready大豆種子」。在第一個種植季，他遵守授權協議，將購買來的種子種植，收成後全部都賣給穀倉業者。但在第二個種植季，他認為通常收成情況比較差，所以不想給孟山都公司賺授權金，因而，他向穀倉業者購買了部分「銷售用大豆」（commodity soybeans），拿來種植。這些大豆是前一季其他農夫種植收成的種子，而大部分的農夫都是使用「Roundup Ready大豆種子」，所以Bowman先生可以預期，他將這些種子種植並噴灑嘉磷塞除草劑後，仍有大部分的作物能夠存活。接著，Bowman先生又將第二季收成的種子，留下一部分，在次年種植，如此反覆，用此種方式收成了八次作物[6]。

## （二）抗辯與法院判決

孟山都公司發現Bowman先生此種行為後，控告他侵害Roundup Ready種子之專利。而Bowman先生提出權利耗盡抗辯，主張孟山都公司不能控制其對種子的使用，因為這些種子已經過之前的合法銷售（authorized sale），亦即這些種子是其他農夫合法賣給穀倉業者的種子[7]。

地區法院不接受Bowman先生的抗辯，而判決其應賠償孟山都公司84,456美元。聯邦巡迴上訴法院亦支持地區法院判決[8]。其認為，專利權利耗盡原則並不保護Bowman先生，因為他已經「創造了一個新的侵權物品」（created a newly infringing article）[9]。在耗盡原則下，合法銷售後雖可讓物品所有權人有權使用專利物品，但其無權以該物品為模具創造出一個實質全新的物品，因為製造物品的權利仍然屬於專利權人[10]。因此，

---

[5] Id. at 1764-1765.
[6] Id. at 1765.
[7] Id. at 1765.
[8] Monsanto Co. v. Bowman, 657 F.3d 1341 (Fed. Cir., 2011).
[9] Id. at 1348.
[10] Id.

其判決Bowman先生不可將收成後種子種植在土地上，而創造出新的侵權物質、種子或植物，而「複製」（replicate）孟山都公司受專利保護的科技[11]。

## 三、最高法院判決

此案又上訴到聯邦最高法院，最高法院以9票全體一致同意，支持聯邦巡迴上訴法院判決。其認爲，權利耗盡原則，並不允許農夫在未得到專利權人同意的情況下，種植和收成，而繁殖（reproduce）該專利種子。

### （一）耗盡原則並沒有讓專利權人的生產權耗盡

在權利耗盡原則下，只要專利物品（patented item）經過第一次合法銷售（initial authorized sale），專利權人對該物品上的專利權就耗盡。而該物品的購買者或後續的所有者，就有權自由使用或銷售該物品[12]。然而，此原則對專利權人所限制的權利，僅在該所販售之「特定物品」（particular article）之上，但專利權人仍然有權禁止買家以所購買之專利物品製造新的複製品[13]。Bowman先生種植和收成孟山都公司的專利種子，而對孟山都公司專利發明製造了額外的複製品，故其行爲不在權利耗盡的保護範圍內[14]。

如果不這樣解釋，孟山都公司的專利將不足以讓其公司獲利。因爲孟山都公司一旦銷售第一季種子後，其他種子公司就可以購買收成後的種子並且販售，與孟山都公司競爭；而農夫也只需要購買一次種子，就可以留種自種。如此一來，孟山都公司投入研發基改種子的成本將無從回收[15]。

---

[11] Id.

[12] Bowman v. Monsanto, 133 S. Ct. at 1766.

[13] Id. at 1766.

[14] Id. at 1766-1767.

[15] Id. at 1767.

## （二）植物專利與植物品種保護的差異

最高法院也進一步比較專利法與美國植物品種保護法的差異。其在2001年的J.E.M. Ag Supply, Inc. v. Pioneer Hi-Bred Int'l, Inc.案[16]，曾經討論，發明人是否可以申請種子或植物專利，還是只能依據植物品種保護法申請「品種權證書」（certificate）。最高法院當時判決，發明人既可選擇申請植物品種保護法，也可以申請專利。這二個法規建立了不同、但不衝突的架構：申請專利的要件，比申請植物品種權證書的要件更嚴格，故專利所提供的保護也更大[17]。而且，在植物品種保護法（7 U.S. Code § 2543）中，允許農夫可以留種自種（saving seed）[18]，但專利法並沒有此規定，故專利權人可以禁止合法購買並種植種子的農夫，不准再度種植收成的種子[19]。

## （三）購買後的正常使用

Bowman先生主張，權利耗盡原則應該適用於他的情況，因為種子本來就是用來種植的，他使用的方式是一般農夫的正常使用方式，若讓孟山都公司介入對種子的使用，將對權利耗盡原則創造出一種令人無法接受的例外[20]。

但最高法院認為，Bowman先生的主張才是創造例外，因為過去早已建立好的（well settled）權利耗盡原則，本來就沒有擴張到「製造新產品的權利」。如果如Bowman先生主張，擴張耗盡原則所耗盡的權利範圍，

---

16 J.E.M. Ag Supply, Inc. v. Pioneer Hi-Bred Int'l, Inc., 534 U.S. 124 (2001).

17 Id. at 142.

18 7 U.S. Code § 2543 ("Except to the extent that such action may constitute an infringement under subsections (3) and (4) of section 2541 [1] of this title, it shall not infringe any right hereunder for a person to save seed produced by the person from seed obtained, or descended from seed obtained, by authority of the owner of the variety for seeding purposes and use such saved seed in the production of a crop for use on the farm of the person, or for sale as provided in this section.").

19 Bowman v. Monsanto, 133 S. Ct. at 1767-1768.

20 Id. at 1768.

則種子專利的價值將所剩無幾[21]。

此外，採取正常的權利耗盡規則，正常的農夫還是可以正常地使用種子。而Bowman先生反而是不正常的使用。因爲其所購買的種子乃是消費用的種子而非種植用的種子，他很難說他不能夠按照正常的用途使用該種子。事實上，Bowman先生也承認，據他所知，並沒有其他農夫向穀倉業者購買種子來自種。若農夫想要種植該專利種子，只要向孟山都公司或其他關係公司購買種植用的種子即可[22]。

### （四）僅限於本案

最後，最高法院提醒，本案的判決結論僅侷限於本案，而不及於所有自我複製的產品（self-replicating product）。最高法院知道，這種發明越來越普遍、複雜且多元。在其他情況，產品的自我複製可能不受購買者的控制；或者，有時候自我複製只是使用該產品的必要而附帶的步驟。例如著作權法就規定，在使用電腦程式必要過程中會創造出的複製或修改，並不構成著作權侵權[23]。因此，最高法院指出，在本案，他們不需要討論專利權利耗盡原則在這類情形下如何適用[24]。

## 四、結語

臺灣於2011年專利法修正草案中，原本希望增加一新條文，爲草案第62條：「發明專利權人所製造或經其同意製造之生物材料販賣後，其發明專利權效力不及於該生物材料經繁殖而直接獲得之生物材料。但不得爲繁殖之目的，再使用該直接獲得之生物材料（第1項）。前項販賣後之生物材料，以其使用必然導致生物材料之繁殖者爲限（第2項）。」但最後並

[21] Id. at 1768.

[22] Id. at 1768.

[23] 17 U.S.C. §117(a)(1) ("[I]t is not [a copyright] infringement for the owner of a copy of a computer program to make ... another copy or adaptation of that computer program provide[d] that such a new copy or adaptation is created as an essential step in the utilization of the computer program.").

[24] Bowman v. Monsanto, 133 S. Ct. at 1769.

沒有通過。

其研訂理由爲：「一、本條新增。二、第1項明定生物材料發明專利權之權利耗盡原則。（一）具有繁殖特性之動、植物，其專利有別於現有專利之類型，其專利權效力之範圍，參考歐盟生物技術發明指令（以下簡稱98/44/EC）第8條，說明如下：1.生物材料專利權效力應及於任何通過相同或不同方式，以該生物材料繁殖所獲得具有相同特性的生物材料；2.生物材料的製造（繁殖）方法專利權效力，應及於以該方法直接獲得的生物材料，以及任何其他通過相同或不同方式，以該直接獲得的生物材料繁殖所獲得具有相同特性的生物材料。（二）依修正條文第59條第1項第6款之規定，專利物經第一次販賣後，專利權效力不及於後續之使用或再販賣行爲。惟基於動、植物之繁殖特性，若利用販賣後之生物材料繁殖產物是必然的結果者，則應有權利耗盡之適用，而有明文規定之必要。爰參酌98/44/EC第10條及歐盟各國立法例，增訂動、植物專利權利耗盡之範圍包括必然導致繁殖之專利生物材料本身及其所繁殖之生物材料，但不包括爲繁殖之目的而再使用該繁殖之生物材料之行爲。例如，某一專利權之申請專利範圍：(1)一種經基因改造之木瓜種子；(2)一種經基因改造之木瓜植物；(3)一種經基因改造之木瓜。如經合法來源所購得之專利木瓜種子，由於其用途僅供繁殖，故種植後長成之木瓜樹及木瓜果實，均爲專利權效力所不及。惟如於市場購買經基因改造之專利木瓜，由於其用途係供食用，如取其木瓜種子予以種植，所長成之木瓜樹及木瓜果實，則爲專利權效力所及。（三）所稱繁殖一詞，包括生物學上所稱之增殖或生殖等行爲。三、第2項參酌98/44/EC第10條及歐盟各國立法例，明定得主張權利耗盡之生物材料範圍。」但最後該條草案未獲通過。

臺灣現在尚沒有植物或種子專利的糾紛，但未來若出現糾紛，雖然上述草案沒有通過，但仍必須對耗盡原則加以限制，否則植物或種子專利人的權利無法確保。

# 第三節 美國專利銷售後限制與國際耗盡：2017年Impression v. Lexmark案

2016年2月聯邦巡迴上訴法院以全院判決，做出Lexmark v. Impression案判決。當時判決認為，美國專利法仍然採取國內耗盡，且專利權人在產品銷售時只要明文限制銷售後使用或轉售，就沒有權利耗盡。

但是，2017年5月，美國最高法院做出判決[1]，推翻聯邦巡迴上訴法院見解，認為美國專利法應採國際耗盡，且專利權人只要決定銷售，任何明文施加的銷售後限制在專利法上都沒有效力。一方面推翻了2001年的Jazz Photo案採取的國內耗盡之見解，認為美國專利法應採國際耗盡；二方面推翻了1992年的Mallinckrodt案見解，而認為專利權人只要決定銷售，任何明文施加的銷售後限制在專利法上都沒有效力。

## 一、背景

### （一）沒有明定國際耗盡或國內耗盡

美國專利法第154條規定，專利權人有權「排除他人在美國境內製造、使用、提供銷售、銷售該發明，或進口該發明至美國。[2]」而根據美國專利法第271條(a)，任何人未經授權（without authority）從事上述行為，就會構成專利侵害。但是，根據權利耗盡原則，當專利權人銷售其專利產品，專利權人不再能夠控制該物品的銷售使用，其專利權就被「耗盡」（exhaust）[3]。

美國專利法條文中，沒有明確規定「權利耗盡原則」（exhaustion doctrine）的要件與適用範圍，所以專利耗盡的問題，長期以來都必須仰

---

[1] Impression Products, Inc. v. Lexmark Intern., Inc. 137 S.Ct. 1523 (2017).

[2] 35 U.S.C. § 154(a)("(a) In General.—(1)Contents.—Every patent shall contain a short title of the invention and a grant to the patentee, his heirs or assigns, of the right to exclude others from making, using, offering for sale, or selling the invention throughout the United States or importing the invention into the United States, ...").

[3] Impression v. Lexmark, 137 S.Ct. at 1529.

賴美國各級法院的判決去決定其內涵。

## （二）Mallinckrodt, Inc. v. Medipart, Inc.案銷售後限制

其中一個特殊的問題是「銷售後限制」（post-sale restrictions or limitations），乃是希望對於產品銷售之後，限制其使用或轉售。1992年聯邦巡迴上訴法院在Mallinckrodt, Inc. v. Medipart, Inc.案[4]中，支持此種銷售後限制。法院認爲，專利權人可以用告知（notice）的方式，限制專利產品的銷售和購買者對該產品的處置。該案中，專利權人擁有醫療設備的專利，銷售給醫院使用，並在產品上面張貼「只准使用一次」的貼紙。被告向醫院購買這些設備，重新消毒後，回銷給醫院。聯邦巡迴上訴法院認爲，此種「使用一次限制」可被有效執行，因爲其限制乃在「合理的專利權內」（reasonably within the patent grant）。

## （三）Jazz Photo Corp. v. International Trade Comm'n案國內耗盡

另一個問題則是，美國專利法採取國內耗盡還是國際耗盡？在2001年聯邦巡迴上訴法院的Jazz Photo Corp. v. International Trade Comm'n案[5]中，處理一則Fuji Photo公司在國際貿易委員會（International Trade Commission）控告Jazz Photo公司的案例。該案中，Fuji Photo在美國國內及海外銷售拋棄式照相機，但Jazz Photo將其回收後，重新塡裝軟片並進口到美國。一方面，聯邦巡迴上訴法院認爲，重新塡裝軟片，只構成所謂的修理（repairs）而非重建（reconstructions），所以不構成專利之製造[6]。因此，Fuji Photo公司原本在美國賣的拋棄式相機，已經有權利耗盡原則適用，將之回收塡裝軟片在美國販售，不構成侵權[7]。但是，針對原本在海外銷售的相機，上訴法院指出，只在海外銷售，美國的專利權並不會耗

4 Mallinckrodt, Inc. v. Medipart, Inc., 976 F.2d 700 (Fed. Cir. 1992).
5 Jazz Photo Corp. v. International Trade Comm'n, 264 F.3d 1094 (Fed.Cir.2001).
6 Id. at 1102-1107.
7 Id. at 1098-1099.

盡[8]。也就是說，Jazz Photo案採取的見解，美國對專利耗盡採取的是國內耗盡，而非國際耗盡。

## 二、事實

上述問題，在聯邦巡迴上訴法院2016年全院判決的Lexmark Intern., Inc. v. Impression Products, Inc.案[9]，再次激烈討論。

### （一）回收方案碳粉匣

Lexmark是一家生產及銷售雷射印表機的公司，同時也銷售自己機器適用的雷射碳粉匣。生產印表機的公司，爲了確保碳粉匣的獲利，通常各家公司的碳粉匣都沒有統一規格，而是設計成不同的規格，以確保一定要向原廠購買專用的碳粉匣。但是，市場上自然會出現很多填充式碳粉匣的業者，購買他人使用過的原廠碳粉匣，然後重新填裝碳粉予以出售，因而與Lexmark的原廠碳粉匣產生競爭關係。

因此Lexmark提供二種方案給消費者。一種是所謂的「正常方案碳粉匣」（Regular Cartridge），價格是原價，對於這種碳粉匣，沒有使用或轉售的限制；另一種方案則是「回收方案碳粉匣」（Return Program Cartridge），比原價便宜兩成，但受到「一次使用、不得銷售」（single-use/no-resale）的限制。消費者使用完這種碳粉匣後，只能交由Lexmark回收[10]。

爲了確保回收業者不會向消費者購買該使用過的碳粉匣，Lexmark在每一條碳粉匣中加入了一個微晶片，該晶片可以控制，若碳粉匣中的碳粉用盡，則該碳粉匣就無法作用，要讓該碳粉匣可以回收利用，必須抽換掉該碳粉匣的晶片[11]。

---

8 Id. at 1105.

9 Lexmark Intern., Inc. v. Impression Products, Inc., 816 F.3d 721 (2016).

10 Id. at 727.

11 Id. at 728.

## （二）在國內與國外收購回收方案碳粉匣

本案被告Impression Products公司，向外界收購使用過的碳粉匣，並在美國境內轉售。其所收購的碳粉匣，乃是由第三方的公司，經過更換碳粉匣晶片，並填充碳粉，故能再次使用。Impression收購的碳粉匣有二個來源。一是Lexmark在美國境內所販賣的「回收方案碳粉匣」；二是Lexmark在海外所賣的「回收方案」與「正常方案」碳粉匣，Impression回收後進口到美國[12]。

Lexmark控告多個回收業者，其中之一就是本案被告Impression Products, Inc.公司[13]。

## （三）聯邦巡迴上訴法院維持Mallinckrodt案和Jazz Photo案見解

Lexmark的指控可以分成二類。第一類指控是針對美國境內的「回收方案碳粉匣」，其主張，根據1992年的聯邦巡迴上訴法院的Mallinckrodt案[14]，專利權人在銷售時，只要清楚傳達（clearly communicated）禁止對銷售後使用（post-sale use）或轉售，且該禁止爲合法（lawful restriction），就意味著專利權人並沒有授予銷售後使用或轉售的「授權」（authority），專利權人的權利並沒有耗盡，故Impression Products於填充及轉售時，侵害了Lexmark的專利[15]。

第二類指控則是回收業者在美國海外所蒐購的所有Lexmark碳粉匣，包括回收方案與一般方案。Lexmark主張，根據2001年聯邦巡迴上訴法院的Jazz Photo案[16]，採取國內耗盡原則，故Lexmark在海外銷售的碳粉匣，其進口權並沒有耗盡，也沒有授權給任何人進口這些碳粉匣的權利，故Impression Products在進口這些碳粉匣時，構成侵權[17]。

---

[12] Id. at 729.
[13] Impression v. Lexmark, 137 S.Ct. at 1530.
[14] Mallinckrodt, Inc. v. Medipart, Inc., 976 F.2d 700 (1992).
[15] Impression v. Lexmark, 137 S.Ct. at 1530.
[16] Jazz Photo Corp. v. International Trade Commission, 264 F.3d 1094 (2001).
[17] Impression v. Lexmark, 137 S.Ct. at 1531.

本案聯邦巡迴上訴法院全院判決，判決Lexmark勝訴，且指出，2008年最高法院判決的Quanta案[18]並沒有推翻Mallinckrodt案，而2013年最高法院就著作權法採取國際耗盡的Kirtsaeng案判決，也沒有推翻Jazz Photo案[19]。

## 三、最高法院判決

此案又上訴到最高法院，判決結果為7票比1票（一位大法官迴避），推翻了聯邦巡迴上訴法院判決，由Roberts大法官撰寫多數意見。

### （一）專利權人銷售時之限制沒有效力

首先討論在美國境內銷售的「回收方案」碳粉匣。Roberts大法官先講結論，當一個專利權人決定銷售一產品時，就會耗盡該產品上的專利權，不論專利權人希望加諸何種限制。因此，即便Lexmark與其客戶的契約上「一次使用／不得轉售」之限制很清楚，且在契約法上為有效，但該限制無法讓Lexmark就其選擇銷售的產品上保留其專利權[20]。

美國專利法雖沒有明文規定權利耗盡原則，但自從1853年的Bloomer v. McQuewan案[21]以來，法院就已經承認專利耗盡原則，該原則重點為，當專利權人銷售一物品，該物品就不再受專利獨占的限制，而成為購買者的「個人私產」[22]。

最高法院指出，當專利權人透過契約與購買者約定，限制其使用或轉售的權利，其在契約法上或許有效，但在專利侵權訴訟中則沒有用[23]。

---

[18] Quanta Computer, Inc. v. LG Electronics, Inc., 553 U.S. 617, 128 S.Ct. 2109, 170 L.Ed.2d 996.

[19] Lexmark Intern., Inc. v. Impression Products, Inc., 816 F.3d 721 (2016). 詳細介紹參見楊智傑，美國專利耗盡原則最新見解：聯邦巡迴法院Lexmark v. Impression案全院判決，北美智權報第171期。

[20] Impression v. Lexmark, 137 S.Ct. at 1531.

[21] Bloomer v. McQuewan, 14 How. 539 (1853).

[22] Id. at 549-550.

[23] Impression v. Lexmark, 137 S.Ct. at 1531.

## （二）普通法上禁止限制財產轉讓原則

權利耗盡原則體現的，就是專利權在某範圍上，必須遵從「普通法的禁止限制財產轉讓原則」（common law principle against restraints on alienation）。專利法賦予發明人某種獨占地位，讓其可以就發明獲得報酬，進而促進科學進步。但是一旦專利權人銷售該物品，其已經獲得報酬，專利法就不再讓專利權人可以限制該產品的使用和享用[24]。如果允許專利權人在銷售後做更多的限制，將會違反普通法上禁止限制財產轉讓原則[25]。如柯克爵士（Lord Coke）在17世紀所說過的，如果所有權人在銷售物品或限制該物品的轉售或使用，該限制是「無效的，因爲其違反貿易和流通，以及人與人之間的協商與締約」[26]。美國國會制定及多次修改專利法，都是站在這個「禁止限制財產轉讓原則」的前提而進行修法，而這個前提就體現在耗盡原則上[27]。

而且，最高法院在2008年的Quanta案中，就判決認爲，專利權人銷售一產品時，就算用明文（express）且屬合法的限制（lawful restriction），專利權人對該產品也沒有保留任何專利權[28]。從Quanta案和其他判決先例，均可得出一個唯一答案，就是Lexmark既然在美國境內銷售了回收方案碳粉匣，其就已經耗盡了專利法上對產品的控制權，因而不能對Impression Products提出侵權訴訟[29]。

## （三）銷售時有沒有得到「授權」不重要

最高法院認爲，聯邦巡迴上訴法院之所以採取不同見解，是因爲從錯誤的起點出發。上訴法院認爲，專利法第271條(a)中規定，任何人「未經

[24] Id. at 1531-1532.
[25] Id. at 1532.
[26] 1 E. Coke, Institutes of the Laws of England § 360, p. 223 (1628). 引自前述判決，id. at 1532.
[27] Impression v. Lexmark, 137 S.Ct. at 1532.
[28] Id. at 1533.
[29] Id. at 1533.

授權」（without authority）使用或銷售專利產品，就構成侵權[30]。進而認為，一般情況下，銷售一產品，會推定授權（presumptively grants authority）購買者使用或轉售該產品的權利。但如果專利權人用明文的限制保留該權利，專利權人就可以透過專利侵權訴訟執行該限制[31]。

Roberts大法官指出，上述聯邦巡迴上訴法院的邏輯錯誤在於，耗盡原則的基礎，並不是「在銷售時推定附帶授權」，耗盡原則的基礎，就是對專利權人權利範圍的限制。購買者之所以有權使用、銷售、進口該物品，是因為這些權利是跟隨物品的「所有權」而來，而不是從專利權人那邊購買到「做這些行為的授權」[32]。

## （四）海外銷售一樣有權利耗盡

就第二個部分，被告購買海外銷售的Lexmark碳粉匣。Roberts大法官指出，在美國海外的「合法銷售」（authorized sale），就跟美國境內的授權銷售一樣，會耗盡專利法上的權利[33]。

首先，Roberts大法官提到，著作權法下也有國際耗盡的問題。在著作權法第109條(a)的「第一次銷售原則」（first sale doctrine）下，當著作權人銷售一合法製造的著作重製物，著作權人就無法限制購買者銷售或以其他方式處分該重製物之權利[34]。最高法院在2013年的Kirtsaeng v. John Wiley案[35]中，認為第一次銷售原則，也適用於美國境外製造和銷售的合法重製物。在該案中之所以最後認為第一次銷售原則也及於國際耗盡，也是受到「普通法下禁止限制財產轉讓原則」的影響。此一普通法原則適用上並沒有地理區域的區分，著作權法也沒有明文做此區分，因此最高法院才會認為，第一次銷售原則也適用於海外合法製造銷售的著作重製物[36]。

[30] Lexmark Intern., Inc. v. Impression Products, Inc., 816 F.3d at 734.
[31] Id. at 741-742.
[32] Impression v. Lexmark, 137 S.Ct. at 1534.
[33] Id. at 1535.
[34] 17 U.S.C. § 109(a).
[35] Kirtsaeng v. John Wiley & Sons, Inc., 568 U.S. 519 (2013).
[36] Impression v. Lexmark, 137 S.Ct. at 1536.

Roberts大法官指出，基於上述同樣的理由，專利耗盡原則適用於海外的銷售。因爲，專利的權利耗盡，理論基礎一樣來自於禁止限制財產轉讓原則，而且國會也沒有在專利法中明文規定該原則僅適用於國內的銷售。此外，要區分著作權法的第一次銷售原則與專利法的權利耗盡原則，沒有理論或實際上的意義，因爲兩個原則在本質與目的上有很高的相似性，而且許多產品上面（例如汽車、微波爐、計算機、手機、平板電腦、個人電腦），同時有專利的保護，也有著作權的保護[37]。

### （五）海外銷售價格低於國內銷售？

Lexmark主張海外銷售不適用耗盡原則的理由之一提到，由於專利法的屬地主義，在美國獲得專利保護，不代表在美國以外能夠獲得專利保護。所以，專利權人在海外銷售的價格，與在美國銷售的價格可能不一樣；海外銷售的價格，因爲沒有美國專利法的保護，可能無法回收相同的報酬。既然權利耗盡的理由是專利權人在銷售時可以獲得報酬，但因爲在海外銷售未必能獲得足夠報酬，所以不該適用耗盡原則[38]。

但Roberts大法官認爲，這個屬地主義的理由，並不成立，因爲著作權法一樣有屬地主義，著作權法和專利法原則上一樣都沒有域外效力。而且，地理的限制不足以支持Lexmark的主張。在專利耗盡原則下，重點在於賣產品，而非專利權人賣專利收了多少錢。專利權人就自己的專利產品可以決定多高的收費爲適當，進而銷售，然後啓動耗盡原則。專利權人也許在海外銷售的價格，跟美國的價格不一樣，但是專利法並沒有保障一個特定的價格。專利法只有保障，專利權人在將產品賣出、不再受其專利獨占控制時，可以獲得一份報酬（receives one reward），一份其認爲足夠的報酬[39]。

不過，最高法院在1890年時，曾經判決一個涉及專利國際耗盡的案

---

[37] Id. at 1536.
[38] Id. at 1536.
[39] Id. at 1536-1537.

例，名爲Boesch v. Graff案[40]。該案判決認爲海外銷售專利並沒有耗盡，但主要原因在於，系爭海外銷售是德國廠商在德國銷售，但是該德國廠商並不擁有美國專利。而該案是美國專利權人提訴禁止該產品進口到美國。也就是說，因爲德國的銷售與美國的專利權人無關，所以不適用權利耗盡。因此，該案不但無法支持Lexmark的主張，反而強化了最高法院的立場，亦即只有專利權人可以決定要不要進行銷售，而銷售了就會耗盡該產品上的專利[41]。

### （六）海外銷售時「明文保留專利權」？

美國政府提出的法庭之友意見中，主張一個折衷立場：「原則上，海外銷售會耗盡專利權，除非專利權人明文保障該權利」。此一明文保留規則（express-reservation rule）的想法在於，海外的購買者原則上會期待買到產品後可以自由使用和轉售，所以應推定適用耗盡原則。但因爲過去下級法院所採取的見解，讓專利權人會在產品外包裝上明白保留其權利，因而也應該讓專利權人繼續保留這個選項，維持過去的做法[42]。

不過，Roberts大法官指出，這種「明文保留規則」，過去只有兩個1890年代下級法院的判決中採用過這種「明文保留規則」，此後就沒有法院採取過此見解。直到2001年聯邦巡迴上訴法院的Jazz Photo案，採取的見解改爲不管專利權人在海外銷售時有沒有明文保留其權利，通通不適用權利耗盡。因此，Robert大法官認爲，這麼少的案件，根本不足以讓專利權人產生某種期待，認爲可以在海外銷售時保留其權利[43]。

而且，這種「明文保留規則」乃錯誤地，過度關心專利權人和購買者在銷售時的期待。專利耗盡的適用，要解決的不是最初買賣交易雙方當事人的問題，最初買賣交易雙方可以用契約解決他們自己的問題。最高法院再次強調，之所以要有耗盡原則，是因爲已銷售的物品上仍有專利權，

---

[40] Boesch v. Graff, 133 U.S. 697 (1890).
[41] Impression v. Lexmark, 137 S.Ct. at 1537.
[42] Id. at 1537.
[43] Id. at 1538.

在市場流通時，將違反「禁止限制財產轉讓原則」。因此，耗盡原則的基礎，並不是專利權人在美國銷售時收了多少錢，或者是購買者在買賣時期待得到多少權利，真正重要的是，專利權人要銷售的決定[44]。

---

[44] Id. at 1538.

# 第十章　其他抗辯

## 第一節　遲延抗辯與衡平禁反言抗辯：1992年A. C. Aukerman v. R. L. Chaides案

### 一、背景

#### （一）六年消滅時效

1988年修改的美國專利法第286條規定：「除法律另有規定外，對在起訴或反訴提出前六年以前發生的侵害，不能請求賠償。[1]」此爲美國專利法的六年消滅時效規定。

#### （二）遲延抗辯

美國除了明文的消滅時效規定之外，在傳統的衡平法上，還存在所謂的遲延抗辯（defense of laches）。此種抗辯乃是美國法院在傳統衡平法上自行發展出來的原則，其大致意思是，如果權利人有遲延主張權利，且該遲延乃不合理（unreasonable）之遲延，且對被告造成不公平之傷害（prejudical），法院可基於權利人的遲延抗辯，拒絕原告請求。在英美法過去沒有成文法的年代，遲延抗辯相當於消滅時效的規定，但縱使已經有成文法規定了消滅時效，傳統法院仍認爲，遲延抗辯仍有存在必要。

在專利侵權訴訟中，被告可以提起消滅時效的抗辯，亦可以主張遲延訴訟抗辯。但這二者的關係爲何？在美國聯邦巡迴上訴法院1992年的A. C. Aukerman Co. v. R. L. Chaides Constr. Co.案中，做出了重要的判決。

[1] 35 U.S.C. § 286 (1988)("Except as otherwise provided by law, no recovery shall be had for any infringement committed more than six years prior to the filing of the complaint or counter-claim for infringement in the action.").

## 二、A. C. Aukerman Co. v. R. L. Chaides Constr. Co.案事實

原告A. C. Aukerman公司，在加州北區聯邦地區法院對R. L. Chaides建設公司提告，指控其侵害Aukerman公司的二項專利（美國專利號第3,793,133號專利（簡稱'133號專利）和第4,014,633號專利（簡稱'633號專利）。

系爭的'133號專利和'633號專利，乃形成混凝土高速公路路障（concrete highway barriers）的方法和設備，其可以將高速公路的表面分成不同高度。該設備可以讓承包商，讓模板沿著高速公路下降時，滑動形成不對稱的路障，亦即，直接在高速公路上灌注形成路障，而不需要製造模具。Gomaco公司乃製造滑動模板（slip-forms），用來形塑固定高度或可變化高度的路障。Aukerman與Gomaco曾經發生訴訟，並於1977年達成和解，和解內容中爲，Aukerman授權Gomaco系爭專利，但要求Gomaco告知Aukerman，所有向Gomaco購買可調整滑動模板的客戶名單[2]。

1979年時，Aukerman公司得知Chaides曾向Gomaco公司購買滑動模板，同年2月至4月間，Aukerman公司法律顧問分別寄信給Chaides，指出其若使用該設備可能會侵害Aukerman的專利，並提出授權方案。4月24日，Aukerman法律顧問又再寫信通知Chaides，提及其將提起專利訴訟，但若Chaides願意支付授權金，則願放棄訴訟。但Chaides在Aukerman最後一次信件上寫下，他認爲應該由Gomaco公司負擔侵權責任或授權責任，故不理會Aukerman的要求。在此後八年，雙方就沒有任何聯繫。期間，Chaides在建築高速公路不對稱路障的業務有所增加。在1980年代中期，Chaides自己製造了第二個可灌注階梯牆的滑動模板[3]。

在1987年，Aukerman公司的一位被授權人Baumgartner公司，告知Aukerman，Chaides在加州乃是灌注非對稱牆的實質競爭對手。因而，Aukerman公司的新法律顧問，在1987年10月22日寄信給Chaides，要

---

2 960 F.2d at 1026. 此段中文翻譯，部分參考雷敏敏，論美國專利侵權中的懈怠抗辯及其借鑑，頁6，北京化工大學碩士論文，2011年。

3 960 F.2d at 1026-1027.

求Chaides在二週內與其簽署授權契約。但此後雙方又暫時沒有聯繫。到1988年8月2日，Aukerman公司的法律顧問再次寫信給Chaides，說明Aukerman公司的授權方案。但因爲沒有回音，故在1988年10月26日，Aukerman公司對Chaides提起專利侵害訴訟，控告其侵害系爭的'133號專利與'633號專利[4]。

地區法院做出即決判決，根據遲延原則與衡平禁反言原則（equitable estoppel），判決Aukerman敗訴。Aukerman因而提起上訴。地區法院認爲，Aukerman公司遲延了六年以上才對Chaides起訴，因而，舉證責任移轉，Aukerman公司必須證明其遲延乃合理的（reasonable），且未有害於（prejudicial）Chaides公司。Aukerman主張，其之所以遲延，是因爲系爭專利另外有訴訟進行，但地區法院不接受，且認爲至少在1979年2月22日至1980年7月31日之間並沒有相關訴訟，且在遲延期間，也沒有告知Chaides相關的訴訟資訊。另外，Aukerman也主張，其之所以遲延，是因爲Chaides的侵權量很小（de minimis），但法院亦不接受。法院認爲，此遲延確實有害於Chaides[5]。

## 三、遲延抗辯

### （一）遲延抗辯的標準

本案上訴到聯邦巡迴上訴法院，並聲請全院判決。全院判決中，澄清了遲延抗辯的要件與適用問題。其結論如下[6]：

1. 在美國專利法第282條下，承認遲延抗辯，可作爲專利侵權訴訟的衡平抗辯（equitable defense）。

2. 若能證明遲延抗辯，專利權人在起訴前的求償權，將被禁止行使。

3. 遲延抗辯有二個要件：(1)專利權人遲延提起訴訟，乃不合理且無

---

4 Id. at 1027.
5 Id. at 1027.
6 Id. at 1028.

法辯解（unreasonable and inexcusable）；且(2)系爭侵權人因該遲延，受到實質的傷害（material prejudice）。而地區法院應該考量這些因素，以及所有證據、情況，以判斷衡平原則是否會剝奪起訴前的損害賠償請求權。

4.當專利權人在明知或可得而知系爭侵權人的活動後，遲延超過六年以上才提起訴訟，即可推定具有遲延。

5.推定遲延時，提出證據之責任（the burden of going forward with evidence）將轉移，但說服責任（the burden of persuasion）並不轉移。

## （二）是否還可援用遲延抗辯

美國專利法第282條(b)規定：「在有關專利權的有效性或侵害專利權的訴訟中，下列各項構成抗辯理由：(1)未侵害專利（noninfringement）、不負侵害責任（absence of liability for infringement），或無法強制實施（unenforceability）。[7]」聯邦上訴法院指出，1952年草擬新專利法草案的起草人之一，就曾經寫過一篇評論（commentary），指出第282條的抗辯，包括了衡平抗辯（equitable defenses），例如遲延（laches）、禁反言（estoppel）及不潔之手（unclean hands）[8]。因而，聯邦上訴法院也認爲，專利法第282條的抗辯，包含了這些衡平抗辯[9]。

原告Aukerman公司主張，不應再適用衡平抗辯。因爲，1988年修改的美國專利法第286條規定：「除法律另有規定外，對在起訴或反訴提出前六年以前發生的侵害，不能請求賠償。[10]」此爲美國專利法的六年消滅時效規定。而Aukerman公司主張，既然有明確的消滅時效規定，那麼只

---

[7] 35 U.S.C. § 282(b)(“Defenses.— The following shall be defenses in any action involving the validity or infringement of a patent and shall be pleaded: (1) Noninfringement, absence of liability for infringement or unenforceability....”).

[8] P.J. Federico, Commentary on the New Patent Law, 35 U.S.C.A. 1, 55 (West 1954).

[9] 960 F.2d at 1029.

[10] 35 U.S.C. § 286 (1988)(“ Except as otherwise provided by law, no recovery shall be had for any infringement committed more than six years prior to the filing of the complaint or counterclaim for infringement in the action.”).

要在六年以內，就應排除遲延抗辯的適用[11]。

但聯邦巡迴上訴法院不同意此見解：1.其引用其他判決發現，在其他法領域，縱使已經制定明文的消滅時效規定，仍然有遲延抗辯之適用[12]；2.早在1897年開始，就已經對請求權有六年的限制。所以，專利法第286條，並非消滅時效規定，其效果只是，若證明構成侵權，對侵害行爲的求償權，限於起訴前的六年內的侵害行爲。但這並不表示，不會有其他阻礙，例如遲延抗辯[13]。

聯邦巡迴上訴法院指出，在1952年制定此一六年求償權限制規定後，各聯邦巡迴法院，仍然認爲，遲延可作爲專利侵害的抗辯事由[14]。專利法第286條，乃是國會對專利侵害求償權所加諸的一個專斷（arbitrary）的限制。但相對上，遲延抗辯則是由地區法院，基於特定當事人間的衡平，行使裁量權（discretionary power），以限制被告的侵害責任。因此，一般而言承認遲延抗辯，並不會影響對他人行使專利的可實施性（enforceability），以及專利法第282條所推定的專利有效性。沒有證據可顯示，美國國會重新制定此一損害賠償限制規定，是要刪除長久以來所承認的遲延抗辯，或者想要剝奪地區法院的衡平權利。因此，專利法第282條與第286條並不衝突[15]。

Aukerman公司主張，遲延抗辯是一種衡平抗辯，故只能用來對抗衡平上（equitable）的請求，尤其是衡平計算賠償（equitable accounting），而不能對抗法律上（legal）的請求權。而美國專利法於1946年刪除了衡平計算的賠償，因而衡平抗辯也不再有適用空間。但聯邦上訴法院認爲，過去幾十年，衡平抗辯並不需要訴諸法律上的條文。在1915年時，美國

[11] 960 F.2d at 1029.

[12] Id. at 1030. 其引用的法領域包括軍事支付與違約責任。See Cornetta v. United States, 851 F.2d 1372 (Fed. Cir. 1988) (in banc) (military pay); accord Reconstruction Finance Corp. v. Harrisons & Crosfield Ltd., 204 F.2d 366 (2d Cir.), cert. denied, 346 U.S. 854, 98 L. Ed. 368, 74 S. Ct. 69 (1953) (breach of contract).

[13] Id. at 1030.

[14] Id. at 1030.

[15] Id. at 1030-1031.

國會制定了美國法典第28本第398條（28 U.S.C. § 398），賦予提出遲延答辯的權利。自那時起，原告就算是提起法律上救濟（legal relief），包括專利損害賠償請求，被告一樣能用遲延抗辯阻止該救濟。後來1937年時，前述第398條，被聯邦民事訴訟規則第2條所取代。該條將法律上請求（actions at law）與衡平上訴訟（suits in equity），合併爲單一的民事訴訟（civil action）的概念[16]。因此，上訴法院認爲，至今爲止，就如1915年起一樣，在專利訴訟中仍可援引衡平抗辯[17]。此外，在現行的美國聯邦民事訴訟規則第8條(c)，也仍然承認在民事訴訟中，可援引遲延抗辯[18]。

最後，Aukerman公司主張，由於侵害行爲應該各自獨立認定，故不應該用衡平抗辯，就禁止所有起訴前的請求權。但上訴法院認爲，過去最高法院曾經在持續性的侵權行爲中，認爲可援引遲延抗辯。在那些案件中，對於訴訟前的持續侵權行爲（continuing tort），可僅用一個單一的遲延抗辯對抗；而不需要對每一次的侵權行爲，援引每一個遲延抗辯[19]。

## （三）遲延抗辯的考量因素

聯邦上訴法院認爲，遲延抗辯的認定，應交由地區法院行使良好的裁量權（sound discretion）。此一抗辯，視不同當事人、不同性質而定，在適用上應保留彈性。法院必須檢查所有案件事實與環境，並衡量當事人間的衡平[20]。

基本上，要援引衡平抗辯，被告必須證明二項要件：

1.原告從明知或可得而知對被告的請求權起，遲延了一段不合理且無

---

[16] Fed. R. Civ. P. 2 ("2. Reference to actions at law or suits in equity in all statutes should now be treated as referring to the civil action prescribed in these rules.").

[17] 960 F.2d at 1031.

[18] Fed. R. Civ. P. 8(c)("(c) Affirmative Defenses. (1) In General. In responding to a pleading, a party must affirmatively state any avoidance or affirmative defense, including: accord and satisfaction; arbitration and award; assumption of risk; contributory negligence; duress; estoppel; failure of consideration; fraud; illegality; injury by fellow servant; laches; license; payment; release; res judicata; statute of frauds; statute of limitations; and waiver.").

[19] Id. at 1031.

[20] Id. at 1032.

法辯解（unreasonable and inexcusable）的時間才提起訴訟。而地區法院應該考量這些因素，以及所有證據、情況，以判斷衡平原則是否會剝奪起訴前的損害賠償請求權。

2.該遲延有害於被告（to the prejudice or injury of the defendant）。

到底多長的遲延時間會被認爲是不合理的，並沒有固定的界線，而要依情況而定。所遲延的時間，應從原告知道，或合理地可得而知起，計算到起訴當天。但是，該期間之起算，不能早於專利核發日[21]。

所謂因原告遲延所造成的實質傷害（material prejudice），對遲延抗辯來說非常重要。此種傷害可以是經濟性上的，亦可是證據上的。證據上的傷害，來自於太慢提出訴訟，導致證據滅失、證人死亡、證人記憶不可靠等，讓被告無法提出完整與充分的答辯，而使法院無法判斷事實。經濟上的傷害，可能因原告太慢提出訴訟，導致被告做金錢上投資，後來才被告，因而產生投資的損失，或者若早點提告就可避免的其他損失。法院必須檢查遲延期間系爭侵權人經濟地位的改變。其目的，也在避免專利權人故意保持沉默，等待損害賠償增加，然後再提出告訴。因爲，若能提早提告，被告可能可以轉爲生產其他非侵權的產品[22]。

原告可以提出解釋，爲何會遲延訴訟。合理的解釋可能包括：其他訴訟、與系爭被告進行協商、在特殊情況下貧窮或生病、因戰爭而阻礙、侵權範圍、對專利權歸屬有爭議等。而依其情況判斷，原告是否須向被告解釋遲延的理由[23]。另外，如果被告從事了特殊惡劣的行爲，縱使可以援引遲延抗辯，但卻可能在衡平考量下，應做出有利於原告的認定。例如，若被告故意地重製，則將不利於被告，但若被告不知情或出於善意，則有利於主張遲延抗辯[24]。

總而言之，在判斷遲延抗辯時，法院可綜合判斷遲延的期間、傷害的嚴重性、遲延理由的合理性，與被告行爲的可責性。地區法院必須衡量所

[21] Id. at 1032.
[22] Id. at 1033.
[23] Id. at 1033.
[24] Id. at 1033.

有相關的事實與衡平因素，以決定原告是否構成遲延[25]。

## （四）遲延抗辯的推定

在美國，消滅時效（statute of limitations）乃針對法律上的請求，而遲延抗辯，乃針對衡平上的請求（equitable claim）。故消滅時效與遲延抗辯是不同的事情。但由於消滅時效的時間比較明確，實際運作上，容易藉助消滅時效，來「推定」（presumption）是否構成訴訟遲延。因此，在專利侵害訴訟中，各法院往往也會藉助專利法第286條的六年請求權限制規定，作爲推定構成遲延訴訟的參考。但此種推定是可舉反證推翻的（rebuttable）。美國專利法的消滅時效爲六年，而知道專利侵害六年了還不起訴，參考其他領域中遲延時間的認定，推定其構成遲延，也是相當合理的[26]。

Aukerman公司主張，在專利訴訟中，不應採用此種遲延訴訟的推定，而要求系爭侵權人，自己證明原告的確構成遲延。Aukerman認爲，專利的訴訟遲延所造成的傷害，其實沒有那麼嚴重。因爲，專利的抗辯，往往仰賴文書證據，而非證人。其也指出，潛在侵權人可以主動提起確認訴訟（declaratory judgment action）。但聯邦上訴法院並不接受這二項理由[27]。

## （五）推定的效果

採取推定訴訟遲延的效果，到底是什麼？聯邦巡迴上訴法院指出，由於美國1975年制定的聯邦證據規則第301條規定（Federal Rule of Evidence 301）：「在所有民事訴訟程序中，除了國會另以法律定之，所謂的推定，亦即被推定人，負有提出證據之責任（burden of going forward with evidence），以推翻該推定，但並未移轉說服責任，說服責任仍在原本負

[25] Id. at 1034.
[26] Id. at 1034-1035.
[27] Id. at 1035.

擔舉證責任之當事人一方。[28]」在這種推定之舉證責任下，被推定人只要提出足夠的證據，證明被推定的事實並不存在，就可將舉證責任回復到另一方身上。換句話說，被推定人所需要提出的證據，只要能夠證明到被推定事實存在實質爭議（genuine dispute）即可[29]。

因此，在遲延訴訟方面，只要被告證明原告至少有六年的訴訟遲延，就將舉證責任轉移到原告身上。但專利權人只要提出證據證明，其並沒有遲延到六年，則舉證責任還是回到被告身上。專利權人也可以直接對遲延的二項要件，提出證據反駁，不論提出證據證明其有合理的遲延理由，或遲延對被告並無傷害，只要產生實質爭議，就已經算是推翻原本的推定，被告還是要負舉證責任[30]。

就算專利權人無法克服此一推定，專利權人若能提出證據證明，系爭侵權人自己也不潔之手，則仍有可能排除適用遲延抗辯。因爲，遲延抗辯乃是一衡平抗辯，而欲請求法院給與衡平救濟者，自己也必須是衡平的。最後，上訴法院再度強調，提出遲延抗辯的舉證責任，原則上仍然由被告承擔[31]。

## （六）本案判決結果

在本案中，由於Aukerman公司在明知Chaides侵權後，超過六年才提起訴訟，故推定其具有訴訟遲延。但是，Aukerman舉證指出，其乃是因爲正與他人進行訴訟才導致遲延。但地區法院不接受此辯解，其認爲Aukerman在遲延期間並沒有告知Chaides有此訴訟進行，且訴訟結束後將對Chaides提起訴訟。但是，上訴法院認爲，遲延抗辯並沒有嚴格要求，

[28] Federal Rule of Evidence 301 ("In a civil case, unless a federal statute or these rules provide otherwise, the party against whom a presumption is directed has the burden of producing evidence to rebut the presumption. But this rule does not shift the burden of persuasion, which remains on the party who had it originally.").

[29] 960 F.2d at 1037-1038.

[30] Id. at 1038.

[31] Id. at 1039.

專利權人必須在遲延期間告訴潛在侵權人遲延理由[32]。此外，被告的侵害行爲在遲延期間有所變化，因爲其另外製造了一臺自己的滑動模板，且業務量大幅提升。上訴法院認爲，並不能推論專利權人知道這樣的改變，且這樣的改變對遲延的判斷來說應屬重要，但地區法院卻未納入考量，因而將地區法院判決撤銷，發回重審[33]。

### （七）遲延的效果

若專利權人眞的構成訴訟遲延，其遲延的效果，究竟是僅可阻止起訴前的侵害行爲損害賠償請求權？還是也可阻止起訴後的請求權？上訴法院認爲，應僅可以阻止起訴前的損害賠償請求權，起訴之後的損害賠償請求權或禁制令的請求，並不會受到阻止。

## 四、衡平禁反言抗辯

前述成立遲延抗辯後的效果，可以阻止起訴前的請求權，但不能阻止起訴後的請求權。此時，須對照美國專利訴訟的另一項抗辯權，衡平禁反言抗辯（equitable estoppel）。

衡平禁反言抗辯，跟一般熟知的專利侵權判斷中解釋申請專利範圍的申請過程禁反言（prosecution history estoppel）不同。而在前述聯邦巡迴上訴法院的A. C. Aukerman Co. v. R. L. Chaides Constr. Co.案，也對衡平禁反言立下了重要的標準[34]：

（一）在美國專利法第282條下，承認衡平禁反言乃專利侵害請求權的一種衡平抗辯。

（二）當系爭侵權人成功證明衡平禁反言抗辯，則專利權人的請求權將完全被阻止（包括起訴前及起訴後的所有請求權）。

（三）要提出衡平禁反言，必須證明三個要件：

---

[32] Id. at 1039.
[33] Id. at 1040.
[34] Id. at 1028.

1. 專利權人，透過誤導行為（misleading conduct），導致系爭侵權人合理地推論，專利權人不會對系爭侵權人主張專利。所謂的行為，可以包括特定的陳述、作為、不作為，或有義務說明時卻保持沉默。

2. 系爭侵權人信賴該行為。

3. 由於該信賴，若允許專利權人進行請求，則對系爭侵害人將造成實質的傷害。

（四）衡平禁反言抗辯不能以推定證明。

上訴法院指出，遲延訴訟不應阻止所有的請求權，只能阻止起訴前的請求權。而若是衡平禁反言抗辯，就可阻止專利權人所有的請求權，包括起訴前及起訴後的。之所以如此，是因為專利權人遲延提出訴訟，可能有很多理由。由於專利訴訟費用昂貴，專利權人可能因負擔不起或有其他困難，而遲遲沒有起訴。或者因為美國地廣人稀，也難以對每個侵權人提起訴訟。此外，其專利是否有效、是否真的構成侵權，也會讓他產生猶豫。自己的專利是否真的有效，在新穎性的輔助判斷上，包括商業上的成功；但要等商業上真的成功，必須經過一段時間[35]。因此，專利權人遲延提起訴訟，雖然有點不對，而應阻止其起訴前的請求權，但遲延的惡性並不嚴重，故不必阻止起訴前及起訴後的請求權。

## 五、結語

此一聯邦巡迴上訴法院的A. C. Aukerman Co. v. R. L. Chaides Constr. Co.案，建立了一個重要原則，就是即便專利法已經有明文規定六年之消滅時效，但六年以內的請求權，仍可能因為遲延抗辯，而無法請求。

臺灣專利法第96條第6項規定：「第二項及前項所定之請求權，自請求權人知有損害及賠償義務人時起，二年間不行使而消滅；自行為時起，逾十年者，亦同。」消滅時效為二年。但民法第197條第1項規定：「因侵權行為所生之損害賠償請求權，自請求權人知有損害及賠償義務人時

[35] Id. at 1040-1041.

起，二年間不行使而消滅。自有侵權行爲時起，逾十年者亦同。」第2項規定：「損害賠償之義務人，因侵權行爲受利益，致被害人受損害者，於前項時效完成後，仍應依關於不當得利之規定，返還其所受之利益於被害人。」而臺灣學說大多認爲，專利侵權與著作侵權不只是一種侵權行爲，也是一種不當得利。因此，若依據民法第197條第2項，縱使侵權行爲時效完成，仍可依關於不當得利之規定請求返還所受之利益。

美國專利法，雖然都已有明文的消滅時效規定，但在消滅時效期限內，仍然有機會可以援引衡平法上的遲延抗辯。而在消滅時效經過後，被告均可援引衡平法上的遲延抗辯，對抗權利人的求償。

反觀臺灣，臺灣並沒有遲延抗辯之規定，專利法與著作權法均有明文的請求權消滅時效規定，但學說與實務認爲，在消滅時效經過後，仍然可以援引民法第179條不當得利之規定。一來一去，二國在專利侵害之請求時間與求償範圍，有明顯差距。

# 第二節　六年請求時限內無遲延抗辯適用：2017年SCA v. First Quality案

美國專利法第286條之六年請求權限制外，被告另外可主張專利權人請求賠償的時間太慢，構成遲延。根據聯邦巡迴上訴法院1992年的A. C. Aukerman Co. v. R. L. Chaides Constr. Co.案判決，認為即便在專利權人的六年請求權時間內，被告仍可主張專利權人構成遲延，而阻礙其行使請求權。不過，在2014年，美國最高法院於Petrella v. Metro-Goldwyn-Mayer案，對於著作權法的消滅時效與遲延抗辯之關係，做出判決，認為在消滅時效內就無遲延抗辯之適用。而2017年3月，美國最高法院於SCA v. First Quality案中，延續相同見解，認為在專利法六年請求權期限內，亦無遲延抗辯之適用。

## 一、背景

### （一）美國專利侵權請求時限

美國專利法第286條規定：「除法律另有規定外，對在起訴或反訴提出前六年以前發生的侵害，不能請求賠償。[1]」其寫法與一般請求權消滅時效不同，並不是寫「從侵害發生時起算，六年後消滅」，而是寫「起訴前六年之侵害不能請求損害賠償」，亦即，專利侵權之請求權其實不會消滅，不管多晚請求，均能請求前六年內之損害賠償。例如，假若從侵權發生時起已經持續十年，專利權人才請求賠償，專利權人可請求的是第五年到第十年的損害賠償，第一年到第四年的不得請求。因此，嚴格來說，第286條或許不該稱為消滅時效，而該稱為請求時限（限制求償六年）。

[1] 35 U.S.C. § 286 (“Except as otherwise provided by law, no recovery shall be had for any infringement committed more than six years prior to the filing of the complaint or counterclaim for infringement in the action.”).

### （二）遲延抗辯

除了此一請求時限規定外，美國專利法第282條(b)規定的侵權抗辯有很多種，包括：「(1)不侵權、無侵權責任或無法實施（unenforceability）；(2)……[2]」所謂的無法實施，傳統上包括專利權人「遲延」（leach）。所謂的遲延，乃指專利權人行使專利權有所遲延，該遲延乃不合理（unreasonable）且對被造成不公平之傷害（impartial prejudice）。

因此，傳統上，除了專利法第286條之六年請求權限制外，被告另外可主張專利權人請求賠償的時間太慢，構成遲延。根據聯邦巡迴上訴法院1992年的A. C. Aukerman Co. v. R. L. Chaides Constr. Co.案判決，認爲即便在專利權人的六年請求權時間內，被告仍可主張專利權人構成遲延，而阻礙其行使請求權。

不過，在2014年，美國最高法院於Petrella v. Metro-Goldwyn-Mayer案，對於著作權法的消滅時效與遲延抗辯之關係做出判決，認爲在消滅時效內就無遲延抗辯之適用。而2017年3月，美國最高法院於SCA v. First Quality案中，也延續相同見解，認爲在專利法六年請求時限內，亦無遲延抗辯之適用。

## 二、事實

本案專利權人是SCA，其製造和銷售成人失禁用品（adult incontinence products）。2003年10月，SCA寄送警告信函給First Quality公司，主張被告所製造銷售的產品，侵害了SCA的美國第6,375,646號專利（簡稱'646號專利）。但First Quality主張，他們公司的第5,415,649號專利（簡稱Watanabe專利），早於'646號專利，且揭露了相同的紙尿布結構。因此， First Quality主張，'646號專利是無效的，而不構成侵權。SCA後續寄發的信件中，沒有再提到'646號專利，而First Quality也開始開發銷售其

---

[2] 5 U.S.C. § 282(b)(1)("(b)Defenses.—The following shall be defenses in any action involving the validity or infringement of a patent and shall be pleaded:(1) Noninfringement, absence of liability for infringement or unenforceability….").

產品[3]。

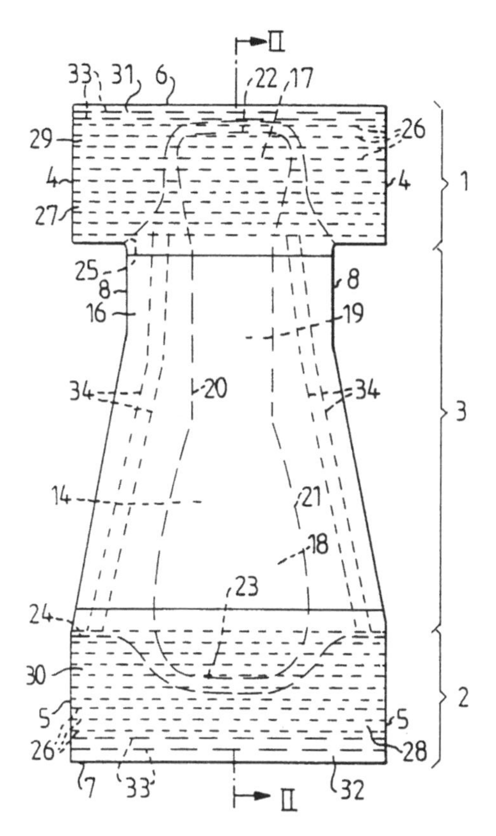


**圖10-1　美國專利號第6,375,646號專利代表圖**

2004年7月，SCA沒有通知First Quality，向美國專利商標局申請再審查，想確認'646號專利會不會因為Watanabe專利而無效。2007年3月，美國專利商標局審查結果，確認了'646號專利之有效性[4]。

又過了三年，2010年8月，SCA向First Quality提起訴訟，主張其侵害專利。而被告First Quality請求即決判決，主張遲延（laches）抗辯和

---

3 SCA Hygiene Products Aktiebolag v. First Quality Baby Products, LLC, 2017 WL 1050978, at 3 (2017).

4 Id. at 4.

衡平禁反言（equitable estoppel）。而地區法院認爲，SCA在2003年10月就已經知道侵權發生，卻遲至2010年8月才提起訴訟，該遲延乃不合理（unreasonable）且對被告造成不公平之傷害（impartial prejudice），故確實構成遲延[5]。另外，地區法院也認爲，SCA之行爲，確實構成誤導行爲（misleading conduct），而被告信賴（reliance）該行爲，若允許原告請求將造成被告實質傷害（material prejudice），構成所謂的衡平禁反言[6]。基於遲延及衡平禁反言兩項抗辯，判決原告敗訴[7]。

SCA因而向聯邦巡迴上訴法院上訴，在上訴期間，最高法院剛好判決了Petrella v. Metro-Goldwyn-Mayer案[8]。該案乃處理美國著作權法上消滅時效與其遲延抗辯（leach defense）之間的關係。最高法院在該案認爲，既然著作權法已經明文規定三年的消滅時效，原則上在三年內沒有傳統的遲延抗辯之適用。但是，最高法院該案只是處理著作權法上消滅時效與遲延抗辯之關係，而專利法上，聯邦巡迴上訴法院1992年的A. C. Aukerman Co. v. R. L. Chaides Constr. Co.案[9]，則認爲縱使在專利法六年的請求時限內，仍然有遲延抗辯與衡平禁反言之適用。因此，上訴法院的三人庭判決，根據仍有效的Aukerman案判例，SCA因爲遲延而無法請求損害賠償[10]。

該案又申請聯邦巡迴上訴法院全院審理（en banc），請求參考最高法院的Petrella案判決，檢討是否不再適用Aukerman案判例？聯邦巡迴上訴法院最後以6票比5票，維持Aukerman案之判例見解，認爲在專利法的六年請求時限內，仍然可以主張原告構成遲延，而阻礙其行使損害賠償請求權。全院判決認爲，國會在制定專利法納入六年請求時限時，將遲延抗

[5] SCA Hygiene Products Aktiebolag v. First Quality Baby Products, LLC, 2013 WL 3776173, at 4-8 (W.D. Ky., July 16, 2013).

[6] Id. at 8-12.

[7] Id. at 12.

[8] Petrella v. Metro-Goldwyn-Mayer, Inc., 134 S. Ct. 1962 (2014).

[9] A. C. Aukerman Co. v. R. L. Chaides Constr. Co., 960 F.2d 1020 (Fed Cir. 1992).

[10] SCA Hygiene Products Aktiebolag v. First Quality Baby Products, LLC, 767 F.3d 1339 (Fed. Cir., 2017).

辯納入了專利法第282條的各式廣泛抗辯中[11]。

## 三、最高法院判決

該案又上訴到聯邦最高法院。最高法院於2017年3月21日以7票比1票，做出判決，推翻了Aukerman案等相關判例，認爲在專利法六年之請求時限內，沒有遲延抗辯之適用。多數意見由Alito大法官撰寫。

### （一）國會制定消滅時效規定填補漏洞

首先，Alito大法官指出，最高法院2014年的Petrella案的判決理由有兩方面，一方面來自於權力分立原則；二方面來自於遲延在衡平中的傳統角色。該判決指出，消滅時效的規定，乃是國會所做的決定，認爲時效問題應該用一個固定、快速的判斷方式認定，比法院進行個案判斷的方式好。如果在國會制定的消滅時效期限內，仍然有遲延抗辯之適用，乃是給予法官一個「推翻立法」（legislation-overriding）的角色，而逾越了司法權[12]。此外，衡平法院之所以要創造遲延抗辯，是想塡補沒有消滅時效規定的漏洞，若已經有消滅時效規定，就沒有漏洞需要塡補了，若還適用遲延抗辯，將違反其目的[13]。

Alito大法官指出，最高法院Petrella案雖然乃討論著作權法第507條(b)，但其論理完全適用於專利法第286條。Petrella案中，最高法院認爲，著作權法條文已經顯示國會的決定，亦即在請求權產生之三年內，不能適用遲延抗辯。同樣地，專利法第286條也顯示出國會之決定，亦即在起訴前六年內之侵權，專利權人均可請求損害賠償[14]。

被告First Quality主張，此案與Petrella案不同，因爲著作權法第507

[11] SCA Hygiene Products Aktiebolag v. First Quality Baby Products, LLC, 807 F.3d 1311, 1323-1329 (Fed. Cir., 2015)(en banc).

[12] SCA Hygiene Products Aktiebolag v. First Quality Baby Products, LLC, 2017 WL 1050978, at 5 (2017).

[13] Id. at 5.

[14] SCA Hygiene Products Aktiebolag v. First Quality Baby Products, LLC, 2017 WL 1050978, at 6 (2017).

條(b)是寫「請求權產生起三年內」（向後計算），而專利法第286條是寫「起訴前六年內」（向前計算）。不過，Alito大法官指出，實際上在Petrella案中，仍然是將著作權法第507條(b)解釋爲從起訴時向前算三年[15]。被告First Quality又主張，眞正的消滅時效，是從原告發現訴訟原因（discovery a case of action）時起算，而專利法第286條卻不是這麼規定。但是Alito大法官指出，一般消滅時效就是從請求權形成（claim accrues）之日起算，而不是從發現訴訟原因時起算[16]。

## （二）專利法第282條是否納入了遲延抗辯

聯邦巡迴上訴法院認爲，專利法第286條一開始寫「除法律另有規定」，而專利法第282條就是這裡的另有規定；而第282條的廣泛文字，已經把遲延抗辯納入。First Quality也主張，遲延抗辯屬於第282條(b)(1)的「無法實施」（unenforceability）的情形之一。但Alito大法官認爲，即便第282條(b)(1)已經將遲延抗辯納入，但也不必然表示，在第286條的六年請求時限內，還可以援引遲延抗辯。事實上，國會既然在專利法已經放入第286條的請求時限，還另外保留遲延抗辯，這個可能性很低。聯邦巡迴上訴法院和被告並沒有舉出其他例子，證明國會會對一個時效問題同時賦予雙重保護[17]。

聯邦巡迴上訴法院和First Quality引用了一些1952年專利法制定前的判決先例，主張當時就已經有一個穩固的實務見解，認爲「遲延抗辯可以對抗專利侵權的損害賠償請求」，並進而主張，1952年制定專利法時，第282條已經納入了1952年前就存在的遲延抗辯。但是，Alito大法官認爲，1952年立法當時，有一個最重要的一般法律規則，就是在國會所明定的消滅時效內不可再援引遲延抗辯，並爲多個最高法院判決所承認。而最高法院Petrella案也確認並重申此一規則，因此，光引用一些下級法院判

15 Id. at 7.
16 Id. at 7.
17 Id. at 8.

決，並不足以支持，專利法第282條(b)(1)已經納入了一個不同的專利法規則[18]。

## （三）1952年前的判例是否承認遲延抗辯

聯邦巡迴上訴法院和First Quality引用了三類的案件：1. 1938年前的衡平案件（equity cases）；2. 1938年前根據法律所請求之案件（claims at law）；3. 1938年後法律和衡平合併之後判決之案件[19]。但Alito大法官分別攻擊了這三類案件，認爲這些案件無法證明，當時存在一廣泛明確之實務共識，可將遲延抗辯適用於專利侵權損害賠償。

Alito大法官認爲，「1938年前的衡平案件」中，許多案件原告並沒有請求損害賠償，即便有請求損害賠償的案件，也只是在判決旁論中提及遲延可能會阻礙損害賠償請求。將遲延適用於損害賠償請求的案件太少，無法證明當時已經有穩定的全國共識。總之，從1938年前的衡平案件中，最多可以知道，在衡平法院下可以援引遲延抗辯，但無法推論出遲延抗辯可以完全阻礙專利權人獲得賠償[20]。

其次，Alito大法官認爲，First Quality所引用的三個「1938年前根據法律所請求之案件」，好像認爲在消滅時效內仍然可以適用遲延抗辯。但其認爲，原則上國會立法是採取普通法之原則，被告所引用的案件數量太少，不足以推翻上述推定。First Quality主張，因爲在1870年後根據法律請求之專利案件不多，所以可引用之案件不多，但Alito大法官認爲這是First Quality該負的舉證責任[21]。

最後，於第三類「1938年之後的案件」，Alito大法官認爲，在法律與衡平法院合併後，更少案件可以支持，法院持續援引遲延以對抗請求權。只有兩個上訴法院認爲，遲延可以對抗請求權，但這不足以構成一個

---

[18] Id. at 8-9.
[19] Id. at 9.
[20] Id. at 9-10.
[21] Id. at 11.

「遲延抗辯可對抗專利請求權」的穩定、一致的實務見解[22]。

## （四）故意遲延提起訴訟問題

最後，最高法院指出，衡平禁反言原則可以保護First Quality所擔心出現的濫用問題，例如，不道德的專利權人引誘潛在的侵權對象先進行生產投資，然後過了多年後才提起訴。亦即，最高法院認為，在美國專利法第286條所定的期限內（起訴前六年）沒有遲延抗辯之適用，但仍然有衡平禁反言之適用。至於本案是否有衡平禁反言之問題，發回給上訴法院認定[23]。

撰寫反對意見的大法官Breyer，特別指出，在專利領域中，某些專利權人會故意等待潛在侵權人做了重大投資，且投資到了轉換成本過高時，再提起侵權訴訟[24]。對於這種惡意行為，雖然衡平禁反言仍可作為一種防止工具，但似乎不夠。故其認為，多數意見認為不適用遲延抗辯，將來這種專利惡意行使的問題將更加嚴重[25]。

---

[22] Id. at 11.

[23] Id. at 12.

[24] Id. at 20 (Breyer J. dissenting).

[25] Id. at 20 (Breyer J. dissenting).

# 第三節　衡平禁反言中的誤導行為：2018年Akeso Health Sciences LLC v. Designs for Health Inc.案

美國專利法中有所謂的「衡平禁反言」（equitable estoppel），相當於我國的誠實信用原則。如果專利權人長期不對潛在侵權人提告，且有某些誤導行爲，讓潛在侵權人信賴專利權人不欲行使其專利權，卻在多年後突然提起訴訟，損害潛在侵權人的信賴，則法院將禁止專利權人提告。2018年的加州中區地區法院的Akeso Health Sciences LLC v. Designs for Health Inc.案，就是這種衡平禁反言的典型訴訟。以下介紹這則判決。

## 一、事實

本案的專利權人是Akeso，其擁有美國專利號第6,500,450號專利（簡稱'450號專利），該專利乃是用於治療偏頭痛的藥物組合物，其發明人則爲Akeso創辦人之一的Hendrix先生。Akeso自己販賣一款實施該專利的藥，名爲MigreLief®。被告Designs for Health公司（簡稱DFH），則製造銷售一款名爲Migranol的治療偏頭痛的藥。原告於2016年於加州中區地區法院向被告起訴，指控被告藥物侵害其專利[1]。

在十年前，2006年4月18日，發明人Hendrix的律師寄信給被告DFH，告知其爲'450號專利的發明人，並宣稱Migranol藥與其專利組合物的成分「近似」，希望DFH停止製造與散布Migranol藥，並銷毀所有庫存，回收所有Migranol藥，並在2006年5月1日前以書面回報是否完成上述要求之行爲[2]。

2006年4月27日，DFH律師回信，爲了做更完整的侵害分析，並與客戶討論，所以他們需要更多時間，才能夠回覆上述要求。DFH的律師還說，我們最慢會在2006年5月12日前與你聯繫，並附上聯絡方式，供發明

[1] Akeso Health Sciences LLC v. Designs for Health Inc., 2018 WL 2122644, *1 (C.D. Cal. 2018).

[2] Id. at *1.

人與其聯繫。但自此之後，原被告雙方就沒有再有任何聯繫，直到原告於2016年10月18日於法院起訴侵權[3]。

被告DFH於2018年3月19日提出一動議，認爲本案因爲原告超過十年沒有起訴，符合美國專利法中所謂的衡平禁反言（equitably estoppel）原則，應該直接駁回其訴，而毋庸進入實體審查[4]。

## 二、地區法院判決

### （一）誤導行為

地區法院指出，要構成衡平禁反言以阻止專利權人起訴，必須證明三個要件：

1. 專利權人透過誤導行爲或沉默（misleading conduct or silence），讓被控侵權人合理的推論，專利權人並沒有想對侵權人實施其專利。

2. 被控侵權人信賴該行爲。

3. 如果允許專利權人進行請求，被控侵權人將受到實質損害（materially prejudiced）[5]。

而所謂的誤導行爲，乃指被控侵權人知道該專利權人或專利之存在，且知道或可以合理推論，專利權人已經得知該系爭侵權行爲一段時間[6]。至於沉默行爲是否算是誤導，根據以前的判決先例，必須存在某些其他的因素，讓該沉默足以達到惡意的程度（bad faith）被認爲是誤導[7]。其中一種被認定屬誤導性沉默的是，專利權人曾經威脅要立即或積極行使其專利權，但在一段過長不合理的期間，卻沒有任何作爲[8]。而法院在判決專利權人是否會因爲衡平禁反言而被駁回其訴時，必須考量所有與衡平

---

[3] Id. at *1.

[4] Id. at *1-2.

[5] Id. at *2.

[6] Id. at *2.

[7] 其引用1992年的Hemstreet v. Computer Entry Sys. Corp., 972 F.2d 1290, 1295 (Fed. Cir. 1992). Id. at *3.

[8] 其引用1992年的Meyers v. Asics Corp., 974 F.2d 1304, 1309 (Fed. Cir. 1992). Id. at *3.

有關的證據[9]。

## （二）警告信後十年都沒有起訴，構成了誤導行為

本案雙方並沒有爭執，Akeso公司或發明人Hendrix先生並沒有採取任何積極作爲，構成誤導DFH公司的行爲。因此，本案的問題在於，在Hendrix先生寄送警告信後，長達十年不起訴，這樣的不作爲，是否符合誤導行爲，而構成衡平禁反言？[10]

在1992年聯邦巡迴上訴法院的Hemstreet v. Computer Entry Sys. Corp.案中，原告曾於1983年寄信給被告，內容爲：1.提議協商授權契約；2.提到其他訴訟和被授權者；3.提到目前正在對被告相同產業的其他成員進行訴訟；4.要求被告研究完專利後與原告聯繫[11]。被告回信說會研究專利，並將與原告聯繫。被告並要求提供關於授權的進一步資訊，原告也提供了。但此後沒有任何的聯繫，直到1989年，原告與被告聯繫，提出授權協議[12]。

聯邦巡迴法院認爲，該案中，六年的沉默並不算是誤導，因爲授權的談判仍在持續進行中，且雙方並沒有處於對立地位，因此原告並沒有理由要被告立即回應[13]。法院認爲，當聯繫停頓時，應該是被告要與原告聯繫，原告沒有義務與被告聯繫。因此，任何不作爲的責任應該歸屬於被告，而非原告[14]。

在2010年聯邦巡迴上訴法院的Aspex Eyewear Inc. v. Clariti Eyewear, Inc.案中，原告寄給被告兩封警告信，信中指出「你們所銷售的某些產品，可能被信中所述專利請求項所涵蓋」，要求被告立即停止銷售任何涉

---

[9] 其引用2010年的Aspex Eyewear Inc. v. Clariti Eyewear, Inc., 605 F.3d 1305, 1310 (Fed. Cir. 2010).Id. at *3.
[10] Id. at *3.
[11] Hemstreet, 972 F.2d at 1292.
[12] Id.
[13] Id. at 1295.
[14] Id.

及侵害相關專利的產品，並與原告確認[15]。後來被告回信給原告，認爲他們相信，其產品並沒有侵害系爭二專利的有效請求項[16]。此後，雙方之間長達三年沒有再有任何聯繫[17]。聯邦巡迴法院支持地區法院，認定本案符合衡平禁反言，認爲從相關事證來看，被告會合理認爲已經遭到侵權訴訟威脅，而三年的停止聯繫，可認爲是行使權利上不合理的拖延[18]。

因此，本案加州中區地區法院認爲，長期沉默要被認爲是誤導，一開始的聯繫必須是「對立的」（adversarial），讓被告合理相信這是「威脅提起侵權訴訟」，而非「授權協商」。因此，本案中發明人Hendrix先生的用語，要求DFH立即停止製造散布系爭產品，並銷毀所有庫存，相當於Aspex案中的警告信內容。信中並沒有提出授權協商的可能。因此Hendrix先生的立場不可能是「非對立的」（non-adversarial）；而整封信都隱含著訴訟威脅，縱使沒有明白寫出來[19]。

既然認爲其屬於誤導性沉默（misleading silence），進一步的問題是，這樣的拖延是否屬於不合理的過長時間（unreasonably long time）。本案中，DFH沒有在其自己要求的延長時間內回信後，發明人Hendrix先生選擇不繼續其威脅。經過一段合理期間後，DFH可以解讀這個決定，是Hendrix要放棄自己的侵權請求[20]。

尤其在本案中，原告提起訴訟是在過了十年之後。美國專利法的消滅時效爲六年，則起訴前六年以前的請求均無法再請求，則專利權人放棄了前四年的潛在損害賠償，可被合理解釋爲放棄其請求。因此，法院認爲，專利權人透過誤導行爲（或沉默），讓被控侵權人合理的推論，專利權人不打算對被控侵權人行使其專利[21]。

---

15 Aspex, 605 F.3d at 1308.
16 Id. at 1309.
17 Id.
18 Id. at 1311.
19 Akeso Health Sciences LLC v. Designs for Health Inc., 2018 WL 2122644, at *3.
20 Id. at *4.
21 Id. at *4.

### （三）被告DFH信賴該誤導行為

其次，被告DFH必須證明，其對該誤導沉默有所信賴。只要證明，被告知道有可能被訴訟威脅，就會從事不同的行爲，就足以證明具有「信賴」（reliance）。DFH公司宣稱，如果Hendrix先生持續主張其請求，DFH將會考慮更改Migranol的仿單或其組成，以避免侵害系爭專利，或者將投資、行銷、製造、銷售等努力轉移到其他產品上。但因爲DFH相信Hendrix已經放棄了其侵權請求，所以DFH選擇在過去十年繼續製造銷售Migranol藥，甚至增加投資[22]。

Akeso提出，被告DFH的投資，在2006年到2010年間沒有增加，直到2012年到2017年才有實質成長。法院認爲，被告就是等到2006年起算後過了六年，原告都沒動作，表示已經放棄了部分請求權，DFH才決定擴大投資Migranol藥，這一點更證明被告是信賴原告的不作爲才擴大投資[23]。

### （四）被告DFH證明允許提告其將受到實質損害

最後一個要件，被告DFH必須證明，如果允許專利權人進行請求，將受到實質損害。法院指出，在過去六年以來，DFH對Migranol藥的行銷與投資的努力，導致該藥的銷售獲利成長四倍。法院認爲，這可以顯示，原告Akeso是看到市場的機會，想要重新主張已經放棄的請求，以剝奪DFH的高獲利。在經過十年沒有提告，在DFH對商品進行實質投資後，若法院現在允許Akeso提告，必然會損害DFH[24]。

## 三、結語

本文所介紹的Akeso Health Sciences LLC v. Designs for Health Inc.案，這個案例說明了，單純的長期不提告，未必構成誤導行爲，必須再搭配其他相關行爲，例如本案典型的情況是專利權人先寄發警告信，然後長期

---

[22] Id. at *4.
[23] Id. at *4.
[24] Id. at *5.

不作爲，讓潛在侵權人以爲專利權人不欲行使其專利，這樣才算有誤導行爲。相對地，倘若專利權人直接公開告訴大家，其不欲行使專利，這種具體陳述、作爲，更可以直接構成誤導行爲。

# 第四節　不正行為抗辯：2011年Therasense案

## 一、背景

美國專利侵權訴訟，除了專利有效性（invalidity）之抗辯外，還有一重要抗辯，稱爲專利無法實施（unenforceability）。此抗辯屬於一種衡平法（equitable defense）上之抗辯。

在此概念下，主要有三種抗辯，一種爲專利權人有專利濫用行爲（patent misuse）；一種爲專利申請懈怠（prosecution laches）[1]；另一種則簡稱爲不正行爲（inequitable conduct），但實際內容則爲詐欺或隱瞞重要資訊而取得專利，進而實施該專利時，被告可提出此種抗辯。在美國，據調查，80%的專利侵權訴訟，被告都會提出「不正行爲」作爲抗辯[2]。

## 二、不正行爲抗辯

### （一）不潔之手與起源

不正行爲（inequitable conduct）是專利侵權訴訟中的衡平抗辯（equitable defense）。這是一個法官透過判決發展出來的原則，其起源，則來自於美國最高法院不潔之手（unclean hands）原則的三個判決。

#### 1. Keystone案

首先第一個案件是1933年的Keystone案[3]，該案涉及的是僞證及湮滅證物的問題。專利權人知道在專利申請日前，已有第三人存在「可能的先使用」情事，卻未通知美國專利商標局（United States Patent & Trademark Office，以下簡稱美國專利局）。在取得該專利後，專利權人支付金額給

---

1 關於專利申請懈怠之中文介紹，請參考林靜華，「專利申請懈怠及申請人之不正行爲－以Cancer Research Technology v. Barr Laboratories案爲中心」，聖島國際智慧財產權實務報導，第13卷第3期，頁13-15，2011年。

2 林秋伶，「由2006年美國聯邦巡迴上訴法院之Ferring B.V. v. Barr Labs, Inc.案論『不正行爲』抗辯之成立要件」，聖島國際智慧財產權實務報導，第9卷第5期，頁13，2007年。

3 Keystone Driller Co. v. General Excavator Co., 290 U.S. 240 (1933).

先使用者，簽署一虛假宣誓書，說她的使用是一放棄的實驗，且願意對先使用情事保密並湮滅證據。當一切安排妥當，專利權人以該專利控告Byers Machine Co.公司（簡稱Byers）。地區法院由於不知道有先使用情形存在，故判決該專利有效，並認定存在侵權，而同意核發禁制令[4]。接著，專利權人用同一專利控告General Excavator Co.公司和Osgood Co.公司，並根據之前的Byers法院命令，要求暫時禁制令。法院拒絕核發，而在事證開示過程中，被告發現專利權人和先使用者之間的秘密協議，但地區法院不願意以不潔之手原則，駁回此案。被告不服上訴後，第六巡迴法院推翻地區法院判決，並駁回原告請求，而最高法院也支持第六巡迴法院判決[5]。

最高法院認爲，如果在Byers案審查時，專利權人和先使用者的秘密協議就被發現，那麼法院絕對會駁回原告之請求。如今專利權人利用Byers案之法院命令來控告General Excavator Co.公司和Osgood Co.公司，此就已經是帶著不潔之手上法院，因此駁回其請求是適當的[6]。

### 2. Hazel-Atlas案

1944年的Hazel-Atlas案[7]，一樣是涉及僞證和湮滅證據的問題。專利權人在申請專利時，專利局提出一質疑，爲了克服該質疑，專利律師自己寫了一文章，描述該發明具有顯著進步，並請一知名專家William Clarke簽上姓名，然後發表於產業雜誌上。然後專利權人將該文章題交給專利局，以支持其申請案，專利局因而同意核發該專利[8]。

專利權人繼而主張Hazel-Atlas Glass Co.公司（簡稱Hazel-Atlas）侵害專利權而提起訴訟。地區法院認定沒有侵權，上訴後，專利權人的律師強調Clarke的文章，而第三巡迴法院駁回地區法院判決，認爲該專利有效並且構成侵權。但此過程中，專利權人卻努力隱瞞該文章眞實作者的問題，

---

4 Keystone Driller Co. v. Byers Mach. Co., 4 F. Supp. 159 (N.D. Ohio 1929).
5 290 U.S. at 243-247.
6 290 U.S. at 247.
7 Hazel-Atlas Glass Co. v. Hartford-Empire Co., 322 U.S. 238 (1944).
8 Id. at 240-241.

在Hazel-Atlas與Clarke聯絡前後，專利權人都再三與Clarke聯絡確保其不要透露作者眞實身分。當被告與專利權人和解後，專利權人支付Clarke 8,000美元。但在後來的訴訟中，這些事情都被揭露出來[9]。

Hazel-Atlas根據這些新發現的事實，向第三巡迴法院要求撤銷原判決，但法院拒絕，上訴到最高法院後，最後法院撤銷第三巡迴法院判決。最高法院認爲，如果地區法院知道專利權人對專利局的欺騙行爲，就應該根據不潔之手原則駁回專利權人最初的侵權訴訟。同樣地，第三巡迴法院若知道專利權人湮滅證據，其也應該駁回其訴送。因此，最高法院撤銷不利於Hazel-Atlas的判決，並重申最初地區法院駁回專利權人的請求[10]。

### 3. Precision案

最後，則是1945年的Precision案[11]。該案中，同一專利有兩個申請人Larson和Zimmerman，因此專利局開啓申請衝突（interference）程序。Automotive Maintenance Machinery Co.公司（簡稱Automotive）擁有Zimmerman的申請案。 Larson在專利局的程序中，最初的陳述中，說出錯誤的觀念形成、公開、草稿、描繪和實際製作的日期。在此專利衝突程序中，他也作證支持之前的錯誤陳述[12]。Automotive發現這些僞證，但卻沒有告知專利局。相反地，其和Larson達成私下協議，並隱藏Larson作僞證的證據。Automotive最後取得了Larson和Zimmerman申請的專利。Automotive明知Larson的專利受僞證而污染，但仍然持之對他人行使[13]。

地區法院發現Automotive擁有不潔之手，而駁回其訴訟。但第七巡迴法院卻推翻地區法院判決，上訴後，最高法院又推翻第七巡迴法院判決。最高法院認爲，因爲專利權人沒有向專利局揭露該僞證的資訊，甚至主動

[9] Id. at 242-243.
[10] Id. at 250-251.
[11] Precision Instruments Manufacturing Co. v. Automotive Maintenance Machinery Co., 324 U.S. 806 (1945).
[12] Id. at 809-810.
[13] Id. at 807, 813-814, 818.

隱匿該僞證之證據，並擴大其效果，因此應該駁回其訴訟主張[14]。

## （二）誠實呈報與揭露義務

從上述最高法院三個關於不潔之手的判決，下級法院慢慢發展出另一獨立的原則，亦即不正行爲原則（inequitable conduct doctrine）。原本的不潔之手案件，處理的都是比較嚴重的不當行爲（egregious misconduct），包括僞證、製造虛假證據、隱匿證據等。而且，這些案子都是涉及「有意地規劃、精心執行的欺騙計畫」，且對象不只包括專利局，還包括法院[15]。但當不正行爲原則從不潔之手原則發展出來後，對不正行爲採取了更廣的範圍，不只包括前述的有意地欺騙專利局和法院的積極行爲，也包括單純不向專利局揭露資訊的行爲。而且，原本不潔之手原則的適用，法院只會駁回（dismiss）原告之訴而已，但適用不正行爲原則，法院則會判決整個專利無法實施（unenforceability）[16]。

由於專利申請人與專利審查人之間的資訊不對稱，故美國專利局課予申請人誠實（candor）義務與善意（good faith）義務[17]。美國專利法本身並未要求申請人送件前自行檢索先前技術，但依行政命令位階的37 C.F.R. §1.56條文規定：「與專利申請案有關之人，均有誠實義務與善意義務，包括向專利局揭露所有已知的、對專利性有重要影響的資訊。在專利之任一請求項尚未撤回、廢止前，均有此義務。若該資訊只對撤回之請求項有關，對其他請求項無關，則不須提出。……如果申請人有詐欺或試圖詐欺，或惡意違反揭露義務，或有故意不當行爲，則不可核准該申請案。[18]」

---

[14] Id. at 818-819.

[15] Therasense, Inc. v. Becton, Dickinson and Co. 649 F.3d 1276, 1287 (Fed. Cir. 2011).

[16] Id. at 1287.

[17] David O. Taylor, "Patent Fraud," 83 Temp. L. Rev. 49, 53-57 (2010).

[18] 37 C.F.R. §1.56 (a) ("...Each individual associated with the filing and prosecution of a patent application has a duty of candor and good faith in dealing with the Office, which includes a duty to disclose to the Office all information known to that individual to be material to patentability as defined in this section. The duty to disclose information exists with respect to each pending claim until the claim is cancelled or withdrawn from consideration, or the applica-

此一規定，課予專利申請人在美國專利與商標局前的誠實義務，要求申請人要揭露與該專利要件（產業利用性、新穎性、進步性與適當揭露）有關的重要資訊。如果在申請專利時違反該誠實義務，則專利侵權者可以提出不正行爲抗辯。一旦法院發現申請人有不正行爲，該專利在剩餘專利期間內，都無法實施（unenforceable）。即便該專利申請案，實際上是符合專利要件，但是仍然會因此不正行爲，而無法實施[19]。

若有此不正行爲，除了讓專利無法實施外；即便該未揭露資訊，僅存在於該申請案眾多請求項中的某一項，也會讓整個申請案的所有請求項都無法實施[20]。在某些案件中，該原則的適用，也甚至會波及到相關之專利，使相關專利也無法實施[21]。另外一種較中等的制裁，則是可讓專利權人因爲該不正行爲，支付被告之律師費。其根據美國專利法第285條：「法院在特殊情況可判給勝訴一方合理律師費。[22]」而因爲原告有不正行爲，屬於該條之特殊情況，而需支付被告律師費。由於美國律師費高昂，此也算是一種頗爲嚴重之制裁。

## （三）不正行為抗辯之要件

對於究竟如何才會構成不正行爲，根據美國聯邦巡迴上訴法院（The U.S. Court of Appeals for the Federal Circuit）之見解，可分成：1.隱匿（nondisclosure）或錯誤不實（misrepresentation）資訊的重大性（materiality）；以及2.欺瞞意圖（intention to deceive）兩要件。所謂的重大性，

tion becomes abandoned. Information material to the patentability of a claim that is cancelled or withdrawn from consideration need not be submitted if the information is not material to the patentability of any claim remaining under consideration in the application. ...However, no patent will be granted on an application in connection with which fraud on the Office was practiced or attempted or the duty of disclosure was violated through bad faith or intentional misconduct.").

[19] Star Scientific, Inc. v. R.J. Reynolds Tobacco Co., 537 F.3d 1357, 1365 (Fed. Cir. 2008).

[20] Kingsdown Med. Consultants, Ltd. v. Hollister, Inc., 863 F.2d 867, 877 (Fed. Cir. 1988) (en banc).

[21] Consol. Aluminum Corp. v. Foseco Int'l, Ltd., 910 F.2d 804, 812 (Fed. Cir. 1990).

[22] 35 U.S.C. § 285 (The court in exceptional cases may award reasonable attorney fees to the prevailing party).

乃指申請人所隱瞞的資訊，屬於對該申請案而言的重要資訊；而所謂的意圖，則是指申請人有意圖隱瞞該重要資訊。而此兩者的證明，原則上必須分開證明，提供直接證據或間接證據，且達到清楚及令人信服之證據（clear and convincing evidence）[23]。

### 1. 欺瞞意圖舊標準

聯邦巡迴上訴法院關於欺瞞「意圖」與「重大性」的標準，從發展以來曾出現過不同標準。聯邦巡迴上訴法院對「意圖」曾經採取較寬鬆的標準，認爲只要有重大過失（gross negligence）或一般過失（negligence），就具備欺騙之意圖[24]。但在1988年的聯邦巡迴上訴法院全院審查（en banc）的Kingsdown Med. Consultants, Ltd. v. Hollister, Inc.案中，則認爲若僅有重大過失，尚不足以推論出欺瞞意圖[25]。其認爲應採取足夠課責性標準（sufficient culpability），亦即法院必須考量所有證據，包括是否善意的證據，發現足夠的課責性，才構成不正行爲。雖然理論上各法院應該依循聯邦巡迴上訴法院全院審查之標準，但實際發展上，下級法院或聯邦巡迴上訴法院的各法庭在後續案件中，反而降低了標準，採取了「應該知道」（should have know）標準，而應該知道標準，就相當於一般過失的標準[26]。此外，2008年的聯邦巡迴上訴法院的Star Scientific, Inc. v. R.J. Reynolds Tobacco Co.案[27]中，首席法官Michel所寫的判決意見，提出「單一最合理推論」檢測（single most reasonable inference），其指出，若參考所有證據後，只有在其具有欺瞞意圖爲該證據單一最合理的推論，才可認定其具有欺瞞意圖[28]。但此份判決意見在後來的判決中被忽

[23] Kingsdown Med. Consultants, Ltd. v. Hollister, Inc., 863 F.2d 867；林秋伶，前揭註2，頁9。
[24] Driscoll v. Cebalo, 731 F.2d 878, 885 (Fed. Cir. 1984); Orthopedic Equip. Co., Inc. v. All Orthopedic Appliances, Inc., 707 F.2d 1376, 1383-84 (Fed. Cir. 1983).
[25] Kingsdown Med. Consultants, Ltd. v. Hollister, Inc., 863 F.2d 867 (Fed. Cir. 1988).
[26] Zhe (Amy) Peng, Stacy Lewis, Deborah Herzfeld, Jill MacAlpine Ph.D. and Tom Irving, "A Panacea for Inequitable Conduct Problems or Kingsdown version 2.0?: The Therasense Decision and a Look into the Future of U.S. Patent Law Reform," 16 Va. J.L. & Tech. 373, 377-378(2011).
[27] 537 F.3d 1357 (Fed. Cir. 2008).
[28] Id. at 1366.

視[29]。

### 2. 重大性之舊標準

至於重大性部分，聯邦巡迴上訴法院過去曾根據美國專利局1977年對美國聯邦法規彙編（Code of Federal Regulations）37 C.F.R. § 1.56（簡稱Rule 56）[30]的修正，採取「理性審查人」（reasonable examiner）標準[31]，亦即以客觀假設的理性審查人，來判斷該文獻是否屬於重大。1992年Rule 56修正後，對重大性則採取「表面成立案件」（prima facie case）和不一致（inconsistent）標準。其對重大性之判斷，認爲只要該文獻：(1)「能夠表面證明該專利無效之資訊」；或(2)「任何與專利申請人對專利有效性之立場矛盾或不一致之資訊」[32]，且其非重複於其他已提出過之文獻（not cumulative to information already of record or being made of record in the application），均爲重大文獻。

### 3. 滑動尺度

而且，爲了減輕舉證責任，聯邦巡迴上訴法院在1984年Am. Hoist & Derrick Co. v. Sowa & Sons, Inc.案中，發展出「滑動尺度」（sliding scale）的概念[33]，亦即在思考意圖與重大性兩者時，如果重大性的證明較強，可以意圖的證明可較弱；反之亦然。但這樣合併思考的結果，導致對兩者的要求都稀釋了[34]。

---

29 Christian Mammen, “Revisiting the Doctrine of Inequitable Conduct Before the Patent and Trademark Office,” 21 Fordham Intell. Prop. Media & Ent. L.J. 1007, 1015(2011).

30 37 C.F.R. § 1.56 (1977) (a reference is material if “there is a substantial likelihood that a reasonable examiner would consider it important in deciding whether to allow the application to issue as a patent.”).

31 Am. Hoist & Derrick Co. v. Sowa & Sons, Inc., 725 F.2d 1350, 1362 (Fed. Cir. 1984).

32 37 C.F.R. § 1.56 (1992)(Information is material to patentability when it is not cumulative to information already of record or being made of re-cord in the application, and (1) It establishes, by itself or in combination with other information, a prima facie case of unpatentability of a claim; or (2) It refutes, or is inconsistent with, a position the applicant takes in: (i) Opposing an argument of unpatentability relied on by the Office, or (ii) Asserting an argument of patentability.).

33 Am. Hoist, 725 F.2d at 1362.

34 Therasense, Inc. v. Becton, Dickinson and Co. 649 F.3d 1276, 1288 (Fed. Cir. 2011).

## 三、Therasense, Inc. v. Becton, Dickinson and Co.案

聯邦巡迴上訴法院終於在2011年5月，以全院審查方式，做出了Therasense, Inc. v. Becton, Dickinson and Co.案判決，修改了過去對不正行爲採取之較寬鬆的標準。

### （一）事實

該案事實大致如下，Therasense公司（現爲Abbott Diabetes Care公司，簡稱Abbott）爲美國專利第5,820,551號專利（簡稱'551號專利）之專利權人。該專利係主張，在拋棄式血糖測試條領域之技術，該測試條採用電化學之生物感應器，以測量血液中之葡萄糖濃度。2004年Abbott控告Becton, Dickinson and Co.公司（簡稱BD）及其供應商，主張其侵害'551號等專利[35]。

在'551號專利審查期間，美國專利局曾經提出Abbott擁有的第4,545,382號專利（簡稱'382號專利）作爲引證案，認爲'551號專利技術已經爲'382號專利所涵蓋。但Abbott當時主張，'382號專利所使用的薄膜（membrane）爲「選擇性地，但最好有（optionally, but preferably）此薄膜，當用於測量活血時」。當時Abbott的專利律師提出答辯，認爲'382號專利已限制需有一保護薄膜，而'551號專利技術就是無薄膜之感測器，故未爲該專利所揭露。Abbott之研發部門主管，也向專利局遞交宣誓書，認爲習於此技術之人會認爲於測試全血時會需要有保護薄膜之設計。其專利律師主張，之所以撰寫「選擇性地，但最好有」只是一專利寫作語法，但實質上仍然是限縮了其技術範圍[36]。

但被告主張，Abbott在更早之前，向歐洲專利局申請'382號專利之技術時，由於歐洲專利局拿出另一德國專利，指出該專利已經提及有一薄

---

[35] 周育全，「由Therasense, Inc. v. Becton, Dickinson and Co.案重新檢視不正行爲之判定標準」，聖島國際智慧財產權實務報導，第12卷第8期，頁9，2010年。

[36] Therasense, Inc. v. Becton, Dickinson and Co. 649 F.3d at 1282-1283；中文翻譯參考周育全，同前註，頁9-10。

膜，欲將其專利申請核駁，而Abbott向歐洲專利局所做陳述，卻與上述陳述矛盾[37]。其當時的陳述是該段文字之揭露「十分清楚，其爲選擇性地，然而當使用在活血上時，最好要有……」[38]故加州北區地方法院認爲，原告未向美國專利局揭露這段陳述，且這段陳述對'551號專利審查具有高度重要性，而所提出之解釋不具可信度，具有欺騙之意圖，故構成不正行爲[39]，並判決'551號專利之所有請求項均無法實施[40]。本案上訴到聯邦巡迴上訴法院，其由部分法官組成的審判庭也同意地方法院之判決[41]，但有一法官提出不同意見[42]。但被告仍然不服，要求聯邦上訴法院爲全院審查，最後在11位巡迴上訴法官中，六位法官做出多數意見判決，而推翻地方法院原判與上訴法院審判庭之判決[43]。

## （二）欺瞞意圖須知情及審慎決定

該案判決多數意見認爲，過去的舊標準過於寬鬆，而指出不正行爲的標準，應回歸最高法院不潔之手的Keystone案、Hazel-Atlas案、Precision案等標準，應較爲嚴謹。其認爲，要主張不正行爲，被指控侵權者必須證明專利權人有特別向專利局欺瞞的意圖。不實陳述或遺漏，在採取「應該知道」（should have know）標準下雖構成重大過失或過失，但並不能滿足此種欺瞞意圖的門檻。亦即，被指控侵權者，必須以清楚且具信服力之證據，證明專利申請人知道該文獻重要，且做出審慎的決策（deliberate decision）隱藏之[44]。亦即，其必須滿足「知情」（knowledge）和審慎決定（deliberate action）兩個要件。

此外，法院認爲，意圖和重大性爲兩個獨立的要件，兩者不可採用

---

[37] Therasense, Inc. v. Becton, Dickinson and Co. 649 F.3d at 1284.
[38] 周育全，前揭註35，頁10。
[39] Therasense, Inc. v. Becton, Dickinson & Co., 565 F. Supp. 2d 1088, 1127 (N.D. Cal. 2008).
[40] Id. at 1191-1192.
[41] Therasense, Inc. v. Becton, Dickinson & Co., 593 F.3d 1289 (Fed. Cir., 2010).
[42] Id. at 1312-1325 (Linn., J., concurring).
[43] Therasense, Inc. v. Becton, Dickinson and Co. 649 F.3d 1276, 1288 (Fed. Cir. 2011).
[44] Id. at 1290.

滑動尺度的方式來互補。亦即，當意圖的證據不足時，不可用較強的重大性證據來彌補，地區法院更不可僅從重大性之證據來推論出具有意圖。亦即，就算專利申請人知道該文獻，應該知道該文獻之重要，卻未向專利局提出，並不滿足意圖欺瞞之要件[45]。不過，意圖的直接證據本來就很罕見，法院仍承認可用間接或環境證據來推論意圖。但是，在使用此推論時，爲了滿足清楚且具信服力之證據標準，必須是從這些證據可合理地唯一推論出具有欺瞞意圖時，才能做此推論。因此，若可合理推論出多種結果時，就不可僅以間接證據推論出其具有欺瞞意圖[46]。最後，法院亦強調，主張不正行爲者負有舉證責任，必須先證明專利申請人有欺瞞意圖，且達到清楚且具信服力之標準，故專利申請人不需要對其隱瞞行爲提出善意解釋。就算欠缺善意解釋，也不能光憑此即推論具有欺瞞意圖[47]。

## （三）重大性採取「若不是」標準

法院指出，光提高欺瞞意圖的證據標準，並不能夠減少在訴訟中提出不正行爲主張的數量，也無法解決申請人向專利局提出太多文獻的問題。因此，其也必須提高重大性的標準。

關於重大性的標準，過去法院原則上傾向採取專利商標局聯邦命令彙編37 C.F.R. § 1.56（簡稱Rule 56）的標準。Rule 56在1977年版採取合理審查人標準，到1992年修正時，對重大性之判斷採取了新標準，包括：1.「其能夠表面證明該專利無效之資訊」；或2.「任何與專利申請人對專利有效性之立場矛盾或不一致之資訊」[48]，均爲重大文獻。但巡迴法院認爲，由於不正行爲原則是一訴訟上之原則，其不受專利局之命令限制，故

---

[45] Id. at 1290.
[46] Id. at 1290-1291.
[47] Id. at 1291.
[48] 37 C.F.R. § 1.56 (1992)( (1) It establishes, by itself or in combination with other information, a prima facie case of unpatentability of a claim; or (2) It refutes, or is inconsistent with, a position the applicant takes in: (i) Opposing an argument of unpatentability relied on by the Office, or (ii) Asserting an argument of patentability.).

認爲不需採取專利局命令的Rule 56的標準[49]。而且，在現行的Rule 56標準下的第一種類型，侵權被告能夠初步證明該專利無效，縱使專利申請人事後解釋該文獻不影響專利有效性時，此標準仍然使其構成不正行爲，法院認爲過度廣泛；而在第二種類型下，侵權被告只要指出專利申請人遺漏的某一文獻，可能質疑專利要件，都可以滿足重大性要件，此涵蓋範圍也屬廣泛[50]。法院認爲，若採取Rule 56的標準，會使專利申請人在申請專利時提出太多無用文獻的現狀繼續存在[51]。

聯邦巡迴上訴法院所提出的較嚴格的重大性標準，並非採用前述最高法院三個關於不潔之手的案例，而是根據最高法院另一個更早的案例Corona Cord Tire Co. v. Dovan Chemical Corp.案[52]，採用「若不是」（but for）標準[53]。所謂若不是標準，意思是說，如果隱瞞的文獻，不會影響專利之核發，則該文獻就不是重大文獻；但若隱瞞之文獻，若專利局知道該文獻即不會核發專利，則該文獻就是重大文獻[54]。

法院說明，此時採取的是較寬鬆的證據優勢標準（preponderance of the evidence）。比起專利有效性之判斷，在專利侵權訴訟中，被告提出一文獻後，根據清楚且具信服力之證據標準，地區法院可認定該專利無效。倘若因此認定該專利無效，當然該文獻也符合重大性要件，因爲在舉證責任上，清楚且具說服力之標準，比起證據優勢標準還高。但就算在專利有效性之證明上，無法證明專利無效，但仍然有可能可證明該文獻具有重大性[55]。

法院解釋，之所以採取較嚴謹之標準，因爲不正行爲的效果嚴重，不但可讓專利無法實施，甚至可讓整個同一系列專利都無法實施。倘若該文獻不影響本來仍然會核發之專利，亦即專利權人並沒有因不正行爲而得到

[49] 649 F.3d at 1294.
[50] Id. at 1294.
[51] Id.
[52] Corona Cord Tire Co. v. Dovan Chemical Corp., 276 U.S. 358, 373-374 (1928).
[53] 關於若不是標準之介紹，可參考趙秀文譯，英美侵權法，頁127，五南圖書，2006年。
[54] 649 F.3d at 1291.
[55] Id. at 1292.

不應擁有之專利、不公平之利益，則就不應給與如此嚴厲之制裁[56]。

不過，「若不是」標準實在太過嚴格，巡迴法院指出，倘若專利申請人有積極嚴重不當行爲（affirmative egregious misconduct）時，就算不滿足「若不是」標準，仍構成不正行爲。因此，若專利申請人故意提交一錯誤的宣誓書，不管是否影響專利之核發，該不正行爲都是重大的[57]。法院認爲，單純不揭露先前技術，或在宣誓書中未提及先前文獻，在採取若不是標準下，只要不影響原專利之核發，就不該被處罰。不過，法院也澄清，所謂的積極嚴重不當行爲，不是只有提交錯誤宣誓書此種類型而已，還可能存在其他類型[58]。

法院繼續解釋，其所採取的「若不是」標準，乃同於普通法（common law）上對詐欺（fraud）所採取的信賴證據。亦即，在普通法上要主張對方詐欺，必須能夠證明被詐欺者眞的因信賴對方言語而受害，倘若詐欺者的言語並沒有造成受害人合理信賴，則不可主張詐欺[59]。另外，法院指出，在商標案件與著作權的不實申請案件上，也是採取「若不是」標準[60]。故認爲此標準最爲妥當。

對於此重大性標準，有四位法官提出不同意見，反對「若不是」標準，而認爲應該尊重專利局提出的Rule 56標準[61]。另外，一位法官提出協同意見，認爲既然不正行爲是一衡平救濟，就不應該有一明確規則，而應該保留彈性，做出一套彈性的綜合考量判準[62]。

## （四）判決結果

聯邦巡迴法院在重新界定上述標準後，對於本案，做出了新的判決。

---

[56] Id. at 1292.
[57] Id. at 1292.
[58] Id. at 1293.
[59] 關於英美侵權法上詐欺與合理信賴的討論，可參考趙秀文譯，前揭註53，頁318-319。
[60] 649 F.3d at 1295.
[61] Id. at 1303 (Bryson, dissenting).
[62] Id. at 1300 (O'Malley concurring).

在重大性部分，原本地區法院對重大性採取的是Rule 56的標準，而非採取「若不是」標準，因而將案件駁回，發回重審。並指示地區法院在重審時，必須判斷若專利商標局得知申請人對歐洲專利局的陳述後，是否會影響其核發該專利，來認定該文獻是否重大[63]。

在欺瞞意圖部分，地區法院認爲專利權人未能對未揭露之資訊提出善意解釋，且仰賴「應該知道」的過失標準，而認定專利權人具有欺瞞意圖。巡迴法院認爲此標準不對，而駁回原判，發回地區法院重審。並指示在重審時，必須採取清楚及具信服力之舉證標準，採取知情且審慎決定之標準，判斷兩名宣誓者是否知道向歐洲專利局提出之資訊、是否知道該資訊之重大性，且清楚地決定不向美國專利局揭露[64]。

## 四、結語

### （一）無誠實呈報義務

臺灣專利法不似美國，並沒有誠實呈報義務。在專利法第26條第1項的充分揭露義務（說明書應明確且充分揭露，使該發明所屬技術領域中具有通常知識者，能瞭解其內容，並可據以實現），乃是針對說明書的撰寫，必須將所申請技術充分揭露，但並不要求對專利有效性之所有重要資訊均需誠實呈報給智財局。

而美國則是在聯邦行政法規的37 C.F.R. §1.56，具體規定了申請人的「主動」誠實呈報義務。除了美國，日本、印度、以色列等，均有類似的「主動」誠實呈報義務[65]。另外，加拿大、芬蘭、法國、英國等國，則

---

[63] Id. at 1296.

[64] Id. at 1296.

[65] 例如日本專利法第36條第4項第2號條文規定，申請人提出發明專利新案申請時，需一併於專利稿提示已知的相關公告技術資料，若未呈報，日本特許廳（JPO）會希望申請人提出說明理由。申請人無需呈報新案申請後才知悉的相關先前技術資料，但若申請人認爲有必要，亦可在申請期間補充呈報。假使官方認爲申請人新案送件時未充分揭露相關資料，必要時可發出補正通知。若此時申請人仍未予充分回應，才會導致官方正式發出相關核駁。相關介紹，可參考黃蘭閔，專利申請人先前技術呈報義務說明，2010年11月4日，北美智財權網站，http://59.120.20.200/tools/StdArtView.aspx?MtrID=M10C0103&CrsSer=1&UnzipDir=441_70545333，最後瀏覽日：2014年1月14日。

規定申請人有「被動」的誠實呈報義務。亦即，專利主管機關在審查時，可要求申請人提出所有已知的與該專利有效性有關的重要資訊[66]。

### （二）無「專利無法實施」之抗辯

在美國專利訴訟中，存在一種「專利無法實施」之抗辯，其不單純是因爲專利有效性受質疑而不構成侵權，而是因爲有不正行爲，故專利無法實施，甚至在同一申請案之某一請求項有不正行爲，而可影響到所有同一申請案的專利請求項，使得整個專利都無法實施。

前已說明，在美國，專利無法實施之抗辯，主要有三種理由，除了本文所討論的「不正行爲」之外，還有另一種專利濫用（patent misuse）。臺灣專利法中，對於這種專利無法實施之規定，並無類似條文，其沒有「不正行爲」抗辯，但原本曾經有過「專利濫用」規定。原本專利法第60條規定：「發明專利權之讓與或授權，契約約定有下列情事之一致生不公平競爭者，其約定無效：一、禁止或限制受讓人使用某項物品或非出讓人、授權人所供給之方法者。二、要求受讓人向出讓人購取未受專利保障之出品或原料者。」其與美國專利濫用規範[67]情況類似，但法律效果不同。美國若專利權人有此種行爲，其專利權暫時無法實施，但我國僅規定該種約定無效，而專利權本身仍然有效。於2011年專利法修正（2011年11月29日通過全文修正），將專利法第60條刪除[68]。

---

66 同上註。

67 關於美國專利濫用之介紹，可參考楊宏暉，論專利權之間接侵害與競爭秩序之維護，公平交易季刊，第16卷第1期，頁107-110，2008年；王立達、鄭卉晴，「智慧財產權人擴張權利金收取標的之研究——以美國競爭規範之區別處理爲中心」，公平交易季刊，第19卷第3期，頁37-39，2011年。

68 其刪除理由爲：「一、本條刪除。
二、本條係關於專利權讓與或授權契約中訂定不公平競爭約款之效力規定。經查美國、德國、日本及大陸地區之專利法，均無類似規定，而係依競爭法規範相關問題。至於英國修正前之專利法第44條，雖有類似規定，惟該規定亦於二○○七年修正時被刪除，回歸該國競爭法處理。足見國際立法例對專利權讓與或授權契約之不公平競爭行爲，傾向以競爭法規範。
三、查本條規定於三十八年本法施行時即已訂定，當時國內公平交易法制尚未完備，惟公平交易法業於八十年二月四日公布施行，細繹本條規範之行爲類型，應屬公平交易法第19條第6款所稱『以不正當限制交易相對人之事業活動爲條件，而與其交易之行爲』，自不能免於該法之規範。

綜上所述，臺灣專利法中本來有類似「專利濫用」之規定，惟專利法修正遭到刪除，至於本文關心的美國另外一種專利無法實施之抗辯，亦即「不誠實取得專利」此種「不正行爲」，臺灣專利法也欠缺規定。

---

四、再查，公平交易法對於私法契約違反公平競爭之行爲態樣中，僅於該法第18條對違反轉售價格自由決定之約定，賦予無效之法律效果，而對於『以不正當限制交易相對人之事業活動爲條件，而與其交易之行爲』，並未規定該約定無效。從而，本條規範之行爲雖生不公平競爭之結果，是否必然賦予當然無效之法律效果，立法政策上非無斟酌餘地。

五、綜上，專利權人如藉由市場優勢地位，於專利權讓與或授權契約訂有不公平競爭條款，應認已非屬行使權利之正當行爲，而應受公平交易法第19條及第36條之規範。至於在私法上是否認定其約定無效，則宜由法院於個案中依民法相關規定判斷爲妥，爰予刪除。」

# 第十一章　救濟：禁制令

## 第一節　禁制令

美國專利法第283條[1]規定：「法院可根據衡平原則，避免專利權受侵害，認爲合理時，核發禁制令。」關於美國禁制令核發之判準，可區分爲本案訴訟提起前的初步禁制令（preliminary injunction），以及本案訴訟判決後的永久禁制令（permanent injunction）。

### 一、永久禁制令

而最高法院在2006年的eBay案判決中指出，不論是初步禁制令或永久禁制令，其審查標準均一樣要考量衡平因素。聲請永久禁制令之原告，必須滿足四因素檢測，法院才可提供救濟。原告必須證明：

（一）其已經遭受無法彌補之損害。

（二）法律所提供的其他救濟方式（例如金錢賠償），不適合彌補該損害。

（三）在權衡原告和被告之負擔後，衡平救濟是正當的（considering the balance of hardships between the plaintiff and defendant, a remedy in equity is warranted）。

（四）公共利益不會被該永久禁制令傷害（public interest would not be disserved by a permanent injunction）。

1　35 U.S.C. § 283 ("[T]he several courts having jurisdiction of cases under this title may grant injunctions in accordance with the principles of equity to prevent the violation of any right secured by patent, on such terms as the court deems reasonable.").

## 二、初步禁制令

至於初步禁制令之審查標準，對比上述標準，只增加了一項，就是原告必須先證明：（一）本案勝訴可能性；或（二）足夠嚴重的問題讓其成爲訴訟的相當根據，且在兩相權衡後，傾向於支持請求方。在判斷本案勝訴可能性高後，仍然要進行前述四因素的考量。

# 第二節　禁制令之審查：2006年eBay v. MercExchange案

## 一、背景

關於美國禁制令核發之判準，可區分為本案訴訟提起前的初步禁制令（preliminary injunction），以及本案訴訟判決後的永久禁制令（permanent injunction）。美國專利法第283條[1]乃規定：「法院可根據衡平原則，避免專利權受侵害，認為合理時，核發禁制令。」

美國的初步禁制令，於臺灣的類似制度，為定暫時狀態假處分。至於永久禁制令的討論，接近於專利侵害後的「侵害排除請求權」。

美國法院對於禁制令的審查，有一套特殊的標準。美國最高法院在2006年做出eBay Inc. v. MercExchange, L.L.C.案判決，改變了過去美國專利訴訟中核發永久禁制令之判準。該案乃針對專利訴訟之永久禁制令，尤其專利蟑螂此特殊問題之禁制令問題。雖然其乃針對專利訴訟，且乃針對永久禁制令，但其對禁制令之核發標準，也影響到其他智慧財產權案件（著作權和商標權）。

## 二、eBay案事實

### （一）事實

美國最高法院於2006年做出eBay Inc. v. MercExchange, L.L.C.案判決。本案被告eBay是一拍賣網站，提供會員將二手商品列於其網站上拍賣，或以固定價格售出。而另一被告Half.com則是eBay所持有之子公司。原告MercExchange, L.L.C.則是一專利事業體，俗稱專利蟑螂，擁有許多專利，其中擁有一項商業方法專利，是在電子交易市場中，可透過中央認證信任程度以促進交易的商業方法專利（U.S. Patent No. 5,845,265）。

---

[1] 35 U.S.C. § 283 ("[T]he several courts having jurisdiction of cases under this title may grant injunctions in accordance with the principles of equity to prevent the violation of any right secured by patent, on such terms as the court deems reasonable.").

MercExchange已將這項專利授權給其他網站，也想要授權這項專利給eBay和Half.com，但是未能達成協議。於是MercExchange在維吉尼亞東區聯邦地區法院對eBay和Half.com提起專利侵權訴訟。陪審團判定該專利有效，且被告的確侵害該專利，並認爲給與損害賠償是適當的。

### （二）一、二審法院判決意見

原告要求核發永久禁制令，維吉尼亞東區聯邦地區法院駁回這項請求[2]。其陪審團判決認爲此案構成專利侵權後，地區法院則進而討論是否應核發永久禁制令。其表面上適用傳統的四因素檢測（four-factor test）標準，需考量：1.如果不核發禁制令，原告是否會遭受無法彌補之損害（irreparable injury）；2.原告在法律上是否有適當之救濟（an adequate remedy at law）；3.核發禁制令是否符合公共利益（in the public interest）；4.權衡雙方損害程度（balance of the hardships）是否傾向利於原告[3]。但是，地區法院卻增加了一些判斷類型，其認爲考量原告對其專利授權的意願、其在實施專利上沒有商業活動、其對媒體的評論提到其行使專利權的目的等，都足以推翻「若不核發禁制令將造成無法彌補之損害」此一推定[4]。

原告不服上訴後，聯邦巡迴上訴法院推翻地區法院判決，採取了一般規則（general rule），亦即當法院認定專利有效且構成侵權時，就應該核發永久禁制令[5]。聯邦巡迴法院引用另一先例Richardson v. Suzuki Motor Co.案，該案認爲一般規則，就是「涉及專利權時，只要已清楚證明（clear showing）專利有效性及侵權存在，即可推定（presumed）有無法彌補之損害。[6]」

---

2 275 F. Supp. 2d 695 (2003).
3 MercExchange, L.L.C. v. eBay, Inc., 275 F. Supp. 2d 695, 711 (E.D. Va. 2003).
4 eBay, 275 F. Supp. 2d at 712.
5 MercExchange, L.L.C. v. eBay, Inc., 401 F.3d 1323, 1338 (Fed. Cir. 2005).
6 868 F.2d 1226, 1246-1247 (Fed. Cir. 1989) (quoting H.H. Robertson Co. v. United Steel Deck, Inc., 820 F.2d 384, 390 (Fed. Cir. 1987)).

# 三、最高法院判決

## （一）多數意見

本案上訴到最高法院，美國最高法院於2006年做出eBay, Inc. v. Merc Exchange, L.L.C.案判決[7]。最高法院全體一致做出判決，Thomas大法官撰寫的法院意見認爲，地區法院見解和聯邦巡迴法院見解，都沒有正確地適用衡平（equitable）考量因素。其引用過去幾個在環境訴訟中的禁制令判決，認爲根據早已穩定建立的衡平原則（principles of equity），聲請永久禁制令之原告，必須滿足四因素檢測，法院才可提供救濟。原告必須證明：

1. 其已經遭受無法彌補之損害。

2. 法律所提供的其他救濟方式（例如金錢賠償），不適合彌補該損害。

3. 在權衡原告和被告之負擔後，衡平救濟是正當的（considering the balance of hardships between the plaintiff and defendant, a remedy in equity is warranted）。

4. 公共利益不會被該永久禁制令傷害（public interest would not be disserved by a permanent injunction）[8]。

最高法院進而指出，這些類似原則，也一樣適用於專利法的爭議。最高法院認爲，若重大偏離長久以來傳統的衡平運作（a major departure from the long tradition of equity practice），國會不能用默示的方式爲之。在專利法中，國會並沒有要求這種偏離。相反地，專利法第283條[9]明確地規定，禁制令「可」（may）「根據衡平原則」核發[10]。

專利法賦予專利權人排除他人製造、使用、要約、銷售的權利，而聯

[7] eBay Inc. v. MercExchange, L.L.C., 547 U.S. 388 (2006).

[8] Id. at 391.

[9] 35 U.S.C. § 283 ("[T]he several courts having jurisdiction of cases under this title may grant injunctions in accordance with the principles of equity to prevent the violation of any right secured by patent, on such terms as the court deems reasonable.").

[10] eBay, 547 U.S. at 391-392.

邦巡迴法院認爲，此一排除權本身，就可支持其引述的核發永久禁制令的一般規則。但最高法院認爲，創造一項權利，跟對違反該權利提供救濟是兩回事。而且，專利法規定的權利，本來就需要受到專利法其他條文之限制，前述專利法第283條已指出，禁制令之核發「可根據衡平原則」[11]。

法院也指出，這個取徑，與他們在處理著作權法禁制令的議題一致。著作權人也一樣擁有排除他人使用其著作財產權之權利。而同樣地，著作權法第502條(a)也有類似規定，法院爲了避免或限制著作權之侵權，而認爲合理時，可核發暫時或永久禁制令[12]。而參考過去最高法院在著作權禁制令的判決中，法院也一致地拒絕「認定構成侵害著作權後就可自動地核發禁制令法院」此一規則，來取代傳統的衡平考量[13]。

最高法院接著指出，雖然兩個下級法院都有引出正確的四因素檢測，但兩法院各自適用了「廣泛分類」（broad classifications），而與傳統衡平原則不符[14]。地區法院自己增加了一些內涵，尤其當「原告願意授權其專利」且「其沒有實施專利的商業活動」，就認爲不核發禁制令專利權人也不會有無法彌補損害。但傳統的衡平原則並沒有接受如此廣泛類型。法院指出，例如很多大學或獨立發明家都擁有專利，但通常都沒有資金自己實施專利，而願意授權他人使用。只要他們可以滿足四因素檢測，法院不認爲他們屬不可聲請禁制令的類型。而且，這也與最高法院過去另一Continental Paper Bag Co. v. Eastern Paper Bag Co.案[15]的見解不符。該案中，專利權人不合理地拒絕使用其專利，但法院判決認爲衡平法院仍有權核發禁制令[16]。

至於聯邦巡迴法院，則採取了另一種對立的立場，認爲在專利案件中有「一般規則」，只要認定專利有效且構成侵權，就可核發永久禁制令。聯邦巡迴法院還說，只有在「不正常」案件中、在「例外情況」中，以及

---

[11] Id. at 392.

[12] 17 U.S.C. § 502(a).

[13] eBay, 547 U.S. at 392-393.

[14] Id. at 393.

[15] 210 U.S. 405, 422-430 (1908).

[16] eBay, 547 U.S. at 393.

「在極少數爲了保護公共利益」之案件中，才可不核發禁制令[17]。而最高法院認爲這一樣也是做出錯誤的類型化工作[18]。

最高法院最後撤銷聯邦巡迴法院之判決，將案件發回地區法院，且要求地區法院用傳統的四因素檢測法進行考量，但最高法院對eBay案本身並無定見。其指出，是否要核發禁制令，是地區法院的衡平裁量權，而此裁量權之行使，必須符合傳統的衡平原則，不論在專利案件，還是其他採用此標準的案件中[19]。

## （二）協同意見

雖然此案屬於全體一致同意判決，亦即大家都同意法院判決結論，但就部分論理上，大法官們持不同意見，故最高法院院長Roberts和Kennedy各撰寫一份協同意見，而Scalia和Ginsburg大法官加入Roberts大法官的協同意見，Stevens、Souter、Breyer等大法官加入Kennedy大法官的協同意見。

Roberts大法官撰寫的協同意見指出，法院意見提到「傳統的衡平運作」（long tradition of equity practice），而自19世紀初期以來，各法院在大多數的專利案件中，只要認定構成侵權，通常都會核發禁制令。此種「傳統的衡平運作」，主要是因爲在過去的環境背景下，要透過金錢賠償的方式，的確難以保護專利權人的排他權，所以在四因素檢測中，會認爲應核發禁制令。但是，這樣的歷史背景，並不表示可推出一般規則，認爲一定要對專利權人核發永久禁制令。此外，根據既定的四因素檢測標準來行使衡平裁量權，與完全不受拘束的裁量不同。之所以要限制裁量權，就是要提升一「相同案件應相同處理」之正義原則[20]。

Kennedy大法官的協同意見，一方面是針對Roberts大法官的意見而來。Kennedy認爲，過去歷史上大多專利案件都會核發禁制令，並非如

---

[17] MercExchange, 401 F.3d, at 1338-1339.
[18] 547 U.S. at 393-394.
[19] Id. at 394.
[20] Id. at 395 (Roberts, Ch. J. concurring opinion).

Roberts所言，是因爲那時代的背景「很難透過金錢賠償來保障排除權」使然。其認爲，之所以過去大部分的專利侵權案都會核發禁制令，只是因爲那時候普遍的案件脈絡所致。其認爲，過去的歷史案件之所以重要，必須是與現在的案件有類似之處，才値得參考。但過去的專利使用與現今不同，過去公司用專利來生產產品；但現在的公司用專利來取得授權金，而禁制令只是成爲對眞正製造生產產品公司索取高額授權金的工具而已。因此，Kennedy認爲，針對這種新型態公司，金錢賠償已經足夠補償其侵權損失，而且核發禁制令並不能滿足公共利益。另外，Kennedy亦認爲，商業方法這種專利是過去較少見的，其有效性較受質疑且具模糊性，故在四因素檢測下也會產生不同結果。因此，Kennedy認爲，法院在行使專利法下禁制令的衡平裁量時，也應考量科技及法律的快速發展。故地區法院必須判斷，過去的運作是否符合現在案件的情形[21]。

## 四、eBay案後的市場競爭要件

在eBay案之後，各下級法院在專利案件中核發永久禁制令時，都回歸四因素檢測法。但採用四因素檢測法，是否會不利於專利蟑螂此種不事生產但願意授權的專利權人？最高法院並沒有提供明確指引，而留給地方法院自行判斷，學者也提出不同建議[22]。然而，採取四因素檢測法後，經美國學者整理歸納許多地區法院判決，均發現呈現一趨勢。雖然各地區法院在大部分專利侵權案件中，仍會核發永久禁制令，但是直接市場競爭（direct market competition）似乎成爲取得永久禁制令的一個決定因素。亦即，要成功取得永久禁制令，必須自己有將專利商業化，且被告與自己相互競爭[23]。歸納地區法院案例可知，法院拒絕核發永久禁制令的案件，

---

21 Id. at 395-396 (Kennedy, J. concurring opinion).

22 Robin M. Davis, Failed Attempts to Dwarf the Patent Trolls: Permanent Injunctions in Patent Infringement Cases Under the Proposed Patent Reform Act of 2005 and eBay v. MercExchange, 17 Cornell J. L. & Pub. Pol'y 431, 447-452 (2008).

23 Gregory d'Incelli, Has eBay Spelled the End of Patent Troll Abuses? Paying the Toll: the Rise (and Fall?) of the Patent Troll, 17 U. Miami Bus. L. Rev. 343, 360 (2009).

通常都是被告與原告並非市場競爭者，而原告通常願意授權[24]。

因此，論者認爲，地區法院在eBay案之後的審理趨勢，似乎與Thomas大法官的全體一致意見不同，因爲Thomas大法官已經指出，不該創造一種類型，尤其不該只因爲原告沒有從事商業活動，或者願意授權，就拒絕核發禁制令。但美國學者發現，現實運作上的確創造了這一種拒絕核發永久禁制令之類型[25]。在沒有從事商業活動，且願意授權者，在做四因素檢測時，第一因素往往被認爲沒有無法彌補之損害，第二因素也認爲金錢賠償救濟已經適當，故地區法院因而拒絕核發永久禁制令[26]。論者指出，這樣的發展，反而與Kennedy大法官的協同意見相符，亦即展現出對專利蟑螂的敵意。既然專利蟑螂願意授權，且只想取得授權金或損害賠償，地區法院即認爲沒有必要核發永久禁制令[27]。

對於地區法院這樣的發展，雖有學者認爲已經偏離了最高法院Thomas大法官在eBay案中的全體一致意見，強調不應創造出某種拒絕永久禁制令的類型，而認爲應該確實地回歸四因素檢測法[28]。但部分論者卻認爲，這個發展方向是好的，因爲強調市場競爭要件，可以讓眞正從事市場競爭的原告，透過永久禁制令，避免市占率降低；但另方面對於專利蟑螂此等只想取得授權金的人，拒絕核發永久禁制令，可以避免他們以禁制令作爲談判籌碼，也就不再能夠獲取過高報酬[29]。亦有論者指出，在新判準下，專利蟑螂仍可生存，而需要改革其他專利制度以抑制專利蟑螂之運作[30]。

[24] Id. at 360-361; Benjamin H. Diessel, Trolling for Trolls: The Pitfalls of the Emerging Market Competition Requirement for Permanent Injunctions in Patent Cases Post-eBay, 106 Mich. L. Rev. 305, 310-322 (2007).

[25] Benjamin H. Diessel, supra note 24, at 323-324.

[26] Id. at 325-326.

[27] Gregory d'Incelli, supra note 23, at 361-362.

[28] Benjamin H. Diessel, supra note 24, at 323-324.

[29] Gregory d'Incelli, supra note 23, at 362-363.

[30] Damian Myers, Reeling in the Patent Troll: Was eBay v. MercExchange Enough?, 14 J. Intell. Prop. L. 333, 351-354 (2007).

# 五、美國與臺灣比較

## （一）初步禁制令與定暫時狀態假處分比較

關於初步禁制令，臺灣類似制度爲定暫時狀態假處分。民事訴訟法第538條規定：「於爭執之法律關係，爲防止發生重大之損害或避免急迫之危險或有其他相類之情形而有必要時，得聲請爲定暫時狀態之處分。前項裁定，以其本案訴訟能確定該爭執之法律關係者爲限。第一項處分，得命先爲一定之給付。法院爲第一項及前項裁定前，應使兩造當事人有陳述之機會。但法院認爲不適當者，不在此限。」第538條之4規定：「除別有規定外，關於假處分之規定，於定暫時狀態之處分準用之。」

此外，我國智慧財產案件審理法第52條第1項規定：「聲請定暫時狀態之處分時，聲請人就其爭執之法律關係，爲防止發生重大之損害或避免急迫之危險或有其他相類之情形而有必要之事實，應釋明之；其釋明有不足者，法院應駁回聲請。」第2項：「聲請之原因雖經釋明，法院仍得命聲請人供擔保後爲定暫時狀態之處分。」第3項：「法院爲定暫時狀態之處分前，應令兩造有陳述意見之機會。但聲請人主張有不能於處分前通知相對人陳述之特殊情事，並提出確實之證據，經法院認爲適當者，不在此限。」第4項：「聲請人自定暫時狀態之處分送達之日起十四日之不變期間內，未向法院爲起訴之證明者，法院得依聲請或依職權撤銷之。」此等規定，乃優先於民事訴訟法適用。另外，智慧財產案件審理細則第37條規定：「聲請人就有爭執之智慧財產法律關係聲請定其暫時狀態之處分者，須釋明該法律關係存在及有定暫時狀態之必要；其釋明不足者，應駁回聲請，不得准提供擔保代之或以擔保補釋明之不足。聲請人雖已爲前項釋明，法院爲定暫時狀態處分之裁定時，仍得命聲請人提供相當之擔保。法院審理定暫時狀態處分之聲請時，就保全之必要性，應審酌聲請人將來勝訴可能性、聲請之准駁對於聲請人或相對人是否將造成無法彌補之損害，並應權衡雙方損害之程度，及對公眾利益之影響。前項所稱將來勝訴可能性，如當事人主張或抗辯智慧財產權有應撤銷或廢止之原因，並爲相當之舉證，法院認有撤銷或廢止之高度可能性時，應爲不利於智慧財產權人之裁定。」

相比之下，智慧財產案件審理細則第37條第3項規定，即是參考美國核發禁制令之四因素檢測法[31]。而在智慧財產審理法及審理細則通過後，智慧財產法院已經改變過去普通法院審核定暫時狀態假處分之處理方式，採取「本案化審理」，亦即必須詳細審理本案輸贏可能，除了證明本案勝訴可能性之外，還需證明若不核發假處分是否會造成權利人無法彌補之損害等[32]。

不過，從比較上也可發現，臺灣訴訟制度與美國制度之不同。臺灣民事訴訟法第526條第2項，卻規定：「前項釋明如有不足，而債權人陳明願供擔保或法院認爲適當者，法院得定相當之擔保，命供擔保後爲假扣押。」可以用擔保取代釋明不足之方式。但美國並沒有在釋明不足時，用擔保以代釋明不足之方式處理。

而臺灣智慧財產法院實務運作上，由於法律要求採取美國之四因素檢測，已經改變過去允許以擔保代釋明的方式，認爲若釋明不足，則裁定駁回。實際上，在智慧財產法院開始適用智慧財產案件審理法及審理細則以來，大部分聲請定暫時狀態假處分之案例，都因爲無法通過四因素檢測，而裁定駁回其假處分聲請[33]，當然也不准許其以擔保替代釋明之不足[34]。

另外，臺灣法院在裁定定暫時狀態假處分後，相對人也可根據民事訴訟法第536條規定，提供反擔保以免爲或撤銷假處分；相對地，由於美國法院在審核初步禁制令時，已經就本案勝訴可能性做較詳細之調查，且認爲對權利人很可能會造成無法彌補之損害，才決定核發初步禁制令，既然對權利人很可能有無法彌補之損害，就不會允許相對人（被告）提供反擔保免爲或撤銷假處分[35]。

---

[31] 邵瓊慧，我國智慧財產案件定暫時狀態處分制度之研究——兼論美國案例最新發展，智慧財產訴訟制度相關論文彙編第1輯，頁357-371，司法院，2010年11月。

[32] 邵瓊慧，同上註，頁357-371。

[33] 邵瓊慧，同上註，頁357-368。

[34] 邵瓊慧，同上註，頁398。

[35] 邵瓊慧，同上註，頁373。

比較臺灣智慧財產法院運作，從晚近幾個判決來看[36]，智慧財產法院也不准予相對人提供擔保免爲假處分或撤銷假處分。但是最高法院對此議題，似乎有不同見解，在專利案件中，認爲可讓相對人提供擔保免爲或撤銷假處分[37]；但在著作權案件中，卻不准許相對人提供擔保免爲或撤銷假處分[38]。最高法院在兩種案件中的態度不同，而受到學者質疑[39]。未來是否會改變見解，值得後續追蹤。

## （二）永久禁制令與侵害排除請求權比較

本文討論的eBay案，處理的是專利侵權之永久禁制令的問題，與臺灣的侵害排除請求權與侵害防止請求權類似。

美國專利法第283條[40]乃規定：「法院可根據衡平原則，避免專利權受侵害，認爲合理時，核發禁制令。」美國著作權法第502條(a) [41]也有類似規定：「法院爲了避免或限制著作權之侵權，而認爲合理時，可核發暫時或永久禁制令。」因此，美國最高法院指出，專利及著作權之權利，不代表一定有救濟權，亦即不一定可要求衡平救濟（禁制令）。因此，最高法院仍要求採取四因素檢測法，就算被告因侵權而原告勝訴，但仍須考量到其他救濟的妥適性，並提及衡平救濟是一種例外手段，如果金錢賠償[42]已足夠則不要動用衡平救濟。

相對來看，臺灣專利法第96條第1項、第2項規定：「發明專利權人對於侵害其專利權者，得請求除去之。有侵害之虞者，得請求防止之。發

36 智慧財產法院97年度民全字第87號裁定、智慧財產法院98年度民專抗字第7號裁定。

37 最高法院98年度台抗字第585號裁定。

38 最高法院96年度台抗字第40號裁定。

39 邵瓊慧，同前註31，頁398-400。

40 35 U.S.C. § 283 ("[T]he several courts having jurisdiction of cases under this title may grant injunctions in accordance with the principles of equity to prevent the violation of any right secured by patent, on such terms as the court deems reasonable.").

41 17 U.S.C. § 502(a) ("[A]ny court having jurisdiction of a civil action arising under this title may, subject to the provisions of section 1498 of title 28, grant temporary and final injunctions on such terms as it may deem reasonable to prevent or restrain infringement of a copyright.").

42 關於美國專利訴訟中之損害賠償，可參考羅炳榮，工業財產權叢論——基礎篇，頁225-252，翰蘆圖書出版，2004年6月。

明專利權人對於因故意或過失侵害其專利權者，得請求損害賠償。」比較臺灣與美國法條之差異可知，臺灣專利法之侵害排除請求權與侵害防止請求權，乃法律明文賦予專利權人與著作權人之權利，也沒有「合理時」此種限制條件，故在臺灣運作上，只要專利權人在本案訴訟上勝訴，就可以要求法院排除被告之侵害行爲，而法院不需要考慮是否有其他更適當之救濟管道（例如金錢賠償）。至於侵害防止請求權，有學者認爲根本無存在必要[43]，實務上似乎也很少見主張此請求權者。

臺灣專利法直接賦予權利人侵害排除請求權和侵害防止請求權，取得了一實質的「排他權」[44]。此可能導致權利人在某些只想取得金錢賠償之案件中，卻運用排除侵害請求權作爲談判籌碼，取得高於市價之不合理授權金。和美國比較之下則可知，美國雖賦予專利人權利，但並不當然賦予其衡平救濟手段（禁制令）。綜合比較可知，臺灣智慧財產權的周邊配套制度（例如本文研究之救濟手段），保護程度似乎比美國還要高。

## 六、結語

綜合言之，爲何臺灣在智慧財產權之定暫時狀態假處分，學習美國之四因素審查，但在侵害排除請求權，卻不要求考量四因素審查，造成兩者設計矛盾。但若仔細考察，在智慧財產案件審理法中，只要求定暫時狀態假處分，進行本案化審理，亦即需要審查本案勝訴可能性，但未要求後續四因素審查，而是在智慧財產案件審理細則中，才要求四因素審查。

因此，解決上述矛盾之處，有兩種可能方式：第一，修改智慧財產案件審理細則第37條第3項規定，僅保留「法院審理定暫時狀態處分之聲請時，就保全之必要性，應審酌聲請人將來勝訴可能性」即可，刪除後面的

---

43 鄭中人，專利權之行使與定暫時狀態之處分，台灣本土法學，第58期，頁115，2004年5月；鄭中人，專利法規釋義，頁2-168，考用，2009年3月。

44 在此使用排他權，與國內討論專利權是否爲排他權和是專有權之爭論無關，而是就其是否當然取得排除侵害請求權的意思，而說明其排他權的效力。關於國內討論專利權究竟爲排他權還是專有權的討論，可參考張澤平，專利權只是一種排他權之評析，智慧財產權月刊，第90期，頁57-63，2006年6月。

四因素審查。如此即可與侵害排除請求權一致，亦即不考量四因素審查；第二，則是仿照美國在永久禁制令之核發審查時，一樣需考量四因素審查，亦即修改專利法第96條，僅規定於「合理時」才給與其排除侵害請求權。至於防止侵害請求權，如學者建議，應可刪除。甚至可於智慧財產案件審理法及審理細則中，如定暫時狀態假處分一般，要求在審理排除侵害請求權方面，一樣要採取四因素檢測法。

對於上述兩種解決方式，筆者傾向第二種建議，亦即均採取四因素審查，以讓法院在核發禁制令救濟時，應更加謹慎。

# 第三節　多功能產品之禁制令審查：2015年Apple v. Samsung案

2012年起，蘋果電腦（Apple）對三星（Samsung）提出訴訟，認為Samsung銷售的智慧型手機和平板電腦，侵害了蘋果電腦的幾項專利，包括滑動解鎖功能、自動為詞組提供超連結功能，以及拼音輸入自動修正拼字錯誤功能。在訴訟後，一審陪審團判決Samsung確實侵害蘋果電腦的專利。

蘋果電腦聲請禁制令，要求Samsung移除其產品中侵權的功能，但一審地區法院卻不核發禁制令。本案上訴聯邦巡迴上訴法院後，法院於2015年12月16日做出推翻地區法院的判決，認為應核發蘋果電腦聲請之禁制令。以下介紹該判決。

## 一、事實

### （一）滑動解鎖專利

2007年，蘋果電腦推出iPhone。其在推出前申請了多項專利，包括美國專利第5,946,647號、第8,046,721號和第8,074,172號。這三項專利就是本案的系爭專利。'721號專利的請求項第8項，是關於一觸控螢幕專利，當使用者接觸「解鎖圖案」，將該圖案滑移到第二個事先定義的點，螢幕就可解鎖。雖然看起來很直覺，但是蘋果電腦認為這個功能是iPhone使用者的核心體驗[1]。

'647號專利請求項第9項，涉及一個在文字中偵測出「資料結構」的一個系統，並自動產生一個連結。例如，其可以在一個簡訊中偵測電話號碼，並自動產生連結，讓使用者可以直接點選撥號，或者複製號碼到通訊錄中[2]。

---

1 Apple Inc. v. Samsung Elecs. Co., 2015 U.S. App. LEXIS 21803, at 3-4 (Fed. Cir. 2015).
2 Id. at 4.

’172號專利請求項第18項，涉及一方法專利，可在觸控螢幕上自動修正拼字的錯誤[3]。

iPhone推出後非常成功，其他手機公司因而跟進。其中，Samsung開發了類似與之競爭的智慧型手機。

2012年2月，蘋果電腦對Samsung提出訴訟，主張侵害了智慧型手機以及平板電腦的五項專利，包括本案系爭的’721號、’647號及’172號專利。地區法院最初以即決判決認定Samsung侵害’172號專利。案件又進入陪審團審判，陪審團認定Samsung的九項產品侵害了蘋果電腦的’647號和’721號專利，裁決Samsung應賠償1億1,962萬餘美元[4]。

### （二）聲請限制範圍的禁制令

進而，蘋果電腦向法院聲請核發禁止令，禁止Samsung製造、使用、銷售、開發、廣告、進口到美國上述產品中執行這些侵權功能的軟體。也就是說，蘋果電腦要求禁止的，不是整個Samsung的智慧型手機和平板，而只是侵權的軟體功能。此外，蘋果電腦所提出的禁制令內容，有30天的日落期，讓Samsung有時間刪除或修改其軟體，然後禁制令才開始生效[5]。

雖然蘋果電腦向法院聲請的禁制令內容，已經有日落期，但是地區法院卻拒絕蘋果電腦的請求，認爲在禁制令的審查上，蘋果電腦應先證明其若無該禁制令將遭受無法回復之損害（suffer irreparable harm without an injunction），但蘋果電腦卻無法證明。因此地區法院認爲，金錢賠償就已經足夠。雖然地區法院認爲，在公共利益衡量上，有利於蘋果電腦的請求，且蘋果電腦所提出的限縮的禁制令方案，也對蘋果有利，但地區法院最終仍認爲，這些對蘋果有利之因素，仍無法克服，蘋果並沒有欠缺無法回復之損害[6]。蘋果公司對此判決不服，上訴到聯邦巡迴上訴法院。

---

[3] Id. at 4.
[4] Id. at 5.
[5] Id. at 5-6.
[6] Apple, Inc. v. Samsung Elecs. Co., 2014 U.S. Dist. LEXIS 119963, at 23 (N.D. Cal., Aug. 27, 2014)

# 二、上訴法院判決

## （一）eBay案禁制令核發四因素

美國專利法第283條規定，法院可「依據衡平原則，爲避免對專利權之侵害，在法院認爲合理範圍內，核發禁制令。[7]」美國聯邦最高法院在2006年的eBay Inc. v. MercExchange案[8]中，曾做出重要判決，認爲在專利侵權案件中，當事人要向法院聲請核發永久禁制令，必須證明：

1. 其已經遭受無法回復之損害（irreparable injury）。
2. 法律所提供的其他救濟方式（例如金錢賠償），不適合彌補該損害。
3. 在權衡原告和被告之負擔後，衡平救濟是正當的（considering the balance of hardships between the plaintiff and defendant, a remedy in equity is warranted）。
4. 公共利益不會被該永久禁制令傷害（public interest would not be disserved by a permanent injunction）[9]。

地方法院有衡平裁量權，決定是否要核發永久禁制令。而上訴法院對地區法院的決定，所採取的審查標準，爲「是否濫用裁量權」。因此，聯邦巡迴上訴法院，對於地區法院的判決，將針對eBay案的四個因素，逐項審查是否濫用裁量權，並審查相關的事實認定有無明顯錯誤[10]。

## （二）第一因素：無法回復之損害（Irreparable Harm）

eBay案的第一個因素，專利權人必須證明，被告侵權行爲將造成其無法回復之損害。而原告必須對系爭侵權行爲與所稱損害間，證明直接因果關係[11]。

---

[7] 35 U.S.C. § 283.
[8] eBay Inc. v. MercExchange, L.L.C., 547 U.S. 388 (2006).
[9] Id. at 391.
[10] Apple Inc. v. Samsung Elecs. Co., 2015 U.S. App. LEXIS 21803, at 8.
[11] Id. at 8.

蘋果主張，Samsung的侵權行爲，傷害到蘋果作爲發明人的聲譽、損失市占率、損失後續銷量（downstream sales）等無法回復損害。但地區法院認爲，蘋果無法證明Samsung的侵權行爲與這些損害間具有因果關係[12]。

### 1. 因果關係要件（Causal Nexus Requirement）

蘋果電腦主張，在因果關係的要求上，應該可以放寬。因爲蘋果認爲，其所要求的禁制令，並非要求禁止整個產品的銷售，而是僅要求移除侵權軟體[13]。

雖然過去聯邦巡迴上訴法院所處理的禁制令案件，都是處理對整個產品的禁令，而要求必須提出因果關係證據；但上訴法院認爲，就算限縮禁制令的範圍，也不能免去因果關係的要件[14]。雖然蘋果電腦所聲請的禁制令範圍，僅限於侵權的軟體，但這與蘋果電腦是否因Samsung侵權遭受無法回復之損害，完全無關。要求因果關係要件的目的，就是要在侵權與損害之間建立連結。總之，上訴法院認爲，不管所聲請禁令的範圍是整個產品，還是侷限於侵權功能，都必須證明侵害行爲與所受損害具有因果關係[15]。

### 2. 銷售損害

地區法院認爲，蘋果電腦的確因爲Samsung的侵害行爲，而損失市占率以及後續銷售（downstream sales）損失。所謂後續銷售損失，就是一旦消費者此次購買Samsung的產品，下次可能會繼續購買同公司產品，並建議其他朋友購買。而且，蘋果電腦與Samsung間的競爭確實非常激烈，在美國，蘋果電腦就是Samsung最大的智慧型手機競爭對手[16]。

不過，地區法院認爲，蘋果電腦並沒有證明，損失的銷售量與系爭侵

[12] Id. at 8.
[13] Id. at 9-10.
[14] Id. at 10-11.
[15] Id. at 11.
[16] Id. at 12.

害行爲有因果關係，蘋果電腦並沒有證明消費者之所以選擇Samsung的產品，是因爲這些專利功能。但是，上訴法院認爲，地區法院的這個認定有錯[17]。

上訴法院認爲，當一項產品擁有數以千計的功能時，不可能要求專利權人證明，消費者購買侵權者的產品就是因爲這項功能。法院認爲，所謂的因果關係，只需要證明，系爭侵權功能，與對侵權產品的市場需求，有「某種連結」即可。因此，由於智慧型手機涉及數以千計的功能，故只需要證明，該項侵權功能會影響消費者的購買意願即可[18]。

證據顯示，這些侵權功能確實影響了消費者對產品的觀感與購買意願。就'721號專利的「滑動解鎖功能」而言，有許多證據顯示，Samsung自己也認爲這個功能非常重要，故決定要開發出類似的功能。就'647號專利的「自動提供超連結」功能，證據顯示，Samsung也主動模仿這項功能。而就'172號專利而言，證據顯示，消費者曾經批評Samsung手機的鍵盤輸入法沒有提供自動校正功能。同樣地，證據也顯示，消費者確實喜歡滑動解鎖功能[19]。

地區法院認爲，雖然Samsung主觀上也喜歡這些功能，故想模仿這些功能，但不能證明消費者確實是因爲這些功能而購買Samsung的手機。但是上訴法院認爲，證據顯示，Samsung主觀上的想法，與消費者的感覺確實一致，提供了進一步的連結。上訴法院認爲，蘋果電腦證明了，消費者確實希望手機上具有這些侵權功能，且不想要這些侵權功能的其他替代品。因此，上訴法院認爲地區法院對因果關係的認定是錯誤的[20]。因此，上訴法院認爲，就第一個因素的無法回復之損害，有利於蘋果電腦。

### （二）第二因素：救濟方式不適合

eBay案的第二個因素是問，對於專利權人所受無法回復之損害，現

[17] Id. at 13.
[18] Id. at 13-14.
[19] Id. at 17-18.
[20] Id. at 19-21.

有的法律救濟，例如金錢賠償，是否不夠？

地區法院認為，蘋果電腦的銷售損失，難以估量。原因就在於所謂的「生態系統效果」（ecosystem effect），亦即，賣出一隻手機，對後續的周邊商品、電腦、應用程式，以及智慧手機的後續銷售（downstream sales），都會產生影響。

除了個別消費者的後續銷量影響外，還有所謂的「網絡效應」（network effect），亦即，消費者買了某牌手機後，還會推薦給朋友、家人、同學等。因此，蘋果電腦少賣一台手機或平板的效果，可能損失的利潤不只是那台手機的利潤。也因為如此，該損失難以估量[21]。

上訴法院認為，由於蘋果電腦所受損失難以估量，故就第二因素：金錢賠償是否不適當，而應核發禁制令，此因素也有利於蘋果電腦[22]。

### （三）第三因素：權衡雙方負擔

就eBay案的第三因素，必須在「給予禁制令對被告之負擔」，以及「不給禁制令對專利權人之負擔」，進行權衡。本案中，蘋果電腦所提出的禁制令內容，僅限於特定的軟體功能，而非整隻手機，並且給予30天的日落期；而且Samsung也跟陪審團說明，可以很輕易並快速地移除這些功能軟體。因此，給予蘋果電腦想要的禁制令，並不會造成Samsung太大的負擔。反之，若不核發禁制令，而要求蘋果電腦與使用自己技術的其他公司產品競爭，對專利權人來說造成實質的負擔。因此，就第三因素而言，地區法院和上訴法院均認為，有利於核發禁制令[23]。

Samsung主張，倘若法院核發禁制令，對其公司、客戶都會產生實質的負擔，因為該禁制令的效力，可能會及於其他未於訴訟中爭執，但擁有相同功能的產品。不過，Samsung自己在口頭辯論中出，目前所銷售的手機，都沒有使用’721號專利及’172號專利，只有一款手機仍使用’647號專

---

[21] Id. at 24-25.
[22] Id. at 25.
[23] Id. at 26.

利的技術。法院認爲，既然侵權者有其他非侵權的替代方案，可以輕易地推到市場上，則在權衡雙方負擔時，應選擇禁止侵權行爲。所以，由於該禁制令的範圍有限，第三因素也有利於蘋果電腦的禁制令[24]。

## （四）第四因素：公共利益

eBay案的第四因素，要求專利權人證明，公共利益不會被該永久禁制令傷害。這裡所謂的公共利益，某程度算是專利法的政策。

Samsung主張，若允許禁制令，將導致競爭受到傷害，而公共利益乃希望競爭，以及產品的多元選擇[25]。上訴法院認爲，如果競爭會犧牲專利權人投資研發取得的專利權，那麼公共利益會受到傷害。如果促進競爭就算是公共利益，那幾乎可以廢除禁制令制度了。之所以要有專利制度，就是爲了鼓勵創新發明。而禁制令對專利制度來說非常重要。當專利權人自己有實施其發明時，通常公共利益均會傾向於保護專利權[26]。

不過，如果禁制令的內容是要求禁止販售Samsung整個產品，這就不符合公共利益。但蘋果電腦並沒有要求廣泛的禁制令，只是要求在智慧型手機和平板中移除侵權功能。而且證據顯示，Samsung不需要回收產品就能移除侵權功能，不會干擾消費者的使用。蘋果電腦並非想擴張獨占權範圍。基於保護專利權的重要公共利益以及系爭科技的本質，還有禁制令的範圍限縮，法院認爲，第四因素也有利於核發禁制令[27]。

## （五）多功能產品仍可核發禁制令

本案地區法院判決，在eBay案的前二個因素，認爲不利於核發禁制令。但上訴法院認爲，雖然就第一因素無法回復之損害，證據並不堅強，但是蘋果電腦仍然滿足了因果關係要件，因而證明了有無法回復之損害。第二因素上，蘋果電腦也證明了，其損害無法單純用金錢賠償彌補。而第

---

[24] Id. at 27-28.
[25] Id. at 29.
[26] Id. at 29-30.
[27] Id. at 30-31.

三因素的權衡雙方負擔和第四因素的公共利益，都有利於核發禁制令。上訴法院指出，本案涉及的是多面向、多功能的科技，如果在本案中不核發禁制令，其結果將意味著，往後碰到這種多功能產品，都無法取得禁制令[28]。

---

[28] Id. at 31-32.

# 第十二章　救濟：損害賠償

## 第一節　損害賠償

美國專利法第284條規定：「法院認定構成侵害後，應判給請求人適當的損害賠償金額，但不得少於侵權人使用該發明所應支付的合理授權金，以及法院所認定的利息及訴訟費用。若損害賠償金非由陪審團認定，則應由法院審酌認定。不論由誰認定，法院均可將所認定賠償金提高到三倍。[1]」根據此條，美國專利法之損害賠償計算，主要有以下幾種方式。

### 一、所失利益（lost profits）

在1990年之前，美國專利侵權賠償，很少超過一億美元，但是今日上億美元賠償的案件卻屢見不鮮。大部分大額賠償的官司，所採用的損害賠償計算方式，是「所失利益」法[2]。此種方法，法院在計算專利權人損失時，乃計算其因侵權所受到的銷售損害，亦即，若無此侵權行為，專利權人本來可以得到的銷售，以及因為侵權人的競爭導致銷售價格的減少。所失利益之計算類型可包括銷售額減少（lost sales）、預期利益減少（projected lost profits）、因侵害所導致產品價格下跌（price erosion）、商譽受損（injury to business reputation）等。如果專利權人可以證明侵權者若不侵害專利，將無法進入市場，那麼侵權者對專利權人所有的所失利

---

1 35 U.S.C. § 284 ("Upon finding for the claimant the court shall award the claimant damages adequate to compensate for the infringement, but in no event less than a reasonable royalty for the use made of the invention by the infringer, together with interest and costs as fixed by the court." "When the damages are not found by a jury, the court shall assess them. In either event the court may increase the damages up to three times the amount found or assessed.").

2 Tim Carlton, The Ongoing Royalty: What Remedy Should a Patent Holder Receive When a Permanent Injunction Is Denied?, 43 Ga. L. Rev. 543, 551 (2009).

益都要負責[3]。

在判斷是否給予所失利益損失賠償時，法院通常採用以Panduit Corp. v. Stahlin Bros. Fibre Works案[4]所建立的之Panduit檢測要素。若想要請求所失利益，原告必須證明滿足以下所有要件：（一）對專利產品存在需求（demand for the patented product）；（二）缺少可接受的非侵權替代產品（absence of acceptable noninfringing substitutes）；（三）原告有滿足該需求的製造及行銷能力（manufacturing and marketing capability to exploit the demand）；及（四）該利益之量原本可以被賺取（the amount of profit that would have been made）[5]。

## 二、合理授權金（reasonable royalty）

如果專利權人無法滿足上述請求所失利益的要件，專利權人仍可請求賠償「合理授權金」[6]。當專利權人自己不生產並銷售產品時，就無法請求所失利益損害，此時，法院計算損害賠償時，乃計算專利權人原本透過授權該專利可收取的授權金。此方法下，法院會找出專利權人可接受的最低授權金，以及侵權人願付的最高授權金，並在兩值間找到一金額[7]。法院在判斷合理授權金，通常引用Georgia-Pacific v. United States Plywood Corp.一案[8]所建立之方法。該案中，法院建立一檢測，試圖找到在侵權發生時雙方會進行的談判（假設雙方願意進行交涉）[9]，此法也假設雙方某程度都知道，該專利有效且被侵害。Georgia-Pacific案所列出的15項因

---

3 Id. at 551.

4 Panduit Corp. v. Stahlin Bros. Fibei Works, Inc., 575 F.2d 1152 (6th Cir. 1978).

5 Tim Carlton, supra note 3, at 551-552.

6 See 35 U.S.C. § 284 (2000) ("Upon finding for the claimant the court shall award the claimant damages adequate to compensate for the infringement, but in no event less than a reasonable royalty for the use made of the invention by the infringer ...").

7 Tim Carlton, supra note 3, at 552.

8 Georgia-Pacific Corp. v. U.S. Plywood-Champion Paper Inc., 318 F. Supp. 1116 (S.D.N.Y. 1970), modified, 446 F.2d 295 (2d Cir. 1971).

9 Id. at 1121.

素，本文翻譯如下[10]：

（一）專利權人過去授權系爭專利收取之權利金，可證明或傾向證明一既有的授權金（The royalties received by the patentee for the licensing of the patent in suit, proving or tending to prove an established royalty）。

（二）被授權者支付類似系爭專利之其他專利的權利金（The rates paid by the licensee for the use of other patents comparable to the patent in suit）。

（三）授權的性質及範圍，例如是專屬授權或非專屬授權，授權區域是否限制，銷售對象是否受限制（The nature and scope of the license, as exclusive or non-exclusive; or as restricted or non-restricted in terms of territory or with respect to whom the manufactured product may be sold）。

（四）授權者既有的維持專利獨占的政策與行銷方案，例如不授權他人使用該發明，或為了維持該獨占只在特殊條件下授權（The licensor's established policy and marketing program to maintain his patent monopoly by not licensing others to use the invention or by granting licenses under special conditions designed to preserve that monopoly）。

（五）授權人和被授權人的商業關係，例如，他們是否在相同區域相同行業彼此競爭，或者他們是發明人還是行銷者（The commercial relationship between the licensor and licensee, such as, whether they are competitors in the same territory in the same line of business; or whether they are inventor and promoter）。

（六）被授權人促銷其他商品時銷售專利特點的效果，發明對授權人銷售其他非專利項目的價值，以及這種衍生或護航銷售的範圍（The effect of selling the patented specialty in promoting sales of other products of the licensee; the existing value of the invention to the licensor as a generator of sales of his non-patented items; and the extent of such derivative or convoyed sales）。

---

[10] Id. at 1120.

（七）專利的期限及授權期間（The duration of the patent and the term of the license）。

（八）使用專利之產品在過去的獲利，其商業上的成功，和現在的銷量（The established profitability of the product made under the patent; its commercial success; and its current popularity）。

（九）專利財產相對於舊模式或設備的效益與優勢（The utility and advantages of the patent property over the old modes or devices, if any, that had been used for working out similar results）。

（十）專利發明之本質、授權人對之商業化的程度，以及對那些使用該發明的人的效益（The nature of the patented invention; the character of the commercial embodiment of it as owned and produced by the licensor; and the benefits to those who have used the invention）。

（十一）侵權人使用該發明的程度，及任何可證明該使用價值的證據（The extent to which the infringer has made use of the invention; and any evidence probative of the value of that use）。

（十二）在特定行業中或類似行業中使用該發明或類似發明的利潤部分或售價（The portion of the profit or of the selling price that may be customary in the particular business or in comparable businesses to allow for the use of the invention or analogous inventions）。

（十三）排除與非發明元件、商業風險、重要特徵或侵權人的改良等關聯後，因使用該發明所獲得之利潤（The portion of the realizable profit that should be credited to the invention as distinguished from non-patented elements, the manufacturing process, business risks, or significant features or improvements added by the infringer）。

（十四）符合資格專家之證詞（The opinion testimony of qualified experts）。

（十五）專利權人與侵權者若合理地、自願地協商可以的金額，換句話說，一個審慎的被授權人（會希望取得一製造銷售包含該專利之特定物品之授權），會願意付出多少授權金且仍然可以得到合理利潤，以及審慎專利權人當初在多少金額下才願意授權（The amount that a licensor (such as the patentee) and a licensee (such as the infringer) would have agreed upon (at the time the infringement began) if both had been reasonably and voluntarily trying to reach an agreement; that is, the amount which a prudent licensee–who desired, as a business proposition, to obtain a license to manufacture and sell a particular article embodying the patented invention–would have been willing to pay as a royalty and yet be able to make a reasonable profit and which amount would have been acceptable by a prudent patentee who was willing to grant a license）[11]。

Georgia-Pacific案雖界定出15項不同的因素，但根據學者分析，實際運作上可歸納爲三個重要議題：（一）該專利發明對產品及市場需求的重要性（the significance of the patented invention to the product and to market demand）；（二）人們對此發明或同一行業中類似發明願意支付的授權費率（ the royalty rates people have been willing to pay for this or other similar inventions in the industry）；及（三）專家對此專利價值的證詞（expert testimony as to the value of the patent）[12]。

除此之外，其他重要因素包括非侵權的迴避設計是否存在（whether any noninfringing design-arounds exist）、潛在迴避設計與既存專利科技的成本比較（comparison of the costs between a potential design-around and the existing patented technology）。如果一迴避設計存在，但較爲昂貴或品質較差，則侵權者對專利科技所願意支付之授權金，不能超過使用迴避設計之金額。一旦找出談判金額的區間，就可以使用Georgia-Pacific案中所提到的經濟因素來找出合理授權金。在理論上，此分析也承認，授權金應該是根據該專利特色的價值來計算，而非包含該特色之產品的全部價值[13]。

---

[11] Georgia-Pacific Corp. v. U.S. Plywood Corp., 318 F. Supp. 1116, 1120 (S.D.N.Y. 1970). 15項詳細分析請參閱劉尚志、陳瑋明、賴婷婷，合理權利金估算及美國聯邦巡迴上訴法院之判決分析，專利師，第5期，頁68-70，2011年4月。

[12] Mark A. Lemley & Carl Shapiro, Patent Holdup and Royalty Stacking, 85 Tex. L. Rev. 1991, 2018-19 (2007).

[13] Tim Carlton, supra note 3, at 553.

而在實際計算上，美國法院實務發展出一大略法則（Rule of Thumb），亦即認爲假設的協商基準，通常是侵權產品利潤的25%。而法院在認定合理授權金時，就可以先用此作爲基準，再搭配Georgia-Pacific案所提15項因素，進行調整。之所以會採用此大略法則，主要是美國一研究專利授權的學者Robert Goldscheider所提出，他研究許多專利授權契約而得出，一般的授權談判，會以利潤的25%作爲授權金[14]。後來由於聯邦巡迴上訴法院默示肯認了這個大略法則，各地方法院在計算合理賠償金時，就紛紛採用以利潤之25%作爲起點的計算方式。

但是，這樣的慣用方式，卻在2011年1月時，遭到聯邦巡迴上訴法院推翻。在Uniloc USA, Inc. v. Microsoft Corp.案[15]中，聯邦巡迴上訴法院明白表示，地方法院不可再採用大略法則，亦即利潤的25%作爲計算基準。其理由在於，最高法院在一非專利案件Daubert v. Merrell Dow Pharms., Inc.案[16]中曾提到，地方法院必須確保所有專家證詞，有堅強的科學技術背景[17]；任何與本案議題無關聯的專家證詞，都是無關（no relevant）的，而無幫助[18]。聯邦巡迴上訴法院根據此原則，鄭重指出，法院不可接受根據利潤25%大略法則的證據，因爲其推出的合理授權金與個案的事實無法連結[19]。雖然，Georgia-Pacific案中提到可以用類似的授權契約作爲參考，但以25%作爲基準，可能與個案中的產業、類型差異很大[20]。縱使認爲，25%只是一個基準，然後可根據15項因素進行微調，但爲何是用25%，也沒有根據。不過法院還是強調，仍然應該用Georgia-Pacific案的15項因素去推求假設的合理授權金[21]。

---

14 Robert Goldscheider, John Jarosz and Carla Mulhern, Use Of The 25 Per Cent Rule in Valuing IP, 37 les Nouvelles 123, 123 (Dec. 2002).
15 Uniloc USA, Inc. v. Microsoft Corp., 632 F.3d 1292 (Fed. Cir., 2011).
16 Daubert v. Merrell Dow Pharms., Inc., 509 U.S. 579 (1993).
17 Id. at 589-590.
18 Id. at 590.
19 632 F.3d at 1315.
20 Id. at 1317.
21 Id. at 1317-1318.

## 三、分配原則（apportionment）

由於專利可能只涵蓋整個產品或服務的一小部分，但是專利權人卻可能索取代表整體產品或服務價值的金錢或衡平救濟。如果專利只占了產品或服務的一小部分，法院應該判決合理的授權金，拒絕核發禁制令。所以，近年來專利損害賠償「分配原則」的探討，越來越興盛。

所謂「分配原則」，就是若該專利只占產品之一部，或作爲該產品之改良設計時，其損害賠償計算基礎應予限縮[22]。除非專利權人能夠證明專利對於現有技術的貢獻是產生侵權產品或方法市場需求的主要基礎，否則賠償額的計算不應以侵權產品或方法的「全部市場價值」（entire market value）爲基礎[23]。

相對地，所謂的全市場價值法則，乃美國司法實務從80年代以來逐漸確立，基本上當專利產品與非專利範圍之產品常被一起銷售（sold in conjunction with），若專利權人可證明被侵害專利的技術特性構成消費者對該非專利範圍產品有需求之主要原因時（the basis for customer demand），則可對該整體產品之所有市場價值請求賠償，而非僅針對該專利技術本身或專利產品之價值求償[24]。例如，聯邦巡迴上訴法院的判決曾將權利金的基礎，擴張到與侵權元件一起銷售的其他元件[25]。

「全市場價值法則」適用若過度寬鬆，可能導致專利權人過度獲償，如果一個零組件的侵權就足以構成賠償整部電腦的全部銷售所得，可能引發專利怪獸藉此專利敲詐[26]。尤其是那些本身沒有使用專利，而寧願授權的專利權人，應該依據他們對整體產品的貢獻程度給予合理的授權金。因此，採分配原則有二目的：（一）避免侵權人的產品含有兩個以上

---

22 劉怡婷、王立達，美國專利侵害實際損害額之計算—以專利權人超出專利保護範圍之產品爲中心，智慧財產權月刊，第136期，頁71-75，2010年4月。

23 張宇樞，美國專利訴訟實務，頁77，經濟部智慧財產局，2009年1月。

24 李崇僖，專利技術價值在侵權訴訟中之認定—兼論美國法上的專利政策思維，專利師，第9期，頁10-11，2012年4月。

25 Rite-Hite Corp. v. Kelly Co., 56 F.3d at 1549-50 (Fed. Cir. 1995)(en banc).

26 李崇僖，前揭註24，頁12。

專利時因同一侵權行為而被重複要求賠償；及（二）避免專利權人擴張其專利權至不受保護範圍。在理論上，分配原則試圖限制專利權人應得的利益[27]。

## 四、蓄意侵權（willful Infringement）之三倍懲罰性賠償

美國專利法授權法院，當發現蓄意侵權[28]時，可以判給三倍的損害賠償金[29]。傳統上，聯邦巡迴上訴法院（Federal Circuit）根據最高法院對「蓄意」（willful）此字的解釋，「意指不單純是過失的行為」（refering to conduct that is not merely negligent）[30]。在判斷是否構成蓄意時，需考量所有的周邊因素[31]。聯邦巡迴上訴法院在決定被告是否蓄意侵權時，不願意採用任何的當然規則類型，但是法院似乎指出，在考量所有周邊因素時，若存在侵權的實質抗辯時，將最為關鍵[32]。

聯邦巡迴上訴法院的判決，對潛在侵權者似乎課予了一積極義務，其不只要發現其他人的專利權，也要盡合理注意義務判斷其沒有侵權。由於有此項義務，故被告通常會提出證據，證明他們在事前有尋求律師的諮詢意見，合理地相信其不構成侵權。律師若能作證，證明被告是相信律師符合資格的法律意見而行事，就是證明其符合注意義務的有效方法。即便這項法律意見是錯的，此意見也能夠證實被告的無辜心理狀態，而無法發現被告存在蓄意或惡意（bad faith）[33]。

最近，聯邦巡迴上訴法院修改了判斷是否構成蓄意侵權的要素。在

---

[27] Tim Carlton, supra note 3, at 553-554.

[28] 關於willful此字的翻譯，為與purpose、intent等字區分，本文參考蔡蕙芳之翻譯，翻譯為蓄意。請參見蔡蕙芳，美國著作權法上刑事著作權侵權之研究，著作權侵權與其刑事責任，頁127-179，新學林，2008年2月。

[29] See 35 U.S.C. § 284 (2000) ("[T]he court may increase the damages up to three times the amount found or assessed.").

[30] Knorr-Bremse Systeme Fuer Nutzfahrzeuge GmbH v. Dana Corp., 383 F.3d 1337, 1342 (Fed. Cir. 2004) (quoting McLaughlin v. Richland Shoe Co., 486 U.S. 128, 133 (1988)).

[31] Id. at 1342.

[32] Tim Carlton, supra note 3, at 555.

[33] Id. at 555-556.

In re Seagate案[34]中，法院指出其之前所採取的標準，比較像是過失的標準[35]。法院判決指出，未來要構成蓄意侵權，專利權人必須提出清楚且具說服力之證據，證明侵權人知道在客觀上有高度可能性其行爲將侵害一有效專利，仍然從事該行爲[36]。因此，法院提高了蓄意侵權的標準。此外，法院也指出，當被告得到通知其可能侵害他人專利時，被告並無取得法律意見的積極義務[37]。被告的心理狀態與客觀上是否有高度可能性的探討不再有關，而專利權人作爲提供該風險主觀知識的人，現在需要證明侵權是如此明顯，以致被告應該知道其已經構成侵權[38]。自從Seagate案後，聯邦巡迴上訴法院回頭提醒地區法院，證明詐欺並不必然會增加蓄意侵權的損害賠償[39]。

美國總統歐巴馬（Barack Obama）於2011年9月16日簽署由參眾兩院通過Leahy-Smith美國發明法案（Leahy-Smith America Invents Act，編號H.R.1249，簡稱AIA），名稱來自於兩院主要提案人之姓氏[40]，此被視爲1952年以來美國專利法史上最大變革。該法中，也處理了蓄意侵權的問題，基本上接受了In re Seagate案見解。修法後，美國專利法第298條明定，被控侵權者對於被宣稱爲受侵害之專利未自其律師處取得建議意見，或其未將前述建議意見提交法院或陪審團，此等情形不得用以證明該被控侵權者爲蓄意侵害該專利或其意圖引誘侵害該專利[41]。

---

[34] In re Seagate Tech., LLC, 497 F.3d 1360 (Fed. Cir. 2007).

[35] Id. at 1371.

[36] Id.

[37] Id.

[38] Id.

[39] See Mitutoyo Corp. v. Cent. Purchasing, LLC, 499 F.3d 1284, 1290 (Fed. Cir. 2007).

[40] 參議院司法委員會主席Patrick Leahy及眾議院司法委員會主席Lamar Smith兩位議員。

[41] 35 U.S.C. § 284 (2011)(Advice of counsel "The failure of an infringer to obtain the advice of counsel with respect to any allegedly infringed patent, or the failure of the infringer to present such advice to the court or jury, may not be used to prove that the accused infringer willfully infringed the patent or that the infringer intended to induce infringement of the patent.").

# 第二節　損害賠償與不當得利：1964年Aro v. Convertible Top Replacement案

## 一、背景

### （一）1946年前

在1946年之前，美國舊的專利法對於專利侵害的損害賠償金，在法條上將「損害賠償」（damages）與「侵害人所得利益」（profits）明確區分。舊法規定：「在任何專利侵害之案件中，法院除了判給請求權人被告的所得利益外（the profits to be accounted for by the defendant），另外可判賠請求權人因該行為產生的損失（damages）。[1]」亦即，專利權人在求償時，可同時求償「侵害人所獲利益」及「專利權人所受損失」。

### （二）修法後

1946年美國國會修改專利法，在當時的專利法第67條、第70條，引入了類似於目前美國專利法第284條之規定。目前的第284條規定：「法院認定構成侵害後，應判給請求人適當的損害賠償金額，但不得少於侵權人使用該發明所應支付的合理授權金，以及法院所認定的利息及訴訟費用。若損害賠償金非由陪審團認定，則應由法院審酌認定。不論由誰認定，法院均可將所認定賠償金提高到三倍。[2]」

在上述的條文修改中，很重要的一個差別就是，在1946年修法之後，專利侵害的損害賠償，只允許「所受損害」，不准許請求「所獲利

[1] R. S. § 4921, as amended, 42 Stat. 392 ("Upon a decree being rendered in any such case for an infringement the complainant shall be entitled to recover, in addition to the profits to be accounted for by the defendant, the damages the complainant has sustained thereby ...."). see Aro Mfg. Co. v. Convertible Top Replacement Co., 377 U.S. 476, 505 (1964).

[2] 35 U.S.C. § 284 ("Upon finding for the claimant the court shall award the claimant damages adequate to compensate for the infringement, but in no event less than a reasonable royalty for the use made of the invention by the infringer, together with interest and costs as fixed by the court. "When the damages are not found by a jury, the court shall assess them. In either event the court may increase the damages up to three times the amount found or assessed.").

益」。至於所受損害之賠償，要求至少不低於「合理授權金」（reasonable royalty）。

## （三）合理授權金

所謂的合理授權金，就是假設侵權人不侵權，而願意支付授權金的話，應該支付而沒有支付的授權金。合理授權金在實際計算上，美國法院實務發展出一大略法則（Rule of Thumb），亦即認爲假設的協商基準，通常是侵權產品利潤的25%。而法院在認定合理授權金時，就可以先用此作爲基準，再搭配Georgia-Pacific案[3]所提15項因素，進行調整。之所以會採用此大略法則，主要是美國一研究專利授權的學者Robert Goldscheider所提出，他研究許多專利授權契約，而得出，一般的授權談判，會以利潤的25%作爲授權金[4]。後來由於聯邦巡迴上訴法院默示肯認了這個大略法則，各地方法院在計算合理賠償金時，就紛紛採用以利潤之25%作爲起點的計算方式。

但是，這樣的慣用方式，卻在2011年1月時，遭到聯邦巡迴上訴法院推翻。在Uniloc USA, Inc. v. Microsoft Corp.案[5]中，聯邦巡迴上訴法院明白表示，地方法院不可再採用大略法則，亦即利潤的25%作爲計算基準。不過在該案的個案事實，乃是認爲，用利潤的25%來作爲合理授權金的基礎，仍然過高，故要求不可一律都用25%作爲合理授權金的計算基礎。雖然聯邦上訴法院認爲不再當然要用利潤的25%作爲合理授權金的計算基礎，但以利潤的一定乘數作爲計算基礎，仍是美國法院通用的做法。

## （四）所受損害還是不當得利？

因此，美國法院在實務上對於合理授權金的計算方式，要先算出侵害

---

3 Georgia-Pacific Corp. v. U.S. Plywood Corp., 318 F. Supp. 1116, 1120 (S.D.N.Y. 1970). 15項詳細分析請參閱劉尚志、陳瑋明、賴婷婷，合理權利金估算及美國聯邦巡迴上訴法院之判決分析，專利師，第5期，頁68-70，2011年4月。

4 Robert Goldscheider, John Jarosz and Carla Mulhern, Use Of The 25 Per Cent Rule in Valuing IP, 37 les Nouvelles 123, 123 (Dec. 2002).

5 Uniloc USA, Inc. v. Microsoft Corp., 632 F.3d 1292 (Fed. Cir., 2011).

人的所獲利益，然後在乘上一定乘數，作爲合理授權金的計算基礎。從專利權人的角度來說，應收到卻沒有收到的授權金，是一種損失；但從侵害人的角度來說，應支付卻沒有支付的授權金，就是一種不當得利。因而，到底合理授權金是一種專利權人損害的概念？還是侵權人不當得利的概念？

此一問題，在1964年美國最高法院的Aro Mfg. Co. v. Convertible Top Replacement Co.案[6]，得到解答。

## 二、Aro Mfg. Co. v. Convertible Top Replacement Co.案

### （一）事實

美國最高法院在1964年的Aro Mfg. Co. v. Convertible Top Replacement Co.案中，處理了「合理授權金」性質的問題。該案大致事實爲，專利權人Convertible Top Replacement（簡稱CTR）公司，擁有汽車敞篷的專利，而福特汽車在未獲授權下，製造使用該專利的汽車。而被告Aro公司，是生產該敞篷的替換帆布。該案最主要的爭執點在於，Aro公司銷售給汽車擁有車替換帆布，是否構成美國專利法上的輔助侵權？最高法院在判決中認爲構成輔助侵權（contributory infringement）[7]。

### （二）有損害才有賠償

但縱使構成輔助侵權，法院卻認爲，專利權人CTR不一定可以向Aro公司求償。該案中，CTR向Aro公司求償損害賠償，並以合理授權金之計算賠償金額。不過，最高法院卻認爲，本案不能求償以合理授權金計算出的賠償金。

法院首先提到，美國專利侵害能求償的只有損害。倘若該案中並沒有損害，或者損害已經可以用其他方式獲得塡補，就不應該再准許求償合

---

[6] Aro Mfg. Co. v. Convertible Top Replacement Co., 377 U.S. 476 (1964).

[7] Id. at 482-488.

理授權金。由於該案Aro公司構成的是輔助侵權，直接侵權者爲福特汽車或其購買車。而倘若CTR已經可以直接向福特汽車求償，那麼，在共同侵權行爲（joint-tortfeasors' liability）下，同一筆損害，有人賠償了，另一人則免其責任。因此，倘若福特汽車已經賠償，則不可再向輔助侵權人求償[8]。

美國最高法院在判決書中，特別提到1946年修法前後的對照，而認爲，該次修法最重要的精神，就是認爲侵害專利不應該求償「侵害人所獲利益」，而只能求償「專利權人所受損失」。但是，在該案中的爭執點是，專利權人是否一定可以求償「合理授權金」？最高法院在判決指出，法條所准許求償的，是所受損害，但因所受損害難以計算，故合理授權金只是一種協助計算所受損害的方式。所謂的合理授權金，是假設倘若不侵權，雙方應會協議授權，故用假設的授權金，當作損害賠償金。但是法院認爲，倘若「侵權人就不侵權，也絕不會向專利權人支付授權金」，那麼就不可以求償合理授權金[9]。

而本案有一個關鍵點，那就是，被告Aro公司販賣的替代帆布，本身並沒有直接侵權，故CTR只能控告其輔助侵權。既然本身販賣的產品並沒有直接侵權，如何計算其產品的授權金呢？因此，最高法院認爲，CTR若要向Aro公司求償，還是必須具體指出，被告的輔助侵權行爲，究竟對其造成了何種具體損害。

## （三）不可求償侵害人所獲利益

基於前述美國最高法院1964年Aro案判決，特別強調美國專利法修正後，「合理權利金」的概念，只是協助計算專利權人的損害，但並不是讓專利權人可求償侵害人所獲利益。換句話說，最高法院仍強調，美國專利法的求償，以損害填補爲主。

但矛盾的是，美國實務上推算合理授權金時，是先以侵害人所獲利

---

[8] Id. at 503.
[9] Id. at 507.

益，作爲計算基礎，然後乘上25%，作爲合理授權金的概算，再用15項變數，予以微調[10]。也就是說，合理授權金的計算過程，卻是以侵害人所獲利益，作爲計算基礎。導致讓人以爲，合理授權金是以侵害人所獲利益作爲基礎，故毋庸重視專利權人的損害。

## 三、臺灣專利侵害損害賠償的矛盾

### （一）引入合理授權金

臺灣關於專利侵權之損害賠償，舊專利法第85條，採取「具體損害賠償說」、「差額說」、「總利益說」、「總銷售額說」等四種計算方式。臺灣於2011年修改專利法時，對於侵害專利之損害賠償計算，引入美國的合理授權金規定。

修法後，新專利法第97條規定：「依前條請求損害賠償時，得就下列各款擇一計算其損害：一、依民法第二百十六條之規定。但不能提供證據方法以證明其損害時，發明專利權人得就其實施專利權通常所可獲得之利益，減除受害後實施同一專利權所得之利益，以其差額爲所受損害。二、依侵害人因侵害行爲所得之利益。三、依授權實施該發明專利所得收取之合理權利金爲基礎計算損害。」刪除了「總銷售額說」，而新增了「合理權利金說」。另外，新專利法第97條也刪除了故意侵權之三倍懲罰性賠償金（2013年修法再增訂三倍懲罰性損害賠償之規定）。

但是臺灣原本舊有的專利侵害損害賠償計算法中，其中第二種方法乃「依侵害人因侵害行爲所得之利益」。此與第三種方法的「合理授權金」的計算賠償，二者之間，是否類似？還是互相矛盾？

### （二）法院之計算方式

實務上，智慧財產法院在修法前，即已在少數案件中，試圖採用合

10 楊智傑，美國專利侵權合理授權金與持續性授權金，雲林科技大學科技法學論叢，第8期，頁143-186，2012年12月。

理權利金說。例如在智慧財產法院97年民專訴字第66號判決中，蔡惠如法官指出：「有鑒於專利權損害之計算甚為困難，而專利權人授權他人實施其專利權時，通常會收取權利金，於侵害專利權事件，因專利權人與侵權人間並無授權契約關係之存在，則專利權人授權實施所收取之權利金，應可作為損害賠償之計算參考。如德國法有採用『類推授權實施說』者，以類推授權實施之方式決定其損害額；美國立法例有『合理權利金』（reasonable royalty。美國專利法第284條，35 U.S.C. §284），如該業界未存有標準權利金，亦無專利權人先前大量授權所訂定之『已確立之權利金』（eatablished royalty），專利權人得以『假設性協議』（hypothetical negotiation）之權利金計算（『假設協商法』，hypothetical willing-licensor willing-licenesee approach），以Georgia-Pacific Corp. v. U.S. Plywood Corp., 318 F.Supp. 1116 (S.D.N.Y. 1970.)為最常引用之判決見解）；日本立法例亦規定專利權人得請求該專利之實施所得金額，作為所受損害之賠償（特許法第102條第3項）。另辦理民事訴訟事件應行注意事項第87條第2項規定：『於侵害智慧財產權之損害賠償事件，得依原告之聲請囑託主管機關或其他適當機構估算其損害數額或參考智慧財產權人於實施授權時可得收取之合理權利金數額，核定損害賠償之數額，亦得命被告提出計算損害賠償所需之文書或資料，作為核定損害賠償額之參考。』亦同此見解。準此，原告請求依系爭4專利之合理權利金計算其損害，即屬有據。」

雖然智慧財產法院早已承認合理權利金之計算方式，也為新修正專利法所承認，但是法院在採用合理權利金來計算損害賠償時，有時似乎仍算的過高而不合理。例如，在前述智慧財產法院100年度民專上字第57號判決中，法院採用合理權利金計算方式，直接以定價的20%認為是合理權利金[11]。相較於美國合理權利金的設定，通常以利潤的25%作為起算基準點，再以Georgia-Pacific案因素進行調整。雖然以利潤的25%作為起算點的方式，已經被2011年聯邦巡迴上訴法院在Uniloc USA, Inc. v. Microsoft

[11] 智慧財產法院100年度民專上字第57號判決。

Corp.案[12]所推翻，但以利潤的某一比例來計算仍然是較爲合理的。但前述智慧財產法院100年度民專上字第57號判決中，認爲被告的利潤爲18%至28%，而認爲合理權利金就是要剝奪被告所有利潤。此種方式，似乎不太合理。

### （三）不當得利與合理授權金的矛盾

在臺灣舊專利法第85條第1項第2款規定：「依侵害人因侵害行爲所得之利益。於侵害人不能就其成本或必要費用舉證時，以銷售該項物品全部收入爲所得利益。」亦即損害賠償計算時，可剝奪侵害人所有的獲利，或扣除成本後所有的獲利。其實，若是按照民法不當得利說的精神，可要求返還所有不當得利，因此舊專利法第85條第1項第2款的計算方式，與民法第179條不當得利可請求返還利益的範圍，兩者一致。新專利法第97條第2款將上述計算方式改爲「依侵害人依侵害行爲所得之利益」，其法理基礎仍然是不當得利的法理基礎，就是以侵害人所獲利益作爲計算方法。

但是，新專利法第97條第3款增加了「合理授權金」計算法，此乃學習美國，引入以假設授權之合理授權金，作爲損害賠償金的一種計算方式。但前已說明，美國實務上，合理授權金通常是侵害人獲利的一部分，約爲侵害人實際獲利25%，再予以微調。因此，依新專利法第97條第2款的「侵害人所獲利益」與第3款的「合理授權金」，兩者的計算，會出現很大的落差。若參考美國法院實務的算法，二者的計算，大約會差四倍。甚至在2011年美國聯邦巡迴上訴法院的Uniloc USA, Inc. v. Microsoft Corp.案[13]後，認爲獲利的25%仍然過高。所以，第2款的「侵害人所獲利益」與第3款的「合理授權金」，實際計算出來差距可能更大。

## 四、結語

如本文介紹可知，美國允許以合理授權金計算來求償，雖然求償的

---

[12] Uniloc USA, Inc. v. Microsoft Corp., 632 F.3d 1292 (Fed. Cir., 2011).
[13] Uniloc USA, Inc. v. Microsoft Corp., 632 F.3d 1292 (Fed. Cir., 2011).

概念接近於不當得利的法理，且計算的方法，是從侵害人所得利益作爲基礎，但實際上美國法院卻堅持那是損害賠償的求償。因此，合理授權金的計算，與不當得利求償的「侵害人所獲利益」，會有明顯的差距。臺灣引入美國的「合理授權金」計算，卻沒有刪除「侵害人所獲利益」之計算，兩者矛盾，自然顯現。

# 第三節　計算合理授權金與持續性授權金：2007年Paice LLC v. Toyota案

## 一、背景

### （一）不核發永久禁制令

由於2006年美國最高法院eBay案判決後，認為構成侵害他人專利，法院未必會同意核發禁制令，亦即，地方法院可拒絕專利權人核發禁制令的請求，而下達一未來持續性授權命令，並替雙方決定費率。此種方式，一般認為和強制授權有異曲同工之妙[1]。

### （二）持續性授權金

地區法院拒絕核發永久禁制令後，通常會創造出一持續性授權金，亦即允許被告繼續為侵權使用，但需支付一合理授權金。對此持續性授權金（ongoing royalty）應如何計算，由於最高法院並未表達意見，各地方法院則提出各種嘗試。

但某些案件上訴至聯邦巡迴上訴法院，該法院將案件駁回，認為地區法院對持續性授權金之計算方式有誤，並提供某些指示，但對於究竟如何計算持續性授權金，聯邦巡迴上訴法院並未表達明確見解。聯邦巡迴上訴法院在2007年的Paice LLC v. Toyota Motor Corp.案與2008年的Amado v. Microsoft Corp.案[2]，表示過意見。在eBay案後，各地區法院都嘗試設定持續性授權金，而第一件上訴到聯邦巡迴上訴法院的案件，就是Paice LLC v. Toyota Motor Corp.案，其討論具有重要價值，請見以下介紹。

---

1 Robert Fair, Does Climate Change Justify Compulsory Licensing of Green Technology?, 6 B.Y.U. Int'l L. & Mgmt. Rev. 21, 31-32 (2009); Eric L. Lane, Keeping the LEDs on and the Electric Motors Running: Clean Tech in Court After eBay, 2010 Duke L. & Tech. Rev. 13, at paragraph 7-13 (2010).

2 Amado v. Microsoft Corp., 517 F.3d 1353 (Fed. Cir. 2008).

## 二、Paice LLC v. Toyota Motor Corp.案（2007）

美國Paice LLC v. Toyota Motor Corp.案，是領先油電混合車技術的Toyota公司，反而被他人控告油電混合技術侵害他人專利。該案地區法院採取的持續授權金費率，也比照過去侵權法院所判給的合理賠償金，但該案上訴到聯邦巡迴上訴法院後被發回。以下介紹這個重要案例。

### （一）Paice案事實與發展

Toyota公司在汽車領域是複合動力車（hybrid car）的領先者，其所生產的Prius，在2006年占美國所有複合動力車銷售的40%。到2008年4月，Prius全球銷售量達到100萬台；到2009年9月，全球銷量達200萬台。美國環保署報告指出，2010年式的Prius是當年最省油車款。Toyota自己評估，在2009年9月爲止，其銷售的油電混合車的效果，已經減少二氧化碳排放達1,100萬公噸[3]。

但是Toyota並不是最早開始研發油電混合車技術的公司。在1990年初期，美國的Severinsky博士和他的新創公司Paice LLC，就已經開始研究油電混合車的動力傳輸技術。Paice公司在1992年就對油電混合車技術申請專利。其在1994年取得了美國發明專利字號第5,343,970號專利（簡稱'970號專利）。隔年，Toyota展開第一個計畫，試圖將油電混合車量產，結果在1997年於日本發表第一代的Prius（Prius I），並在2000年於美國發表了Prius I。之後，Paice公司邀請Toyota公司見證其取得專利的油電混合技術，並要求授權給Toyota使用。但Toyota的代表拒絕此項要求。Toyota在2003年引進第二代Prius（Prius II）。

2004年，Paice在德州東區地區法院對Toyota提起訴訟，主張Toyota旗下的Prius II、Toyota Highlander和RX400h運動休旅車，侵害了Paice公司

---

[3] Toyota Press Release, Worldwide Sales of Toyota Motor Corp. Hybrids Top 2 Million Units, available at http://media.toyota.ca/pr/tci/en/worldwide-sales-of-toyota-motor-101335.aspx (Sep. 4, 2009).

的三項專利，包括系爭的'970號專利[4]。Toyota的技術雖然有使用到Paice的專利，惟仍有些許不同。因此，對於到底有無侵權一事，產生爭議。2005年12月，地方法院陪審團裁決，Toyota並沒有文字侵害Paice的專利，但是採用均等論（doctrine of equivalents），認爲其侵害了'970號專利的兩項請求項[5]。陪審團判決對過去的侵害需賠償約4,300萬美元[6]。

陪審團判決Paice侵權主張有理後，Paice進一步向法院聲請永久禁制令（permanent injunction）。但同時，美國最高法院於2006年做出了著名的eBay案判決[7]，要求在核發禁制令時，法院必須進行傳統四因素檢測。亦即，原告必須證明：1.其已經遭受無法彌補之損害；2.法律所提供的其他救濟方式（例如金錢賠償），不適合彌補該損害；3.在權衡原告和被告之負擔後，衡平救濟是正當的（considering the balance of hardships between the plaintiff and defendant, a remedy in equity is warranted）；4.公共利益不會被該永久禁制令傷害（public interest would not be disserved by a permanent injunction）[8]。

因此，地區法院只好立刻適用最高法院eBay案的最新見解，要求Paice公司證明上述四點，才能取得永久禁制令。法院審理後認爲，就第一項因素，Paice未能證明無法彌補之損害，Paice雖主張若欠缺永久禁制令其授權活動將受到阻礙，但法院駁斥此主張[9]。法院認爲，沒有證據可證明，Paice公司不能成功授權，是因爲欠缺該禁制令[10]。法院另指出，由於Paice公司的授權企業模式，該公司並沒有與Toyota公司進行市場或品牌之競爭[11]。

就第二項因素，地區法院指出，只要金錢賠償足夠，就不一定要動

---

4 Paice LLC v. Toyota Motor Corp., 504 F.3d 1293, 1300-01 (Fed. Cir. 2007).
5 See Paice LLC v. Toyota Motor Corp., 2006 U.S. Dist. LEXIS 61600, at *3 (E.D. Tex. Aug. 16, 2006).
6 Paice, 504 F.3d at 1302-1303.
7 eBay Inc. v. MercExchange, LLC, 547 U.S. 388 (2006).
8 eBay, 547 U.S. at 391.
9 See Paice, 2006 U.S. Dist. LEXIS 61600, at *12-13.
10 Id.
11 Id. at *14.

用禁制令[12]。Paice公司主張，該項被侵害之請求項，可涵蓋Prius技術的核心。但法院卻不接受此主張。反之，法院認爲，該受侵害之請求項，亦即關於複合動力的傳輸，只構成整輛汽車的一小部分[13]。由於陪審團所認定的總賠償金額除以總侵權車輛數量，等同於侵權時一台車只需給與25美元，故法院認爲，從此就可看出，25美元的價值只占整部車很小的一部分[14]。另外，法院也指出，由於在陪審團裁決後，Paice公司持續向Toyota公司要求授權，顯示Paice公司只需要金錢賠償即以足夠[15]。

就第三項因素，亦即比較雙方之負擔，地區法院認爲若核發禁制令，將造成Toyota公司商業與相關企業的嚴重損失[16]。而且，法院也指出，核發禁制令將造成正在起步的複合動力車市場會因爲研發成本而受到阻礙[17]。

就第四項因素，亦即對公共利益的損害方面，地區法院認爲原告、被告在此因素上平手。一方面，就原告來說，法院執行專利是一項長久被承認的公共利益，不過法院認爲以金錢賠償代替禁制令一樣可以滿足此項公共利益[18]。另方面，被告主張油電混合車的推廣能降低美國過度仰賴國外石油，但核發禁制令卻會對此利益造成損害[19]。不過法院卻拒絕此項主張，其認爲Toyota的油電混合車並不是市場上的唯一複合動力車，而沒有證據能夠證明，就算Toyota不能生產油電混合車，此項市場需求無法由其他車廠的複合動力車所取代[20]。

綜合四項因素的考量後，地區法院認爲，應有利於Toyota公司，因而拒絕Paice公司的核發禁制令的要求[21]。但地區法院採納陪審團對於過去侵

---

12 Id. at *14-15.
13 Id. at *15.
14 Id.
15 Id. at *16.
16 Id.
17 Id.
18 Id. at *17.
19 Id. at *17.
20 Id.
21 Id. at *18.

權所認定的總金額，除上侵權的車輛數量，得出一台車25美元的賠償金，決定對於未來持續性侵權之授權金，比照過去侵權之賠償金，要求對於後續Toyota公司製造油電混合車的持續侵權，每一台車需支付給Paice公司25美元[22]。

## （二）聯邦巡迴上訴法院判決

在陪審團的侵權裁決後，雙方都對陪審團的侵權裁決提出上訴。案件上訴到聯邦巡迴上訴法院[23]，但上訴法院維持陪審團的裁決，認為Toyota並無文字侵權，但在均等論下構成侵權[24]。另外，對於地區法院判決不核發禁制令部分，Paice也提出上訴，認為地區法院並無法定權力創造一持續性授權[25]。但上訴法院認為，在某些情況下，若欠缺禁制令，法院對專利侵權下達一持續性授權命令是適合的[26]。在此份判決中間，法院在一註腳中，說明了持續性授權和強制授權之不同。其指出，強制授權是設定一標準後，任何人都可以提出授權申請，但法院命令的持續性授權，則是只有系爭案件的被告才可使用[27]。

但上訴法院指出，由於地區法院對於一台車25美元費率的決定，並沒有提供理由，上訴法院無法判斷地區法院在設定持續性授權金時是否濫用其裁量權，故將其發回地區法院重審。並指出，地區法院在判斷持續性授權金費率時，若有必要考量其他額外經濟因素，可以採納其他新證據[28]。但是，上訴法院說明，並不可認為當拒絕核發永久禁制令時，就當然可以採取持續性授權，必須此種救濟命令是達到救濟所必要者[29]。上訴法院認為，地區法院應允許雙方進行協商談判後續授權，只有在雙方無法

---

[22] Id. at *19.
[23] Paice LLC v. Toyota Motor Corp., 504 F.3d 1293, 1296 (Fed. Cir. 2007).
[24] Id. at 1299-1313.
[25] Id. at 1314.
[26] Id.
[27] Id. at 1313 n. 13.
[28] Id. at 1315.
[29] Id. at 1315.

達到授權條件時，法院才能介入決定一合理授權費率[30]。

### （三）小結

本案乃聯邦巡迴上訴法院對持續性授權表達的第一個意見，具有重要價值。其指出幾個重點：1.當法院不同意核發永久禁制令時，不當然要給予持續性授權，但得給予持續性授權；2.持續性授權金之決定，不需要由陪審團設定；3.判決前之侵權賠償，與判決後之持續性授權，兩者法律地位與經濟環境已經改變，不應爲相同處理；4.有需要時，地區法院可以採納新證據。

另外，本案最重要之意義在於，判決後之持續侵權授權金，與判決前之合理賠償授權金，兩者不應相同。

## 三、Paice案地區法院計算合理授權金（2009）

前述的Paice v. Toyota案，在聯邦巡迴上訴法院發回地區法院後，地區法院對持續性授權金採取了新的計算。在上訴法院發回重新計算持續性授權金後，地區法院先給予雙方充分及公平的機會設定自己的持續性授權金費率。但雙方卻無法達成協議。因此，地區法院在2008年7月21日開了一次庭，讓雙方對持續性授權金的議題提出證據[31]。

地區法院先說明，其所以之前判決持續性授權金一台25美元，是因爲當初陪審團對於過去損害賠償所判給的總金額，除以侵權的車輛數量，爲一台25美元。而地區法院乃尊重陪審團對過去損害賠償的認定，故對未來持續性授權金也設定爲一台25美元[32]。但地區法院坦承，其實陪審團對於過去侵權賠償的總金額是如何算出的，法院只能透過推測的方式得知，但沒辦法確定其計算方式。所以對於未來持續性授權金的決定，根據聯邦

---

30 Id.

31 Paice LLC v. Toyota Motor Corp., 609 F. Supp. 2d 620, 623 (E.D. Tex. 2009).

32 Id. at 625.

上訴法院所指示的，需考量新的證據及證詞[33]。而雙方請來的專家，則提出不同的計算方式。看起來，雙方都同意持續性授權金的計算，應該模擬「判決後假設協商」（post-judgment hypothetical negotiation）的方式算出。但地區法院對兩方所提計算方式，都有些許意見[34]。

## （一）對Toyota計算方式的討論

1. Toyota這邊提出的計算方式，基本上是先援用陪審團對於判決前的賠償金爲基準，再考量到判決後Toyota「油電混合車增加的利潤」（incremental hybrid profits）做調整[35]。也就是說，Toyota認爲，原則上以陪審團認定的損害賠償爲基準或相同的架構，來決定未來的持續性授權。但地區法院不同意這種方式，而認爲應該重新考量。地區法院指出，Toyota並沒有想到，其在判決後的侵權行爲已屬於蓄意（willful），若Paice重新提出一新訴訟，可以請求三倍賠償[36]。且地區法院強調，不論是聯邦巡迴上訴法院的Paice案或Amado案，兩案都強調判決後的持續性授權，與判決前的合理授權金賠償是不同的。一旦判決做成，持續性的侵權就是蓄意的，加上其他因素，都會實質地改變持續性授權協商的計算[37]。

2. Toyota主張，其可以採用其他非侵權的元件，價格大約爲每車5到17美元。Toyota認爲，法院應該考量Toyota有其他的非侵權選擇，及考量該非侵權選擇的成本。但是，Toyota卻希望法院不要考量其更換工廠設備的成本。但地區法院認爲，既然要考量替換其他非侵權設備的成本，當然要涵蓋更改生產設備的成本。法院認爲，在判決後進行協商時，被判定侵權的被告一定會考量到採用其他非侵權設計的「轉換成本」（cost of switching）[38]。

3. Toyota所提出的「油電混合車增加的利潤」，乃是用其銷售油電混

---

[33] Id. at 625.
[34] Id. at 625-626.
[35] Id. at 625.
[36] Id. at 626.
[37] Id. at 626-627.
[38] Id. at 627.

合車的利潤，和銷售同款非油電混合車的利潤相比較。但地區法院認爲，這種方法未考量到雙方法律地位的改變、未考量到Toyota整個產品線，也未考量到Toyota有能力提高售價來補貼增加的成本。換言之，若按照Toyota的算法，如果Toyota銷售油電混合車時以成本爲定價，而銷售一般汽油車款時其定價卻可增加利潤，那這樣就沒有所謂的「油電混合車增加的利潤」而不用支付授權金嗎？實際上，Toyota的專家證人所提意見就認爲，Toyota在二款運動休旅車（Highlander和Lexus RX400h）上採用油電混合系統雖然增加售價，但因爲其材料成本的增加，導致其利潤根本沒有增加，因而其認爲「油電混合車增加的利潤」爲零。而在Prius車上的增加利潤，爲每台車20.68美元，三台車平均後，平均每台車增加的利潤爲15.78美元。因此，Toyota主張，其未來持續授權金的費率，每台車應從25美元，降爲16美元。但地區法院認爲，此意見沒有考量到，事實上由於Toyota油電混合車的成功，需求高於其供給，Toyota可以單方的增加售價來增加利潤[39]。

4. Toyota另外還提出，其分析的依據，有根據另外二份授權契約，分別爲Toyota和通用電氣（GE）的授權契約以及Toyota和福特（Ford）的授權契約。但地區法院認爲，此二份授權契約並沒有考量到Toyota和Paice間法律地位的改變，且契約中的授權科技，也不像Paice的'970號專利如此有價値。例如，在和Ford的授權契約，授權的是Prius I所採用的科技，但Toyota在Prius II就已經放棄該技術，而改採被Paice專利涵蓋的技術。而且，福特並沒有被控侵害Toyota專利且判決成立，故與本案的情況不同[40]。

## （二）對Paice計算方式的討論

1. Paice的計算方式，則是要求法院「重新考量」（reconsideration）判決後的持續性授權金。主要原因在於，由於Toyota已經被法院判決侵權

[39] Id. at 627.
[40] Id. at 628.

確定，所以法律地位已經改變。若不納入考慮法律地位改變的因素，則將變相鼓勵侵權被告在訴訟上奮戰到底，反正輸了也不會改變授權金的計算。地區法院同意這樣的論點[41]。

2. Paice主張，在本案發回重審後，原油與汽油的價格就不斷飆漲，而油價的飆漲，使得Paice的節能科技更加値錢。而油價的飆漲，也讓Toyota的油電混合車的銷售增加。實際上，在原本模擬的授權協議中，Toyota的油電混合車銷量，從原本初次協商時的每個月4,700台，到2006年每個月13,000台，到2008年每個月20,000台，幾乎有450%的成長。此外，由於Paice專利技術的關係，Toyota在油電混合車市場中市占率高達80%。這些因素都導致了Toyota油電混合車的成功，而這是Georgia-Pacific案中需考量的第8因素[42]。

3. 聯邦能源效率相關法規律的修正，也有所影響。例如企業平均燃料經濟標準（Corporate Average Fuel Economy (CAFE) standards）要求汽車製造商在2020年前必須增加車輛美加侖汽油可跑的里程數到達35英里。而系爭油電混合技術當然協助Toyota提前達到此標準。這些因素也顯示，Paice的科技對Toyota帶來的不只是利潤而已。而此則是Georgia-Pacific案中所要求考量的第11和第15因素[43]。

4. Toyota在油電混合產業的領先，以及其在油電混合車銷量上的增加，增加了Toyota作爲綠色企業的美譽。而Toyota油電混合車的需求大增後，也連帶協助Toyota銷售非油電混合車。這些現象顯示，Paice的專利科技，幫助Toyota銷售非油電混合車、配件、保單等。這則是Georgia-Pacific案要求考量的第6和第8因素[44]。

---

[41] Id. at 628.

[42] Id. at 628-629. 第8因素爲使用專利之產品在過去的獲利，其商業上的成功，和現在的銷量。

[43] Id. at 629. 第11因素爲侵權人使用該發明的程度，及任何可證明該使用價值的證據，第15因素爲專利權人與侵權者若合理地、自願地協商可以協商出來的金額。

[44] Id. at 629. 第6因素爲被授權人促銷其他商品時銷售專利特點的效果，發明對授權人銷售其他非專利項目的價值，以及這種衍生或護航銷售的範圍，第8因素爲使用專利之產品在過去的獲利，其商業上的成功，和現在的銷量。

5. Toyota已經引進新的油電混合車（Toyota Camry、Lexus GS450h和Lexus LS600h），而Paice也已經主張新車仍然侵害其專利。雖然這些新車是否眞的侵權還未判決，但Toyota採用的技術與系爭技術相同或非常接近，這某程度證明Toyota也持續使用Paice的發明（Georgia-Pacific案第11因素）。另外，Toyota放棄了第一代Prius所使用的油電混合技術，改用Paice的專利科技，表示Paice的專利科技優於之前Toyota採用的科技。這是Georgia-Pacific案需考量的第9因素[45]。

6. 最後，Paice方專家認爲，Toyota汽車的平均利潤爲價格的9%，而油電混合技術占其比例，採用大略法則（Rule of Thumb）估且定爲25%，相乘約爲價格的2.25%。而之前Paice在協商時能接受的授權金範圍爲一台車100到200美元，故Paice方專家認爲適當的授權費率爲整個動力系統（powertrain）價值的2%。而所謂的動力系統，包含了內燃機（internal combustion engine (ICE)）的價值[46]。

## （三）地區法院最終決定

地區法院原則上都接受Paice方專家所提出的分析，但認爲其考量中有二項錯誤：1.其沒有將陪審團對過去侵害合理授權金的分析納入考量；2.用動力系統作爲計算基礎有問題，不應將內燃機涵蓋進去，因爲在Toyota和Nissan的授權契約中就可看出，雖然Nissan要採用油電混合技術，但卻使用自己的內燃機，所以法院認爲不應將內燃機價格納入計算基礎[47]。

地區法院認爲，考量到現實環境與法律環境的改變，其接受Paice方專家所提方案，以Toyota產品銷售利潤爲價格的9%，乘上大略法則25%，故授權金應爲售價的2.25%。但是，考量到陪審團對於之前侵權的賠償金的計算總額，除以侵權數量，卻比這個金額低很多，所以考量到陪審團過去對合理授權金賠償的計算，應該將此授權費率再降低。此外，法院也認

[45] Id. at 629. 第9因素爲專利財產相對於舊模式或設備的效益與優勢。
[46] Id. at 629.
[47] Id. at 629-630.

爲，此費率還需再降低一些，因爲Toyota在油電混合車的銷售利潤，確實比其非油電混合車的銷售利潤低。因此，考量上述二因素，法院將授權金費率從2.25%降低1/3，固定爲1.5%。最後，法院認爲計算的基礎，不應將內燃機價格納入，因爲其並非Paice發明的核心元素。因此，將動力系統扣除內燃機價格後，每台車約銷售6,500美元，其持續性授權金就爲6,500美元的1.5%，換算之後爲每台車98美元[48]。但由於汽車售價可能變動，所以法院也將此金額換算爲整部車價格的固定比率，換算後，其持續性授權金應爲Prius全車售價的0.48%、Highlander全車售價的0.32%、Lexus RX400h全車售價的0.26%。而法院認爲這個授權費率讓Toyota仍然能夠持續獲得合理利潤[49]。

### （四）小結

整體而言，地區法院在聯邦巡迴上訴法院將案件發回重新認定持續性授權今後，先給予雙方充分及公平的機會去協商持續性授權金的費率，但由於雙方無法協商，故法院開庭允許雙方提出新事證及證詞。地區法院在考量了雙方法律關係及經濟因素的重大改變後，對於Toyota持續的、自願的、蓄意的侵權行爲，認爲應設定有別於陪審團針對過去侵權所換算出來的合理授權賠償。地區法院在考量了雙方的專家證詞，以及參考之前陪審團的賠償金額，設定了持續性授權的賠償金費率。此授權乃持續有效至'970號專利到期爲止。此案後來雙方仍有上訴，但到上訴巡迴法院時和解[50]，故地區法院對持續性賠償金的設定，並未受到上訴法院推翻。

## 四、結語

本文乃探討美國法院近年來發展出的對專利侵權的一種新救濟方式：持續性授權命令。在部分案件中，經過美國最高法院eBay案見解所

---

48 Id. at 630.
49 Id. at 630-631.
50 Paice LLC v. Toyota Motor Corp., 455 Fed. Appx. 955 (Fed. Cir., July 26, 2010).

提出的四因素檢測，法院在認定構成專利侵權時，不一定會核發永久禁制令，而會核發持續性授權命令。但是對於持續性授權金的計算，有不同的處理。經本文探討，一開始有的法院將持續性授權金，等同於過去侵權的合理授權賠償金，但遭到聯邦上訴法院推翻。也有法院將判決後的持續侵權認定為是一種蓄意侵權，故將持續性授權金設定為過去侵權賠償的三倍，但此見解也遭到聯邦巡迴上訴法院駁回。

聯邦巡迴上訴法院在發回重要的Paice LLC v. Toyota Motor Corp.案（2007）後，德州地區法院在2009年重新處理了持續性授權金的問題，並提出了一新架構。在其架構中，其認為持續性授權金與過去賠償金不同，應該重新計算。但重新計算的方式，基本上採用過去Georgia-Pacific案之架構，乃試圖追求假設性協商會得出的合理授權金。並且在實際運作時，參考Georgia-Pacific案所提出的一些重要因素納入考量。但是，持續性授權金與過去侵權之賠償金仍有不同，Paice案後來在Georgia-Pacific案所提出的15項因素外，另外加入一因素，就是要將過去侵權判決之金額納入考量。另外，部分學者也提出建議，應該將未來之專利價值納入考量。雖然截至目前為止，美國聯邦巡迴上訴法院與最高法院對於持續性授權金之設定沒有提出具體看法，但本文認為Paice案地區法院之做法，與部分學者之建議，足以作為未來設定持續性授權金的基準。

此外，Paice LLC v. Toyota Motor Corp.案之所以受到關注的另一個理由，在於綠能科技與專利法之間的關係。有一些學者很關心，如何調整專利法以促進綠能科技的使用。討論的面向很多，包括如何加速綠能科技的專利申請。而本案發揮了美國禁制令核發的特色，就是當專利權人自己不事生產時，則不可以核發禁制令以避免限制該科技的應用。本案中Toyota的油電混合車技術，就是近年來節能科技的一個代表技術。因此，此一判決，也是專利法促進綠能科技應用的一種方式。

# 第四節 標準必要專利之損害賠償計算：2014年Ericsson v. D-Link案

專利所有權人將技術納入「標準必要專利」（standard essential patents）時，必須承諾對所有被授權人都採取「公平、合理且無歧視」授權（FRAND）。但衍生出的爭議是，納入標準的專利廠商，還能否向其他廠商提起訴訟，請求過去侵害專利的損害賠償？而且此損害賠償金額，是否就等於RAND授權條款的授權金額？還是另外以一般損害賠償的方式計算？

## 一、背景

### （一）標準制定組織與標準必要專利

在許多電子設備中，相容性是一個必要的要求。電腦設備要透過Wi-Fi無線上網，Wi-Fi的規格必須一致。但是，各家電腦產品的相容性並非自動出現，而是透過標準發展組織（Standards development organizations）制定。標準發展組織會出版標準，列入技術規格。

若被納入標準中的技術擁有專利，則稱為標準必要專利（standard essential patents）。

### （二）標準必要專利的問題

標準必要專利有二種潛在問題，會阻礙標準的廣泛採用：

1.專利箝制（patent hold-up）：當標準必要專利之專利權人，要求過高的權利金，就會出現專利箝制問題。

2.權利金堆疊（royalty stacking）：一個標準上會有上百個專利，若每一家公司都要對所有標準必要專利權人支付授權金，彼此堆疊，加總起來會太高。

### （三）FRAND授權承諾

爲了降低這些潛在的問題，標準發展組織要求，在出版標準之前，專利權人必須承諾，宣示他們會對所有的申請者都提供「公平、合理且無歧視」（pair, reasonable, and nondiscriminatory）之授權，一般簡稱FRAND授權[1]。

但是，承諾對所有被授權人採取FRAND授權，幾乎就等於類似強制授權，必須對所有的被授權人都採取合理及無歧視之授權條件。此時，納入標準的專利廠商，能否向其他廠商提起訴訟，請求過去侵害專利的損害賠償？而且此損害賠償金額，是否就等於FRAND授權條款的授權金額？還是另外以一般損害賠償的方式計算？

美國聯邦巡迴上訴法院2014年處理的Ericsson, Inc. v. D-Link Systems, Inc.案[2]，就是參加標準發展組織的公司，在請求損害賠償時，損害賠償金計算方式的爭議。

## 二、事實

### （一）Wi-Fi的技術標準

本案的原告是Ericsson公司，控告多家生產筆電相關設備的公司，包括D-Link、Netgear、Ace、Gateway、Dell、Toshiba、Intel等公司（以下被告以D-Link等公司作代表），侵害了三項美國專利，分別是美國專利號第6,424,625號專利、第6,466,568號專利及第6,772,215號專利，並在德州東區聯邦地區法院提起訴訟。這三個專利都與Wi-Fi的技術標準有關，Ericsson主張所有專利都是Wi-Fi標準協定中的必要專利，因此，所有與Wi-Fi相容的設備，都會侵害Ericsson的專利[3]。

本案中的標準發展組織是Institute of Electrical and Electronics Engineers（簡稱IEEE），其出版802.11版標準，也就是Wi-Fi標準。802.11版

---

1 Ericsson, Inc. v. D-Link Systems, Inc., 773 F.3d 1209 (2014).
2 Ericsson, Inc. v. D-Link Systems, Inc., 773 F.3d 1201 (2014).
3 Id. at 1207.

標準是目前無線網路通用的標準[4]。

Ericsson主張，三個專利都是IEEE之802.11版標準下的標準必要專利（standard essential patents）。Ericsson也曾經對IEEE提供承諾書，對所有標準必要專利會採取合理及無歧視授權費率。而且一承諾，對Ericsson具拘束力[5]。

### （二）一審判決

一審陪審團最後判決，D-Link等公司侵害系爭專利，並應賠償1,000萬美元，大約是每一侵權設備應賠償15美分。

一審時，D-Link要求排除Ericsson方損害賠償專家的證詞，因爲其在推算損害賠償時，採取整體市場價值規則推算法，但是主持陪審審判庭的法官駁回此聲請。在陪審團審理後，法院又另外針對「合理且無歧視」議題，主持了法官主審庭。審理時，D-Link等公司認爲陪審團的侵權認定與損賠認定，欠缺實質證據，聲請法官依據法律重爲判決（judgment as a matter of law），並要求重組陪審團。此外，D-Link等公司也主張，Ericsson的專家證人，不應用終端產品的市場價值來推算損害賠償。最後，D-Link主張，法官並沒有適當地指示陪審團，提及Ericsson的「合理及無歧視」授權義務[6]。但地區法院法官卻駁回D-Link等公司的聲請。因此，D-Link等公司向聯邦巡迴上訴法院提起上訴[7]。

## 三、上訴法院判決

### （一）比較過去的授權條件

D-Link等公司主張，Ericsson方的專家證人在提供損賠計算方式時，提及過去的授權金，但這些被提到的過去授權，是用被授權產品的整體價

---

[4] Id. at 1208.
[5] Id. at 1209.
[6] Id. at 1213-1214.
[7] Id. at 1214.

値爲基礎，但實際上被授權的科技，只涉及產品中的一個元件而已，因而主張應排除該證詞[8]。上訴時，D-Link等公司又主張，在陪審團審理時，Ericsson的律師，將終端產品的成本，與所要求的權利金做比較。D-Link等公司認爲，系爭專利完全是在Wi-Fi晶片上運作，而非在整個終端產品上運作[9]，故不應用整體終端產品的授權金做推算。

上訴法院指出，在實體規則上，當涉及多元件產品時，權利金費率必須由分配原則（attribution），反映出涉及侵權特徵的價值。當被控侵權產品包含專利與非專利特徵時，就必須判斷專利特徵對整體產品的附加價值（value added）。因此，陪審團必須使用可信賴且有形的證據，採取分配原則，反映出專利特徵的附加價值[10]。

但在程序面的證據原則，只要有助於陪審團確實執行分配原則的思考，都應該允許提出相關證據。當涉及多元件產品時，就必須避免誤導陪審團，過度強調整體產品的價值[11]。但是，對於多元件產品，並非不能從整體市場價值開始然後進行分配，只是過度仰賴整體市場價值，可能會誤導陪審團而已。因此，如果一個可銷售的產品單元，可以適當地分配該專利特徵的價值，就可以從該產品價值開始計算；但若該產品太大無法計算，則應該採取最小可銷售元件的價值作爲起算點[12]。

上訴法院認爲，該專家證詞提其終端產品價值，並無問題。本案中所提到的過去的授權，該授權的專利更多、範圍更大。不過，專家證詞可以將過去的授權，考量與系爭侵權涉及專利與範圍的不同，做出差異分析。因此，先前的授權，一般都具有證據適格，只是證據的重要性要視情況而定[13]。

因爲在計算損害賠償時，最好的參考根據，就是之前曾經做過的授權。只要適當地使用分配原則，這些過去授權的證據乃有關且可信賴的證

[8] Id. at 1225.
[9] Id. at 1225.
[10] Id. at 1226.
[11] Id. at 1226.
[12] Id. at 1226.
[13] Id. at 1227.

據。換句話說，只要專家證人在提出先前授權證據時，對其進行折扣，以符合系爭專利所分配的價值，就沒有問題。因此，上訴法院認爲地區法院接受此證據，並無錯誤[14]。

不過，上訴法院提醒，一審法官應該提醒陪審團，當涉及多元件產品時，提出先前授權證據的目的只是作爲參考，用來推算整體產品中專利特徵的附加價值。但本案中，地區法院卻沒有提醒陪審團要注意分配原則的重要性[15]。

## （二）在RAND脈絡下合理權利金考量因素

D-Link等公司認爲，地區法院法官應該指示陪審團，Ericsson有「合理且無歧視」之授權義務，但地區法院陪審團卻未做此指示。D-Link等公司也要求，法官應該指示陪審團，標準必要專利會有專利箝制和權利金堆疊等問題。爲了回應D-Link等公司的主張，一審法官在美國計算合理權利金的15個Georgia-Pacific因素之外，增加了第16個因素，告訴陪審團可以考量Ericsson的合理且無歧視之授權義務[16]。

D-Link認爲，傳統計算合理權利金的15個Georgia-Pacific因素，在RAND的脈絡下，大多都不適用，甚至可能會有所誤導[17]。

在之前的案例中，有三個地區法院曾經處理過涉及標準必要專利的賠償金問題，思考其需考量的因素，包括Realtek Semiconductor, Corp. v. LSI Corp.案[18]、In re Innovatio IP Ventures, LLC Patent Litig.案[19]和Microsoft Corp. v. Motorola, Inc.案[20]。而聯邦巡迴上訴法院，則是第一次對這個問題

---

[14] Id. at 1228.
[15] Id. at 1228.
[16] Id. at 1229.
[17] Id. at 1229.
[18] Realtek Semiconductor, Corp. v. LSI Corp., No. C-12-3451, 2014 WL 2738216 (N.D.Cal. June 16, 2014).
[19] In re Innovatio IP Ventures, LLC Patent Litig., No. 11 C 9308, 2013 WL 5593609 (N.D.Ill. Oct. 3, 2013).
[20] Microsoft Corp. v. Motorola, Inc., No.C10-1823JLR, 2013 WL 2111217 (W.D.Wash. Apr. 25, 2013).

表達意見。

上訴法院指出，一般地區法院在指示陪審團思考合理權利金時，都會提供全部的Georgia-Pacific15個因素。但某些因素在案件中根本無關。雖然損害賠償專家也會訴諸這些因素，以說明爲何權利金要增加或降低，但卻很少說明或提供相關事實基礎[21]。

上訴法院認爲，在標準必要專利，許多Georgia-Pacific因素都無關，甚至會違背RAND原則。例如，第4因素所提到的「授權人過去的政策或行銷計畫，爲維持專利壟斷而不授權給他人，或爲了維持該獨占僅在特殊條件下授權」，這個因素就與「合理及無歧視授權」承諾相違背。同樣地，第5因素「授權人與被授權人的商業關係」，在此也無關，因爲Ericsson有義務對所有申請人都提供無歧視費率的授權[22]。

不過，有幾個Georgia-Pacific因素，與標準必要專利的RAND授權脈絡下，就必須調整。例如，第8因素提到該發明「現在的流行」，就需要調整，因爲標準就要求所有產品都採取該技術。第9因素「該專利發明相對於舊產品的效益和優點」，在考量上就要小心，標準必要專利因爲是必要而被使用，並非因爲其優於先前技術。第10因素考量授權人自己的商業實施，但標準必要專利乃要求所有同業都採用該技術。至於其他因素，則必須依個案判斷，看系爭技術的脈絡，而決定是否需要調整每一個因素[23]。

而一審法院應該小心思考個案中的證據，並提供陪審團適當的指示。上訴法院認爲，地區法院指示陪審團考量所有Georgia-Pacific因素，但有些因素根本無關或有所誤導，包括前述的第4、5、8、9、10因素[24]。此外，一審法院應該指示陪審團，考量到Ericsson的RAND授權義務。但要注意，並非告訴陪審團一般的RAND的概念，而是具體地告訴陪審團，

---

[21] Ericsson, Inc. v. D-Link Systems, Inc., 773 F.3d at 1230.
[22] Id. at 1230-1231.
[23] Id. at 1231.
[24] Id. at 1231.

Ericsson簽署的RAND承諾的具體內容[25]。

上訴法院也說明，他們並不是要求所有涉及RAND授權的標準必要專利，都必須發展出一個修正版的Georgia-Pacific參考因素。上訴法院認爲，不需要創造一個針對RAND脈絡而設計的新一套的考量因素，一審法院只要考量相關事實證據，而在指示陪審團時，不要死背所有的因素，而應稍微調整[26]。

## （三）標準必要專利分配原則的分析

在計算損害賠償金時，必須透過分配原則（apportionment），反映出受專利保護發明的價值。系爭專利的授權金必須基於專利特徵的價值，而非「標準被採用」對專利科技的價值。本案中的802.11版標準，包含了許多科技，讓各家的設備可以彼此透過無線網路連結而通訊。本案中的系爭專利都只是802.11版標準中的一小部分[27]。

所以，在計算系爭專利的價值時，要算的不是整個標準對整體產品的價值，而是系爭專利的附加價值。所以，要留意第一個原則：必須找出專利特徵的分配，而排除標準中的其他非系爭專利特徵。進而還有這二個原則：爲了確保所算出來的權利金，是眞的反映出專利發明附加於該產品上的附加價值，而非因爲該技術被標準化而增加的價值[28]。一項科技之所以被選爲標準有很多原因。而各家廠商之所以採用該科技，大多是因爲該科技爲標準，而不是因爲其最好。因此，在計算標準必要專利的權利金時，不應考量因爲該技術標準化而增加的價值，而是該科技發明本身的附加價值[29]。

---

[25] Id. at 1231.
[26] Id. at 1232.
[27] Id. at 1232.
[28] Id. at 1232-1233.
[29] Id. at 1233.

## （四）陪審團指示不需提及專利箝制與權利金堆疊問題

D-Link等公司主張，法官給陪審團的指示，應該提到專利箝制與權利金堆疊問題，以避免陪審團所定的權利金過高[30]。上訴法院認爲，是否指示陪審團這二種問題，都取決於相關的證據資料。除非被控侵權人，有提出專利權人眞的有箝制或權利金堆疊的證據，否則法官不需要指示陪審團注意這個問題[31]。

如果D-Link等公司提出證據，說Ericsson在其技術被採爲802.11(n)版標準後，有提高權利金，則法院就可以指示陪審團注意專利箝制問題，或者指示應採用在該技術被採爲標準前的架設性協議[32]。同樣地，除非D-Link等公司能夠提出有專利堆疊的危險，否則法院也不需要指示陪審團注意此問題[33]。因此，上訴法院認爲，一審法院沒有指示陪審團注意專利箝制與權利金堆疊問題，並沒有錯誤[34]。

## （五）判決結果

最後，上訴法院判決認爲，地區法院在指示陪審團考量Georgia-Pacific相關的因素時，犯了下述三項錯誤：1.沒有指示陪審團適當地考量Ericsson眞正的RAND授權承諾；2.沒有指示陪審團必須將系爭專利技術從標準的整體價值中分配出來；3.沒有指示陪審團，RAND授權權利金費率必須基於該發明的價值，而非因爲該發明被納爲標準所附加的價值。因而撤銷陪審團的賠償金賠償，發回重審[35]。

---

[30] Id. at 1233.
[31] Id. at 1234.
[32] Id. at 1234.
[33] Id. at 1234.
[34] Id. at 1234.
[35] Id. at 1235.

# 第五節 設計專利侵權求償全部利潤？2016年 Samsung Electronics Co., Ltd. v. Apple Inc.案

專利若遭侵權可請求損害賠償，美國專利法第284條規定，大部分情況只可請求侵權人應付而未付的合理權利金，而且受到「分配原則」（apportionment）的限制，只能用被侵權部分元件的利潤去計算合理授權金；但若侵害的是設計專利，按照美國專利法第289條規定，就要賠償終端產品的全部利潤，兩者金額差異非常大。回過頭來也讓我們反思，臺灣是否應該修改專利法第97條的相關規定？

## 一、背景

關於美國專利侵權可請求的損害賠償，根據美國專利法第284條規定，只有在少數時候，可請求專利權人的所失利益，大多數時間，只可請求侵權人應付而未付的合理權利金。而在計算合理授權金時，原則上乃以產品利潤的一定比例（主要爲25%），再進行微調，推算出應付的合理授權金。此外，又要受到「分配原則」（apportionment）的限制，亦即針對多元件產品侵權時，只能用系爭專利對於部分元件有貢獻的部分，用該部分元件的利潤去計算合理授權金，而非用所有終端產品的利潤，去計算合理授權金。

不過，美國專利法第289條規定：「在設計專利保護期間，任何人未經授權，(1)基於銷售目的在製造物品（article of manufacture）上採用該設計專利或模仿該設計專利，或(2)銷售或爲銷售而展示任何採用該設計或模仿該設計之製造物品，應向專利權人賠償其全部利潤，但不低於250美元，可在擁有管轄權的任何美國聯邦地區法院求償。[1]」此一特別規定，

---

[1] 35 U.S.C. § 289 ("Whoever during the term of a patent for a design, without license of the owner, (1) applies the patented design, or any colorable imitation thereof, to any article of manufacture for the purpose of sale, or (2) sells or exposes for sale any article of manufacture to which such design or colorable imitation has been applied shall be liable to the owner to the extent of his total profit, but not less than $250, recoverable in any United States district court having jurisdiction of the parties.").

有別於第284條，對設計專利，允許直接求償侵權人製造銷售該產品的所有利潤，而非以利潤的一定比例去推算合理授權金。

但是，此時有無分配原則的適用？亦即，計算侵權人的全部利潤時，是否爲終端產品的全部利潤？還是認爲設計只占終端產品的一部分？

## 二、事實

### （一）蘋果電腦三項設計專利

本案的原告是蘋果電腦，於2007年推出第一代智慧型手機iPhone。蘋果電腦申請了許多設計專利，其中，與本案有關者爲三項設計專利，分別是：1. D618,677號設計專利（圖12-1），其乃涉及黑色的長方形正面和圓潤四角；2. D593,087號設計專利（圖12-2），其乃涉及長方形正面和圓潤四角，及轉折的邊緣；和3. D604,305號設計專利（圖12-3），乃在黑色螢幕上有16個彩色圖像[2]。

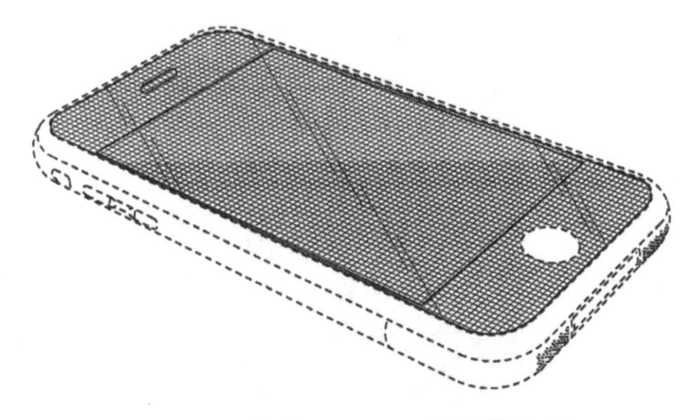

**圖12-1　美國D618,677號設計專利**

資料來源：USPTO.

---

[2] Samsung Electronics Co., Ltd. v. Apple Inc., *3 (2016).

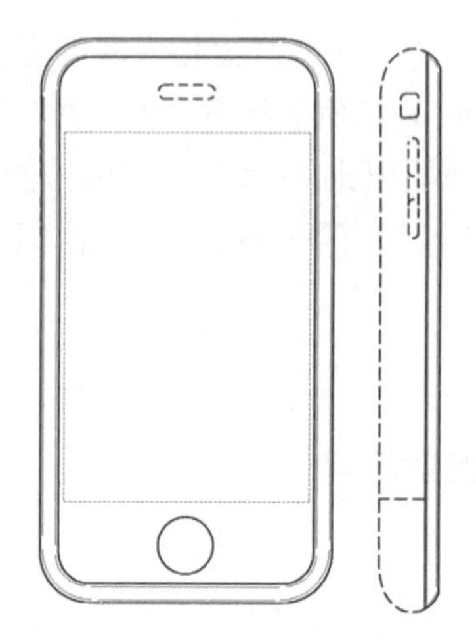

圖12-2　美國D593,087號設計專利

資料來源：USPTO.

圖12-3　美國D604,305號設計專利

資料來源：USPTO.

被告是三星電子，在蘋果電腦發售iPhone後，三星也開始銷售一系列智慧型手機，且看起來與iPhone類似[3]。

### （二）下級法院判賠整支智慧型手機的全部利潤

2011年，蘋果控告三星侵害其專利，本案主要涉及前述三項設計專利。陪審團認定三星的幾款智慧型手機確實侵害了系爭三項設計專利，陪審團認定侵權後，進而裁決了整個案子的賠償金。而針對侵害設計專利的部分，陪審團接受了蘋果電腦之專家證人意見，原則上以各款手機的整體利潤的40%，作爲賠償金[4]。最終針對這三項設計專利，判賠3億9,900萬美元[5]。

根據蘋果電腦之主張，其所請求的，是各款手機的終端產品的全部利潤，而非其40%。但整體利潤的40%，也高於一般所推算出的合理授權金（先採用分配原則只計算部分利潤，再以該利潤的25%推算合理授權金），二者差異巨大。這樣的差異，主要是在於設計專利的求償條文爲專利法第289條，而非專利法第284條。

但根據專利法第289條，到底是整支智慧型手機是第289條中所謂的「製造物品」，所以可以求償整支手機的全部利潤？三星認爲，該賠償的利潤，應該僅限於侵權的「製造物品」，亦即螢幕或者智慧型手機外殼，而非整支智慧型手機。

## 三、最高法院判決

此案上訴到聯邦巡迴上訴法院時，上訴法院支持地院判決。上訴法院判決認爲，在計算損害賠償時，整支手機是唯一符合所謂「製造物品」者，因爲消費者無法分開購買智慧型手機的個別元件[6]。此案繼續上訴到

---

3　Id. at *3.
4　Apple, Inc. v. Samsung Electronics Co., Ltd., 926 F.Supp.2d 1100, 1109 (2013)
5　Samsung Electronics Co., Ltd. v. Apple Inc., at *4.
6　Apple Inc. v. Samsung Electronics Co., Ltd.786 F.3d 983, 1002 (Fed. Cir. 2015).

聯邦最高法院。美國最高法院於2016年12月6日做出Samsung Electronics Co., Ltd. v. Apple Inc.案判決[7]，以全體一致同意，由Sotomayor大法官撰寫判決意見。

## （一）第298條之歷史

首先，Sotomayor大法官說明專利法第298條之歷史。1885年時，美國最高法院在Dobson v. Hartford Carpet Co.案中，認為對於設計專利之侵害，當時的法規[8]只允許專利權人求償侵害實際造成的損害（the actual damages sustained）[9]。該案下級法院原本認為，對於地毯的設計專利的損害，應該是將全部利潤，按照每一碼製造和銷售的地毯，全部賠償給專利權人，而不只是針對該設計對該地毯有貢獻的部分[10]。但最高法院推翻下級法院判決，認為當時的法規所指的利潤，乃「源自於」該設計的部分，而不包括該地毯的其他部分[11]。

1887年，美國國會對於Dobson案做出回應，在修正專利法時，對侵害設計專利制定特殊的賠償條文。當時的新規定即寫道，製造或銷售採用該設計專利或模仿該設計的「製造物品」（an article of manufacture），構成侵害。其並進一步規定，侵權人要付至少250美元賠償，或者「由侵權人基於該製造或銷售採用該設計或模仿該設計的產品所得的全部利潤」（the total profit made by him from the manufacture or sale ... of the article or articles to which the design, or colorable imitation thereof, has been applied）[12]。1952年美國專利法修正時，也將舊的規定納入第289條。

## （二）製造物品應同時包含最終產品與產品元件

最高法院認為，專利法第289條之規定，所謂採用（apply）該設計專

7 Samsung Electronics Co., Ltd. v. Apple Inc. (2016).
8 Rev. Stat. § 4919.
9 Dobson v. Hartford Carpet Co., 114 U.S. 439 (1885).
10 Id. at 443.
11 Id. at 444.
12 Samsung Electronics Co., Ltd. v. Apple Inc., at *3.

利或模仿該設計專利之製造物品，賠償其全部利潤。第一步要先問，何謂採用該設計的「製造物品」（article of manufacture）；第二步則是去計算侵權人從該製造物品所獲得的全部利潤[13]。

而本案涉及的是第一個問題，就是該製造物品的範圍有多大。最高法院說，本案要處理的是多元件產品（multicomponent product）中，究竟所謂的製造物品，是否一定是指銷售給消費者的終端產品？還是可以是該產品的部分元件？[14]

最高法院認為，從第289條的文字上來看，所謂的「製造物品」，可同時涵蓋賣給消費者的終端產品，以及該產品的元件[15]。

所謂物品（article），乃指一個特定事物（a particular thing）。而所謂製造，則是透過手工或機器，將原料轉換為人類可使用的物品。因此所謂的製造物品，就是「透過手工或機器所製造的事物」（a thing made by hand or machine）[16]。而條文中的「製造物品」，其意義範圍較大，可以包含銷售給消費者的產品，或者該產品的元件。因為一產品的元件，一樣是透過手工或機器製造之事物。一個元件可以被整合進更大的產品，但並不會因此就使該元件不再屬於製造物品[17]。

最高法院指出，上述對第289條的製造物品的解釋，也符合專利法第171條(a)對設計專利的定義。專利法第171條(a)規定：「任何創作製造物品之新穎、獨創或裝飾性之設計者」（new, original and ornamental design for an article of manufacture），均有資格申請設計專利[18]。美國專利商標局和各級法院過去均認為，第171條允許對一多元件產品的一個元件，申請設計專利[19]。

[13] Id. at *4.
[14] Id. at *4.
[15] Id. at *5.
[16] Id. at *5.
[17] Id. at *5.
[18] 35 U.S.C. § 171(a)("Whoever invents any new, original and ornamental design for an article of manufacture may obtain a patent therefor, subject to the conditions and requirements of this title.").
[19] See, e.g., Ex parte Adams, 84 Off. Gaz. Pat. Office 311 (1898); Application of Zahn, 617 F.2d 261, 268 (C.C.P.A.1980).

最高法院指出，其對製造物品之解釋，也符合美國專利法第101條之定義，其規定「任何新而有用之方法、機器、製造物（manufacture）、組合物，或任何新而有用之改良」，均有資格申請發明專利。而最高法院曾在解釋第101條的製造物時，認為其指「透過手工或機器，將原料製造成可使用之物品，賦予該原料新的形式、品質、特定或組合。[20]」因此，製造物品這個詞，可以包含「與一機器分開的該機器的一部分」[21]。

### （三）聯邦巡迴上訴法院認定的終端產品太過狹隘

最高法院認為，聯邦巡迴上訴法院對「製造物品」採取的解釋，僅限於賣給消費者的終端產品，是過度狹義的解釋，而不符合第289條之內涵。聯邦巡迴上訴法院認為，之所以不涵蓋產品元件，是因為消費者無法單獨購買智慧型手機的零件[22]。但是，最高法院認為，基於前述說明，所謂的「製造物品」可同時包括產品元件，不論是否可分開銷售。因此，將「製造物品」限於賣給消費者的終端產品，乃過於狹隘[23]。

### （四）最高法院並不提出具體檢測判准

倘若如此，雙方當事人進一步詢問最高法院，到底本案中智慧型手機的哪一個部分，可以被認為是系爭專利有關的「製造物品」？但最高法院若要回答這個問題，就必須提出一個檢測判准（test），以認定到底一個設計專利所涵蓋的製造物品有多大？美國政府作為法庭之友，有提出一個檢測方法[24]，但是蘋果電腦和三星電子都沒有提出看法，因此，最高法院認為，雙方當事人既然不願意表達看法，最高法院也不需要對此具體的檢測標準做出看法[25]。

最高法院最後將本案發回給聯邦巡迴上訴法院，並認為「一個對設計

---

[20] Diamond v. Chakrabarty, 447 U.S. 303, 308 (1980).
[21] Samsung Electronics Co., Ltd. v. Apple Inc., at *5.
[22] 786 F.3d, at 1002.
[23] Samsung Electronics Co., Ltd. v. Apple Inc., at *6.
[24] Brief for United States as Amicus Curiae 27-29.
[25] Samsung Electronics Co., Ltd. v. Apple Inc., at *6.

專利到底涉及哪部分的製造物品」，留待聯邦巡迴上訴法院去解決[26]。

## 四、結語

本案是蘋果電腦控告三星之案件中，眾多法律問題的其中一塊。其涉及設計專利的賠償金，與一般發明專利賠償金的計算，兩者因爲在美國專利法條文不同，而有巨大差距。舉例來說，根據美國專利法第284條，若某產品侵害一發明專利，倘該產品全部利潤爲3,000萬，該發明專利只占該產品1/10之價值，在計算該合理授權金作爲賠償金時，則根據分配原則僅能採1/10爲300萬，然後再乘上25%爲75萬，再進行微調，推算出合理授權金。

倘若侵害的專利爲設計專利，在原本聯邦巡迴上訴法院見解下，設計專利侵權就要賠償終端產品的全部利潤，就是賠償3,000萬。縱使在最高法院撤銷聯邦巡迴上訴法院見解後，認爲應該還是要判斷設計專利占整個產品的貢獻，假設爲1/10，則至少還是賠償300萬。

由上述例子可知，在計算損害賠償時，求償被告的所有利潤，與求償合理授權金，兩者差異非常大。有趣的是，我國專利法第97條的三種計算損害賠償方法中，第二種爲「依侵害人因侵害行爲所得之利益」，第三種爲「依授權實施該發明專利所得收取之合理權利金爲基礎計算損害」，殊不知這兩種算法算出來的授權金，如依上述舉例計算，可能差距40倍。美國這方面的討論，可讓我們思考是否應修改專利法第97條之規定。

---

[26] Samsung Electronics Co., Ltd. v. Apple Inc., at *6.

# 第六節 專利蓄意侵權之認定：2016年Halo v. Pulse案

美國專利法第284條規定，當專利侵害為蓄意侵害時，可提高三倍懲罰性賠償金。對於何謂蓄意侵權，聯邦巡迴上訴法院於2007年的In re Seagate案[1]，做出一個嚴格且僵硬的認定，必須證明被告：一、對是否會構成侵權客觀上輕率疏忽；二、主觀上明知或可得而知；且三、舉證程度需達清楚且具說服力之標準。但只要訴訟中提出看似可信的抗辯，就不會構成客觀上輕率疏忽，導致不容易拿到三倍賠償金。

2016年6月，聯邦最高法院做出Halo Electronics v. Pulse Electronics案[2]，推翻Seagate案之見解，認為應還給地區法院裁量權，認定在何種蓄意不當行為下，可判賠三倍懲罰性賠償金，舉證程度也同時放寬。對於此一最新發展，值得我國實務界瞭解其內涵並加以參考。

## 一、背景

### （一）蓄意侵權三倍懲罰性賠償

美國專利法第284條規定：「法院認定構成侵害後，應判給請求人適當的損害賠償金額，但不得少於侵權人使用該發明所應支付的合理授權金，以及法院所認定的利息及訴訟費用。若損害賠償金非由陪審團認定，則應由法院審酌認定。不論由誰認定，法院均可將所認定賠償金提高到三倍。[3]」美國專利侵害屬於一種嚴格責任（strict liability），至於侵害的狀態（蓄意或過失），只是會影響損害賠償金。從法條文字中，並沒有說明在何種情況下可以將賠償金提高到三倍，但一般認為，此三倍賠償金屬

---

1 In re Seagate Tech., LLC, 497 F.3d 1360 (Fed. Cir. 2007).

2 Halo Electronics, Inc. v. Pulse Electronics, Inc., 136 S.Ct. 1923 (2016).

3 35 U.S.C. § 284 ("Upon finding for the claimant the court shall award the claimant damages adequate to compensate for the infringement, but in no event less than a reasonable royalty for the use made of the invention by the infringer, together with interest and costs as fixed by the court. When the damages are not found by a jury, the court shall assess them. In either event the court may increase the damages up to three times the amount found or assessed.").

於懲罰性賠償（punitive），故對法官的裁量權應有所限制。而美國法院長期以來認爲，必須構成蓄意侵權（willful infringement）[4]，才可依此規定請求提高賠償金（enhanced damages）[5]。

## （二）Underwater Devices案的積極注意義務

傳統上，聯邦巡迴上訴法院（Federal Circuit）根據最高法院對「蓄意」（willful）此字的解釋，「意指不單純是過失的行爲」（refering to conduct that is not merely negligent）[6]。在判斷是否構成蓄意時，需考量所有的周邊因素[7]。聯邦巡迴上訴法院在決定被告是否蓄意侵權時，不願意採用任何的當然規則類型，但是法院似乎指出，在考量所有周邊因素時，若存在侵權的實質抗辯時，將最爲關鍵[8]。

聯邦巡迴上訴法院在過去1983年的Underwater Devices Inc. v. Morrison–Knudsen Co.案[9]判決中，對蓄意侵權的標準是：當潛在侵權者知道他人的專利，他就有積極注意義務去瞭解，到底他有無侵權。而這個義務中，其中最重要的，就是在繼續從事可能的侵權活動前，應該得到律師的合格的法律意見。如果法院發現被告違反了這樣積極義務，法院就會用一些列出的因素，所謂的Read案因素[10]，已計算因爲違反這項義務而是否及

---

[4] 關於willful此字的翻譯，爲與purpose、intent等字區分，本文參考蔡蕙芳之翻譯，翻譯爲蓄意。請參見蔡蕙芳，美國著作權法上刑事著作權侵權之研究，著作權侵權與其刑事責任，頁127-179，新學林，2008年2月。

[5] Tyler A. Hicks, Breaking the "Link" Between Awards for Attorney's Fees and Enhanced Damages in Patent Law, 52 Cal. W. L. Rev. 191, 211(2016).

[6] Knorr-Bremse Systeme Fuer Nutzfahrzeuge GmbH v. Dana Corp., 383 F.3d 1337, 1342 (Fed. Cir. 2004) (quoting McLaughlin v. Richland Shoe Co., 486 U.S. 128, 133 (1988)).

[7] Id. at 1342.

[8] Tim Carlton, The Ongoing Royalty: What Remedy Should a Patent Holder Receive When a Permanent Injunction Is Denied?, 43 Ga. L. Rev. 543, 555 (2009).

[9] Underwater Devices Inc. v. Morrison-Knudsen Co., 717 F.2d 1380, 1389-1390 (Fed.Cir.1983):

[10] Read Corp. v. Portec, Inc., 970 F.2d 816, 826-827 (Fed. Cir. 1992).其有九項因素，原文爲：「(1) "deliberate copying"; (2) failure to "investigate the scope of the patent," knowing the patent existed; (3) "the infringer's behavior as a party to the litigation"; (4) "defendant's size and financial condition"; (5) "closeness of the case"; (6) "duration of the defendant's misconduct"; (7) "remedial action by the defendant"; (8) "defendant's motivation for harm"; and (9) "whether defendant attempted to conceal its misconduct.」但Read案已被Bard Peripheral Vascular, Inc. v. W.L. Gore & Assocs., 670 F.3d 1171 (Fed. Cir. 2012)案廢棄。

要提高多少賠償金[11]。

在Underwater Devices案標準下，對潛在侵權者似乎課與了一積極注意義務（affirmative duty of care）[12]，其不只要發現其他人的專利權，也要盡合理注意義務判斷其沒有侵權。由於有此項義務，故被告通常會提出證據，證明他們在事前有尋求律師的諮詢意見，合理地相信其不構成侵權。律師若能作證，證明被告是相信律師符合資格的法律意見而行事，就是證明其符合注意義務的有效方法。即便這項法律意見是錯的，此意見也能夠證實被告的無辜心理狀態，而無法發現被告存在蓄意或惡意（bad faith）[13]。

由於採取這種標準屬於低標準，因此大部分的案例，在認定構成侵害專利後，往往都認爲構成蓄意侵權。根據統計，1983年到2000年的美國案例中，認定侵權者，67.7%的陪審團認爲構成蓄意，52.6%的法官認爲構成蓄意[14]。而且，當法官認爲構成蓄意時，95%會判決提高賠償金，當陪審團認爲構成蓄意時，63%會要求提高賠償金[15]。

## （三）In re Seagate案

2007年，聯邦巡迴上訴法院修改了判斷是否構成蓄意侵權的要素。在In re Seagate案[16]中，法院指出其之前所採取的標準，比較像是過失（negligence）的標準[17]。而在Seagate案[18]中，聯邦巡迴上訴法院對第284條之適用建立了重要標準，改採了客觀上輕率疏忽標準（objective

---

[11] Tyler A. Hicks, supra note 5, at 195-196.

[12] Id. at 195.

[13] Tim Carlton, supra note 8, at 555-156.

[14] Don Zhe Nan Wang, End of the Parallel between Patent Law's § 284 Willifulness and § 285 Exceptional Case Analysis, 11 Wash.J.L. Tech. & Arts 311, 318 (2016)(引用Kimberly A. Moore, Empirical Statistics on Willful Patent Infringement, 14 FED. CIR. B.J. 227, 237 (2004-2005)).

[15] Id. at 318 (引用Kimberly A. Moore, Judges, Juries, and Patent Cases–An Empirical Peek Inside the Black Box, 99 MICH. L. REV. 365, 394 (2000)).

[16] In re Seagate Tech., LLC, 497 F.3d 1360 (Fed. Cir. 2007).

[17] Id. at 1371.

[18] In re Seagate Technology, LLC, 497 F.3d 1360 (2007).

recklessness）[19]。在此標準下，推翻了過去Underwater Devices案標準，亦即當被告得到通知其可能侵害他人專利時，被告並無取得法律意見的積極義務[20]。

美國總統歐巴馬（Barack Obama）於2011年9月16日簽署由參眾兩院通過Leahy-Smith美國發明法案（Leahy-Smith America Invents Act，編號H.R.1249，簡稱AIA），基本上接受了In re Seagate案見解。修法後，美國專利法第298條明定，被控侵權者對於被宣稱爲受侵害之專利未自其律師處取得建議意見，或其未將前述建議意見提交法院或陪審團，此等情形不得用以證明該被控侵權者爲蓄意侵害該專利或其意圖引誘侵害該專利[21]。

但到底聯邦巡迴上訴法院所建立的客觀上輕率疏忽標準（objective recklessness），該新標準內容爲何？需先說明，該案的標準，乃援引另二個重要判決先例。法院指出，蓄意這個字應該採取「輕率疏忽」（recklessness）標準，可以參考著作權法。著作權法第504條(c)(2)中，也提到當侵權人構成蓄意侵權時，法院可將法定賠償金提高[22]。該條文雖然沒有定義何謂蓄意，但第二巡迴上訴法院在2001年的Yurman Design, Inc. v. PAJ, Inc案[23]中，提到所謂的蓄意，乃指被告「輕率疏忽地」不在意該行爲構成侵權的可能性。

另外，聯邦巡迴上訴法院引用最高法院在公平信用報告法（Fair Credit Reporting Act）的另一案例Safeco Ins. Co. of Am. v. Burr案[24]。Safeco案涉及的公平信用報告法，規定若被告過失違反了該法，消費者可

---

[19] Id. at 1371.

[20] Id.

[21] See 35 U.S.C. § 298 (Advice of counsel “The failure of an infringer to obtain the advice of counsel with respect to any allegedly infringed patent, or the failure of the infringer to present such advice to the court or jury, may not be used to prove that the accused infringer willfully infringed the patent or that the infringer intended to induce infringement of the patent.”)

[22] 17 USC 504(c)(2)(“(2) In a case where the copyright owner sustains the burden of proving, and the court finds, that infringement was committed willfully, the court in its discretion may increase the award of statutory damages to a sum of not more than $150,000.”).

[23] Yurman Design, Inc. v. PAJ, Inc., 262 F.3d 101, 112 (2d Cir.2001).

[24] Safeco Ins. Co. of Am. v. Burr, 551 U.S. 47, 127 S.Ct. 2201 (2007).

請求實際損害賠償[25]，但若被告是蓄意違反該法，消費者可請求懲罰性賠償[26]。該案中，最高法院指出，所謂的蓄意，包含了輕率疏忽之行爲[27]。而且，最高法院還指出，採用輕率疏忽作爲蓄意的定義，符合普通法上的用法，因爲普通法通常都將「輕率疏忽不在意」法律，當成是蓄意違法行爲[28]。

要構成所謂的蓄意，聯邦上訴法院建立了二步的檢測標準。第一步，專利權人必須以清楚且具說服力之標準（clear and convincing），證明儘管客觀上行爲有高度可能性會侵害有效專利（objectively high likelihood that its actions constituted infringement of a valid patent），侵權人仍然繼續行爲。判斷此種客觀風險（objectively-defined risk）不需要考量侵權人的主觀想法[29]。此種客觀上的風險，乃由侵權訴訟中的證據資料加以判斷[30]。

第二步，在證明客觀上高度可能性後，專利權人必須以清楚且具說服力之標準，證明被告「明知或可得而知」（known or so obvious that it should have been known）該客觀侵權風險[31]。

只有當專利權人滿足了上述二個部分的舉證，地區法院才會行使其裁量權，決定是否要提高賠償金[32]。

前述In re Segate的二階段判斷法中的第一步「客觀上」，在此階段，聯邦上訴巡迴法院在後續案件中，進一步說明，如果被控侵權人在侵權訴訟中，對於專利有效性或不侵權能提出「實質問題」（substantial question）[33]，就不會被認定爲客觀上有高度侵權風險。甚至，就算被告

25 15 U.S.C. § 1681 o(a).
26 15 U.S.C. § 1681 n(a).
27 Safeco Ins. Co. of Am. v. Burr, 127 S.Ct. at 2209.
28 Id. at 2209.
29 Id., at 1371.
30 Id.
31 Id. at 1371.
32 Id.
33 Spine Solutions, Inc. v. Medtronic Sofamor Danek USA, Inc., 620 F.3d 1305, 1319 (Fed. Cir.2010).

在行爲時並不知道此項抗辯，但在被告侵權之後，在侵權訴訟中可提出有理的抗辯，仍可主張並非客觀上輕率疏忽[34]。由於此後續的解釋，允許被控侵權人在爲侵害行爲時可能沒有客觀上有理由的抗辯，卻是到訴訟階段找律師想出來各種有理由的抗辯，可構成實質問題，就可避免在第一步判斷被認爲其客觀上有高度侵權風險。這樣的結果，導致要構成蓄意侵權越加困難。

此外，根據聯邦巡迴上訴法院之判決，對於地區法院所做的懲罰性賠償金的判決，細分爲三塊，分別採取不同的審查標準。第一，就Seagate案第一步驟的客觀上輕率疏忽，上訴法院採取「重新審理」（reviewed *de novo*）；第二，就主觀上是否知情，上訴法院採實質證據標準（substantial evidence）；第三，就最終是否要提高損害賠償金，上訴法院則採取是否濫用裁量權（abuse of discretion）之審查[35]。

美國學者Christopher B. Seaman研究[36]，統計分析Seagate案後的判決，由於推翻了Underwater Devices案的主動義務，因此，侵權人是否有取得專利意見，不再是是否影響其構成蓄意侵權的決定。對於專利意見書（opinion of counsel）、實質抗辯（substantial defense）、抄襲（copying）、有迴避設計（design around）、提出舉發案（reexamination）等五個因素，會影響是否構成蓄意侵權者，只有實質抗辯（不構成）與抄襲（構成）這二個因素有影響。

---

34 Id. 這就是Halo Electronics, Inc. v. Pulse Electronics, Inc.案在二審時聯邦巡迴上訴法院採取的見解。Halo Electronics, Inc. v. Pulse Electronics, Inc., 769 F.3d 1371, 1382 (Fed Cir., 2014).

35 See Bard Peripheral Vascular, Inc. v. W.L. Gore & Assoc., Inc., 682 F.3d 1003, 1005, 1008 (C.A.Fed.2012); Spectralytics, Inc. v. Cordis Corp., 649 F.3d 1336, 1347 (C.A.Fed.2011).

36 Christopher B. Seaman, Willful Patent Infringement And Enhanced Damages After In Re Seagate: An Empirical Study, 97 Iowa L. Rev. 417, 422 (2012), 轉引自葉雲卿，被告如何有效抗辯惡意侵權？——專利意見書的角色與功能之轉變，北美智權報網站，http://www.naipo.com/Portals/1/web_tw/Knowledge_Center/Infringement_Case/publish-49.htm，最後瀏覽日：2016年8月8日。

## 二、事實

聯邦最高法院於2015年受理了Halo Electronics v. Pulse Electronics案及Stryker Corp. v. Zimmer, Inc.案，認爲有必須重新檢討Seagate案對第284條懲罰性賠償金的標準，最高法院於2016年6月做出判決。

### （一）Halo Electronics v. Pulse Electronics案

2016年最高法院所判決的Halo Electronics v. Pulse Electronics案，源自於兩個上訴案件，一組是Halo Electronics告Pulse Electronics，另一組是Stryker告Zimmer。

Halo公司和Pulse公司都是提供電子零件的公司，Halo主張Pulse侵害其某項專利。2002年時，Halo公司寄給Pulse公司二封信，願意授權相關專利。但是Pulse公司的工程師花二小時簡單看過專利後，就自行認爲Halo公司的專利無效，而未聘請專利律師進行詳細分析。因此，Pulse公司不理會該信，而繼續銷售侵權產品[37]。

2007年，Halo公司控告Pulse公司。陪審團認定Pulse公司構成侵權，而且認爲有高度可能性其構成蓄意侵權。但是地區法院卻不同意根據美國專利法第284條判賠三倍懲罰性賠償金，因爲其認爲，Pulse公司在訴訟中對系爭專利提出的「顯而易見性」抗辯，並非「客觀上沒有依據」（objectively baseless）或是虛假的（sham）。因此，地區法院認爲，Halo公司沒有達到Seagate案中第一步所要求的「客觀上輕率疏忽」之標準。該案上訴到聯邦巡迴上訴法院，上訴法院支持地區法院判決，認爲Pulse公司確實對系爭專利的顯而易見性提出實質問題，而非客觀上不合理（objectively unreasonable），故Halo沒有滿足第一步「客觀上高度侵權風險」的證明[38]。

最重要的是，該案中，Halo公司主張，在其寄了二封信給Pulse公司後，Pulse公司並沒有詳細分析系爭專利，就繼續爲侵害行爲，而其對系

---

[37] Halo Electronics, Inc. v. Pulse Electronics, Inc., 769 F.3d. at 1376.

[38] Id. at 1382-1383.

爭專利提出的有效性抗辯，是在訴訟階段才想到的，因而，其認爲Pulse所提出的顯而易見性抗辯，不能作爲第一步「客觀上高度侵權風險」的否證[39]。不過聯邦巡迴上訴法院認爲，第一步「客觀上高度侵權風險」的判斷，是客觀上的判斷，並不限於在爲侵權行爲時做判斷，只要被告能對專利有效性提出實質問題，就算是在訴訟中才想到的抗辯，都可納入判斷其客觀上是否合理[40]。

### （二）Stryker v. Zimmer案

第二組當事人爲Stryker公司告Zimmer公司，二家公司都販售外科整型用的傷口沖洗器。2010年，Stryker公司控告Zimmer公司侵權。陪審團認定，Zimmer公司蓄意地侵害Stryker公司之專利，並判賠Stryker 7,000萬美元的所受損失。而地區法院又額外判給610萬美元的賠償，並根據專利法第284條增加三倍賠償，最後共判賠2億2,800萬美元。

其中，地區法院特別指出，Zimmer公司幾乎是指示研發團隊模仿Stryker公司的產品，以快速的爭搶傷口沖洗器的市場。該案上訴後，聯邦上訴法院支持一審判決的認定，但是卻撤銷三倍懲罰性賠償金的部分。聯邦上訴法院採取「重新審理」（*de novo* review），認爲Zimmer公司在一審時對未侵害專利（未落入部分請求項文字）及其專利因顯而易見而無效，有提出「合理的抗辯」（reasonable defenses），亦即其抗辯並非客觀上不合理（objectively unreasonable），故不構成蓄意侵權[41]。

## 三、最高法院判決

上述二案上訴到聯邦最高法院，於2016年6月13日做出判決[42]。該判決乃全體九位大法官一致同意，並由首席大法官Roberts撰寫全院意見。

---

39 Id. at 1382.
40 Id. at 1382-1383.
41 Stryker Corp. v. Zimmer, Inc., 782 F.3d 649, 661-662 (Fed Cir., 2015).
42 Halo Electronics, Inc. v. Pulse Electronics, Inc., 136 S.Ct. 1923 (2016).

該判決推翻了聯邦巡迴上訴法院的Seagate案判決所建立之標準。

## （一）地區法院裁量權

首先，最高法院指出，美國專利法第284條的文字，對何時可提高賠償金，並沒有加上明確的限制或條件，而條文中的「法院可以（may）」暗示法官應該有裁量權[43]。但是，裁量權並非任意決定。雖然對於專利法第284條的賠償金的決定，沒有明確的規則或公式，但地區法院行使其裁量權時，應該考量到賦予其裁量權的一些因素[44]。而美國專利法過去180年來在提高賠償金方面的案例運作顯示，其不會用在一般的典型侵權案件，而只會被用於懲罰惡劣（egregious）的侵權行為[45]。

最高法院進而指出，Seagate案之標準，在許多地方都肯認，只要在惡劣案件中提高賠償金才是適當的。但是，其採取的標準卻過度僵硬，而嚴重阻礙了賦予地區法院之法定裁量權的運作[46]。

### 1. 主觀上惡意即足夠

首先，最高法院指出，Seagate案中的「客觀上輕率疏忽」標準，對地區法院的裁量權加諸太多限制。例如有些侵權者是典型的任意、惡意地強盜，其故意侵害他人專利，對專利有效性或抗辯沒有任何懷疑，就是想要搶奪專利權人的生意。對於這種明顯的強盜，在Seagate案標準下，地區法院仍然不能直接判決提高賠償金，仍需要先判斷該侵權是否在客觀上輕率疏忽[47]。

最高法院指出，在2014年最高法院的Octane Fitness案[48]中，處理的是專利法第285條律師費用賠償的問題，雖然與此處第284條的問題不同，但有類似架構。專利法第285條的條文只寫「在例外情況下」，可賠償勝

---

[43] Id. at 1931.
[44] Id. at 1931-1932.
[45] Id. at 1932.
[46] Id. at 1932.
[47] Id. at 1932.
[48] Octane Fitness, LLC v. ICON Health & Fitness, Inc., 134 S. Ct. 1749, 1755-1756 (2014).

訴方律師費，但過去法院對第285條也要求客觀和主觀二個要件都必須具備，才能夠賠償勝訴方律師費用。而Octane Fitness案判決認爲，只要有主觀上的惡意，就可以判給律師費用。同樣地，最高法院認爲，在提高賠償金的標準上，只要侵權人具備主觀上的蓄意，不論是故意或知情，就足以判決提高賠償金，而不需要討論其侵權行爲是否客觀上輕率疏忽[49]。

### 2. 行為當時是否認為專利無效或有其他抗辯

而且，Seagate標準有一個最嚴重的錯誤，就是允許侵權人在訴訟中提出可信的抗辯（即便不成立），就不構成客觀上輕率疏忽。但實際上，該侵權人在實際行爲時，可能根本沒想過那個抗辯，或者並非因爲相信該抗辯事由才繼續爲侵害行爲[50]。

所謂「責任」（culpability），通常要看行爲人在爲侵害行爲時是否知情[51]。所謂的輕率疏忽，是指行爲人在行爲時，明知或有理由知道（knowing or having reason to know）相關資訊，讓一個理性之人瞭解他的行爲是不合理的冒險。對於在行爲時被告不知道或沒有理由知道的事情，不應納入考量[52]。

因此，最高法院認爲，應允許地區法院適用第284條來懲罰各種該負責的行爲。其認爲，地區法院在行使裁量權時，應該考量每一個個案的具體情境，來決定是否提高賠償金，而不用採取Seagate案過度僵硬的公式。但考量到過去將近200年來的運作，原則上懲罰性賠償仍應該針對惡劣的情況，尤其是蓄意的不當行爲（willful misconduct）[53]。

### 3. 舉證責任標準回歸一般標準

針對專利權人所負的舉證責任是否一定要達到清楚且具說服力（clear and convincing）之程度？最高法院也認爲不必。同樣地，最高法院再次

---

[49] Id. at 1932-1933.
[50] Id. at 1933.
[51] Id. at 1933.
[52] Id. at 1933.
[53] Id. at 1933-1934.

比較2014年涉及第285條律師費用賠償的Octane Fitness案。原本上訴法院也要求在判賠律師費用時，必須採取清楚且具說服力之舉證，但最高法院認為從第285條中，看不出來需要求提高舉證責任標準，而推翻上訴法院的標準[54]。

同樣地，一般的專利侵權案件的舉證責任，只要達到證據優勢程度（preponderance of the evidence）即可。由於第284條條文沒有規定明確的舉證責任，故也不需要提高舉證責任。國會若想提高舉證責任，會寫在專利法中，既然第284條沒有明文要求提高舉證責任，則採取一般專利侵權案件中所要求的證據優勢責任即可[55]。

### （二）「濫用裁量權」審查

最後，當地區法院判決提高賠償金時，上訴法院對地區法院之判決該採取什麼審查標準？Seagate案將此問題細分為三部分而採取不同的審查標準。關於第285條之律師費用，2014年最高法院Highmark Inc. v. Allcare Health Management System, Inc.案[56]，同樣也處理了上訴法院對地區法院判賠律師費用之審查標準問題。既然最高法院在Octane Fitness案中，強調律師費用賠償是地區法院的裁量權，而一般對於裁量權的審查，就是採用是否「濫用裁量權」之標準。

同樣地，既然前述第284條對於在何種情況下適合提高賠償金，將裁量權交給地區法院，那麼上訴法院對地區法院裁量權行使的審查，不需要細分為三部分，通通採用「是否濫用裁量權」之審查標準即可。而此種標準，比起「重新審理」標準，相對上比較尊重地區法院的裁量[57]。

不過，最高法院也提醒，過去將近二個世紀的運作，對於在提高賠償金要考量哪些因素，已經有許多先例，並非讓地區法院無限制地行使裁量權。因此，上訴法院在審查地區法院是否濫用裁量權時，必須參考最高法

[54] Id. at 1934.
[55] Id. at 1934.
[56] Highmark Inc. v. Allcare Health Management System, Inc., 134 S.Ct. 1744 (2014).
[57] Halo Electronics, Inc. v. Pulse Electronics, Inc., 136 S.Ct. at 1934.

院過去相關案例中所建立的、指導國會和法院的各種參考因素[58]。

### （三）國會並沒有認可Seagate案標準

本案的被告主張，美國國會在2011年制定美國發明法案時，已經知道Seagate案標準的存在，而重新採用了第284條，並沒有修改，表示對Seagate案標準的認可。被告指出，國會修法過程中的文字，確實提到Seagate案。但最高法院認爲，國會既然沒有保留了第284條的文字，表示再次肯定其乃賦予地區法院裁量權。而且，蓄意的概念早就存在於專利法中，國會制定第298條，並不代表認可Seagate案對蓄意侵權採取的僵硬標準[59]。

另外，美國專利法第298條規定：「侵權人沒有取得法律顧問之建議」或者「侵權人沒有向法院或賠償團提出這種建議，不能因而證明被控侵權人構成蓄意侵權」。被告因而認爲，既然第298條提到蓄意侵權，表示國會認可Seagate案中的蓄意侵權標準[60]。但是最高法院指出，之所以第298條會要限制對蓄意侵權的認定，主要是針對修正聯邦巡迴上訴法院1983年Underwater Devices Inc. v. Morrison-Knudsen Co.案的判決意見（該案要求行爲人在從事可能侵權的行爲前都有義務先取得律師的法律意見）[61]。

其次，被告主張，如果允許地區法院在判決提高賠償金時，有不受限制的裁量權，將打破專利權保護與科技創新利益之間的平衡。甚至，他們擔心這樣也會提供了專利蟑螂（patent troll）一種新武器[62]。最高法院肯定，這樣的顧慮確實重要，但是並不能夠支持對第284條的適用應採取Seagate案的僵硬標準[63]。

---

[58] Id. at 1934.
[59] Id. at 1934-1935.
[60] Id. at 1935.
[61] Id. at 1935.
[62] Id. at 1935.
[63] Id. at 1935.

# 四、結語

最高法院2016年6月做出Halo Electronics v. Pulse Electronics案判決，推翻Seagate案之見解，很大程度上降低了蓄意侵權三倍懲罰性賠償金的標準。（一）行爲人不能在事後於訴訟中提出看似合理的抗辯，就認爲其不構成蓄意。是否爲蓄意侵權，主要是在爲侵害行爲時的認知；（二）舉證責任標準降低；（三）上訴法院尊重地區法院裁量權的行使。由於以上三點，可以預期，未來在美國構成蓄意侵權的可能性將提高。

其中，如何證明行爲人在爲行爲時，的確有合理抗辯認爲不侵權？Tyler A. Hick認爲，比較好的證據，就是有專利律師所提出的合格分析意見，認爲其專利無效或不侵權，基於此信任而繼續爲行爲[64]。不過，這樣是否又重回Underwater Devices案的老路，要求被控侵權人一定要聘請律師進行專利分析？Tyler A. Hick主張，其並不是要求一定要聘請律師做專利分析，只是建議可聘請律師做專利分析，而此種分析意見，也只是判斷其有無蓄意侵權的其中一項因素，而非決定性因素[65]。在前述Halo Electronics v. Pulse Electronics案，一向反對智財權擴張的Breyer大法官撰寫的協同意見中，也認爲要再次澄清，並非侵權人得知對手專利存在，就一定需要聘請專家提供法律意見。因爲在美國，此種法律意見可能要價10萬美元，對於小的創新發明人而言，可能是一項嚴重的阻礙[66]。因此，其特別強調，美國國會既然已經新增第298條，強調不能因爲侵害人沒有尋求法律意見，就認爲其構成蓄意，這一點並沒有改變[67]。

另外，Don Zhe Nan Wang認爲，美國近年來可能因爲專利蟑螂行爲的影響，導致美國聯邦最高法院一系列的專利法判決，均朝向限制專利權人的權利。包括2014年的Octane v. ICON案判決，其實是想給被告更多的機會對抗專利權人的濫訴[68]。但是，將第284條懲罰性賠償金的標準放寬，

---

[64] Tyler A. Hicks, supra note 5, at 216.
[65] Id. at 217.
[66] Halo Electronics, Inc. v. Pulse Electronics, Inc., 136 S.Ct. at 1936 (Breyer J., concurring).
[67] Id. at 1937 (Breyer J., concurring).
[68] Don Zhe Nan Wang, supra note 14, at 327.

反而讓專利權人有更多機會打擊被告，似乎違反了這個趨勢[69]。甚至，第285條的律師費用是雙向的，所謂的例外情況，在被告身上，包括被告有蓄意侵權，而仍繼續訴訟。因此，當第284條對蓄意侵權認定的標準放寬，將導致被告容易構成蓄意侵權責任，連帶地也容易構成第285條的例外情況。而原本Octane v. ICON案判決是想要修正第285條的適用標準，限縮專利權人權利，但將第284條比照第285條放寬標準後，反而回頭影響第285條的適用，又些微增加專利權人權利[70]。

同樣地，Breyer大法官在協同意見書中，也論述到專利法的目的，主要是鼓勵創新、散布知識，並從實用發明中獲利。而懲罰性賠償要如何恰當地在這些目的中達成平衡，仍應謹慎。因此，倘若專利權人隨意寄發警告信，讓收信者可能在壓力下被迫和解，反而不能達到鼓勵創新的目的。因此，其再次強調，蓄意侵權僅能適用在多數意見強調的惡劣（egregious）案件中，才不會讓此平衡傾斜[71]。

---

[69] Id. at 328.

[70] Id. at 328.

[71] Halo Electronics, Inc. v. Pulse Electronics, Inc., 136 S.Ct. at 1937-1938 (Breyer J., concurring).

# 第十三章　專利訴訟

## 第一節　確認不侵權之訴：2014年Medtronic v. Mirowski案

### 一、背景

#### （一）確認不侵權之訴

通常，發生專利侵權糾紛，都是專利權人控告他人侵權，包括控告過去的被授權人。但是，潛在侵權人可否不等待專利權人動作，而主動提起確認訴訟（declaratory judgment），主張自己不侵權？在美國，由於美國憲法第3條規定，必須是具體案件或爭議（case or controversy），才能利用法院。通常，至少要等到專利權人寄發警告信函，知道自己的產品被專利權人盯上，潛在侵權人才能說已經出現「案件或爭議」，而到法院提起確認之訴。

#### （二）被授權人

但是，若潛在侵權人過去是系爭專利的被授權人，但認爲自己的產品沒有落入專利範圍，不想再支付授權金。這種情形，由於原本有授權關係卻主動停止，可以想見，專利權人一定會不高興，提告的機率很高。但，被授權人能否在還沒停止支付授權金或終止契約前，就先提起確認之訴，確認自己不侵權，希望之後也不用再付授權金？此問題在於，由於被授權人還沒終止契約或停止支付授權金，專利權人因而還不會提告，則被授權人是否可以提起確認之訴？美國最高法院在2007年的MedImmune, Inc. v. Genentech, Inc.案[1]中，判決這種情形，如果被授權人停止支付授權金就可

---

[1] MedImmune, Inc. v. Genentech, Inc., 549 U. S. 118 (2007).

能面臨訴訟威脅，即已經符合了「案件或爭議」要件，可以提早提起確認之訴。

### （三）確認之訴的舉證責任

雖然潛在侵權人（包括被授權人）可以先提起確認之訴，但接下來第二個問題是：舉證責任由誰負擔？關於此一問題，美國最高法院2014年做出了Medtronic v. Mirowski Family Ventures案判決[2]，認爲若是被授權人對專利權人提出確認不侵權之訴，則證明構成侵權的舉證責任仍由專利權人負擔。以下將介紹此一最新判決。

## 二、Medtronic v. Mirowski案

### （一）事實

本案中的原告Medtronic公司，是一家設計、製造、銷售醫療器材的公司。而被告是Mirowski Family Ventures公司（以下簡稱Mirowski公司），擁有一可植入式心臟刺激器（implantable heart stimulators）的相關專利（美國再領證專利號第RE38,119號與第RE39,897號專利）。

Medtronic公司授權給Eli Lilly & Co公司，然後Eli Lilly & Co.公司於1991年時「再授權」給Medtronic公司。在授權契約中提到，當Mirowski公司通知Medtronic公司，認爲其新產品可能侵害了Mirowski的專利時，Medtronic有二個選擇：1.Medtronic公司可以單純地支付授權金；2.Medtronic公司可以先支付授權金，但同時提起確認訴訟，主張其新產品並沒有侵害Mirowski的專利。當然，若Medtronic公司兩條路都不走，可以不支付授權金，但此時Mirowski有權終止授權契約，並提出侵權訴訟。在2006年時，雙方修改授權契約，稍微調整了上述內容。若Medtronic公司收到通知被告知其新產品侵權時，其可以選擇提出確認訴訟主張未侵權，且可將該支付的授權金，先放到託管帳戶中，等到確認訴訟結束後，

---

[2] Medtronic v. Mirowski Family Ventures, 134 S. Ct. 843 (2014).

才決定誰可領取這筆錢。

2007年時，雙方出現了潛在侵權爭議。Mirowski通知Medtronic，認為Medtronic公司銷售的七款新產品，侵害了Mirowski的二項專利。但Medtronic認為，其產品並沒有侵害Mirowski的專利，而主張：1.系爭產品未落入系爭專利之申請專利範圍。2.系爭專利是無效的。因而，原告Medtronic公司於2007年在達拉瓦州聯邦地區法院提起確認訴訟，請求法院確認，系爭產品並沒有侵害Mirowski的專利，且系爭專利是無效的。同時，Medtronic也將相關的授權金，先提繳到託管帳戶。

### （二）地區法院判決

該案中，地區法院認為Mirowski是被告。但是，由於Mirowski主張對方侵權，則其必須負擔侵權的舉證責任[3]。而法院自行審理後（沒有陪審團，bench trail），認為Mirowski無法證明文義侵權或均等侵權之存在。由於地區法院認為被告Mirowski要負擔舉證責任，故判決其敗訴[4]。

### （三）上訴法院判決

本案上訴到聯邦巡迴上訴法院後卻翻案。上訴法院認為，既然Medtronic是確認判決之原告，原告就應該負舉證責任。上訴法院指出，一般來說，通常是由原告，亦即專利權人對構成侵權（infringement）一事負舉證責任，而且就算侵權人提出反訴（確認不侵權，專利權人在反訴中為被告），仍然是由專利權人負侵權之舉證責任[5]。但是，上訴法院認為，本案中由於雙方間有授權契約存在，因此專利權人（被告）無法在確認之訴中提出反訴主張原告侵權，因此，此時仍應由主張確認不侵權之原告，亦即Medtronic公司，對不侵權（noninfringement）一事應負擔舉證責任。

---

3 Medtronic, Inc. v. Boston Scientific Corp., 777 F. Supp. 2d 750, 766 (Del. 2011).

4 Id. at 767-770.

5 695 F. 3d 1266, 1272 (2012).

## 三、最高法院判決

本案又上訴到聯邦最高法院。聯邦最高法院必須回答，究竟在被授權人提起的確認不侵權之訴中，是由專利權人負舉證責任，證明其構成侵權？還是由被授權人負舉證責任，證明其不侵權？

### （一）仍由專利權人負構成侵權之舉證責任

最高法院做出9票一致判決，認爲雖然專利權人是被告，但仍然應由專利權人就構成侵權一事，負舉證責任（burden of proof），或者更精確地說，負說服責任（burden of persuasion）[6]。

此判決由Stephen Breyer大法官主筆，首先他從法理上推論：1.過去最高法院所有的判決，都認爲證明侵權的舉證責任，應由專利權人負擔；2.過去最高法院也說，提起確認之訴（declaratory judgment），只是一種程序上的設計，不會改變其實體權利（substantive rights）；3.而舉證責任的問題，屬於一訴訟請求的實體面向。綜合這三個命題，在被授權人提出的確認訴訟中，侵權的舉證責任還是應該由專利權人負擔[7]。

### （二）由確認之訴原告負舉證責任之問題

Stephen Breyer大法官繼而說明，若由確認之訴的原告負舉證責任，現實上會有下述問題。

1.**判決結果可能不一致**：如果由潛在侵權人提起確認訴訟，要由侵權人負「不侵權之舉證責任」，假設侵權人沒有好好打這場官司，沒有蒐集到完整的證據，未能證明自己不侵權，因而敗訴。若侵權人不理會判決結果，繼續生產銷售系爭產品，導致專利權人只好主動提起侵權之訴。此時，改由專利權人負侵權之舉證責任，卻因爲專利權人沒有蒐集到足夠證據，未能成功證明構成侵權，反而敗訴。結果，雙方都分別敗訴，而對於系爭產品到底有無侵權的爭議，還是沒有明確答案。

---

6 Medtronic v. Mirowski Family Ventures, 134 S. Ct. 843, 849 (2014).

7 Id. at 849.

或有懷疑，基於一事不再理，怎麼可能同一事件先經過確認訴訟，又再次提起侵權之訴？原因在於，根據美國法學會出版的《美國判決法重述（第二版）》第28條第4項，只要舉證責任由原審的被告移轉到原告身上，即可再提起另一訴訟。如此一來，希望透過確認之訴立即並明確地解決糾紛的目的，就會落空[8]。

2. **被潛在侵權人來說不知如何預防**：當潛在侵權人提起確認之訴，要由侵權人負不侵權之舉證責任，由於專利權人的專利請求項很多，且是主張文義侵權還是均等侵權，均有很多種可能性。對於潛在侵權人來說，還不知道專利權人究竟會用哪一個請求項或根據何種侵權理論來主張侵權，就要自己想辦法證明不侵權，這在現實上來說是很困難的[9]。

3. **被授權人提起確認之訴可能更為不利**：之所以讓潛在侵權人可以提起確認之訴，就是希望其不用等專利權人來告，可以自己先做準備。但如果提起確認之訴的舉證責任由潛在侵權人負擔，則會比等專利權人來告（舉證責任由專利權人負擔）來得更爲不利，這樣就沒辦法達到，設計確認之訴讓潛在侵權人有更有利解決糾紛管道的目的[10]。

## （三）其他反對理由

由於聯邦上訴法院認爲，確認之訴的舉證責任，應由原告（被授權人）負擔，最高法院卻推翻上訴法院見解。因而，其也必須對上訴法院的判決理由，一一回應。

最高法院說明，一般而言，提起訴訟的原告應負舉證責任。但是，此原則也有例外情形，例如：1.若某一要件屬於積極抗辯的要件，該要件的舉證責任就應由被告負擔；或者，2.若事實掌握在被告手中，基於公平考量，也應由被告負擔舉證責任。最高法院也明確指出，本案的這種情形（被授權人提起確認不侵權之訴），也是一種例外情形[11]。

---

[8] Id. at 849-850.
[9] Id. at 850.
[10] Id. at 850.
[11] Id. at 851.

在本案中，由於契約尚未終止，在確認訴訟中，專利權人無法提出反訴（反訴原告侵權），因而，聯邦巡迴上訴法院認為僅限於這種特殊情況，舉證責任應由原告承擔。但最高法院認為，被授權人提出確認之訴的情況並非特殊情況，而且非常普遍，因而不接受上訴法院的辯詞[12]。

有人擔心，最高法院採取這種見解後，是否會鼓勵許多專利授權契約的被授權人，因為舉證責任不是由自己負擔，而紛紛提起確認之訴，反而讓專利權人疲於應訴。但最高法院認為，提起確認之訴，仍必須有對專利之有效性或範圍出現急迫或具體的實質爭議（genuine dispute, “of sufficient immediacy and reality,” about the patent’s validity or its application）。本案中確實是專利權人Mirowski先通知Medtronic，告知其新產品可能會侵權而要求支付授權金，才出現爭議。因此，只要把握提起確認之訴的要件，不必擔心未來出現大量官司[13]。

最後，Stephen Breyer大法官強調，之所以要維持由專利權人負舉證責任，因為專利法本來就只保護專利權人在專利範圍內的獨占權。如果不是在專利範圍內，本來就不應該要求被授權人支付授權金。而且，被授權人通常就是最有誘因去挑戰專利權無效或其範圍的人。基於公共利益考量，其維持由專利權人在確認不侵權訴訟中負舉證責任，才能維持此一平衡[14]。

## 四、結語

本案判決做出後，可能對美國專利授權實務產生一些影響。例如，對授權條件不滿的被授權人，可以威脅提出確認訴訟，使授權人願意與其重上談判桌進行協商，以避免訴訟成本。當然，如果專利權人已經小心蒐集許多證據，並可證明被授權人產品確實落入專利範圍，此種威脅就不成威

---

[12] Id. at 851.
[13] Id. at 851.
[14] Id. at 851-852.

脅[15]。

此外，被授權人可能傾向用固定金額的授權金（lump-sum），這樣之後若想提起確認訴訟挑戰系爭專利，授權金也不會受到影響[16]。過去常用的專利組合（portfolio of patents）授權，若被授權人可用確認之訴的方式挑戰其專利範圍，反而使專利權人必須耗費成本證明究竟被授權人的哪一項產品，侵害專利組合中的哪一項專利[17]。

---

[15] James R. Klaiber and Ryan S. Osterweil, How Supreme Court's Medtronic Ruling May Impact Licenses, http://www.law360.com/articles/507075/how-supreme-court-s-medtronic-ruling-may-impact-licenses.

[16] Id.

[17] Id.

# 第二節 專利無效判決之附隨禁反言：1971年Blonder-Tongue案

在1971年，最高法院就Blonder-Tongue vs. University of Illinois Foundation[1]一案判決，改變見解，判決中提及專利權人在一終局並得上訴之判決中被認定無效之專利權人，被禁止再主張專利權，除非專利權人可以證明，在該認定專利權無效之訴訟中，其在程序上、實體上或證據上，無充分、公平機會對有效性爭點進行訴訟[2]。

## 一、背景

### （一）附隨禁反言（爭點排除效）

美國民事訴訟中，有附隨禁反言（collateral estoppel）或爭點排除效（issue preclusion）這個概念[3]。大意是說，在前一個訴訟中爭訟過的爭點，在後面的訴訟就不得再提起。

所謂的爭點排除效（issue preclusion），是一個法院創造出來的衡平原則，根據美國判決法重述第二版第27條規定，指法院已經過終局且有效判決真正討論過且必須判斷的爭點，且該爭點對於該判決乃屬必要，則排除將該爭點再次提起訴訟[4]。一個訴訟當事人可以對參與前一訴訟的另一當事人主張爭點排除效。在美國，爭點排除效與附隨禁反言（collateral estoppel）是通用的。一般而言，當事人主張爭點排除效，必須證明下述事項：

---

1 Blonder-Tongue vs. University of Illinois Foundation, 402 US 313 (1971).

2 吳東都，從美國專利訴訟制度論設立我國專利法院（上），台灣本土法學雜誌，第66期，頁33，2005年。

3 中文討論，亦可參考陳國成，專利有效性爭議之司法審查，頁273-277，作者自刊，2014年4月。

4 Restatement (Second) of Judgments § 27 (1982) ("When an issue of fact or law is actually litigated and determined by a valid and final judgment, and the determination is essential to the judgment, the determination is conclusive in a subsequent action between the parties, whether on the same or a different claim.").

1.該爭點與前一訴訟中所決定的爭點一樣。

2.該爭點在前一訴訟中被眞正爭訟過（litigated）。

3.主張爭點排除效所對抗的當事人，在前一訴訟中有完整且公正的機會對該爭點進行爭訟。

4.該爭點之判斷，是前一訴訟終局判斷的必要部分（essential to a final judgment）[5]。

由於爭點排除效是一衡平原則，就算一個案件符合以上所有因素，法院仍可拒絕適用該原則[6]。根據判決法重述，在下述情況下不適合採用爭點排除效：

1.主張爭點排除效所對抗的當事人，在法律上無法對前一訴訟提起上訴。

2.該議題屬於法律議題，且：(a)兩訴訟所涉及的請求實質上無關；或(b)必須考量兩訴訟中法律環境的改變，或者避免不公平地適用法律，而必須做出新判斷。

3.由於兩法院採取的程序的品質或廣泛程序，或因爲管轄權分配的因素，有所不同，而需要對該爭點重新判斷。

4.爭點排除效對抗的當事人，在前一訴訟中負有較高的說服責任；而在後一訴訟中舉證責任轉移給對造，或者對造在後訴訟中所負舉證責任高於前一訴訟中所負舉證責任。

5.有清楚而具說服力之需求，需要對爭點重新判斷：(a)因爲該判斷對公共利益或者對非前訴訟當事人之利益有潛在的負面影響；(b)因爲該爭點在前訴訟中不足以預見，會在後訴訟中成爲爭點；(c)因爲主張排除效所對抗的當事人，基於對造的行爲或其他特殊情形，並沒有適當機會或誘因，在前一訴訟中得到完整和公正之判斷[7]。

之所以採取爭點排除效，其政策理由有下述幾項：1.爭點排除效可以

---

5 Matthew A. Ferry, Different Infringement, Different Issue: Altering Issue Preclusion as Applied to Claim Construction, 19 Tex. Intell. Prop. L.J. 361, 366 (2011).

6 Id. at 366.

7 以上爲Restatement (Second) of Judgments § 28 (1982)之內容。

減少訴訟，減少法院與訴訟者浪費訴訟資源；2.基於公平性要求，不應該允許一個當事人可以對一個已經爭訟過的爭點，一再地提起訴訟；3.爭點排除效可以避免不同法官做出不同的判決結果；4.其可以促進判決的終局性[8]。

## （二）相互禁反言：1936年Triplett v. Lowell案

在1971年以前，美國法院對訴訟禁反言原則，採取「同等禁反言原則」（mutuality of estoppel），專利權人基於禁反言原則，不能就已被確認無效之專利再向同一被告起訴，則若專利權被確認有效，同一被告也應因禁反言而不能再主張專利無效，但前後兩件侵權被告既然不同，則後者自無禁反言之適用。

美國於1936年曾有一個判決先例Triplett v. Lowell案[9]，做過一個重要見解，認為前一個判決判決專利無效，對於專利權人後來向另一名被告所提出的侵權案，並沒有所謂「既判力」（res judicata）。

1936年Triplett v. Lowell案的見解，是法院創造了一個「相互禁反言」（mutuality of estoppel）原則，亦即只有訴訟雙方當事人在第二個案件中，都受到第一個案件判決的拘束；反之，倘若有一個當事人不受第一個判決的拘束，則不論何方在第二個案件中，都不會受到第一個判決的拘束[10]。

不過，從1936年以來，不同的法院偶爾都會質疑此一相互禁反言原則。最重要的一個判決，是1942年加州最高法院的Bernhard v. Bank of America Nat. Trust & Savings Assn.案[11]，其就明確推翻相互禁反言原則，並認為能夠主張前案既判力的，不一定需要事前案的當事人或與當事人有密切關聯（in privity with a party）[12]。

---

[8] Stephen C. DeSalvo, Invalidating Issue Preclusion: Rethinking Preclusion in the Patent Context, 165 U. Pa. L. Rev. 707, 714-715 (2017).

[9] Triplett v. Lowell, 297 U.S. 638 (1936).

[10] Blonder-Tongue, 402 U.S. 313, 321 (1971).

[11] Bernhard v. Bank of America Nat. Trust & Savings Assn., 19 Cal.2d 807 (1942),

[12] Id. at 812.

## 二、事實

本案的專利權人是伊利諾大學基金會（University of Illinois Foundation），擁有美國第3,210,767號專利（系爭專利），發明人為Dwight E. Isbell，名稱為「頻率獨立單向天線」（Frequency Independent Unidirectional Antennas），在本案中簡稱Isbell專利。其請求的範圍包含各種類型的傳播，包括廣播、電視訊號的傳播與接收，也包括高畫質的彩色訊號的接收[13]。

伊利諾大學取得專利後，先對一家天線製造商Winegard公司，在愛荷華南區地區法院提告侵權。1966年，法官Stephenson判決認為系爭專利只是將三個已知的舊元素加以結合，對所屬技藝領域中具有通常知識者而言為顯而易見，所以無效[14]。上訴後，第八巡迴法院維持Stephenson法官的判決[15]。

在1966年3月，Stephenson法官做出前述判決前，伊利諾大學在伊利諾北區地區法院，對Winegard公司的芝加哥客戶，一家名為Blonder-Tongue Laboratories的公司也提起侵權訴訟，認為其侵害系爭專利，與另一個專利（再發證給發明人P. E. Mayes等人的專利號Re. 25,740的專利，在本案中簡稱Mayes專利）[16]。

本案在1968年6月做出判決，Hoffman法官認為伊利諾大學的二項專利都有效，且都被侵害。其中，對於系爭的Isbell專利，雖然被Stephenson法官在Winegard案已經認定顯而易見而無效，但是，Hoffman法官指出，本法官仍然可以根據眼前的證據，自為認定其專利有效性。其也認為，雖然專利在另一個案件中已經被判決無效，但是專利權人仍有權對不同的被告，提出專利有效及被侵害的證據。因而，Hoffman法官根據眼前的證據，不認同Winegard案的結論，其認為系爭的Isbell專利和Mayes專利都是

---

[13] Blonder-Tongue Laboratories, Inc. v. University of Illinois Foundation, 402 U.S. 313, 314 (1971).

[14] University of Illinois Foundation v. Winegard Co., 271 F.Supp. 412, 419 (SD Iowa 1967).

[15] University of Illinois Foundation v. Winegard Co., 402 F.2d 125 (8th Cir., 1968).

[16] Blonder-Tongue, 402 U.S. at 314.

有效的[17]。

被告Blonder-Tongue公司不服，提起上訴，第七巡迴法院維持一審見解，認爲系爭的Isbell專利是有效的，且Blonder-Tongue公司確實構成侵權[18]。Blonder-Tongue公司繼續上訴到美國最高法院，認爲第七巡迴法院的判決與第八巡迴法院的判決，兩相矛盾，一個判決系爭Isbell無效，一個判決有效。最高法院受理該案[19]。

## 三、最高法院判決

Blonder-Tongue案最高法院認爲，過去以來的許多案件之所以挑戰相互禁反言原則，是因爲只要不會影響特定案件的公正審判，不需要對同一個議題進行重複訴訟。之所以想廢除相互禁反言原則，第一個理由是爲了司法行政的效率的公共利益。其次，更大的問題在於，如果已經給一個訴訟當事人完整且公正的機會透過訴訟爭執一個議題，不需要再給他二次以上的機會。要求不同被告對同一個已經判過的問題重新進行訴訟，是資源的錯誤配置[20]。

最高法院認爲，對於訴訟當事人能否主張訴訟禁反言，關鍵在於之前是否已經提供了完整且公正（full and fair）的訴訟機會[21]。如果一個當事人在之前的訴訟案件中，有機會對該請求提出證據及主張，就可以對他主張附隨禁反言；但若一個當事人在之前的案件中沒有機會，則基於正當程序考量，不可剝奪他們這方面的訴訟權利。但本案沒有這種問題，本案處理的，就是專利權人作爲原告，在之前的案件中已經有完整且公正的訴訟機會，但判決其專利無效，則是否還用相同專利再去告其他被告[22]？

最高法院強調，並不是說，第二個專利侵權訴訟的被告，當然就可以

---

[17] Id. at 316.

[18] University of Illinois Foundation v. Blonder-Tongue Laboratories, Inc. 422 F.2d 769 (7th Cir., 1970).

[19] Blonder-Tongue, 402 U.S. at 317.

[20] Id. at 328-329.

[21] Id. at 329.

[22] Id. at 330.

援引第一個判決，而主張附隨禁反言。重點在於，專利權人作爲原告，在第一個案件中，有沒有得到程序上的公正機會，在實質上及程序上去支持其主張[23]。哪種情形下，第一個訴訟案件中沒有得到程序上的完整及公正訴訟機會？最高法院舉例，如果第一個案件認定顯而易見時，沒有依據最高法院在Graham v. John Deere Co.所提出的標準及因素，或者法院根本沒有搞懂技術內容而援引錯誤的先前技術，或者法院剝奪了專利權人提出關鍵證據或證人的機會等[24]。

其次，最高法院提出，專利訴訟耗費的整個成本、費用、時間均非常高，不論對原告還是被告都是如此[25]。如果第一個案件已經耗費許多成本，而認定專利無效，第二個案件又要雙方花一樣多甚至更多的成本來論證專利是否無效，是資源上的浪費[26]。而且，由於在美國專利法第282條規定，專利訴訟中專利都被推定有效性，故被告要負較高的舉證責任（清楚且具說服力之標準）才能證明其無效，很可能其他被告在評估後認爲訴訟費用過高，而選擇和解繳交授權金，結果一個曾被法院宣告無效的專利，仍然可以輕易從其他人處取得授權金[27]。

## 四、結語

美國之所在1971年的Blonder-Tongue案，認爲法院判決專利無效會有附隨禁反言，有一個美國特殊的背景。美國的專利單方再審查（ex-parte re-examination）制度乃於1980年建立，1999年引入多方再審查制度（inter partes re-examination），到2012年美國專利法又將多方在審查修改爲三種複審制度[28]。在1980年以前，只有法院可以判決專利無效。因此，當時法院作爲唯一一個判決專利無效的制度，比較容易接受對民事專利無效判

[23] Id. at 333.
[24] Id. at 333.
[25] Id. at 334-338.
[26] Id. at 338.
[27] Id. at 338.
[28] Yuzuki Nagakoshi, Quo Vadis—A Unique History of the Evolution of the Japanese patent Invalidation Proceedings, 50 Les Nouvelles 189,190-191 (2015).

決，可賦予其比個案效力更強的效力。

1971年的Blonder-Tongue案，對於爭點排除效，廢棄了過去採取的「相互禁反言」原則，而不限於前案與後案雙方當事人要一樣，只要「1.該爭點與前一訴訟中所決定的爭點一樣；2.該爭點在前一訴訟中被眞正爭訟過（litigated）；3.主張爭點排除效所對抗的當事人，在前一訴訟中有完整且公正的機會對該爭點進行去爭訟；4.該爭點之判斷，是前一訴訟終局判斷的必要部分[29]。」因此，雖然前案與後案的被告不同，但原告（專利權人）相同，就可援引爭點排除效對專利權人主張，只要專利權人在前案中已經對相同爭點有完全且公正的機會。

此外必須說明，根據Blonder-Tongue案建立的原則，若前訴訟判決認爲專利無效，後案的被告可以援引附隨禁反言，禁止原告主張其專利有效；但若前訴訟判決認爲專利有效，原告在後案告新的被告時，原告無法對後案被告主張附隨禁反言，因爲後案被告並沒有出現在前案過[30]。結果導致，前判決認爲專利有效，原告對後案新的被告無法主張附隨禁反言，因此後案被告仍可主張系爭專利無效。不過，前訴訟認定專利有效之判決，構成「紅旗警告」（red flag warning），提醒後訴訟法院，如要做成相反認定，應小心謹愼[31]。

同樣地，雖然法院判決專利有效，但是對於其他專利無效程序，包括單方再審查、三種複審制度，也沒有約束力。例如，地方法院判決專利有效，且經過聯邦巡迴上訴法院支持，但被告轉而使用單方再審查制度挑戰其專利有效性，專利商標局卻可認定其專利無效，且其相反認定結果也會被聯邦巡迴上訴法院所支持[32]。一般認爲行政無效程序可以不同於法院的有效認定，其理由在於，法院對專利有效的推定較強，在法院中要證明專利無效要達到清楚且具說服力之證據標準，而在行政無效程序中，對專利

[29] Matthew A. Ferry, supra note 5, at 366.

[30] Stephen C. DeSalvo, supra note 8, at 731.

[31] 吳東都，前揭註2，頁33。

[32] Nick Messana, Reexamining Reexamination: Preventing a Second Bite at the Apple in Patent Validity Dispute, 14 Nw. J. Tech. & Intell. Prop. 217, 224-228 (2016).

有效性沒有推定效力，只要達到證據優勢標準即可[33]；另外因爲在行政無效程序中對專利之解釋採取最大合理解釋，因而也導致再審或複審程序比法院更容易認定專利無效[34]。

[33] 關於專利有效性推定與舉證責任標準，較詳細的介紹，可參考張哲倫，專利無效訴訟與舉發雙軌制之調協，律師雜誌，第331期，頁59-62，2007年4月。

[34] Nick Messana, supra note 32, at 227. 但也因此造成類似臺灣的問題，就是民事判決專利有效並賠償後，在後續的再審程序中認定專利無效，而原民事判決尚未確定，導致全盤撤銷原本的民事判決。對於此種民事判決與再審程序認定結果不一致造成的問題，有許多學者提出討論，並提出修改建議。See Paul R. Gugliuzza, (In)Valid Patents, 92 Notre Dame L. Rev. 271 (2016); Jonathan Statman, Gaming the System: Invalidating Patents in Reexamination after Final Judgements in Litigation, 19 UCLA J.L. & Tech.1 (2015).

## 第三節 專利侵權、不侵權、請求項解釋之爭點排除效

前節乃討論民事訴訟中專利無效認定的效力問題，但美國對於專利侵權訴訟中的爭點排除效問題，不僅侷限於專利無效認定的問題，而進一步拓展到「專利侵權與否」的認定，以及「請求項解釋」的認定，也可能有爭點排除效。故以下進一步就「專利侵權與否」及「請求項解釋」的爭點排除效，分別論述並介紹重要案例。

### 一、專利侵權、不侵權之既判力與爭點排除效

聯邦上訴巡迴法院指出，附隨禁反言原則由於並非專屬於聯邦巡迴上訴法院，所以對於該原則之採用，其乃根據該案地區法院所在之巡迴區的判例。

不過，根據聯邦巡迴上訴法院判例，若涉及特別與專利法有關事項，則適用聯邦巡迴上訴法院自己對附隨禁反言之分析標準[1]。因此，只要後案與前案中的被控侵權產品「實質上相同」，則後案的侵權請求就與前案的侵權請求爲相同請求（same claim）。而所謂的實質相同，只要兩產品的差異，是顏色外觀之差異，或與系爭專利請求項之限制無關即可[2]。

對於前案之侵權或不侵權之判決，究竟是基於既判力，或請求權排除效？還是基於爭點排除效，而效力可及於後案之實質相同產品？聯邦巡迴上訴法院曾歷經一段討論。1991年之Foster v. Hallco案，認爲是基於請求權排除效，而侵權判斷效力及於後案實質相同產品，但到2012年Aspex v. Marchon案，卻認爲是基於爭點排除效，故不侵權判斷之效力，及於後案實質相同產品。

---

1 Aspex Eyewear, Inc. v. Zenni Optical Inc., 713 F.3d 1377, 1380 (Fed. Cir. 2013).
2 引用Roche Palo Alto LLC v. Apotex, Inc., 531 F.3d 1372, 1379 (Fed. Cir. 2008).

## （一）1991年Foster v. Hallco案

美國聯邦巡迴上訴法院於1991年，做出Foster v. Hallco Mfg. Co., Inc.案[3]，該案一方面澄清「請求權排除效」（claim preclusion）與「爭點排除效」之差異，也討論前案判決某產品侵權或不侵權，是否對後案的不同產品產生請求權排除效或爭點排除效之問題。

該案中，專利權人爲Hallco公司，擁有系爭的兩項專利，被告爲Foster公司。雙方在之前，曾經發生侵權訴訟，被告也反訴請求確認不侵權及專利無效。在1982年，雙方達成和解協議，內容爲Foster公司獲得系爭二項專利的非專屬授權，以及其他三項專利的免費授權。隨後，地區法院做出合意判決（consent judgement），內容爲Foster公司承認系爭二項專利的有效性且侵權，不給予金錢或禁制令救濟[4]。

雙方和解判決中最重要的一句話爲：「雙方在此同意……法院以下判決：3.原告所擁有之專利……在所有方面均爲有效且可實施（valid and enforceable）。[5]」

四年過後，Foster公司開始生產行銷新的輸送帶設備，並主動告知Hallco公司該新產品並沒有侵害前面授權協議中的專利，所以毋庸支付授權金。但Hallco認爲新產品仍侵害系爭專利，而在1988年要求Foster公司支付授權金[6]。

因而，Foster公司主動在地區法院提起確認之訴，要求法院確認系爭二項專利爲無效且無法實施，或系爭新產品並沒有侵害系爭專利等。而Hallco公司則提出「既判力」抗辯，認爲由於有前案之合意判決，Foster公司不得爲相反之主張[7]。

在地區法院時，Foster公司主張：1.合意判決同意專利有效，並不能禁止當事人事後再挑戰該專利效力，因爲最高法院在1969年的Lear v. Ad-

[3] Foster v. Hallco Mfg. Co., Inc., 947 F.2d 469 (1991).
[4] Id. at 472.
[5] Id. at 472.
[6] Id. at 472-473.
[7] Id. at 473.

kins案[8]中推翻了被授權人禁反言（licensee estoppel），亦即就算在授權契約的被授權人，仍然有權主張該專利無效；2.在前案中並沒有爭訟過相關議題，該合意判決的效力，應該僅及於該案中的產品[9]。

地區法院法官針對第1點，認同Foster公司主張，認爲和解判決類似授權契約，所以該判決之效力不能阻止Foster公司事後再主張系爭專利無效。針對第2點，地區法院則不同意Foster公司主張，法官認爲該合意判決之效力[10]未必僅及於前案中的系爭產品，除非被告能夠證明，後案的新產品未落入前案所解釋的專利請求項中[11]。

該案上訴到聯邦巡迴上訴法院。上訴法院就第一個爭議點，認爲地區法院法官見解錯誤。爲了鼓勵當事人終結訴訟，並維持判決的確定效力，合意判決與一般法院判決一樣，都應該有既判力[12]。

但就算前案合意判決有既判力，亦即系爭二項專利有效，但是就合意判決中提到Foster公司侵權的部分，Foster公司認爲，其既判力之效力，應僅及於前案中爭執的產品[13]。

聯邦巡迴上訴法院先澄清用語的問題，其認爲，有的法院認爲既判力（*res judicata*）這個詞與附隨禁反言（collateral estoppel）不同，有的法院認爲既判力包含附隨禁反言。因此，爲了更精確討論，其寧可使用「請求權排除效」（claim preclusion）[14]和爭點排除效（issue preclusion）。而且其所謂的請求權（claim），也就是「訴因」或「訴訟標的」（cause of action）[15]。

聯邦巡迴上訴法院認爲，就請求權排除效來說，前案的請求權，就是主張專利侵權請求。而專利侵權請求的核心事實，就是該系爭侵權設備

---

[8] Lear v. Adkins, 395 U.S.653 (1969).

[9] Foster, 947 F.2d at 473.

[10] 此處需補充說明，美國之爭點排除效的產生，除了確定判決之外，也包括和解。相關介紹，可參考陳國成，專利有效性爭議之司法審查，頁285-286，作者自刊，2014年4月。

[11] Foster v. Hallco Mfg. Co., Inc., 14 USPQ2d 1746, 1749 (Magistrate's Finding) (D.Ore.1989).

[12] Foster, 947 F.2d at 475-477.

[13] Id. at 477.

[14] 關於美國請求權排除效的中文討論，可參考陳國成，前揭註10，頁289-292。

[15] Foster, 947 F.2d at 478.

的結構。因而上訴法院認爲，請求權排除效要適用於此，必須前後案的兩個設備「實質上相同」（essentially the same）。因此，Foster公司可以主張新產品與前案產品有實質不同（materially differences），是新的訴訟標的[16]。既然是Hallco公司要主張請求權排除效，則該由Hallco公司負舉證責任，證明本案的新產品與前案的產品實質相同。並指出，侵權產品的外觀改變，或與系爭專利請求項限制無關的改變（Colorable changes in an infringing device or changes unrelated to the limitations in the claim of the patent），並不會使兩產品成爲不同的訴訟標的[17]。

至於爭點排除效，聯邦巡迴上訴法院認爲，必須該法律或事實爭點曾被完整和公平地爭訟過，才會產生爭點排除效力。由於合意判決並沒有完整和公平地爭訟過相關爭點，原則上不會產生爭點排除效。但是，如果當事人在合意判決中，展現出希望被拘束之意圖（intention），亦即，在本案中，若雙方當事人在前案的合意判決中，有意圖想要（intend to）排除對系爭專利有效性的任何挑戰，甚至包括後來才出現的新的訴訟標的，則也可以讓該爭點具有排除效[18]。

但聯邦巡迴上訴法院認爲，從前案合意判決中所寫到「原告所擁有之專利……在所有方面均有效且可實施」，是否有意圖想要擴及後來新產品引起的新訴訟標的，應盡量謹慎小心認定[19]。在本案中，似乎看不出來，雙方有意圖對未來不同產品引發的不同訴訟標的，也產生爭點排除效[20]。不過，聯邦巡迴上訴法院認爲，這可以參考一些外部證據，以判斷當時合意判決雙方的意圖[21]。

總結來說，如果Foster公司主張新產品與前案舊產品實質不同，爲新的訴訟標的，可以不受請求權排除效之限制；反之，若Hallco公司能證明新產品與前案舊產品實質相同，則受請求權排除效之限制。進而，若屬於

[16] Id. at 480.
[17] Id. at 479-480.
[18] Id. at 480-481.
[19] Id. at 481.
[20] Id. at 482.
[21] Id. at 482.

新的訴訟標的中，是否會因為爭點排除效之限制，而不得主張系爭專利無效，由於合意判決並沒有眞正爭訟過該爭點，則要參考外部證據，認定當初雙方合意內容意圖的範圍有多大。由於這些判斷涉及事實問題，聯邦巡迴法院將該案發回給地方法院重新審理[22]。

## （二）2012年Aspex v. Marchon案

前述Foster案中，法院認為侵權判決之請求權排除效，也可能及於侵權後才出現的新產品，只要新產品與前案判決產品實質上相同。

但在2012年的Aspex Eyewear, Inc. v. Marchon Eyewear, Inc.案[23]中，聯邦巡迴法院另一判決卻採取不同見解。

該案事實大致為，Aspex公司與台灣文德光學公司是外掛太陽眼鏡鏡片方式的專利權人[24]。其曾在之前2002年起訴、2009年確定的訴訟中，控告Revolution公司侵害其系爭專利請求項6、22、34項（簡稱「Revolution公司加州訴訟」）。由於Aspex專利的太陽鏡片是上掛式，而Revolution的產品是下掛式，所以地區法院判決不侵害請求項6、34。至於請求項22，則是強調框架的接連位置有磁性，雖然Revolution的產品是下掛式，但在上掛時也一樣可透過磁性連結，故地區法院認為構成文義侵權。該案在2009年被聯邦巡迴上訴法院維持[25]。

另外，在2006年起，Aspex公司另外對Revolution的下游廠商Marchon提起訴訟，主張其所銷售的產品侵害系爭專利（簡稱「Marchon公司加州訴訟」）。2007年，Revolution更改了在主鏡架上磁鐵安裝的方式，認為屬於新設計。Marchon也開始銷售新設計產品。到2008年初，Aspex公司和Marchon達成和解，解決2006年提「Marchon公司加州訴訟」中所有的請求與反訴的爭議，以及「所有雙方間可能可以提出與該訴訟有關的所有

---

[22] Id. at 482-483.

[23] Aspex Eyewear, Inc. v. Marchon Eyewear, Inc., 672 F.3d 1335 (2012).

[24] 舒安居，談文德光學Contour Optik專利訴訟策略——兼論Altair Eyewear案件「顯而易見」標準及其他，科技產業資訊室，2015年1月7日，http://iknow.stpi.narl.org.tw/post/Read.aspx?PostID=10538，最後瀏覽日：2017年8月5日。

[25] Aspex v. Marchon, 672 F.3d. at 1338-1339.

請求」，另外也提到其效力及於與「在和解協議簽署日前已經製造、銷售、使用、提供銷售的舊設計產品」有關的既有的訴訟標的[26]。

2008年4月，原本Aspex的系爭專利再審查程序結束，最後放棄了部分請求項，但修改請求項23，並新增請求項35。2009年，Aspex公司以再審查後修改的請求項23與34，再次控告Revolution公司與Marchon公司，對他們2007年修改後的新設計產品，提起侵權訴訟[27]。而被告Revolution公司與Marchon公司則提出既判力作爲抗辯。

第一個問題，Aspex公司改用請求項23和請求項35提告，是否屬於新的訴訟標的？聯邦巡迴上訴法院認爲，既判力的範圍，在爲前案事實已經告的和可以告的，且一專利每一請求項都屬於同一專利，之前用請求項6、21、34來告，而沒有用再審查後修改的請求項23、35，是專利權人的選擇，屬於本來可以告的，故並非產生新的訴訟標的[28]。

第二個問題，Revolution公司提出抗辯，認爲新產品與前案訴訟之舊產品實質上相同，故Aspex公司因爲受到既判力之拘束[29]。但聯邦巡迴上訴法院認爲，既判力之排除範圍，應該僅及於已經主張之請求，或可以主張之請求，而不及於起訴後或訴訟終結後才出現的新產品[30]。1.法院認爲，前案判決不及於訴訟終結後的新設計產品，但是是否及於訴訟期間才開始製造銷售的新設計產品？要看原告在訴訟中有無對訴訟期間持續產生的侵權行爲一併提告，此點必須發回地區法院調查；2.雖然既判力不及於訴訟結束後才製造銷售的新產品，但可能適用爭點排除效，此問題也要發回地區法院調查[31]。

第三個問題，Marchon公司提出抗辯，其認爲Aspex公司和Marchon在2008年的和解，可排除Aspex公司對新設計產品提起告訴。但聯邦巡迴上訴法院認爲，和解契約的排除效力，必須看雙方當時到底怎麼約定的。法

---

[26] Id. at 1339.
[27] Id. at 1339-1340.
[28] Id. at 1341.
[29] Id. at 1342.
[30] Id. at 1342.
[31] Id. at 1345.

院首先認爲效力絕對不及於在和解契約簽署後的新設計產品。至於在提起訴訟到和解之間這段期間製造銷售的新設計產品？因爲和解契約是寫解決2006年提「Marchon公司加州訴訟」中所有與舊設計產品有關的訴訟標的，所以原則上應僅及於起訴時所主張的舊設計產品，如果不採此原則，必須雙方明示約定，但雙方和解契約中沒有明示約定，且和解後Marchon公司只調整舊設計產品的銷售，表示雙方當時只想解決舊設計產品，而未包括該段期間製造銷售的新設計產品[32]。

### （三）小結

前述兩個案件，對於侵權或不侵權判決，是否及於訴訟或和解後的新產品，有不同看法，也釐清了請求權排除效與爭點排除效之不同。1991年的Foster案認爲侵權或不侵權判決之請求權排除效，及於訴訟或和解後的新產品，只要後案產品與前案產品實質相同。2012年的Aspex v. Marchon案則認爲，所謂請求權排除效，原則上僅及於提起訴訟時的訴訟標的，至於是否包括訴訟期間的訴訟標的，要看雙方當時是否有明文主張，但絕不及於訴訟終結後的新產品[33]。

不過訴訟終結後的新產品雖然無法被請求權排除效所排除，但仍有可能適用附隨禁反言或爭點排除效。而其採用的標準則仍受1991年的Foster案所提出標準，就是後案產品是後與前案產品實質相同。倘若僅爲外觀上之差異或與請求項限制條件無關之差異，不算是實質不同。

## 二、請求項解釋之爭點排除效

在美國，侵權訴訟程序中，已經切分成兩個階段，第一階段爲法院去

---

[32] Aspex v. Marchon, 672 F.3d. at 1346-1347.

[33] 有論者支持應該採取2012年的Aspex v. Marchon的見解，而廢棄1991年Foster案之見解，但Aspex案只是聯邦巡迴上訴法院的某庭意見，而Foster卻是聯邦巡迴上訴法院全院判決意見。See Christopher Petroni, Aspex Eyewear, Inc. v. Marchon Eyewear, Inc. and Brain Life, Llc v. Elekta Inc.: Irreconcilable Conflict in the Law Governing Claim Preclusion in Patent Cases, 14 Chi.-Kent J. Intell. Prop. 379, 394-398 (2015).

認定請求項解釋，第二階段爲陪審團認定是否構成侵權。在討論專利判決之爭點排除效時，請求項解釋是否爲一個獨立的爭點？還是必須附屬於專利侵權或不侵權判決下的一個附屬爭點？由於要具有爭點排除效，必須是前案終局判決中判斷之必要部分，所以，一定需法院做出終局判決（侵權或不侵權），而請求項解釋爲該侵權或不侵權判斷之必要部分，該請求項解釋才具有爭點排除效。以下先以較新的二則案例，突顯這個要件，最後第三部分，則提出部分判決中曾討論過「請求項解釋」是否爲獨立具有爭點排除效之爭點。

## （一）2013年Aspex v. Zenni Optical案

2013年的Aspex Eyewear, Inc. v. Zenni Optical Inc.案[34]，事件當事人一樣爲前述的Aspex公司與臺灣文德光學公司，系爭專利有三個，一樣與外掛式太陽眼鏡有關。

Aspex公司在之前曾經對Altair公司的產品提起侵權訴訟，而陸續產出三則判決，一是2005年地區法院先做出請求項解釋，認爲系爭專利的代表請求項中的「保持機制」（retaining mechanisms），乃只在鏡片外圍有鏡框[35]；二是地區法院於2007年判決，認爲被告Altair公司的產品都是無框眼鏡，所以不侵害系爭三項專利[36]。Aspex公司不服提起上訴，聯邦巡迴上訴法院於2008年做出判決，認爲其中二項專利的解釋要有鏡框，第三個專利的解釋不用有鏡框，就該部分發回地區法院重審[37]。但地區法院重審時，認爲如果系爭請求項解釋爲不需要有鏡框，則因顯而易見而無效。該判決上訴後，聯邦巡迴上訴法院於2012年做出判決，維持地區法院判

34 Aspex Eyewear, Inc. v. Zenni Optical Inc., 713 F.3d 1377 (2013).

35 Aspex Eyewear, Inc. v. Altair Eyewear, Inc., 386 F.Supp.2d 526 (S.D.N.Y.2005) (Altair I) (claim construction).

36 Aspex Eyewear, Inc. v. Altair Eyewear, Inc., 485 F.Supp.2d 310 (S.D.N.Y.2007) (Altair II) (summary judgment of non-infringement).

37 Aspex Eyewear, Inc. v. Altair Eyewear, Inc., 288 Fed.Appx. 697 (Fed.Cir.2008) (Altair III) (affirming in part, reversing in part, and remanding).

決[38]。

本案則是Aspex公司用相同專利控告另一家Zenni Optical公司。但Zenni Optical公司認為其產品與Altair公司的產品實質相同，所以主張爭點排除效。Aspex公司主張，本案不適用爭點排除效，因為其控告Altair公司的三個專利的請求項，雖然與在後案控告Zenni Optical公司的請求項有重疊，但有提告新的請求項，而新的請求項中有舊請求項中沒有的文字，包括「主框架」、「輔助框架」、「第一框架」、「第二框架」等，故認為法院必須解釋這些前案沒有解釋的請求項用字，故與前案不屬於相同爭點[39]。

本案屬於第十一巡迴法院管轄區。故採用第十一巡迴法院標準，主張附隨禁反言者必須證明：1.本案系爭爭點與前案涉及爭點相同（identical）；2.該爭點在前案中被真正爭訟過；3.前訴訟中對該爭點的判斷，必須為前案判決的「關鍵且必要部分」（critical and necessary part）；4.主張附隨禁反言所對抗之當事人，必須在前案中有完整且公正之機會對該爭點進行爭訟[40]。

聯邦巡迴上訴法院認為，雖然提告新的請求項，但每個請求項中仍然有相同的「保持機制」這個限制，且這是在前案中被認為不侵權的關鍵。此外Altair的產品與Zenni Optical的產品實質相同。法院認為，在後案中提告新的請求項，並沒有產生新的「爭點」（issue）[41]。

上訴法院認為，雖然所提出的新的請求項有在前案中沒有解釋過的額外文字，但不影響爭點的認定[42]。爭點排除效的前提，是該爭點是否在前案中被完整公正地爭訟，故要判斷的是爭點是否被爭訟過，而非特定請求項是否被爭訟過[43]。

地區法院所界定的爭點為：「將系爭專利中的『保持機制』解釋為需

---

38 Aspex Eyewear, Inc. v. Altair Eyewear, Inc., 484 Fed.Appx. 565 (Fed.Cir.2012).
39 Aspex v. Zenni Optical, 713 F.3d. at 1381.
40 Id. at 1380.
41 Id. at 1381.
42 Id. at 1382.
43 Id. at 1382.

要鏡框，而被告磁性無框外掛眼鏡是否侵權」。而這個爭點Aspex公司在前案已經有完整公正的機會爭訟過，故基於附帶禁反言，不可再對Zenni Optical的產品提起侵權訴訟[44]。

## （二）2017年Phil-Insul Corp. v. Airlite Plastics Co.Eyeglasses案

2017年聯邦巡迴上訴法院的Phil-Insul Corp. v. Airlite Plastics Co.Eyeglasses案，涉及法院在前案訴訟中，已經就專利請求項解釋及專利不侵權等爭點做過判決，專利權人在後一訴訟中，對不同被告但相同設計的產品主張侵權，而被告提出附隨禁反言抗辯。

IntegraSpec公司對Airlite公司起訴，主張其侵害美國專利第5,428,933號專利（簡稱'933號專利）。該專利與建築使用的隔熱混凝土形式（insulating concrete forms，簡稱ICFs）有關。發泡性聚苯乙烯XPS板，是用來砌造混凝土強的模組。這種板的上下兩端有連結設計，可將隔熱混凝土板彼此連結。

'933號專利強調，其與先前隔熱混凝土板不同之處在於其連結方式，其請求項所描述的ICFs，可以讓多個隔熱混凝土板以雙向或反向方式連結，因而更容易彼此連結， 在安裝時速度更快，且較不會浪費[45]。

請求項1記載，在該板的上下兩端，至少有兩排交替的凸處及凹處，該凸處與凹處實質上相同大小（*substantially the same dimension*）……而一排的凹處與另一排的凸處相鄰接（adjacent）（within each said pattern each of said projections and recesses in each one of said at least two rows within said pattern being of *substantially the same dimension*, wherein within each said pattern said recess of one row is *adjacent* said projection of the other row）。

請求項2則記載，其為「請求項1的隔熱結構組，而該隔熱結構組是

---

[44] Id. at 1382.

[45] Phil-Insul Corp. v. Airlite Plastics Co.Eyeglasses, 854 F.3d 1344, 1348 (Fed.Cir. 2017).

一個隔熱結構塊。」[46]

### 1. 前案訴訟：Reward Wall案

2011年2月，IntegraSpec公司對包含Reward Wall公司及Nudura公司在內的多家公司，提起侵權訴訟，主張他們侵害其'933號專利。被告要求地區法院先解釋系爭專利請求項1與19中的「實質上相同大小」（substantially the same dimension）和相鄰接（adjacent）這兩個詞。

地區法院在2012年6月召開馬克曼聽證會（Markman hearing）。對於相鄰接這個詞，地區法院解釋爲「在相同的嵌板或邊緣上鄰接」（next to ... on the same panel or sidewall）[47]。地區法院並認爲，根據申請歷程，由於系爭專利強調過去的連接有一排，而系爭專利應該有兩排[48]。最後，關於「實質上相同大小」，地區法院解釋爲「同樣長、寬、體積，差距不能超過10%」（the same measurable length, breadth, area and volume, with only minor variations in dimension of up to about 10%）[49]。

在地區法院做出請求項解釋後，被告等人要求做出不侵權之即決判決。首先，對於其中一家被告Nudura公司的隔熱板，由於其只有一排的連結方式，而非採取二排連接方式，地區法院認爲，其文義上明顯不侵權。且基於系爭專利申請歷程，系爭專利的均等範圍也不及於一排的連結方式，故Nudura公司的隔熱板也不構成均等侵權[50]。

其次，針對Reward Wall的Reward Wall iForm ICFs產品，因爲其凸處凹處大小差距超過20%，所以不構成文義侵權。但是否構成均等侵權？地區法院認爲，參考系爭專利申請歷程，乃特別強調其凸凹實質大小相同，因而構成申請歷程禁反言，故判決Reward Wall的隔熱板也不構成均等侵

---

[46] Id. at 1349.

[47] Phil-Insul Corp. v. Reward Wall Sys., Inc., No. 8:12-cv-91, 2012 WL 2958233, at *7 (D. Neb. July 19, 2012).

[48] Id. at *9.

[49] Id. at *11.

[50] Phil-Insul Corp. v. Reward Wall Sys., Inc., No. 8:12-cv-91, 2012 WL 5906546, *4-8 (D. Neb. Nov. 26, 2012).

權[51]。

地區法院判決後，IntegraSpec公司對其終局判決上訴，但只上訴其請求項之解釋，意即只爭執「相鄰接」和「實質上相同大小」的解釋。但並沒有對一審法院不侵權判決的其他部分提起上訴[52]。上訴法院維持地區法院的最終判決，但根據聯邦巡迴法院訴訟規則第36條，並未撰寫判決意見[53]。

**2. 後案訴訟：Airlite案**

IntegraSpec公司在2012年5月對Airlite公司提告。提告當時，Reward Wall訴訟還在進行中。Airlite公司的兩項產品被控侵權，一個是Fox Block ICFs，另一是Fox Block 1440 ICFs。Fox Block ICFs產品和前述Nudura ICFs產品一樣，都只有一排的連結凸凹[54]。另一項產品Fox Block 1440 ICFs和前述的Reward Wall iForm ICFs產品一樣，凸處的大小不一致，差異超過10%[55]。

由於Airlite公司產品與前案的產品有類似特徵，所以在被告後，向法院聲請先停止訴訟，等待Reward Wall案訴訟判決結果和系爭專利再審查之結果。法院同意而停止訴訟。在Reward Wall案終局判決出來後，地區法院重啓審判，IntegraSpec公司要求先進行請求項解釋。Airlite公司則主張附隨禁反言（collateral estoppel），並請求做出不侵權之即席判決[56]。

Airlite公司認爲，IntegraSpec對Airlite公司產品所提出之侵權請求，與前面Reward Wall案的請求並無不同。Airlite主張自己的產品，與Reward Wall案被判決不侵權的產品，沒有實質差異（material differences）。Airlite主張，既然聯邦巡迴上訴法院同意前案地區法院對「相鄰接」與「大

---

[51] Phil-Insul Corp. v. Reward Wall Sys., Inc., No. 8:12-cv-91, 2013 WL 4774726, *5-1 (D. Neb. Sept. 5, 2013).

[52] Phil-Insul v. Airlite, 854 F.3d at 1351.

[53] Phil-Insul Corp. v. Reward Wall Sys., Inc., 580 Fed.Appx. 907 (Fed. Cir. 2014).

[54] Phil-Insul v. Airlite, 854 F.3d at 1351.

[55] Id. at 1351-1352.

[56] Id. at 1352.

小」之限制，那麼這些限制對IntegraSpec公司構成附隨禁反言[57]。

IntegraSpec公司主張：(1)其在前案中對於該爭點並沒有得到完整且公平的爭訟機會，因爲在該案中爭執的請求項是請求項1，而本案爭執的是請求項2；(2)地區法院在Reward Wall案的請求項解釋並不正確；(3)本案並不適用附隨禁反言，因爲請求項解釋並非前案不侵權判決之必要部分[58]。

### 3. 地區法院判決適用附隨禁反言

該案屬於第八巡迴法院，根據第八巡迴法院Robinette v. Jones案[59]之標準，附隨禁反言有五項要件：(1)在第二案件中主張爭點排除所對抗的當事人，必須是前案當事人或與之有密切關係（in privity with a party）；(2)所欲排除的爭點，必須與前案的爭點相同（same）；(3)所欲排除的爭點必須在前案中被眞正爭訟過；(4)所欲排除爭點必須被一有效終局判決所判斷過；(5)前案之該判決，必須是前案判決的必要部分（essential to the prior judgment）[60]。

地區法院採用上述架構後，認爲本案就請求項解釋以及不侵權兩爭點，均符合附隨禁反言之判準。就請求項解釋部分，地區法院認爲：(1) IntegraSpec公司是前案的當事人；(2)對請求項中「相鄰接」與「實質相同大小」的解釋在前案中是爭點；(3)這些文字的解釋，在前案中有被「眞正爭訟過」；(4)這些請求項解釋在上訴時被確認，故屬於終局判斷；(5)這些請求項解釋，是前案中不侵權判決之必要部分[61]。

而就不侵權判決部分，地區法院也認爲，在前案中所爭訟的不侵權爭點，與後案中的不侵權爭點「實質相同」。而前案中系爭產品不侵權的爭點，在前案中已經被完整且公平地爭訟過。這些判斷是前案不侵權判決的

---

[57] Id. at 1352.
[58] Id. at 1352.
[59] Robinette v. Jones, 476 F.3d 585, 588 (8th Cir. 2007).
[60] Id. at 589.
[61] Phil-Insul Corp. v. Airlite Plastics, Co., No. 8:12-cv-151, 2016 WL 5107131, at *9 (D. Neb. Mar. 2, 2016).

必要部分。而不侵權判決部分因爲並未上訴，所以是終局判決。地區法院認爲，Airlite公司被控侵權產品，基於前案中Nudura的ICFs產品及Reward Wall的iForm ICFs產品不構成侵權的相同理由，所以也不侵害'933號專利。地區法院認爲，後案的系爭產品，與前案不侵權的產品，乃採相同設計[62]。

但IntegraSpec公司不服，認爲有兩個要件不符：(1)前案對該爭點並非有效及終局之判決；(2)前案就請求項解釋之判斷並非爲前案判決的必要部分。IntegraSpec公司特別強調有三項錯誤：(1)地區法院乃根據聯邦巡迴上訴法院規則36（Rule 36）而賦予附隨禁反言效果；(2)地區法院錯誤解讀Reward Wall案上訴之言詞辯論筆錄；(3)地區法院沒有解釋系爭專利請求項2[63]。

### 4. 聯邦巡迴上訴法院2017年判決

(1) 不發表書面意見之判決仍爲終局判決

就第一點，Reward Wall案上訴時，聯邦巡迴上訴法院的判決只有寫維持一審原判，並沒有發表書面意見。聯邦巡迴法院規則第36條規定：「本法院在下述情況下，且書面意見並無判決先例價值時，可維持原判決並不發表書面意見：(a)一審法院之判決、決定或命令，所根據之事實，並無明顯錯誤；(b)陪審團裁定所賴以支持之證據，充分足夠；(c)相關紀錄可支持即決判決、指示裁決、就訴狀內容逕行判決；(d)行政機關之決定，根據法律所規定之救濟審查標準，應獲得維持；(e)該判決或決定並無法律上之錯誤。[64]」

---

62 Id. at *9-10.

63 Phil-Insul v. Airlite, 854 F.3d at 1354.

64 Federal Circuit Rule 36 ("The court may enter a judgment of affirmance without opinion, citing this rule, when it determines that any of the following conditions exist and an opinion would have no precedential value: (a) the judgment, decision, or order of the trial court appealed from is based on findings that are not clearly erroneous; (b) the evidence supporting the jury's verdict is sufficient; (c) the record supports summary judgment, directed verdict, or judgment on the pleadings; (d) the decision of an administrative agency warrants affirmance under the standard of review in the statute authorizing the petition for review; or (e) a judgment or decision has been entered without an error of law.").

聯邦巡迴上訴法院認爲，雖然沒有發表書面意見，但該判決已經經過上訴法院完整的考量，所獲得的審理比起其他有寫判決意見的案件，並未較不受重視。因此，規則第36條之「即決維持判決」（summary affirmance），屬於該法院有效且終局之判決[65]。上訴法院強調，此種判決的效力，只有對該案有效，沒有其他判例效力，但就既判力、爭點排除效等，仍具有此效力[66]。

(2) 參考上訴法院言詞辯論筆錄乃確認上訴範圍

就第二點，由於Reward Wall案上訴後並沒有書面判決，地區法院乃參考該案上訴時的言詞辯論筆錄，確認該案上訴的範圍。IntegraSpec公司認爲從筆錄來看，當時審理的上訴法院法官，對於地區法院的請求項解釋表達懷疑，故主張地區法院沒有認眞看待這段筆錄。但聯邦巡迴上訴法院認爲，地區法院透過筆錄，只是要掌握前案上訴的範圍，至於法官在言詞辯論中表達的意見，沒有什麼意義，畢竟在最後判決結論就是維持Reward Wall案地區法院判決[67]。

(3) 同一專利不同請求項相同用語採相同解釋

IntegraSpec公司主張，後案所主張的請求項爲第2項，而Reward Wall案所涉及的請求項爲第1項和第19項，所以前後兩案的爭點並不相同。但Airlite公司認爲，請求項2和請求項1一樣，都有「相鄰接」與「實質相同大小」等字眼。聯邦巡迴上訴法院認爲，在前案中，IntegraSpec公司只是挑選代表的請求項1和請求項19，並不表示其他請求項的解釋不受拘束。而且，是因爲系爭專利在訴訟中經過單方再審查（ex parte reexaminatin），刪除請求項1，而合併到請求項2，所以在後案才主張侵害請求項2。由於兩個請求項均有相同的限制條件，因此兩案的爭點一樣[68]。

此外，聯邦巡迴上訴法院指出，在解釋請求項時，同一用語在整個專利間應採取一致解釋（claim terms are to be construed consistently through-

---

[65] Phil-Insul v. Airlite, 854 F.3d at 1354.
[66] Id. at 1355.
[67] Id. at 1358.
[68] Id. at 1359.

out a patent）[69]。

最後，聯邦巡迴上訴法院認爲IntegraSpec公司所提出的三個質疑，都不成立，故維持地區法院原判決。亦即，認同地區法院可適用附隨禁反言，而禁止IntegraSpec公司就同一專利的請求項解釋和不侵權認定爲相反的主張，而判決被告Airlite公司勝訴。

### （三）未決問題：Markman聽證後之請求項解釋本身是否為獨立之爭點？

自從1996年美國最高法院做出Markman v. Westview Instruments, Inc.案[70]後，專利侵權訴訟被拆成二階段，請求項解釋屬於法律問題，由法官判斷，並可召開馬克曼聽證，其後是否侵權則爲事實問題，由陪審團判斷。而現實上出現一種狀況，就是在前案中，專利權人提起侵權訴訟，法官對請求項做出不利於專利權人之解釋後，專利權人與被告和解。其後，專利權人又對另一被告提起侵權訴訟，而被告主張前案之請求項解釋乃由法院做出認定，故認爲前案之請求項解釋爲獨立爭點，而具有爭點排除效[71]。

對此問題，聯邦巡迴上訴法院似乎沒有明確答案。在2003年的RF Delaware v. Pacific Keystone Technologies案[72]中，聯邦巡迴上訴法院似乎認爲此種馬克曼聽證做出的請求項解釋，單獨來看並無爭點效。前案中，專利權人控告被告侵權，地區法院先做出不利於專利權人之請求項解釋，並認爲沒有文義侵權，但可能會有均等論的事實爭議問題。惟雙方在進入陪審團審判前就選擇和解。在後案中，專利權人RF Delaware控告Pacific Keystone Technologies, Inc.（簡稱Pacific公司）侵權。地區法院認爲不適用爭點排除效，但基於其他理由做出有利於被告Pacific公司之即決判決。

---

69 Id. at 1359.

70 Markman v. Westview Instruments, Inc., 517 U.S. 370 (1996).

71 詳細討論，參考Matthew A. Ferry, Different Infringement, Different Issue: Altering Issue Preclusion as Applied to Claim Construction, 19 Tex. Intell. Prop. L.J. 361, 379-382 (2011).

72 RF Del., Inc. v. Pac. Keystone Techs., Inc., 326 F.3d 1255, 1260-1261 (Fed. Cir. 2003).

RF Delaware公司對該判決上訴，而聯邦巡迴上訴法院適用第十一巡迴區之附隨禁反言標準，認為關鍵在於該爭點是否為「終局判決之必要部分」[73]。上訴法院認為，在即決判決做出之前，雙方並沒有完整地在法院前面爭訟，也沒有舉辦證據的聽證會（沒有馬克曼聽證）[74]。聯邦巡迴上訴法院解釋第十一巡迴區之標準，若要具有爭點排除效，必須：1.舉辦過證據聽證會；2.前案法院已告知雙方其未來可能會有爭點排除效；3.法院對於雙方之和解做出終局認可命令[75]。

在上述判決做出的幾個月後，聯邦巡迴上訴法院在Dana v. E.S. Originals, Inc.案[76]，卻得出不同結論，認為馬克曼聽證之決定具有爭點排除效。該案中，前案法院以完整附理由之意見，對事實之認定與法律之見解做出說明，該馬克曼聽證完整且終局地解決了該請求項解釋，且法院有告知雙方其未來會有爭點排除效之可能[77]。

---

[73] Id. at 1260-1262.

[74] Id. at 1261-1262.

[75] Id. at 1261.

[76] Dana v. E.S. Originals, Inc., 342 F.3d 1320, 1325 (Fed. Cir. 2003).

[77] Id. at 1324. 美國對於中間裁判或馬克曼聽證是否會產生爭點排除效，中文討論，可參考陳國成，前揭註10，頁287-288。

# 第四節　專利權人敗訴承擔律師費用：2014年Highmark v. Allcare案和Octane v. Icon案

## 一、背景

### （一）專利蟑螂濫訴

所謂的專利蟑螂（patent troll），又稱爲非生產專利實體（non-practicing entity），也就是自己購買他人之專利，但自己並沒有生產產品，而用手上的專利對其他實際製造商提起侵權主張，要求授權金或侵權損害賠償。不過，有人認爲專利蟑螂和非生產專利實體應做區分，專利蟑螂指的是自己不從事研發，而向他人購買許多專利，且不積極對外授權，等到其他製造商已經對該技術進行開發生產後，才對製造商提起侵權訴訟。由於此行爲較爲惡劣，故稱爲專利蟑螂。但非生產專利實體，則是自己可能有從事研發活動，但不從事生產製造，而只有對外授權。例如大學就是典型的非生產專利實體，但因大學的行爲並不惡劣，故不宜將大學稱爲專利蟑螂[1]。

### （二）專利法第285條

對於專利蟑螂常常對他人提起訴訟的問題，引起美國法律界與專利實務界思考，是否有何制度可以嚇阻專利蟑螂的濫訴行爲。其中，一個被人提出的制度，就是美國專利法第285條中的敗訴方需支付勝訴方律師費用的規定。其規定爲：「法院在特殊例外情況（in exceptional cases）下，可以判給勝訴方合理的律師費用。[2]」但是，由於美國聯邦巡迴上訴法院認爲此條的要件較爲嚴格，因此，能成功主張專利權人乃濫訴行爲，而在專利權人敗訴後，被告使用該條請求專利權人賠償的案例，並不多見。

---

[1] See Mark A. Lemley, Are Universities Patent Trolls?, 18 Fordham Intel. Prop. Media & Ent. L.J. 611 (2008).

[2] 35 U.S.C. § 285 ("court in exceptional cases may award reasonable attorney fees to the prevailing party.").

不過，2013年美國聯邦最高法院剛好受理了兩個與專利法第285條有關的案件，並於2014年4月做出重要判決，改變了過去聯邦上訴法院對該條要件的嚴格適用，放寬了其標準。而一般認爲，此一制度的放寬，對於未來嚇阻專利蟑螂之濫訴，能夠起到部分作用。

## 二、敗訴方支付律師費用制度

對於敗訴方是否要支付勝訴方律師費用，一般美國文獻中，有稱爲「敗訴者支付」（loser pay），也有稱爲「費用移轉」（fee-shifting）[3]。

美國的專利訴訟中，勝訴或敗訴的雙方，各自支出自己的「律師費用」，但敗訴的一方需支付給法院的「訴訟費用」。美國最高法院在1796年就曾經在判決中指出，勝訴方不可以請求敗訴方賠償其律師費用[4]。而一般稱此原則爲美國規則。但是，最高法院也認爲國會有權決定，在何種情形下，可要求敗訴方支付勝訴方律師費用[5]。在其他法領域中，例如美國的反托拉斯法和民權法（Civil Rights Act，禁止歧視法），均有規定敗訴方需支付勝訴方律師費用的規定[6]。其中，反托拉斯法的規定很清楚地指出，除了可求償律師費用，還可求償訴訟的支出（the cost of suit, including a reasonable attorney's fee）。

在美國法中一般認爲，要求專利訴訟中敗訴一方承擔對方律師費用的依據，主要有二個條文，一個是聯邦民事訴訟規則第11條，另一個是專利

[3] 例如Daniel Roth在其文章中就使用attorney fee shifting這個用語。Daniel Roth, Patent Litigation Attorneys' Fees: Shifting from Status to Conduct, 13 Chi-Kent J. Intell. Prop. 257 (2013).

[4] Arcambel v. Wiseman, 3 U.S. 306, 306 (1796).

[5] See Alyeska Pipeline Serv. Co. v. Wilderness Soc'y, 421 U.S. 240, 262 (1974) ("[C]ircumstances under which attorneys' fees are to be awarded and the range of discretion of the courts in making those awards are matters for Congress to determine.").

[6] 15 U.S.C. § 15(a) (2012) ("[A]ny person who shall be injured in his business or property by reason of anything forbidden in the antitrust laws may sue therefor ... and shall recover threefold the damages by his sustained, and the cost of suit, including a reasonable attorney's fee."); 42 U.S.C. § 2000a-3(b) (2006) ("In any action commenced pursuant to this subchapter, the court, in its discretion, may allow the prevailing party, other than the United States, a reasonable attorney's fee as part of the costs, and the United States shall be liable for costs the same as a private person.").

法第285條。以下依序介紹。

## （一）聯邦民事訴訟規則第11條

美國聯邦民事訴訟規則（Federal Rule of Civil Procedure）是美國最高法院根據美國聯邦法律之授權，制定的聯邦訴訟規則。其中第11條，乃規定律師提交給法院的各種訴訟，必須符合的一些要件。其中以正面的方式，要求律師所提出的訴狀內容，不可任意提出。

在該條文的第(b)項第(2)款規定：「(b)提交給法院的答辯、申請或其他文件，不論是簽名、書面寄送、當面遞交、後續主張等，律師或當事人需確認，根據其知識、資訊、信念，在合理調查下述項目後，方可提出：

(1) 不可基於任何不適當的理由，例如騷擾、引起不必要拖延或不必要的增加訴訟成本；

(2) 應根據現行法提出請求、答辯或其他法律主張，不可使用無意義論據而主張延伸、修改、推翻既存法律或建立新法律原則；

(3) 有證據支持事實主張，或者清楚限定後，在得到合理機會進一步調查或事證開示後可得到證據支持；

(4) 必須有證據才可對事實主張提出反駁，或者清楚限定後，必須合理地基於信念或欠缺資訊而提出反駁。[7]」

---

[7] Federal Rule of Civil Procedure 11 (b)("(b) Representations to the Court. By presenting to the court a pleading, written motion, or other paper—whether by signing, filing, submitting, or later advocating it—an attorney or unrepresented party certifies that to the best of the person's knowledge, information, and belief, formed after an inquiry reasonable under the circumstances:

(1)it is not being presented for any improper purpose, such as to harass, cause unnecessary delay, or needlessly increase the cost of litigation;

(2)the claims, defenses, and other legal contentions are warranted by existing law or by a nonfrivolous argument for extending, modifying, or reversing existing law or for establishing new law;

(3)the factual contentions have evidentiary support or, if specifically so identified, will likely have evidentiary support after a reasonable opportunity for further investigation or discovery; and

(4)the denials of factual contentions are warranted on the evidence or, if specifically so identified, are reasonably based on belief or a lack of information.").

簡單來說，在任何人向法院提出訴狀前，都應該基於最佳知識、資訊和信念，對下列事項進行合理調查：1.提出該訴狀並非基於不當目的；2.其法律上主張並非無意義（frivolous）；3.事實的主張必須有或可能有證據之支持[8]。雖然上述條文很長，但一般可簡化爲，若當事人提出「無意義」（frivolous）的訴訟行爲，法院即可判賠另一方由該無意義行爲所引起的花費[9]。

而違反第11條(b)項之規定，任意提出訴狀，所可能受到的制裁，則規定於第(c)項，其中第(1)款規定：「(1)一般原則。如果法院發現違反第11條(b)項時，在告知當事人並給予答辯機會後，可以對違反該規定之律師、事務所或當事人施加制裁。若無例外情形，事務所必須對其合夥人、合作者、員工之行爲負連帶責任。……(4)制裁之性質。根據本條所施加之制裁，必須足以嚇阻類似情況下重複出現該行爲或相當之行爲。制裁可包括非金錢的命令、令其向法院繳交罰款；或爲了有效地嚇阻，命令直接向申請人支付全部或部分的合理律師費用，或其他直接因該違反行爲所支出的花費。[10]」

需注意的是，此處法院可判賠的花費，區分爲律師費用，以及因訴訟而支出的花費。

判斷該法律主張是否爲無意義，法院使用依合理性（reasonable-

---

8 Daniel Roth, supra note 3, at 267.

9 Emily H. Chen, Making Abusers Pay: Deterring Patent Litigation by shifting Attorney's Fees, 28 Berkeley Tech. L.J. 351, 366(2013); Daniel Roth, supra note, at 267.

10 Federal Rule of Civil Procedure 11 (c)(" (c) Sanctions.
(1) In General. If, after notice and a reasonable opportunity to respond, the court determines that Rule 11(b) has been violated, the court may impose an appropriate sanction on any attorney, law firm, or party that violated the rule or is responsible for the violation. Absent exceptional circumstances, a law firm must be held jointly responsible for a violation committed by its partner, associate, or employee. ...(4) Nature of a Sanction. A sanction imposed under this rule must be limited to what suffices to deter repetition of the conduct or comparable conduct by others similarly situated. The sanction may include nonmonetary directives; an order to pay a penalty into court; or, if imposed on motion and warranted for effective deterrence, an order directing payment to the movant of part or all of the reasonable attorney's fees and other expenses directly resulting from the violation.").

ness）的客觀標準，並不要求主觀上的惡意或可歸責[11]。在2011年聯邦巡迴上訴法院的Eon-Net LP v. Flagstar Bancorp案中，卻將該標準提高，認爲要根據聯邦民事訴訟規則第11條判決賠償律師費用，地區法院必須發現：1.客觀上該訴狀在法律上或事實上沒有根據（baseless）；2.律師在提出訴訟前沒有進行合理且合格的調查（reasonable and competent inquiry）[12]。而最高法院也曾經指出，上訴法院在審查地區法院使用規則第11條時，應該採取較爲順從的審查方式，亦即只審查地區法院是否濫用裁量權[13]。

雖然在理論上，聯邦民事訴訟規則第11條，就是特別針對濫訴行爲而做出的規定，可以制裁無意義之訴訟，但實際上，該條規定的效果非常有限。在1992年的一項研究指出，受訪的50%的聯邦法院法官和62%的律師，都認爲該規則對訴訟行爲毫無影響[14]。而在專利訴訟上，法院對提出書狀前所要求的合理調查，門檻並不高，例如，聯邦巡迴上訴法院認爲，專利權人提出訴訟前，要先做某種侵權分析，但並不需繪製「專利侵權對照表」（claim chart）[15]。

另外，規則第11條還有一個安全港規定。在規則第11條(c)項第(2)款規定：「(2)申請制裁。……申請書必須根據規則第5條送達，但如果被質疑的文件、請求、抗辯、主張、反駁，在送達後21日內或法院設定的時間內撤回或修正，則不可提出制裁申請[16]。」因此，原告若眞的提交了事實上無效或不正確的專利請求，在提出後21天內還有機會撤回或修改，而不會被申請制裁。因此，這樣規則第11條想要保護被告不受無意義請求騷擾

[11] De La Fuente v. DCI Telecomms. Inc., 259 F. Supp. 2d 250 (S.D.N.Y. 2003); In re Farhid, 171 B.R. 94 (N.D. Cal. 1994).

[12] Eon-Net LP v. Flagstar Bancorp, 653 F.3d 1314, 1328 (Fed. Cir. 2011).

[13] Cooter & Gell v. Hartmarx Corp., 496 U.S. 384, 399-405 (1990).

[14] Gerald F. Hess, Rule 11 Practice in Federal and State Court: An Empirical, Comparative Study, 75 Marquette L. Rev. 313, 328-329 (1992).

[15] Q-Pharma, Inc. v. Andrew Jergens Co., 360 F.3d 1295, 1301 (Fed. Cir. 2004).

[16] Federal Rule of Civil Procedure 11 (c)(2) ("(2) Motion for Sanctions. ...The motion must be served under Rule 5, but it must not be filed or be presented to the court if the challenged paper, claim, defense, contention, or denial is withdrawn or appropriately corrected within 21 days after service or within another time the court sets. ...").

的美意，無法落實[17]。

## （二）美國專利法第285條

美國專利法第285條規定：「法院在特殊例外情況（in exceptional cases）下，可以判給勝訴方合理的律師費用。[18]」專利訴訟的勝訴方，若想要主張敗訴方支付其律師費用，在證明上有二步驟。一是勝訴方必須以清楚且具說服力的證據，證明該案件乃屬於特殊例外情形[19]。過去美國法院在下述四種情況，會判給原告（專利權人）勝訴方律師費用：1.被告缺席判決（default judgment）；2.被告有訴訟上的不當行爲（litigation misconduct）；3.被告爲蓄意侵權（willful infringement）；4.被告騷擾或惡意訴訟（vexatious or bad faith litigation）[20]。通常，若被告屬蓄意侵權，法院可援引美國專利法第284條，將損害賠償金提高爲三倍；又可再依第285條，要求賠償原告律師費用[21]。

若敗訴方屬於專利權人，此時所謂的特殊例外情形，包括其告訴是否屬於無意義請求（frivolous claim）、對美國專利商標局欺瞞取得專利、或在訴訟上有不當行爲（misconduct during litigation）。二是如果證明此案確實屬於特殊例外情形，法院必須判斷，判給勝訴方律師費是否適當，且決定賠償金額[22]。至於其金額的高低，則由該案的特殊例外情形而定[23]。

聯邦巡迴上訴法院2005年的Brooks Furniture案，對專利法第285條之解釋，認爲所謂的例外情況，包括二類：第一類爲某些實質不適當行爲（some material inappropriate conduct）的具體類型；第二類則非具體類

[17] Daniel Roth, supra note 3, at 268.
[18] 35 U.S.C. § 285 (“court in exceptional cases may award reasonable attorney fees to the prevailing party.”).
[19] Forest Labs., Inc. v. Abbott Labs., 339 F.3d 1324, 1327 (Fed. Cir. 2003).
[20] Mark Liang and Brian Berliner, Fee Shifting in Patent Litigation, 18 Va. J.L. & Tech. 60, 85-86 (2013).
[21] Id. at 86.
[22] Forest Labs., 339 F.3d at 1328.
[23] Special Devices, Inc. v. OEA, Inc., 269 F.3d 1340, 1344 (Fed. Cir. 2001).

型，而須同時滿足下述二要件：1.專利權人提起該訴訟在主觀上具有惡意（bad faith）；2.該訴訟在客觀上欠缺基礎（objectively baseless）[24]。而客觀上有無基礎，並非取決於當事人在提出訴訟時心中所想，而是客觀上評估其訴訟是否有理[25]。而要認定一個訴訟客觀上欠缺基礎，必須證明，沒有一個合理的訴訟者會合理地期待可贏得該訴[26]。而證明了客觀上欠缺基礎後，在主觀上，也必須證明專利權人明知或明顯地可得而知該訴訟欠缺基礎[27]。而且該證明的舉證責任，採取清楚且具說服力的證據（clear and convincing evidence）[28]。

聯邦巡迴上訴法院認爲，在判斷專利權人提起該訴訟是否在客觀上欠缺基礎，不只是以起訴時作爲判斷點，而是從事後的角度，回顧整個訴訟過程，判斷其是否所有基礎，亦即是否可能會贏[29]。不過，在主觀的判斷上，則可以在訴訟過程中區分不同時間點，判斷其是否爲善意還是惡意[30]。最後，在判斷是否爲無意義的請求，必須對每一個訴訟請求分別判斷[31]。

聯邦巡迴上訴法院在2005年Brooks Furniture案所建立的標準，非常清楚，但是稍微嚴格，尤其要證明專利權人在請求時必須：1.客觀上欠缺基礎；2.主觀上爲惡意，兩者同時要具備，非常困難。但是，此案的嚴格標準，卻被美國聯邦最高法院在2014年的Octane v. ICON案所推翻。以下第三部分將深入介紹美國最高法院2014年判決的Octane v. ICON案和Highmark v. Allcare案。

---

24 Brooks Furniture Mfg., Inc. v. Dutailier Int'l, Inc., 393 F.3d 1378, 1381 (Fed. Cir. 2005).

25 Id. at 1382.

26 Dominant Semiconductors Sdn. Bhd. v. OSRAM GmbH, 524 F.3d 1254, 1260 (Fed. Cir. 2008).

27 In re Seagate Tech., LLC, 497 F.3d 1360, 1371 (Fed. Cir. 2007); see also iLOR, LLC v. Google, Inc., 631 F.3d 1372, 1377 (Fed. Cir. 2011).

28 Brooks Furniture, 393 F.3d, at 1382.

29 Highmark v. Allcare, 687 F.3d at 1310-1311.

30 Id. at 1311.

31 Id. at 1311.

## 三、Octane v. ICON案

### （一）事實

本案的專利權人是ICON Health & Fitness, Inc.（簡稱ICON公司），而侵權人則是Octane Fitness, LLC（簡稱Octane公司）。ICON公司是生產橢圓運動機的廠商，其擁有美國專利號第6,019,710號專利（簡稱'710號專利），該號專利乃是在該橢圓運動機可針對運動者不同的步伐而調整高度。本案的系爭請求項，著重在該專利的「連結系統」，其乃將踏板透過曲桿（stroke rail）連結。

該曲桿與其他結構有三個連結，一是與腳踏板連結，二是連到中間的圓型旋轉臂，三是透過一C型滑軌上拴鈕連結到主架。步距的調整，主要是透過手動或電動齒輪，來改變曲桿的長度[32]。

ICON公司對Octane公司提起侵權訴訟，認爲其產品侵害了系爭專利的第1、2-5、7、9-11請求項。Octane公司銷售兩款家用橢圓運動機（型號Q45和Q47），而Octane公司的橢圓機的連結系統，則是對Joseph D. Maresh先生的第5,707,321號專利支付授權金，而該專利的申請日早於系爭專利之申請日。系爭產品與系爭專利的主要差別在於：1.系爭產品並沒有使用「一C型滑軌上拴鈕」連到主架，而是使用一個弧形搖桿連結（rocker link）；2.Octane公司的曲桿是由多部分所組成，包括一動力，而非單桿[33]。

在系爭專利請求項第1項中的幾個要件中，提到了「曲桿」（stroke rails）和「連結手段」（means for connecting）。地區法院對該曲桿的解釋，認爲應該是一個桿；而對連結手段的解釋，則認爲是手段功能用語，應參考說明書及圖式，必須包括C型滑軌和拴鈕裝置，以及旋轉臂結構[34]。法院基於上述對請求項之限縮解釋後，在即決判決中，認爲系

---

[32] Icon Health & Fitness, Inc. v. Octane Fitness, LLC, 496 Fed. Appx. 57, 58 (Fed. Cir., Oct. 24, 2012)

[33] Id. at 59

[34] Id. at 60.

爭產品Q45和Q47型號的橢圓形機，並沒有使用上述「曲桿」和「連結手段」，故不構成文義侵權。而且，Octane公司也不構成均等侵權，因爲其使用的連結系統，是系爭專利的先前技術[35]。

## （二）指控濫訴

在地區法院以即決判決Octane公司未侵害ICON公司之專利後，Octane公司根據專利法第285條，主張ICON公司的專利侵權主張，在客觀上欠缺基礎。理由是因爲，其認爲任何人若眞的看過Octane產品的連結系統，就一定會得出相同的結論，亦即ICON的主張既不合理也無法得到支持[36]。

但地區法院認爲，系爭請求項中的「曲桿」，在專利中和產業中都沒有明確定義，而說明書中很清楚地指出，其包含一個以上的元件。「曲桿」的定義如此模糊，連Octane自己在一開始的答辯狀，也承認Q47型號產品有曲桿此一要件，直到後來在改變答辯內容，認爲其產品並沒有曲桿此一要件。雖然ICON主張Octane的機器有曲桿，不爲法院所接受，但其主張並非「無意義」之請求[37]。

其次，ICON主張，在連結系統方面，請求項1(d)中的「線性交互置換」（linear reciprocating displacement），並沒有要求「沿著線性軌道運作」（movement along a linear path）。Octane主張，ICON的解釋與所謂的線性的一般意義有所出入，且當初專利局之所以核發系爭專利，就是認爲其所界定的「線性交互置換」乃有別於先前技術的部分。地區法院認爲，雖然最後地區法院不接受ICON的解釋，但其主張並非「無意義」。因爲請求項1(d)乃一手段功能用語，其功能爲「連結每一曲桿到一主架，每一個曲桿一端的線性交互位移可以導致該曲桿第二端點實質上橢圓形軌

---

[35] Id. at 60-61.

[36] Icon Health & Fitness, Inc. v. Octane Fitness, LLC, 2011 U.S. Dist. LEXIS 100113, at *4 -5 (D Minn., Sept. 6, 2011).

[37] Id. at 5.

跡的位移。[38]」ICON主張，其連結手段要件，只需要「具備將『線性交互位移』轉換爲橢圓形動作的能力」即可，雖然Octane的機器一端是「輕微的拱形運動」，但與線性運動爲均等，且使用相同的機制讓曲桿一端的拱形運動轉換爲另一端的橢圓形運動。ICON做此主張時，援引了過去聯邦上訴法院的幾個判決，認爲手段功能用語請求項所要求的結構，只需要「有能力執行該功能」即可，不需要眞的執行該功能。且ICON也提出專家作證和科技字典，主張所謂的位移，並不需要是直線的軌跡。地區法院認爲，上述ICON的主張，雖然最後都不被法院接受，但並非沒有所本，故並非客觀上沒有依據[39]。

對於Octane所主張的，任何人只要看了系爭產品，就不會認爲構成侵權，地區法院認爲，ICON在起訴前有購買系爭產品，並請專家做了侵權比對。雖然視覺上系爭產品與系爭專利圖示有所差別，不能因而認爲其做的侵權比對是不合理的，故其並非客觀上欠缺基礎[40]。

既然在客觀上並非欠缺基礎，地區法院認爲不需要探討主觀上是否爲惡意。而且，在Brooks Furniture案中，聯邦上訴法院指出，只要專利權人曾經購買系爭產品，並請專家做過侵權比對，就不能說主觀上具有惡意[41]。該案還指出，若是否構成侵權可以合理地爭辯，就不能說具有主觀惡意。因爲侵權的判斷是困難的，就算專利權人的觀點最後不被接受，也

---

[38] 系爭請求項第1項的內容爲：「1. An exercise apparatus comprising:
(a) a frame configured for resting on a ground surface;
(b) a pair of spaced apart foot rails each having a first end and an opposing second end, each foot rail being configured to receive a corresponding foot of a user;
(c) a pair of stroke rails each having a first end and an opposing second end, the second end of each stroke rail being hingedly attached to the first end of a corresponding foot rail;
(d) means for connecting each stroke rail to the frame such that linear reciprocating displacement of the first end of each stroke rail results in displacement of the second end of each stroke rail in a substantially elliptical path; and
(e) means for selectively varying the size of the substantially elliptical path that the second end of each stroke rail travels.」

[39] Id. at *6-7.

[40] Id. at *8-9.

[41] Brooks Furniture, 393 F.3d 1383.

不能就因此認爲其主觀上具有惡意[42]。

Octane主張，在主觀上ICON爲惡意，因爲：1.其是大公司卻從來沒有生產系爭專利相關產品；且2.在二個ICON公司負責銷售職員的通信中可以看到，ICON提出該侵權訴訟乃基於欲推出新產品的商業策略考量。但是地區法院認爲這些論點，由於舉證責任採取「清楚且具說服力之證據」（clear and convincing evidence），此二點都不足以支持ICON公司主觀上的惡意[43]。首先，在員工信件上，職員的信件不代表ICON公司提出訴訟的眞正目的，也不能反映其律師的策略。其次，ICON是大公司，與其是否具有惡意無關；3.其不曾將'710號專利商品化，也不是惡意的證據[44]。

## （三）最高法院判決

本案上訴到聯邦上訴法院後，上訴法院支持地區法院見解。後又上訴到聯邦最高法院，於2014年4月29日做出判決。最高法院與全體9票一致同意，推翻了聯邦巡迴上訴法院的Brooks Furniture案見解。該案判決由Sotomayor大法官主筆。

其認爲，在專利法第285條的條文中規定：「法院在例外情況下，可以判賠勝訴方合理律師費用。」從條文文字上看，地區法院在行使裁量權時，只有一個唯一的要件，就是所謂的「例外」（exceptional）[45]。由於專利法本身並沒有定義何謂「例外」，所以應該以通常意義（ordinary meaning）加以解釋。而在1952年制定美國專利法時，翻譯字典，當時的例外，表示「不常見」（uncommon）、罕見（rare）或不正常（not ordinary）[46]。

因此，最高法院認爲，所謂的例外情形，指的是從當事人訴訟地位

[42] Icon Health & Fitness, Inc. v. Octane Fitness, LLC, 2011 U.S. Dist. LEXIS 100113, at 1384.
[43] Id. at *10-11.
[44] Id. at *11-12.
[45] Octane Fitness, LLC v. ICON Health & Fitness, Inc., 134 S. Ct. 1749, 1755-1756 (2014).
[46] Id. at 1756.

的實質力量（考量到相關法律與案件事實）來看非常特殊（stand out），或者該訴訟進行的方式不合理（unreasonable manner in which the case was litigated）。而地區法院應該考量個案的所有情況，逐案個別判斷（case-by-case），行使其裁量權（discretion）[47]。

最高法院指出，聯邦上訴法院在Brooks Furniture案所發展出來的標準太過嚴格。原本的法條文字本身是彈性的，但是在Brooks Furniture案下，卻毫無彈性地歸納爲二種類型：1.訴訟有關的不當行爲，本身不當程度嚴重到足以懲罰；2.客觀上欠缺基礎且主觀上爲惡意。針對第一種類型，其所定義的不當行爲，包括蓄意侵權（willful infringement）、申請專利時詐欺（fraud）或有不正行爲（inequitable conduct）、訴訟中的不當行爲（misconduct during litigation）、違反聯邦民事訴訟規則第11條的無理取鬧（vexatious）或無理由（unjustified）的訴訟。但最高法院認爲，這種行爲本身都非常嚴重而需要加以制裁，但是，最高法院最新的標準是讓地區法院個案裁量，也許某些個案本身的行爲不合理（unreasonable conduct）很罕見，雖然沒有嚴重到本身就可獨立接受制裁（independently sanctionable），但地區法院仍可認定其屬於例外情形[48]。

而聯邦上訴法院認定的第二種類型（客觀上欠缺基礎和主觀惡意），也太過嚴格。但最高法院認爲，其實並不需要二個要件都具備，只要其中一個要件具備，例如主觀上惡意或客觀上欠缺基礎，就足以認爲其與一般案件有別，而判賠律師費用[49]。

但是，聯邦巡迴上訴法院之所以會建立「客觀上欠缺基礎加主觀上惡意」此一標準，可能是受到最高法院在建立反托拉斯法上「虛僞訴訟」（sham litigation）的判決影響。在最高法院1993年的Professional Real Estate案[50]中，最高法院指出，一般情形提起訴訟可豁免於違反反托拉斯

---

[47] Id. at 1756.

[48] Id. at 1756-1757.

[49] Id. at 1757.

[50] Professional Real Estate Investors, Inc. v. Columbia Pictures Industries, Inc., 508 U.S. 49 (1993).

法，但若是所謂的虛僞訴訟，以提起訴訟方式來限制競爭，仍然可能違反反托拉斯法。而該案提出虛僞訴訟的要件，必須該訴訟在客觀上欠缺基礎，且隱藏著直接影響競爭者商業關係的企圖（attempt），也就是必須具有惡意[51]。聯邦上訴法院在Brooks Furniture案中，就是把反托拉斯法的虛僞訴訟的標準，納入專利法第285條例外的判斷標準[52]。但是，最高法院指出，專利法第285條判賠律師費用，與反托拉斯法的三倍懲罰性賠償並不一樣，不應該借用Professional Real Estate案「虛僞訴訟」的標準[53]。

其次，最高法院指出，之所以要推翻聯邦上訴法院Brooks Furniture案的標準，是因爲該標準太過嚴格，將導致專利法第285條成爲多餘（superfluous），亦即無用武之地[54]。

最後，聯邦上訴法院對主張專利法第285條的人，要求所負的舉證責任，採取「清楚而具說服力之證據」（clear and convincing evidence）[55]。但最高法院認爲並不需要採取這麼高的舉證責任標準，而應該與一般的專利侵權訴訟一般，採取證據優勢標準（preponderance of the evidence）即可[56]。

## 四、Highmark v. Allcare案

上述美國最高法院在Octane v. ICON案中，對美國專利法第285條所謂的例外情形，採取了寬鬆的標準。不過，該案由於地區法院並沒有眞的認定ICON的行爲屬於例外情形而需要判賠律師費用，所以我們尚不清楚怎樣的訴訟行爲在敗訴後會被判賠律師費用。最高法院在判決Octane v. ICON案的同時，也判決了Highmark, v. Allcare案。此案例就眞的清楚地出現了不當的訴訟行爲。以下介紹該案事實，以及最高法院最後的判決結果。

---

[51] Id. at 60-61.
[52] Brooks Furniture, 393 F.3d, at 1381.
[53] Octane v. ICON, 134 S. Ct. at 1757-1758.
[54] Id. at 1758.
[55] Brooks Furniture, 393 F.3d, at 1382.
[56] Octane v. ICON, 134 S. Ct. at 1758.

## （一）事實

Allcare是一家醫療器材公司，擁有美國專利號第5,301,105號專利（簡稱'105號專利），是一種管理健康照顧系統，用來連結與整合醫師、醫療照顧設備、病人、保險公司和金融機構的系統。其中，這項專利特別有關於「利用審查」（utilization review）的系統。在美國，所謂的利用審查，是健康保險公司用來判斷，是否同意對某一病人的特定治療所做的審查。簡單地說，該專利的請求項，乃是一個方法，判斷在特定情況下，是否需要使用利用審查，並判斷所建議的治療是否適當。如果需要進行利用審查，此一方法可以避免授權和支付，等到判定該治療的適當性且核准該治療後，才需進行授權和支付。本案中，該專利最主要的二個請求項，分別是第52請求項和第102請求項。

Highmark則是一家賓夕法尼亞州的保險公司。它在賓州西區地區法院，對Allcare提起確認訴訟，聲請法院確認Highmark並沒有侵害Allcare的'105號專利，或宣告該專利無效。本案移轉管轄至德州北區地區法院後，Allcare提出反訴，控告Highmark侵權，主要控告其侵害'105號專利的第52和第102請求項。

2010年，德州北區地區法院，判決Highmark公司的系統並沒有侵害Allcare的這二項專利。地區法院反而認爲，Allcare隨意提出欠缺基礎的訴訟，乃從事一種無理取鬧（vexatious）的騙人（deceitful）訴訟行爲，是一種濫訴。地區法院在判決中指出，Allcare提起此訴訟，是爲了透過訴訟中資訊調查的掩護，找出所有可能侵害系爭專利的公司，然後試圖以訴訟威脅逼使這些公司都支付系爭專利的授權金[57]。

而且，法院發現Allcare公司自己聘請的專家已經判斷Highmark不會構成侵權後，還執意繼續訴訟。此外，原本Highmark提出確認之訴時，Allcare提出一抗辯，認爲Highmark可能會受到另一件前訴的拘束，而不可提起訴訟。但實際上，Allcare知道Highmark根本不受前訴的拘束，該

[57] Highmark, Inc. v. Allcare Health Mgmt. Sys., Inc., 706 F. Supp. 2d 713, 736-737 (N.D. Tex., 2010).

抗辯根本無理由不該提出。但卻還是提出，以拖延訴訟[58]。

最後，地區法院根據美國專利法第285條規定，判決Allcare必須爲濫訴行爲負責，因而判Allcare必須賠償Highmark公司因本案而支出的費用，包括469萬美元的律師費用、20萬美元的訴訟支出，還有37萬5,000美元的證人費用[59]。

Allcare公司不服，提起上訴，2012年8月，美國聯邦巡迴上訴法院判決了Highmark, Inc. v. Allcare Health Mgmt. Sys. Inc.案，認爲Allcare公司確有部分濫訴行爲，而需要賠償Highmark公司的律師費用。不過，在該案中，聯邦巡迴上訴法院也釐清了，在何種情況下，專利訴訟敗訴的一方，需要賠償勝訴方所支出的律師費用。

## （二）濫訴行為

本案中，Highmark屬於勝訴的一方。因此，法院接下來則需要判斷後續二個步驟[60]。

本案的核心問題，就是Allcare對Highmark提出的反訴主張（控告其侵權），是否屬於無意義請求。亦即，在本案中，必須對侵害第52項請求項之侵權請求，以及侵害第102項之侵權請求，分別判斷是否爲無意義請求。

### 1. 明顯未落入專利申請範圍

爲何法院會認爲，Allcare所提出的反訴中，控告Highmark侵害其’105號專利的第102項請求項，屬於無意義之請求？原因在於，第102項請求項的前言（preamble）如下：「管理整合健康照顧管理系統的一方法，該系統擁有投入工具、支付工具和記憶儲存，包含下述構成元件：……」法院認爲，請求項的前言，乃該請求項的限制要件，故必須界定何謂前言中所謂的「整合健康照顧管理系統」。而根據說明書的內容可知，整合健康照

58 Id. at 732-733.
59 2010 U.S. Dist. LEXIS 118388, *9, 2010 WL 6432945, *7 (ND Tex., Nov. 5, 2010).
60 Highmark, Inc. v. Allcare Health Mgmt. Sys., 687 F.3d 1300 (Fed. Cir., 2012).

顧管理系統，必須可與病人、雇主互動。

但Highmark所使用的系統，並不可與病人、雇主互動，故很明顯地，不會侵害第102項請求項。因此，法院認為，Allcare控告Highmark的系統侵權，在客觀上欠缺基礎，或者在客觀上並不合理（objectively unreasonable）[61]。至於在主觀上，法院也認為，Allcare具有惡意，亦即其明知或明顯地可得而知，其訴訟欠缺基礎。

### 2. 專利申請範圍解釋爭議

Allcare在反訴中所提出的另一項侵權主張，乃是主張Highmark侵害其'105號專利的第52項請求項。其中，關鍵在於，第52項請求項的元件(c)要求「輸入病人症狀的資料，以暫時地界定治療方案……」這段說明，可稱為「智慧診斷系統」，亦即醫師只要輸入看到的病人症狀，電腦就會自動提出建議的治療。但是，Highmark所採用的系統，並非這種智慧診斷系統，而是傳統的「利用審查智慧系統」，其需醫師輸入看到的症狀，以及輸入可能的診斷和建議的治療，然後才進入後續的利用審查。

因此，地區法院在解釋Allcare的請求項範圍後，認定Highmark的系統並沒有侵權，進而判定Allcare對第52項的侵權主張，客觀上欠缺基礎。

本案中，原本地區法院認為Allcare公司的二個侵權請求，在客觀上都欠缺基礎，構成濫訴，故須賠償Highmark公司所支出的律師費用。但上訴到聯邦巡迴上訴法院後，上訴法院卻部分推翻地區法院判決，認為只有其中一個請求，是在客觀上欠缺基礎。

聯邦巡迴上訴法院認為，雖然地區法院對請求項的解釋正確，但其實，第52項請求項的文字，並不排除如Allcare所主張的，可能包括同時要輸入症狀及治療方案。因為，若參考Allcare當初的說明書，說明書中雖然提出智慧診斷系統，但也提及另一種實施方式，亦即可以輸入症狀和治療方案的系統。聯邦巡迴上訴法院認為，不能僅因為請求項的解釋不被法院所接受，就認為Allcare在客觀上完全不可能如其所主張的請求項範圍，因

---

[61] Id. at 1311-1312.

此，其在第52項請求項的侵權主張上，不能說其在客觀上欠缺基礎[62]。

### （三）地區法院的裁量權

聯邦上訴法院主筆判決的Dyk法官認爲，敗訴方的濫訴行爲，是否構成專利法第285條的特殊例外情況，屬於事實及法律的綜合問題，而上訴法院有權重新自爲認定（de novo review），不須尊重地區法院的認定。所以，上訴法院才自己重新認定，推翻了地區法院對濫訴行爲的認定。但本案的Mayer法官卻提出不同意見，認爲是否構成濫訴，應尊重地區法院判決，頂多檢查地區法院是否「濫用裁量權」（abuse of discretion）[63]。

本案最後，美國最高法院於2014年4月29日做出判決，最高法院在前述Octane Fitness案中，已經指出，專利法第285條的例外情形，應由地方法院以個案方式行使裁量權，考量所有情況而定[64]。最高法院指出，上訴法院對於地區法院案件上訴後的審查，要區分案件的性質。若屬於法律問題（question of law），採取的審查方式爲重新自爲判斷（reviewable de novo）；若是事實問題（questions of fact），採取的審查爲判斷是否有明顯錯誤（reviewable for clear error）[65]；若屬於裁量議題（matters of discretion），則審查其「是否濫用裁量權」（reviewable for 'abuse of discretion'）。由於在上述Octane Fitness案中，最高法院認定專利法第285條屬於裁量議題，故上訴法院對地區法院的認定，只能審查其是否濫用裁量權，而不可自己重新判斷[66]。

---

[62] Id. at 1313-1315.

[63] Id. at 1319.

[64] Octane Fitness, LLC v. ICON Health & Fitness, Inc., 134 S. Ct. 1749 (2014).

[65] 關於美國上訴法院的審查標準，更深入的介紹與討論，see Kenneth Jennings, The Highmark Fracture: In Search of the Appropriate Standard of Review for Exceptional Case Determinations in Patent Litigation, 14 N.C.J.L. & Tech. On. 301 (2013).

[66] Highmark, Inc. v. Allcare Health Management Sys., 2014 U.S. LEXIS 3106, at 7 (U.S., Apr. 29, 2014).

## 五、比較臺灣

對於專利權人濫訴問題，在臺灣確實已經出現[67]。臺灣原則上和美國一樣，訴訟雙方都各自負擔自己的律師費用，敗訴方不用賠償勝訴方的律師費用。但是，臺灣的專利審查品質低，導致有問題的專利很多。而專利權人也常常拿著有問題的專利到處興訟。但在智慧財產法院的判決上，大多數的專利權人，最後都以敗訴收場。這中間，部分侵權訴訟的提出，根本沒有勝訴可能性，甚至只是作爲一種商業手段，透過訴訟拖延或騷擾競爭對手。若臺灣能思考，專利權人有專利濫訴行爲時，由敗訴方支付勝訴方律師費用的制度，或許可以抑止一些無意義的濫訴行爲。

臺灣專利法與美國專利法有一個不同之處在於，臺灣專利法有形式審查的新型專利，而美國並無此種類型。此種新型專利因爲只有形式審查，其專利要件有問題，故專利法第116條規定：「新型專利權人行使新型專利權時，如未提示新型專利技術報告，不得進行警告。」專利法第117條復規定：「新型專利權人之專利權遭撤銷時，就其於撤銷前，因行使專利權所致他人之損害，應負賠償責任。但其係基於新型專利技術報告之內容，且已盡相當之注意者，不在此限。」該條用意，希望課予新型專利權人起訴前的謹慎義務，先申請新型專利技術報告，確認自己的專利有效性之後，才可對他人行使專利權。否則，如果沒有先申請新型專利技術報告就隨意對他人主張專利，應可構成所謂的「客觀上欠缺基礎」。

專利法第117條，大概是專利法中，唯一一條專利權人行使專利後，卻要對他人賠償損害的規定。而且，所謂的損害，應該可包括律師費用或法律成本的損害。此條只規範了「專利被撤銷」的情況，但參考第117條後段的「但其係基於新型專利技術報告之內容，且已盡相當之注意者，不在此限」，本文認爲，不必侷限於第117條前段的「專利權遭撤銷」，而應著重在「在其行使專利前」，是否「已盡相當之注意」。此雖然與美國的專利濫訴情形不一樣，但是，既然有專利法第117條的存在，也表示立

---

[67] 例如智慧財產法院99年度民公上字第3號民事判決之事實，即爲專利權人明知不會勝訴，卻刻意提起訴訟的代表性案例。

法上至少承認，專利權人若不謹慎，就隨意對他人行使專利，因而造成他人之損失，應予賠償。因此，從此條的精神推而廣之，要學習美國專利濫訴賠償律師費用的問題，對臺灣來說，也許並不是那麼新奇之事。

不過，前已述及，美國專利侵權案件的律師費用高昂，賠償律師費用對專利權人來說，確實有嚇阻作用。但在臺灣，專利訴訟費用一般一審不會超過100萬，若專利權人有心濫用訴訟制度達成其他目的，100萬的律師費用賠償，對其沒有太大的效果。而專利法第117條所謂的「因行使專利權所致他人之損害」，並不限於律師費用，還包括其他實質的各種損失。因此，從嚇阻效果來看，在臺灣，專利法第117條所謂的「因行使專利權所致他人之損害」，應會比「律師費用」來得有效。若我們願意引入懲罰專利權人濫訴的條文，對於懲罰效果，也必須加以考量。

## 六、結語

一般對於律師費用負擔部分，有區分為英國規則與美國規則，英國規則要求敗訴方負擔勝訴方律師費用，而美國規則與臺灣一樣，原則上要求各方各自負擔自己的律師費用。但是美國在部分法律中，卻對此一原則做了例外規定，敗訴方需要賠償勝訴方的律師費用。其中，專利法第285條規定的例外情形，就是這種規定。

對於專利蟑螂濫訴問題，美國法界思考是否可從美國專利法第285條之規定，要求敗訴之專利權人，賠償勝訴之被控侵權人合理之律師費用，嚇阻專利蟑螂之濫訴行為。而美國最高法院2014年判決的Highmark v. Allcare案和Octane v. Icon案，改變了過去聯邦巡迴上訴法院在Brooks Furniture案中較為嚴格之限制。在Highmark v. Allcare案中，最高法院認為地區法院可依據個案，基於自己的裁量權，判斷究竟何謂例外行為，而對濫訴的專利權人制裁；另外在Octane v. Icon案中，則要求上訴法院在審查地區法院的認定時，應該較為尊重地區法院，僅能審查地區法院是否濫用裁量權。而一般認為，最高法院對專利法第285條做出的判決，未來將更有效地嚇阻專利權人的濫訴行為。

臺灣的專利實務上，也常常出現專利權人濫訴的問題。其之所以爲濫訴，是因爲其合理相信自己根本不會勝訴，卻希望提起訴訟或相關程序，來騷擾或干擾被告的商業活動，或試圖影響其商譽。本文指出，專利法第117條規定，本身已經蘊含了類似精神。若不侷限專利法第117條的類型，將之一般化，我們可以全面地要求，專利權人在行使專利前應「盡相當之注意」，否則應賠償「行使專利權所致他人之損害」。不過，在臺灣的訴訟實務上，律師費用不如美國律師費用高昂，若眞要引進類似美國專利法第285條制度，對於懲罰的效果，也應加以考量。

# 第十四章　專利連結制度

## 第一節　專利連結制度

一般認爲，製藥產業是十分仰賴專利保護的產業，原專利藥廠（或稱新藥Brand Name Drug）莫不想盡辦法延長市場上之專用地位。在美國向食品藥物管理局的新藥申請程序中，學名藥廠可申請簡化新藥申請，但美國因特殊的專利連結制度，原專利藥廠可以向食品藥物管理局登記專利，而學名藥廠申請者提出申請時，原專利藥廠就會故意提出專利訴訟，而在美國Hatch-Waxman Act下，一旦有人提起訴訟，就立刻進入30個月的訴訟期。此外，第一家藥廠也享有180天的獨家銷售期。因而，專利藥廠就利用這個程序，不斷登錄各種相關專利，並不斷提出訴訟，試圖拖延學名藥廠之上市。甚至，其最新的手段乃是與學名藥廠做逆向支付，支付報酬給學名藥廠，要學名藥廠延緩上市，而避免180天的獨家銷售期起算，而拖延其他學名藥廠的上市。

### 一、食品藥物管理局之專利資訊登錄

根據Hatch-Waxman法案，NDA申請者須向FDA提交與申請藥物相關的所有的專利號碼與專利到期日。FDA將會公開該藥物的專利資訊，以及其他相關資訊，這就是我們所稱的「橘皮書」（Orange Book）。實質上，學名藥廠進行仿製時，有可能侵害到專利權人所登錄的專利，而產生侵權問題[1]。

---

1 Joel Graham, The Legality of Hatch-Waxman Pharmaceutical Settlements: Is the Terazosin Test the Proper Prescription?, 84 Wash. U.L. Rew. 429, 434 (2006).

## 二、簡易新藥申請程序

學名藥欲申請上市時，應提出所參考藥品之專利權利狀態，而學名藥的申請有兩種機制[2]：一是簡易新藥申請（Abbreviated New Drug Application, ANDA）；另一則是根據Hatch-Waxman法案之505(b)(2)之上市申請程序（section 505(b)(2) Application，一般稱此爲paper NDA）[3]。

爲了節省學名藥上市時的成本與加速學名藥的申請上市，而且無需重複昂貴且冗長的臨床試驗，根據Hatch-Waxman法案，學名藥廠對原專利藥廠登錄於橘皮書裡的資訊需詳細核對，且需證明該學名藥與收載於「橘皮書」之專利藥品兩者「相同」（sameness），並應提出足以證明兩者具「生體相等性」之詳細資料；其中「相同」（sameness）係指學名藥在主成分、使用途徑、劑型、劑量及標仿單（Labeling）[4]都必須與原廠藥一致。

### （一）第IV段認證

依照美國法典第21篇規定[5]向FDA提出以下四段認證（Paragraph）之任一段「認證」（certification）者，即可申請該藥相對應學名藥之ANDA[6]：

1. 第I段認證（Paragraph I）：申請上市的學名藥，並未有相關的專利收載於橘皮書（Required patent information has not been filed）。

2. 第II段認證（Paragraph II）：收載於橘皮書之相關專利之專利期已

---

2 黃慧嫻，專利連結（Patent Linkage）——藥品研發與競爭之阻力或助力？談藥品查驗登記程序與專利權利狀態連結之發展（上），科技法律透析，第21卷第2期，頁28-29，2009年2月。

3 Paper NDA爲HWA生效前學名藥的上市申請實務，在HWA通過後被明文以第505條(b)(2)予以規定。請參閱John R.Thomas, Pharmaceutical Patent Law 311-319 (2005).

4 依據美國藥物食品及化妝品法定義，所謂「Label ing」係指所有的標籤、仿單以及其他在藥物容器上、附隨物、封套上的任何書面、印刷或圖示物等等。參考林首愈、賴文智，我國學名藥品的仿單著作權問題，智慧財產權月刊，第106期，頁77，2007年10月。

5 ANDA依照：21 U.S.C. §355(j) (2)(A)(vii)；paper NDA依照：21 U.S.C. §355(b)(2)(A).

6 21 U.S.C. §355(j)(2)(A)(vii).

屆滿（Patent has expired）。

3. 第III段認證（Paragraph III）：橘皮書中雖有專利登錄，但該專利即將到期，而學名藥廠在專利到期後才會開始銷售其學名藥（Patent has not expired but expire on a particular date）。

4. 第IV段認證（Paragraph IV）：收載於橘皮書之專利無效或學名藥申請製造、使用或銷售之查驗登記，未侵害其專利權（Patent is invalid or non-infringed by generic applicant）。

若學名藥廠係以第IV段認證作爲申請ANDA之主張時，無論是專利無效或不侵權，皆已涉及法律層級之爭議，即美國專利法[7]有關專利侵權之規定，該規定要求需由法院進行裁判[8]。

依據第IV段認證提出ANDA程序者，申請人應於ANDA申請日20天內通知FDA及專利權人，並就專利無效或未侵權之法律上的原因事實，提出詳細之佐證資料於前述當事人。專利權人可以在接收到ANDA申請者的通知後45天以內提出專利侵權訴訟。假使專利持有者在45天內不行使該權利，則FDA將會核准該藥物之ANDA的申請。另外，如果專利持有者在45天之內提出專利侵權訴訟，FDA就會對該ANDA的申請，進入30個月之自動停審期間。

前述FDA停止審查期間內，FDA可以先核發暫時許可（tentatively approve）[9]，但其並不生效，並需在下列任一條件最先成就時，其上市許可才生效：1.專利期限屆滿；2.法院判決專利無效或學名藥廠未侵權；3.自通知書送達已屆滿30個月[10]。

## （二）180天獨家銷售期

法案賦予依據ANDA程序中，依據第IV段認證而經FDA核准之第一個

---

[7] 35 U.S.C. § 271.
[8] 35 U.S.C. § 271(e)(2).
[9] 21 U.S.C. § 355(j)(5)(B)(iv)(II)(dd).
[10] 21 U.S.C. § 355(j)(5)(B)(iii).

學名藥廠，具有180天之市場專屬權[11]。在此專屬權期間，FDA不再核准其他相同之學名藥上市。之所以要賦予第一家提出第IV段認證之學名藥廠180天獨家銷售期，係因爲提出第IV段認證之學名藥廠，原專利藥廠對之提起訴訟，面臨侵權訴訟的第一家ANDA學名藥廠，需支付高額訴訟費用。由於訴訟費用高昂，爲了鼓勵第一家學名藥廠願意面臨此訴訟風險而提出ANDA申請，故給予180天之獨家銷售期[12]。

而180天獨家銷售期的計算，以下面二個時點起算：1.法院確定判決開發藥廠專利無效、無法實施（unenforceable）、或不侵權；2.第一家ANDA藥廠開始商業銷售之日[13]。而只要法院未做出判決，或者第一家ANDA藥廠不開始銷售，因爲180天獨家銷售期尚未開始起算，其他學名藥廠則將無法銷售。

## （三）第viii項聲明

通常藥物製劑有多種用途和應用。在主成分的專利到期後，有些使用方法專利持續被保護，如果學名藥的製造商希望尋求FDA批准藥物上市，但不觸及該專利的用途與使用方法，就必須提出第viii項聲明（section viii statement）[14]。提出第viii項聲明，學名藥商必須聲明其在市場上行銷該藥物所使用的方法，不會侵害品牌藥的專利。通常會使用第viii項聲明，是該藥物的成分專利已經到期，但原專利藥廠還擁有該藥物的使用方法專利[15]。

一般來說，學名藥的藥品仿單（label），必須與原專利藥廠的藥品仿

---

[11] 21 U.S.C. § 355(j)(5)(B)(iv).

[12] William J. Newsom, Exceeding the Scope of the Patent: Solving the Reverse Payment Settlement Problem Through Antitrust Enforcement and Regulatory Reform, 1 Hastings Sci. & Tech. L.J. 201, 206 (2009).

[13] 21 U.S.C. § 355(j)(5)(B)(iv).

[14] 21 U.S.C. § 355(j)(2)(A)(viii) ("(viii) if with respect to the listed drug referred to in clause (i) information was filed under subsection (b) or (c) of this section for a method of use patent which does not claim a use for which the applicant is seeking approval under this subsection, a statement that the method of use patent does not claim such a use.").

[15] Caraco Pharm. Labs., Ltd. v. Novo Nordisk A/S, 132 S. Ct. 1670, 1677 (2012).

單相同[16]。但如果學名藥廠提出上述第viii項聲明，其所提出的藥品仿單草稿，必須避開（carves out）原專利藥廠仿單中仍受專利保護的使用方法[17]，而FDA會例外同意此一修改後的藥品仿單[18]。FDA同意此一「避開仿單」（carve-out label）後，允許學名藥廠在市場上行銷該藥物，但只允許對該藥物做可允許的使用，而不可侵害原專利藥廠的使用方法專利[19]。

但是，如果學名藥廠所提出的「避開仿單」與原專利藥廠的「使用規則」重疊，FDA就不會同意該申請。FDA原則上推定該使用規則正確，不會獨立審查該專利的範圍，只會看原專利藥廠所寫的敘述。因爲，對FDA來說，其沒有足夠的專業與權責，去審查專利請求項；雖然FDA會向原專利藥廠提出該使用規則的問題，但只是一種行政作業而已。因此，學名藥廠是否能夠援引第viii項，取決於原專利藥廠如何描述其專利。只有當使用規則提供足夠的空間，讓學名藥廠能提出「避開仿單」，FDA才可能同意援引第viii項所申請的簡化新藥申請。

學名藥廠的另一種選擇，就是提出前述的第IV段認證（paragraph IV certification），宣稱所登錄專利：「無效，或不會因製造、使用或銷售該學名藥而被侵害。[20]」學名藥廠通常在下列二種情形，會採取這一條路：其想在市場上賣這顆藥時，可爲所有的使用方法，而不避開仍然有效的專利；或者，其發現任何其想採用的「避開仿單」都無法眞的避開原專利藥廠的使用規則[21]。而且，提出第IV段保證，也勢必會引起訴訟。專利法將此種申請行爲視爲侵權行爲，品牌藥因而可立即提起訴訟[22]，而進入30個

[16] 21 U.S.C. §355(j)(2)(A)(v), (j)(4)(G).

[17] 21 CFR §314.94(a)(8)(iv).

[18] 21 CFR §314.127(a)(7).

[19] 132 S. Ct. at 1677.

[20] 21 U.S.C. §355(j)(2)(A)(vii)(IV)("(vii) a certification, in the opinion of the applicant and to the best of his knowledge, with respect to each patent which claims the listed drug referred to in clause (i) or which claims a use for such listed drug for which the applicant is seeking approval under this subsection and for which information is required to be filed under subsection (b) or (c) of this section— (IV) that such patent is invalid or will not be infringed by the manufacture, use, or sale of the new drug for which the application is submitted; and ...").

[21] 132 S. Ct. at 1677.

[22] 35 U.S.C. §271(e)(2)(A).

月訴訟等待期[23]。

## 三、原專利藥廠濫用制度

1984年的Hatch-Waxman法案的立法目的是爲了衡平原專利藥廠與學名藥廠間的利益。但藥品的利益甚大，眾多廠商爲了市場獨占期而利用法案的漏洞，形成原專利藥廠與學名藥廠間的不當勾結造成壟斷的利益，以下將簡介法案所帶來的負面影響。Hatch-Waxman法案使學名藥申請增加了，但是複雜的法規條款卻容易被濫用[24]。

### （一）登錄無關專利與提出多個侵權訴訟

第一種濫用專利連結制度的方式，就是專利權人在橘皮書上，對其新藥隨意登錄看似有關卻實質無關的專利。雖然該新藥上某一個專利已經屆期，但只要有其他登錄的專利尚未到期，均可以橘皮書上的專利對學名藥申請人提起訴訟。

30個月自動停審期間的問題是，原專利藥廠對於該藥物於橘皮書裡所登錄的專利不只一種，有可能是多種專利。提出第IV段認證的ANDA申請者，必須對橘皮書裡的每一個專利去做認證。因爲原專利藥廠擁有多項專利，就會去請求多個30個月停審期間，而造成市場上較低價的學名藥遲滯上市[25]。

### （二）逆向支付和解

多數的30個月停審期，形成原專利藥廠對付學名藥廠的戰略，但也有可能形成兩個對手間互相勾結。原專利藥廠與學名藥廠會達成一種合理支付行爲，來完成他們的專利侵權訴訟。雖然支付的條款各有不同，但是幾乎都以這種方式來進行[26]。

---

[23] 21 U.S.C. § 355(j)(5)(B)(iii).
[24] Joel Graham, supra note 1, at 436.
[25] Id.
[26] Id. at 437.

對於利用180天的獨家銷售期來說，原專利藥廠是專利持有者，會對欲生產該學名藥的學名藥廠提出專利侵權訴訟。接下來爲了解決雙方的侵權訴訟，原專利藥廠與第一家學名藥廠會和解，其和解條件大略爲：原開發藥廠支付大量金額給予學名藥廠，而學名藥廠收取價金後，不行使180天的獨家銷售期。由於第一家學名藥廠擁有180天獨家銷售期，其不開始銷售，且因和解，法院也會做出專利無效或不侵權之判決，故180天無法起算。其結果會造成其他的學名藥廠無法進入市場銷售[27]。對其他學名藥廠來說，會面臨到一個所謂的「核准瓶頸」[28]。

## 四、2003年MMA法案

爲了解決Hatch-Waxman法案所產生的問題，美國總統布希簽署了2003年醫療保險處方藥改善與現代化法案（Medicare Prescription Drug, Improvement, and Modernization Act of 2003）[29]（簡稱MMA法案）。有些改革部分，來自於美國聯邦貿易委員會的研究[30]。

其中，MMA法案只允許一次ANDA申請者的30個月停審期。再者，當學名藥廠因侵害橘皮書裡的專利而被起訴，學名藥廠也可以提出反訴要求刪除或更正橘皮書裡的專利[31]。

該法案爲了防止原專利藥廠與學名藥廠的協議，有反競爭的行爲，故規定協議要提交美國聯邦貿易委員會審查。因爲在醫療保險法施行之前，常會有私底下秘密交易行爲產生，而醫療保險法的修訂，就是要防止濫用180天獨家銷售期的事件發生。

### （一）提供反訴刪除橘皮書中錯誤資訊

在修法後，於21 U.S.C. §355(j)(5)(c)(ii)(I)規定：「若專利權人對簡

[27] Id.
[28] Id.
[29] Id. at 437-438.
[30] Id. at 438.
[31] Id.

化新藥申請程序之申請人（學名藥廠）提出侵權訴訟，學名藥廠可對之提出反訴，要求專利權人更正或刪除其根據本條(b)或(c)提交的專利資訊，只要該專利請求範圍並沒有包含：(aa)所核准申請案所申請之藥物（the drug for which the application was approved）；或(bb)一項核准使用藥物的方法（an approved method of using the drug）[32]。」

此一條文賦予學名藥廠，在申請學名藥上市時，若遇到原專利藥廠隨意登錄不當之專利，可透過反訴要求其修改或更正該專利資訊。

## （二）避免濫用180天獨家銷售期

MMA法案增加了六個條文，試圖防止濫用180天的獨家銷售期。下述情況中，第一家學名藥廠將喪失180天獨家銷售期：1.第一家學名藥廠撤回ANDA的申請[33]；2.第一家學名藥廠在申請ANDA後，修改其第IV段認證[34]；3.第一家學名藥廠在提出ANDA申請後的30個月內，未能得到食品藥物管理局的上市許可[35]；4.系爭藥物的專利到期[36]；5.如果第一家ANDA申請者與其他申請人達成不利競爭之協議，那獨家銷售期將被取消[37]；6.如果第一家ANDA申請者未能銷售該藥品（failure to market a drug），也會被取消獨家銷售權。所謂未能銷售該藥品，有二種情形。第一種，在：1.食品藥物管理局核准後的75天內；或2.從最初申請日起算的

[32] 21 U.S.C. § 355(j)(5)(C)(ii)(I) (“(ii) Counterclaim to infringement action.—(I) In general.—If an owner of the patent or the holder of the approved application under subsection (b) of this section for the drug that is claimed by the patent or a use of which is claimed by the patent brings a patent infringement action against the applicant, the applicant may assert a counterclaim seeking an order requiring the holder to correct or delete the patent information submitted by the holder under subsection (b) or (c) of this section on the ground that the patent does not claim either—
(aa) the drug for which the application was approved; or
(bb) an approved method of using the drug.”).

[33] 21 U.S.C. § 355(j)(5)(D)(i)(II).

[34] 21 U.S.C. § 355(j)(5)(D)(i)(III).

[35] 21 U.S.C. § 355(j)(5)(D)(i)(IV).

[36] 21 U.S.C. § 355(j)(5)(D)(i)(VI).

[37] 21 U.S.C. § 355(j)(5)(D)(i)(V).

30個月內，未銷售該藥品[38]；第二種，在下述情況經過的75天內，沒有銷售該藥品：1.法院確定判決ANDA提出第IV段認證所涉及的專利無效或不侵權之日；2.在司法訴訟過程中，法院已經認定系爭專利無效或不侵權，在未判決前，原告和被告達成和解之日；3.由於第一家ANDA申請者提出第IV段認證後，原開發藥廠撤銷系爭專利之日[39]。如果沒有在這段期間內銷售學名藥，將會喪失180天的獨家銷售期，一旦喪失，其他的ANDA申請者也無法獲得[40]。

此外，如果第一家提出第IV段認證來爭取180天銷售期的學名藥廠，喪失了獨家銷售期時，第二家提出申請的學名藥廠也沒有180天的獨家銷售期，因爲獨家銷售的機會只有一個[41]。

### （三）仍有漏洞

雖然2003年醫療保險處方藥改善與現代化法案，試圖減少原專利藥廠濫用專利連結制度之問題，但是，身爲原專利藥廠，仍然會想盡辦法拖延學名藥申請上市。

以下第二節將介紹美國最高法院2012年之Caraco v. Novo Nordisk案，該案涉及原專利藥廠隨意修改登錄之專利資訊，而學名藥廠是否可以提出反訴，要求其修改不正確之專利資訊的問題；第三節將介紹最高法院2013年之FTC v. Actavis案，該案涉及原專利藥廠與第一家學名藥廠達成逆向和解協議，試圖拖延學名藥廠180天獨家銷售期的問題。

---

38 21 U.S.C. § 355(j)(5)(D)(i)(I)(aa).
39 21 U.S.C. § 355(j)(5)(D)(i)(I)(bb).
40 21 U.S.C. § 355(j)(5)(D)(i)(I).
41 21 U.S.C. § 355(j)(5)(D)(i)(II).

# 第二節 請求移除橘皮書登錄之專利：2012年Caraco v. Novo Nordisk案

## 一、背景

### （一）橘皮書登錄之「使用規則」

爲了促進學名藥（generic）的上市許可，Hatch-Waxman修正案規定，原專利藥廠（brand manufacturer）須提交所申請藥物之專利號碼及其有效日期[1]。FDA也有規範，一旦新藥申請許可，應詳述該藥物上的專利的敘述，這個敘述作爲該藥物之「使用規則」（use code）[2]。但是，FDA並不會去確認原專利藥廠所提供作爲「使用規則」資料之準確性，而僅於接受原專利廠申請後，在橘皮書（Orange Book）裡公布原專利藥廠所提供的「使用規則」、專利號碼與專利到期日[3]。

學名藥製造商想在市場推出學名藥（仿製藥），於是提出了簡化新藥申請（ANDA）[4]。FDA允許學名藥的製造商依照登錄於「橘皮書」中，已經核准上市的藥物，引用該藥物有關的生物等效性的安全性和有效性之研究資料，進行ANDA的簡化申請過程[5]。於ANDA的申請過程中，學名藥商必須去確認在「橘皮書」裡之藥物相關之每項認證的專利[6]。

### （二）反訴條款

2003年現代化法案修法後，允許學名藥廠有權對專利侵權案提起反訴（counterclaim）。在21 U.S.C. §355(j)(5)(c)(ii)(I)規定：「若專利權人對簡化新藥申請程序之申請人（學名藥廠）提出侵權訴訟，學名藥廠可對之提出反訴，要求專利權人更正或刪除其根據本條(b)或(c)提交的專利

1 21 U.S.C. §355(b)(1).
2 21 C.F.R. §314.53(c)(2)(ii)(P)(3), (e).
3 Caraco Pharm. Labs., Ltd. v. Novo Nordisk A/S, 132 S. Ct. 1670, 1672 (2012).
4 21 U.S.C. § 355(j).
5 21 U.S.C. § 355(j)(2)(A)(iv)
6 21 U.S.C. § 355(j)(2)(A)(vii).

資訊，只要該專利請求範圍並沒有包含：(aa) 所核准申請案所申請之藥物（the drug for which the application was approved）；或(bb) 一項核准使用藥物的方法（an approved method of using the drug）[7]。」

反訴能夠阻止原專利藥廠利用FDA程序，阻止學名藥產品上市。學名藥競爭者可以經由判決，要求原專利藥廠「更正或刪除」不當的專利資訊。但在2012年的Caraco v. Novo Nordisk案，引起了一個問題：提出反訴，是否能修改原專利藥廠的「使用規則」（use code）[8]。

## 二、Caraco v. Novo Nordisk案

### （一）系爭藥物

系爭藥物爲repaglinide，原專利藥廠爲Novo公司，其品牌名稱爲Prandin。Prandin是一種使用於成人的第二型糖尿病（非胰島素依賴型糖尿病），輔助飲食和運動改善血糖控制[9]。

FDA核准了Novo公司之Prandin的三種治療糖尿病的方法：1.單獨使用repaglinide化合物本身；2.合併使用repaglinide與metformin；3.合併使用repaglinide與thiazolidinediones（TZDs）[10]。

橘皮書裡登錄了兩項PRANDIN專利，一個是repaglinide化合物本身之美國專利號第RE37,035號專利（簡稱'035號專利），到期日是2009年3月14日。

---

7 21 U.S.C. §355(j)(5)(C)(ii)(I) ("(ii) Counterclaim to infringement action.—(I) In general.—If an owner of the patent or the holder of the approved application under subsection (b) of this section for the drug that is claimed by the patent or a use of which is claimed by the patent brings a patent infringement action against the applicant, the applicant may assert a counterclaim seeking an order requiring the holder to correct or delete the patent information submitted by the holder under subsection (b) or (c) of this section on the ground that the patent does not claim either—
(aa) the drug for which the application was approved; or
(bb) an approved method of using the drug.").

8 132 S.Ct. at 1678.

9 Novo Nordisk A/S v. Caraco Pharm. Labs., Ltd., 601 F.3d 1359, 1362 (Fed. Cir., 2010).

10 Id.

另一個專利是repaglinide與metformin的組合物專利，爲美國專利號第6,677,358號專利（簡稱'358號專利）。該專利爲口服降血糖藥物組合repaglinide化合物之使用方法專利，用於治療非胰島素依賴型糖尿病（NI-DDM）的方法，其內容是給予患者所需repaglinide與metformin的組合治療[11]。'358號專利到期日是2018年6月12日。

由於'035號專利於2009年到期，到期後，Novo公司擁有'358號專利，只限於repaglinide藥物的一種使用方法，至於其他兩種被核准使用方法，則不受專利保護[12]。

## （二）修改使用規則中對專利之敘述

2005年2月9日，Caraco公司向FDA申請銷售repaglinide的學名藥。此時，橘皮書裡有兩個Prandin的專利，分別是'035號專利與'358號專利[13]。Caraco向FDA說明他們在'035號專利到期前不會行銷其學名藥，因此對'035號專利提出第III項認證[14]，但對'358號專利提出第IV項認證，認爲其使用不會侵害'358號專利。但因提起第IV項認證，Novo公司於2005年6月9日對Caraco公司提出侵權訴訟[15]。

2008年4月，FDA告知Caraco，如果它的ANDA申請中所附仿單，包括了repaglinide與metformin合併使用，將會侵犯'358號專利。因此Caraco修改其對'358號專利的第IV項認證，並且也提出第viii項聲明，說明Caraco並沒有申請repaglinide與metformin的組合治療。FDA表示，其將會同意Caraco新提出的「避開仿單」。但是，Novo提出反對意見，呼籲FDA要考慮到若將藥物組合區分，將導致藥物的安全性及有效性問題[16]。

2009年5月6日，Novo公司向FDA提交Prandin修訂版的3542表單，並且更新'358號專利之「使用規則敘述」（use code narrative）。FDA接受

---

[11] Id. at 1362.
[12] Id.
[13] Id. at 1363.
[14] 21 U.S.C. §355(j)(2)(A)(vii)(III)("(III) of the date on which such patent will expire, or").
[15] 601 F.3d. at 1363.
[16] Id.

Novo申請後，移除了Prandin在橘皮書裡的使用規則U-546，更改爲使用規則U-968，內容爲「改善成人第二型糖尿病血糖控制的方法」。由於使用規則更改了，FDA無法允許Caraco提出第viii項聲明申請，因爲其提出的避開仿單，仍然涵蓋到'358號專利之使用規則U-968[17]。

## （三）Caraco提出反訴

2009年6月11日，Caraco提出反訴，Caraco向法院請求，要求Novo更正Prandin中'358號專利的使用規則，從U-968更改回U-546。Caraco宣稱，使用規則U-968過於廣泛，且現在的表示方式，會讓人誤認爲'358號專利涵蓋了三個經批准使用repaglinide的方法，而其實'358號專利只涵蓋其中一個批准的使用方法。Caraco還提出了專利濫用（patent misuse）抗辯，控訴Novo在其使用規則敘述中不當表達'358號專利範圍[18]。

地區法院認爲，Novo提出過於廣泛的'358號專利之使用規則敘述，是不恰當的。2009年9月25日，地區法院發出了禁制令，內容是要求Novo Nordisk在20天內要依照法規修正'358號專利的不正確敘述，修正3542表單後提交給FDA，回復之前Prandin列於使用規則U-546中對'358號專利的敘述[19]。

## （四）上訴法院判決

2010年4月14日Novo上訴至聯邦巡迴上訴法院，法院認爲Caraco沒有提起反訴的法規基礎，因此而駁回與撤銷地區法院的禁制令[20]。Caraco提出反訴的條文爲21 U.S.C. § 355(j)(5)(c)(ii)(I)，限於「該專利請求項沒有包含：……對於使用該藥物，一項被核准之使用方法（an approved method of using the drug）。」上訴法院認爲，Caraco要提出反訴，必須證明Novo的專利申請範圍沒有包含「任何」（any）核准的使用方法；由於

---

[17] Id.
[18] Id.
[19] Id. at 1363.
[20] Id. at 1360.

系爭專利涵蓋其中一種使用方法，故上訴法院認爲Caraco無法援引該條提出反訴[21]。

此外，上訴法院認爲，該條只允許更正或刪除根據第355條(b)或(c)所提交的資訊，而不及於修正使用規則。而所謂第355條(b)或(c)所提及的專利資訊，僅侷限於專利號碼與專利到期日[22]。

此案又上訴到最高法院，2012年4月17日，最高法院做出判決，認爲Cacaro有權提出反訴，並發回重審[23]。

## 三、最高法院判決

最高法院審理後，整理出以下二個爭點：

（一）21 U.S.C. §355(j)(5)(C)(ii)(I)中的：「該專利請求範圍並沒有包含：……一項核准使用藥物的方法（the patent does not claim either—an approved method of using the drug）。」其中，「not an」是什麼意思？

（二）21 U.S.C. §355(j)(5)(C)(ii)(I)中提到：「要求專利權人更正或刪除其根據本條(b)或(c)提交的專利資訊（requiring the holder to correct or delete the patent information submitted by the holder under subsection (b) or (c) of this section）。」到底涵蓋的範圍多大？

### （一）未涵蓋任何一項特定使用方法

Novo主張「not an」的意思，就是「not any」的意思，亦即「'358號專利沒有涵蓋到系爭藥物的任何（any）一項使用方法」，Caraco才能提出反訴。而Caraco主張，「not an」的意思，是指「not a particular one」，亦即，只要「'358號專利沒有涵蓋到系爭藥物的其中一項特定使用方法」，就可以提出反訴[24]。

---

[21] Id. at 1365.
[22] Id. at 1366-1367.
[23] 132 S.Ct. at 1672.
[24] Id. at 1681.

最高法院認為，單獨來看，兩種解釋都有可能，所以必須放在條文脈絡中判斷。而從脈絡來看，Caraco的主張較為可採。因為國會知道，一個藥物有多種用法，但並非每一種都被一專利範圍所涵蓋；因此才設計允許學名藥廠提出第viii項聲明，讓其可以快點進入市場。因此，該條的目的在於，一個受專利保護的使用方法，不能阻礙學名藥進入市場、宣傳不受專利保護的其他使用方法。在此架構下，只要學名藥廠想要申請的個別使用方法，卻被原專利藥廠主張之權利所阻礙，均應許可學名藥廠提出反訴。亦即，反訴的範圍，與向FDA申請上市的範圍一致[25]。

### （二）提交的專利資訊

進而，要討論何謂「根據本條(b)或(c)提交的專利資訊」（patent information submitted by the holder under subsection (b) or (c) of this section）？最高法院認為，使用規則是對專利的描述，屬於「專利資訊」並無問題。但是，Novo認為使用規則不是在第355條(b)與(c)「需被提交」的資訊，因為法規規定，新藥上市申請者只要提供「相關專利之專利號碼與到期日」（the patent number and the expiration date of any patent）[26]。

但最高法院認為，第355條(b)和(c)也處理到原專利藥廠提交給FDA額外資訊的程序。而且，「under」這個字，包含很大，足以涵蓋本制度下原專利藥廠被要求提交的各種專利資訊，包括使用規則。在同一法條中，國會在其他項使用較限縮的文字，例如「described in」和「prescribed by」等，相比之下可知，使用「under」這個字應採取較廣義的解讀。此外，從法規架構脈絡來看，也應該將「根據第355條(b)或(c)提交的專利資訊」包含使用規則。因為，使用規則是FDA執行Hatch-Waxman修正案的樞紐，因此當初修法加入反訴規定，就是希望文字夠廣泛而可以包含所有專利資訊[27]。

[25] Id. at 1681-1682.
[26] Id. at 1683.
[27] Id. at 1683-1684.

### （三）更正這個字的重要性

另外，從條文中允許「更正或刪除」（correct or delete），也可推論出Novo的主張不正確。倘若如Novo所主張的，只有當登錄專利範圍不包含系爭藥物核准使用的任何方法，那麼，只規定「刪除」該專利即可，不需要規定「更正」。如果所謂的「更正」，只可以更正專利號碼與專利到期日，那麼橘皮書中的這類資訊應該鮮少需要更正，而這會讓國會使用這個字變得意義不大[28]。

## 四、結語

臺灣近年來加入美國主導的《泛太平洋戰略經濟夥伴關係協定》（Trans-Pacific Partnership, TPP）談判，而美國在談判過程中，強勢要求臺灣引入美國的專利連結制度。臺灣在不得已情況下，已開始思考，若要引入美國專利連結制度，在法條上該如何設計。本文可讓我們知道，專利連結制度的前提，就是在新藥上市審查時，同時登錄該新藥上的相關專利。但是由於食品藥物管理局並非專利專家，無從判斷藥廠所登錄的專利是否確實有關。而藥廠登錄不實專利後，會運用專利連結制度，援引不實專利對學名藥廠提起訴訟，引發30個月訴訟等待期。若臺灣真要引入專利連結制度，為避免上述問題，必須在法條中設計，讓他人可以質疑登錄在橘皮書中之專利資訊。但此制度是否一定要透過訴訟達成？還是有其他更便利的方式？值得我們思考。

[28] Id. at 1684-1685.

# 第三節　刪除仿單上部分適應症：2020年GSK v. Teva案

專利藥的成分到期後，學名藥廠可以申請學名藥上市，但是因爲該藥的其他用途專利尚未到期，學名藥廠必須申請「刪除仿單上的部分適應症」，以迴避侵害該專利。2020年10月聯邦巡迴上訴法院的GlaxoSmith-Kline LLC v. Teva Pharmaceuticals USA Inc.案，二位法官採取一看法，認爲就算仿單上刪除了適應症，仍會侵害該未到期的方法專利。但首席法官撰寫不同意見，認爲這樣完全背離了「刪除仿單」此一制度的精神。

## 一、背景

### （一）學名藥廠刪除仿單上的某些使用方法

在美國專利連結制度下，原開發藥廠可以在一顆藥上，持續登錄相關的新專利，包括藥物的新使用方法。而原本藥物的成本專利到期時，學名藥廠申請上市，美國FDA核准上市，但會要求學名藥的仿單，必須與原本品牌藥的仿單一模一樣。對於學名藥廠來說，其從事製造、銷售，只會侵害藥物成分專利，但是，由於仿單上教導各種藥物使用方法，可能會被認爲，引誘醫師按照仿單上的指示而開藥，構成美國的「引誘侵權」（induced infringement）。

因此，此時學名藥廠可以利用美國一個特殊的制度，亦即在申請學名藥上市時，特別要求刪除（carves out）原專利藥廠仿單中仍受專利保護的使用方法[1]，而FDA會例外同意此一修改後的藥品仿單[2]。

### （二）刪除仿單後還會構成引誘侵權？

此一刪除後的仿單，又稱爲薄仿單（skinny label）。如此一來，只要學名藥的仿單已經刪除了仿單中的某些特殊使用方法，就不會引誘醫師按

---

[1] 21 U.S.C. § 355(j)(2)(A)(viii) ("section viii").

[2] 21 CFR §314.127(a)(7).

照這些特殊方法用藥，即不會構成引誘侵權。

雖然過去已有判決認爲，只要學名藥刪除仿單，就不會構成這些用藥方法專利之引誘侵權，但是2020年10月聯邦巡迴上訴法院的GlaxoSmithKline LLC v. Teva Pharmaceuticals USA, Inc.案[3]，二位法官卻認爲，就算仿單上已經刪除該方法，但從其他行爲上來看，還是可能認爲學名藥廠對醫師有積極的引誘行爲，仍會構成引誘侵權。

## 二、事實

### （一）GSK的Coreg®藥有三種適應症

本案系爭藥物爲一種貝他阻斷劑carvedilol，用於治療高血壓（第一種適應症），其在1985年在美國取得第4,503,067號專利（簡稱'067號專利），該專利於2007年3月屆期。葛蘭素史克藥廠（簡稱GSK）對該藥在美國的銷售，取了一個品牌名稱，名爲Coreg®[4]。

但科學家持續研究，發現其可用於治療鬱血性心衰竭（congestive heart failure）（第二種適應症），故GSK向FDA申請此新用途，於1997年5月獲得取可，並在1998年6月獲得美國專利號第5,760,069號專利（簡稱'069號專利），專利名稱爲「減少由充血性心力衰竭引起的死亡率的治療方法」[5]。隨後，GSK申請將該'069號專利，登錄其橘皮書上，增加其可「減少由充血性心力衰竭引起的死亡率」。

2003年，美國FDA批准Coreg®藥可合併使用於治療「心肌梗塞後左心功能不全」之患者（第三種適應症）[6]。但此一第三種適應症，並沒有對應的專利登錄。

2003年11月25日，GSK申請美國的再發證（reissue相當於我國的專利更正），於2008年1月8日獲得再發證專利號RE40,000號專利（以下簡

[3] GlaxoSmithKline LLC v. Teva Pharmaceuticals USA, Inc., 976 F.3d 1347 (Fed. Cir. 2020).
[4] Id. at 1349.
[5] Id. at 1349.
[6] Id. at 1349.

稱'000號專利）。

更正後請求項1爲：「一種在有需要的患者中降低由充血性心力衰竭引起的死亡率的方法，該方法包括與一種或多種其他治療劑聯合使用治療可接受量的carvedilol，所述藥物選自血管緊張素轉化酶抑製劑（ACE），利尿劑毛地黃（digoxin），其中所述給藥包括對所述患者每天給藥維持劑量以降低由充血性心力衰竭引起的死亡風險，並且所述維持時間大於六個月。」

## （二）Teva申請carvedilol學名藥上市

2002年3月時，美國學名藥大廠Teva向美國FDA申請carvedilol之學名藥上市，其利用美國的簡易新藥申請程序，並附上專利連結制度中的Paragraph III宣誓，說明其將會等待'067號專利於2007年3月到期後，才開始正式製造銷售。同時，Teva也提出Paragraph IV宣誓，主張橘皮書上登陸的'069號專利乃「無效、無法實施，或不會侵害該專利」，其認爲'069號專利乃欠缺新穎性與進步性。FDA於2004年核發「暫時許可」，同意等到'067號專利屆期後，Teva的學名藥可用於治療高血壓（第一種適應症）和曾心臟病發之患者（第三種適應症）[7]。

在2007年3月，'067號專利一到期，Teva藥廠就如期開始製造銷售自己的學名藥。在當時的仿單中，Teva只明確寫了第一種適應症（治療高血壓），以及第三種適應症（「心肌梗塞後左心功能不全」之患者），但沒有寫上第二種適應症（治療鬱血性心衰竭）。不過，Teva的新聞稿和銷售宣傳上寫著：「自己的carvedilol學名藥是Coreg®片劑的AB評等學名藥」。

2011年，FDA要求，Teva應修改其carvedilol學名藥的仿單，必須與GSK的Coreg®的仿單內容一樣。因而，Teva修改後，在仿單中就有指示該藥可用於治療心衰竭（第二種適應症）[8]。

---

[7] Id. at 1349.
[8] Id. at 1350.

### （三）GSK提告Teva構成引誘侵權

2014年7月，GSK向Teva和另一家學名藥廠Glenmark提起專利侵權訴訟，認為他們在carvedilol學名藥之仿單，構成侵害'000號專利之引誘侵權。

Teva除了主張'000號專利無效之外，也提出，因為在2007年最初的仿單中，已經刪除（carve out）了鬱血性心衰竭（第二種適應症），因而不會構成引誘侵權，至少在2011年被FDA要求改仿單之前，不會構成引誘侵權[9]。

### （四）陪審團採取間接證據，認為構成引誘侵權

本案一審時，一審法官給陪審團的指示是：「Teva不會構成引誘侵權，除非GSK可以證明，Teva成功地傳播訊息（successfully communicated）與引誘直接侵權人，且該傳播訊息乃直接侵權人侵權的成因。」

此該陪審團指示又說，不需要有直接證據，亦即不需要拿出證據證明，有任何一個直接侵權的醫師作證宣稱：「她閱讀了Teva的仿單或其他Teva的文宣，並且這些仿單或其他Teva文宣使她以侵權的方式開了Teva的學名藥。」而可以從環境證據（間接證據）證明是否有引誘侵權[10]。

結果，一審陪審團認為，Teva在2008年1月到2011年4月間（Teva改仿單前），引誘侵害了'000號專利的第1到第3請求項；而在2011年到2015年6月間（'000號專利到期），Teva引誘侵害了'000號專利的第1到第3、第6到第9請求項[11]。

### （五）一審法官根據法律自為判決，認為不構成引誘侵權

在陪審團判決後，Teva請求一審法官根據法律自為判決（judgment as a matter of law）。一審法官同意Teva請求，並在自為參考相關證據後認

---

9 Id. at 1350.
10 Id. at 1350.
11 Id. at 1351.

爲，相關的證據並無法達到證據優勢的證明程度，證明這些醫師是參考了Teva的仿單或文宣，而將該學名藥用於治療鬱血性心衰竭。因爲，有其他非常多的文宣，讓他們知道Coreg®或carvedilol可以治療鬱血性心衰竭[12]。

一審法官認爲，合理的事實認定者應該會認爲，實質的證據無法支持陪審團的認定，因而判決Teva不構成引誘侵權，不論是2011年之前的「刪除後的仿單、薄仿單」（skinny label），或2011年因FDA要求而更改的完整仿單（full label），都沒有引誘侵權[13]。

## 三、上訴法院判決

本案上訴到聯邦巡迴上訴法院，由Prost、Newman和Moore三位法官組成審判庭，進行審理，並於2020年10月做出判決[14]。

### （一）二位法官認為構成引誘侵權

此一判決之所以受到矚目，乃因爲以2票比1票的票數，Newman和Moore二位法官認爲，縱使Teva已經使用「刪除後的仿單」，但因爲在其他文宣中強調，其carvedilol學名藥，就是Coreg®的等效學名藥，因而可以認定，其具有引誘侵權。

美國專利之引誘侵權，規定於第271條(b)：「任何人積極地引誘（actively induces）專利之侵權，應被認爲屬侵權人。」美國最高法院在2011年的Global-Tech Appliances, Inc. v. SEB S.A.案中提到，所謂的引誘侵權，必須被害採取積極的步驟（active steps）鼓勵直接侵權，例如對侵權使用進行廣告，或者指示如何進行侵權用途，而可證明「具有肯定意圖想要該產品被用於侵權」（show an affirmative intent that the product be used to infringe）[15]。

二位法官多數意見認爲，過去的判決先例已經肯定，關於引誘侵權中

---

[12] Id. at 1351.
[13] Id. at 1351.
[14] GSK v. Teva, 976 F.3d. 1347 (Fed. Cir. 2020).
[15] Global-Tech Appliances, Inc. v. SEB S.A., 563 U.S. 754 (2011).

「意圖」的證明，可以用環境證據加以證明[16]。進而，從Teva的文宣中，強調Teva的carvedilol學名藥，是Coreg®劑錠的AB評等等效學名藥[17]。加上，有醫生作證指出，因爲Teva的新聞稿中提到，其學名藥是Coreg®劑錠的AB評等等效學名藥，故他會認爲應該也可以用以治療鬱血性心衰竭[18]。所謂的AB評等（AB-rating），就是指按仿單上的使用，其會與原品牌藥具有相同的臨床效果[19]。

基於上述理由，二位法官認爲，確實具有實質證據，可以支持陪審團的認定，亦即Teva構成引誘侵權[20]。

## （二）Prost法官撰寫不同意見

本案之所以受到矚目，係因爲參與審判的聯邦巡迴法院院長（首席法官）Sharon Prost撰寫了該案的不同意見。

Prost首席法官認爲，國會之所以要在專利連結制度中，放入了所謂的「刪除仿單」（carve out）或薄仿單（skinny labels）制度，就是針對本案的情況，亦即雖然品牌藥上仍有部分方法專利沒有到期，但不會因此阻礙學名藥的上市[21]。

本案Teva的行爲，完全就是國會當初設計這個制度的典型情況。Teva是等到carvedilol的成分專利到期後，才要在市場上推出其學名藥產品，且在仿單上記載的二個適應症（第一適應症治療高血壓，和第三適應症針對最近出現過心肌病發而有心臟損害者使用），都已不受專利保護，而刻意刪除仿單中的第二適應症，就沒有在仿單中提到該受保護的方法專利[22]。

Prost法官認爲，即便在2011年之後因爲FDA要求下，變更仿單將全

---

16 GSK v. Teva, 976 F.3d. at 1352-1353.
17 Id. at 1353.
18 Id. at 1354.
19 Id. at 1354.
20 Id. at 1356.
21 Id. at 1358 (Prost dissenting).
22 Id. at 1358 (Prost dissenting).

部適應症納入，但也不能因此認爲被告具有引誘侵權。因爲，不論在市場上或者醫師的診斷決定上，都不受該仿單變更的影響。因此其認爲，原告不能僅仰賴仿單就主張引誘侵權，要主張被告引誘侵權，原告GSK必須證明Teva眞正引起醫師直接侵害了'000號專利。但是原告並沒有成功證明此點[23]。

Prost法官認爲，多數意見此一見解，幾乎推翻了國會創造「刪除仿單內容」這個制度的意義。如果採取多數意見此一看法，則只要一藥物上尚有其他方法專利未到期，就可以阻止該藥物的學名藥上市，如此，完全違背了當初Hatch-Waxman Act想要加速學名藥進入市場的目的[24]。

### （三）拒絕全院審查

本案判決之後，2021年2月9日，原來的三人審判庭，接受當事人的再開辯論之要求，對此問題重開辯論。但重開辯論後，仍然維持原判，認爲Teva構成引誘侵權[25]。

後來，Teva聲請要求全院判決（en banc），認爲此問題太過重要，必須由聯邦巡迴上訴法院法官全體進行討論。Teva聲請後，也有多個單位提出法庭之友意見，認爲此案有必要進行全院審判。但最後全院投票後，多數意見認爲不受理全院判決之請求，維持原判決見解[26]，亦即刪除仿單部分適應症後，仍可能因爲其他行爲而構成引誘侵權。

---

[23] Id. at 1358 (Prost dissenting).

[24] Id. at 1358 (Prost dissenting).

[25] GlaxoSmithKline LLC v. Teva Pharmaceuticals USA, Inc.,7 F.4th 1320 (Fed.Cir.(Del.), Aug. 5, 2021).

[26] GlaxoSmithKline LLC v. Teva Pharmaceuticals USA, Inc., 25 F.4th 949 (Fed.Cir.(Del.), Feb. 11, 2022).

# 第四節 逆向支付協議：2013年FTC v. Actavis案

## 一、背景

### （一）逆向和解支付

一般的專利侵權訴訟，若達成和解，通常都是被控侵權者支付專利權人授權金，在和解條件下可使用其專利。但在Hatch-Waxman法院下達成的侵權訴訟和解，卻是專利權人支付被控侵權者金錢，故一般稱此種和解為逆向支付和解（reverse payment settlement）[1]；或有人稱之為「支付拖延」（pay-for-delay）協議。

為何專利權人會願意逆向支付呢？原因在於，Hatch-Waxman法產生了一個特殊的風險結構。一般的專利侵權訴訟，被控侵權者已經先使用了專利，若侵權成立，則將支付高額賠償金；相對地，專利權人則比較沒有承擔風險，故當和解成立時，通常是被控侵權者支付專利權人一筆錢，以換取不侵權結果。但是在Hatch-Waxman法下因第IV段認證而來的侵權訴訟，卻改變了訴訟結果的風險。在此種侵權訴訟下，被告方（第一家申請學名藥廠者）還未使用該專利，故就算侵權訴訟敗訴，只是藥品暫時無法上市，但並不會面臨高額賠償。反之，原告方（專利權人）一旦敗訴，專利權可能被法院宣告無效，而學名藥一上市，被告馬上可以搶走大部分的該藥物的市場，原本專利權人因為專利保護獨家銷售該藥的高額獲利，可能因訴訟結果而全部喪失。因此，原告較不能承受敗訴的結果，被告敗訴並無太大損失。這樣的結構下，專利權人會傾向和解，並支付被告一筆錢，請其不要將藥品上市，而使180天獨家銷售期無法開始計算。

雖然MMA法增訂了180天獨家銷售期喪失的規定，但是原則上，只要法院尚未確定判決系爭專利無效或不侵權，原開發藥廠與第一家學名藥

[1] Alicia I. Hogges-Thomas, Special Issue on Circuit Splits: Winning the War on Drug Prices: Analyzing Reverse Payment Settlements Through the Lens of Trinko, 64 Hastings J.L. 1421, 1444-1445 (2013).

廠仍然可以達成和解，在30個月內，第一家學名藥廠不銷售該學名藥，且由於達成和解，也不會有一審判決，因此180天獨家銷售期仍不會起算或喪失[2]。

## （二）是否違反反托拉斯法之聯合行為

從2003年開始，陸續出現逆向支付和解之重要案例，涉及是否違反反托拉斯法的訴訟。分別在第六巡迴法院[3]、第二巡迴法院[4]、第十一巡迴法院[5]和聯邦巡迴法院[6]都有出現過[7]。

針對逆向支付協議是否違反聯邦反托拉斯法（Sherman Act），美國聯邦法院、聯邦貿易委員會（Federal Trade Commission）以及司法部所轄反壟斷署（Antitrust Division of the Ministry of Justice）向來意見分歧。

一說認爲逆向支付協議本質上違法（per se illegal）或構成反壟斷法下之推定反競爭行爲（Presumptively Anti-competitive）。例如第六巡迴上訴法院就採取逆向和解協議當然違法的見解。

另一說則認爲，除非該和解所限制之競爭行爲，已超出系爭專利所享有之排他權範圍（scope of patent），否則單純之逆向給付和解價金，不構成違反反托拉斯法[8]。例如第十一巡迴上訴法院就採取專利排他權範圍解釋，而傾向認爲逆向和解協議並不違法。

由於對於逆向支付協議，各巡迴法院採取不同意見，有統一爭議的必要，最高法院於2012年受理上訴，於2013年6月，判決了FTC v. Actavis案，以Breyer大法官爲首的多數意見，認爲對於逆向支付協議，既不該採用當然違法方式，也不該採用專利排他權範圍檢驗，而認爲應採取一般的

---

2 Alyssa L. Brown, Patent Misuse and Incremental Changes to the Hatch-Waxman Act as Solutions to the Problem of Reverse Payment Settlements, 41 U. Balt. L. Rev. 583, 593-595 (2012).
3 332 F.3d 896 (6th Cir. 2003).
4 429 F.3d 370 (2d Cir. 2005).
5 344 F.3d 1294 (11th Cir. 2003).
6 544 F.3d 1323 (Fed. Cir. 2008).
7 Alyssa L. Brown, supra note 2, at 584.
8 牛豫燕、莊郁沁，美國法院針對藥品專利侵權所成立逆向支付適法性之最新見解，理律法律雜誌雙月刊，98年1月號，頁7，2009年1月。

合理原則分析。

## 二、第十一巡迴法院FTC v. Watson Pharmaceuticals, Inc.案

該案原本是第十一巡迴上訴法院之FTC v. Watson Pharmaceuticals, Inc.案判決[9]。該案中，Besins Healthcare開發了AndroGel，一種治療低睪丸素的膠囊[10]。而Solvay藥廠得到授權，可在美國銷售AndroGel。Solvay藥廠先取得食品藥物管理局的上市許可，之後申請取得專利[11]。於2003年5月，Watson藥廠和Paddock實驗室提出第IV項認證之簡化新藥申請[12]。因此，Solvay藥廠立刻對二家公司提出專利侵權訴訟。被告則申請即席判決。在訴訟尚未結束前，30個月的訴訟等待期已於2006年1月到期。Solvay藥廠由於可能會喪失一年1億2,500萬美元的利潤，在即席判決出來前，選擇與Watson和Paddock藥廠和解。Watson和Paddock同意在2015年8月31日前，都不銷售AndroGel的學名藥[13]。Solvay同意在六年期間，每年支付Paddock公司1,000萬美元，另外每年支付200萬美元，作爲協助生產的報酬。而Solvay也同意每年支付Watson藥廠1,900萬到3,000萬美元[14]。

這一項和解協議，依法向FTC報告，而FTC隨即向Solvay、Watson、Par[15]和Paddock等公司提出反托拉斯法訴訟，認爲其違反聯邦貿易委員會法（Federal Trade Commission Act）第5條，違法地同意放棄其專利訴訟，不銷售自家學名藥，並與Solvay分享獨占利潤。FTC認爲，Solvay藥廠在專利訴訟中不太可能會贏，因爲Watson和Paddock有堅強的證據可以證明，他們的產品不會侵害該專利，且該專利是無效的。因此FTC認爲，Solvay藥廠的逆向支付協議，擴大了專利法所授與的排他權範圍，故乃是

---

9 FTC v. Watson Pharmaceuticals, Inc., 677 F.3d 1298 (11th Cir. 2012).
10 Id. at 1303-1304.
11 Id. at 1304.
12 Id.
13 Id. at 1305.
14 Id.
15 Par公司因爲和Paddock簽署訴訟分享協議，而被納入被告。 Id. at 1304.

不合法地限制競爭[16]。

被告則是認爲，FTC並沒有提出其請求權基礎。地區法院採取了專利排他權測試，而同意被告請求，駁回FTC之訴[17]。上訴後，第十一巡迴法院援用自己之前在Valley Drug和Schering-Plough案之見解，採取專利排他權範圍分析，而支持地區法院之判決結果[18]。第十一巡迴法院再次指出，在分析逆向支付協議的反托拉斯法意涵時，不論是合理原則或當然違法原則都不是適合的方法[19]。因爲，「簽署協議的一方擁有專利，而專利本來就是用來阻礙競爭的權利」[20]。

FTC當時所主張的一個規則是，如果在簽署協議的當下，根據客觀環境評估，學名藥有50%以上的可能（more likely than not）比所約定的上市時間還要早進入市場，則該逆向支付協議就是違法的[21]。但第十一巡迴法院認爲，FTC的立場是將專利侵權訴訟可能的結果，當成實際的結果，但專利請求可能會輸，不代表一定會輸[22]。

## 三、聯邦最高法院FTC v. Actavis案

本案上訴到最高法院後，最高法院於2013年6月17日做出FTC v. Actavis案判決[23]，以5票比3票，推翻第十一巡迴上訴法院之判決。本案由Breyer大法官撰寫多數意見。

### （一）不應以專利法政策來決定反托拉斯法問題

Breyer大法官指出，雖然逆向和解協議的反競爭效果，可能屬於Solvay專利權的排他範圍內，但並不表示該協議就可以免受反托拉斯法的攻

---

[16] Id. at 1306.
[17] Id.
[18] Id. at 1312.
[19] Id. at 1309.
[20] Id. at 1310 (quoting Schering-Plough Corp. v. FTC, 402 F.3d 1056, 1066 (11th Cir. 2005)).
[21] Id. at 1312.
[22] Id.
[23] FTC v. Actavis, Inc. 133 S. Ct. 2223 (2013).

擊[24]。一個有效專利權人可以做的，與其是否違反反托拉斯法，是不同的問題。第IV段認證引發的訴訟，將專利有效性及排他範圍的問題成爲爭議，而雙方當事人間的和解終結了該訴訟。該和解的形式並不正常，所以有理由需要顧慮，這種協議是否有重大的反競爭效果[25]。

單純將該協議的反競爭效果，可能違反專利法的政策，就認定是否違反反托拉斯法，是不適當的。應該將該協議的反競爭效果，與促進競爭效果做比較。專利政策與反托拉斯法政策，在決定獨占範圍與專利是否反托拉斯法審查上，同樣具有重要性[26]。

反托拉斯法的問題，應該考量傳統的反托拉斯法因素[27]。另一方面，過去法院的判例指出，與專利有關的和解，有時候的確會違反反托拉斯法[28]。最後，Hatch-Waxman法的設計目的，就是要鼓勵他人挑戰專利有效性，要求第IV段認證爭執的雙方，將協議條件報告給聯邦反托拉斯法主管機關，這些設計都與第十一巡迴上訴法院採取之立場不同[29]。

### （二）逆向和解協議仍須受反托拉斯法檢驗

第十一巡迴法院採取之立場，有某些法律政策考量，其支持爭議之和解。而且，若要對和解協議進行反托拉斯法審查，必須讓雙方耗費時間、複雜及昂貴的訴訟，去證明若沒有和解存在，競爭狀態將會如何[30]。

但是，Breyer大法官提出，有五項因素，可認爲應該讓FTC有機會可以提出反托拉斯法請求。

1.本案涉及的特定限制，存在實質的反競爭效果。因爲付錢給對方不要進入市場，而讓價格固定，並在專利權人和挑戰者間分配利潤，會讓消費者損失。而Hatch-Waxman法的二個特徵之一，180天的獨家銷售期，以

[24] Id. at 2230.
[25] Id. at 2231.
[26] Id. at 2231.
[27] Id. at 2231.
[28] Id. at 2232.
[29] Id. at 2234.
[30] Id. at 2234.

及30個月的訴訟等待期，會造成其他挑戰者不太可能快速地加入競爭[31]。

2. 此種反競爭結果，有時候是不正當的。也許有的時候，逆向支付的理由，並不是爲了反競爭結果，但這也不能作爲直接駁回FTC訴訟的充分理由[32]。

3. 當逆向支付協議很可能會有不正當的反競爭損害，專利權人的確很可能會將其損害實現。而從專利權人支付給學名藥廠的金額，就可以看出這種可能性[33]。

4. 反托拉斯法訴訟，應該比第十一巡迴上訴法院擔心的還要容易進行。通常並不需要去追究專利的有效性，就能回答反托拉斯法的爭議。一個高額、未能說明的逆向支付，就可證明該專利的脆弱，故法院不需要對專利有效性進行詳細調查[34]。

5. 高額、不正當的逆向支付可能會帶來反托拉斯法責任，並不代表雙方當事人絕對不能和解[35]。

## （三）採取合理原則審查

但Breyer大法官並不自己判斷本案中系爭的逆向支付和解協議，究竟是否違法。法院認爲應該採用「合理原則」（rule of reason），而非快速檢驗方法[36]。

聯邦最高法院此種方式，將涉及專利之反托拉斯法爭議，回歸到合理原則之審查，值得肯定。雖然依照最高法院見解，必須個案處理，判斷個案中之促進競爭效果與反競爭效果，論者擔心必須進入專利有效性或侵權與否之判斷，但最高法院已經明白指出，並不需要完全進入專利訴訟之判斷。論者指出，可以判斷其專利之強度（strength）即可[37]，亦可作爲未

---

[31] Id. at 2234.
[32] Id. at 2236.
[33] Id. at 2236.
[34] Id. at 2236.
[35] Id. at 2237.
[36] Id. at 2237.
[37] Tania Khatibifar, The Need for a Patent-Centric Standard of Antitrust Review to Evaluate Reverse Payment Settlements, 23 Fordham Intell. Prop. Media & Ent. L.J. 1351, 1392-1393 (2013).

來之參考。

## 四、結語

美國的藥品上市審查制度，採取特殊的專利連結制度，當學名藥申請上市時，若有侵害新藥專利問題，將通知專利藥廠，而若專利藥廠選擇提起訴訟，將自動進入30個月訴訟等待期。此外，為鼓勵學名藥在專利到期之前就申請上市，給予第一家簡化新藥申請並提出第IV段認證之學名藥廠180天獨家銷售期。但就因為30個月的訴訟等待期與180天的獨家銷售期，產生了美國特有的逆向支付協議問題。

近十年來，由於逆向支付問題，造成美國公民支付過高的藥價，而不論是消費者或聯邦貿易委員會，均對藥廠間的逆向支付和解提出訴訟，質疑其違反反托拉斯法。但過去美國各聯邦法院對此問題態度不一致，有認為當然違法，有認為其屬於專利權排他範圍而不需反托拉斯法審查，有認為應採取合理原則快速檢驗法。但2013年聯邦最高法院做出FTC v. Actavis案後，確認了對逆向支付協議應該採取傳統合理原則之審查，比較該協議之促進競爭效果與反競爭效果。此一問題，對於臺灣瞭解專利權與競爭法之衝突接軌，具有參考價值。

臺灣藥事法中並無專利連結制度，亦無30個月訴訟等待期與第一家學名藥廠之180天獨家銷售期，故並不會產生美國此種逆向支付協議的問題。但臺灣過去定暫時狀態假處分核發浮濫的背景下，專利藥廠利用定暫時狀態假處分，拖延學名藥廠上市達四年，達到與美國之訴訟等待期實質的效果。但在智慧財產訴訟新制下，要求定暫時狀態假處分必須本案化審理後，此問題不至於再出現。另外，由於臺灣無180天獨家銷售期，並不會產生逆向支付協議問題。但就算未來臺灣決定引入專利連結制度，或可以思考，毋庸設計180天獨家銷售期，以避免發生濫用逆向和解協議之問題。

# 第五節　生物仿製藥之專利連結爭議：2017年Sandoz v. Amgen案

2009年的生物藥品價格競爭與創新法（簡稱BPCIA）對生物學名藥之上市審查，設計了另一種專利連結制度。其並沒有事先專利登錄之橘皮書制度，但創造了另一套專利舞蹈程序，與兩階段的專利侵權訴訟。美國最高法院在2017年6月做出Sandoz v. Amgen案判決[1]，涉及學名藥廠是否一定要先循BPCIA的專利舞蹈程序，進行資訊交換及第一階段侵權訴訟，還是可以跳過該程序，直接發出「上市前180天通知」而進行第二階段訴訟？

## 一、生物藥之軟性專利連結

### （一）生物學名藥之專利連結制度

一般我們熟知的美國藥品專利連結制度，是Hatch-Waxman法下的專利連結制度，包括幾個特色。第一個是登錄藥品專利的橘皮書制度（Orange Book）；第二個是學名藥廠申請藥品上市時通知專利權人，專利權人提告後自動進入30個月訴訟等待期；第三個則是針對第一家學名藥廠申請上市成功，提供180天獨家銷售期。

美國對生物製藥（biologic product）的專利連結制度，則是2009年的生物藥品價格競爭與創新法（Biologics Price Competition and Innovation Act of 2009, BPCIA）所規定的另一種方式。大致上來說，其與Hatch-Waxman法在專利連結制度的差別在於：1.其並沒有專利登錄橘皮書制度；2.其並沒有30個月訴訟等待期；3.其針對第一家申請具有可替代性之生物學名藥，提供更長的獨家銷售期（獲准藥品上市後獨賣一年，或經過專利侵權訴訟後法院判決後18個月，或獲准上市後仍在侵權訴訟中則爲獲准上市後43個月）。

BPCIA其乃對生物藥品的學名藥，分成兩類，一種具有生物相似性

[1] Sandoz Inc. v. Amgen Inc., 137 S.Ct. 1664 (2017).

（biosimilar），一種具有可替代性（interchangeable），規定其快速上市審查程序。其規定主要放在美國法典42本第262條。

### （二）專利資訊交換或「專利舞蹈」

BPCIA與Hatch-Waxman法不同的一個主要地方，是其並沒有專利登錄橘皮書制度，而是在學名藥廠提出申請時，要求雙方對可能涉及專利進行專利資訊交換，透過此過程聚焦可能涉及的專利[2]，又可稱爲專利舞蹈（paten dance）。

生物相似藥的申請人（以下簡稱學名藥廠），在向美國食品藥物管理局（FDA）申請上市後，根據第262條(l)(2)(A)之要求，在FDA通知申請人受理該申請案後的20天內，必須將申請資料與製造資訊，主動通知該生物藥品的原藥廠（以下簡稱專利藥廠）[3]。專利藥廠在收到相關資料後，必須遵守保密義務[4]，並在60天內，針對該生物相似藥後續製造、銷售、使用可能侵害之專利，提供一個專利名單[5]。

學名藥廠在收到專利名單的60天內，則對專利藥廠所提名單中的每一個專利下的每一個請求項，進行說明[6]，可說明其認爲該專利無效、無法實施或不侵權等理由[7]。另外，學名藥廠自己也可以主動提供，自己認爲在製造、銷售時可能會涉及的專利名單（這個名單與專利藥廠提供的專

---

[2] Michael P. Dougherty, The New Follow-on-Biologics Law: A Section By Section Analysis of the Patent Litigation Provisions in the Biologics Price Competition and Innovation Act of 2009, 65 Food & Drug L.J. 231, 235-236 (2010).

[3] 42 U.S.C. § 262(l)(2)(“(2) Subsection (k) application informationNot later than 20 days after the Secretary notifies the subsection (k) applicant that the application has been accepted for review, the subsection (k) applicant—(A) shall provide to the reference product sponsor a copy of the application submitted to the Secretary under subsection (k), and such other information that describes the process or processes used to manufacture the biological product that is the subject of such application; and (B) may provide to the reference product sponsor additional information requested by or on behalf of the reference product sponsor.”).

[4] 42 U.S.C. § 262(l)(1)(C).

[5] 42 U.S.C. § 262(l)(3)(A).

[6] 42 U.S.C. § 262(l)(3)(B).

[7] 42 U.S.C. § 262(l)(3)(B)(ii).

利名單可能不同）[8]。

在專利藥廠收到學名藥廠所提的名單或對每一專利請求項所爲之說明後，60天內，專利藥廠應對其逐一回應或說明，尤其說明爲何系爭請求項並沒有無效、無法實施，且構成侵權[9]。

## （三）限縮專利侵權標的與數量

在學名藥廠與專利藥廠交換相關專利有效性、可實施性、侵權與否的資訊後，專利藥廠可以立即提起侵權訴訟。但是，爲了鼓勵學名藥廠遵守前述專利資訊交換程序，其設計了一種挑選爭訟專利的方法，讓學名藥廠可以控制專利侵權訴訟中爭訟專利的數量。其程序或可稱爲「專利解決協商」（Patent Resolution Negotiations）[10]。雙方必須出於善意協商，在15天內協商出雙方認爲需爭訟的專利[11]。

倘若15天內無法達成協議，則採取另一種方式。先由學名藥廠挑選其願意訴訟的專利數量（例如一個），此時，在五天內，學名藥廠要提出其認爲該爭訟的是哪一個專利，而專利藥廠也提出其認爲該爭訟的是哪一個專利。那麼這兩個專利就是專利藥廠在學名藥上市前可提起侵權訴訟的專利[12]。倘若學名藥廠願意爭訟的專利數量是0，則專利藥廠至少可以提出一個認爲該爭訟的專利[13]。

## （四）上市前提早進行侵權訴訟（第一階段訴訟）

所謂專利連結，主要是在學名藥上市審查程序中，就先進行專利訴訟，提早確認學名藥是否會侵權。但有一個前提，在學名藥還沒有生產製造上市前，何來侵權呢？關於此，其先修改美國專利侵權之定義，在專利

8 42 U.S.C. § 262(l)(3)(B)(i).
9 42 U.S.C. § 262(l)(3)(C).
10 Michael P. Dougherty, supra note 1, at 237.
11 42 U.S.C. § 262(l)(4).
12 42 U.S.C. § 262(l)(5).
13 42 U.S.C. § 262(l)(5)(B)(ii)(II).

法第271條(e)(2)中，將學名藥上市申請，擬制爲一種侵權行爲[14]。這樣才能夠讓專利藥廠在學名藥上市前就提起侵權訴訟。

在上述的專利解決協商中，如果雙方能在15天內對爭訟專利達成共識，則專利藥廠必須在30天內提起訴訟[15]。如果未能在15天內達成共識，但經上述學名藥廠決定爭訟專利數量與雙方自提爭訟專利後，專利藥廠需在30天內提起侵權訴訟[16]。而此侵權訴訟，並沒有所謂的30個月自動等待期。

整體來說，BPCIA的立法目的，是鼓勵學名藥廠盡早與專利藥廠進行侵權訴訟，最好可以在生物學名藥上市核准之前就結束侵權訴訟[17]。BPCIA對生物藥品的資料專屬權保護爲12年，但在生物藥品上市核准後的四年後，其他學名藥廠就可以提早申請上市審查。而申請後的專利資訊交換大約爲期八個月，也就是說，還有七年半的時間，可以在資料專屬保護屆期前，先進行專利侵權訴訟[18]。

### （五）上市前180天通知與侵權訴訟（第二階段訴訟）

根據第262條(l)(8)(A)之要求，學名藥廠（申請人）在初次商業銷售生物相似藥的180天之前，必須通知生物藥原廠[19]。專利藥廠在收到該通知後，可以在藥品未上市前，就聲請初步禁制令，禁止學名藥廠眞的進行商業製造與銷售，並提起侵權訴訟，直到法院判決專利有效性、可實施性與是否侵權[20]。其可以提起侵權訴訟的專利，並不限於前述經過專利解決協商後被限縮的專利數量，而可以提告包括專利藥廠在第一次收到學名藥

---

[14] 35 U.S.C. § 271(e)(2).

[15] 42 U.S.C. § 262(l)(6)(A).

[16] 42 U.S.C. § 262(l)(6)(B).

[17] Jon Tanakad, “Shall” We Dance? Interpreting the BPCIA’s Patent Provisions, 31 Berkeley Tech. L.J. 659, 680-682 (2016).

[18] Id. at 682.

[19] 42 U.S.C. § 262(l)(8)(A)(“The subsection (k) applicant shall provide notice to the reference product sponsor not later than 180 days before the date of the first commercial marketing of the biological product licensed under subsection (k).”).

[20] 42 U.S.C. § 262(l)(8)(B).

廠申請上市通知後所提出的專利清單中的所有專利[21]。不過初步禁制令並不一定會核發，雙方必須盡量配合加速禁制令審查的事證開示過程[22]。

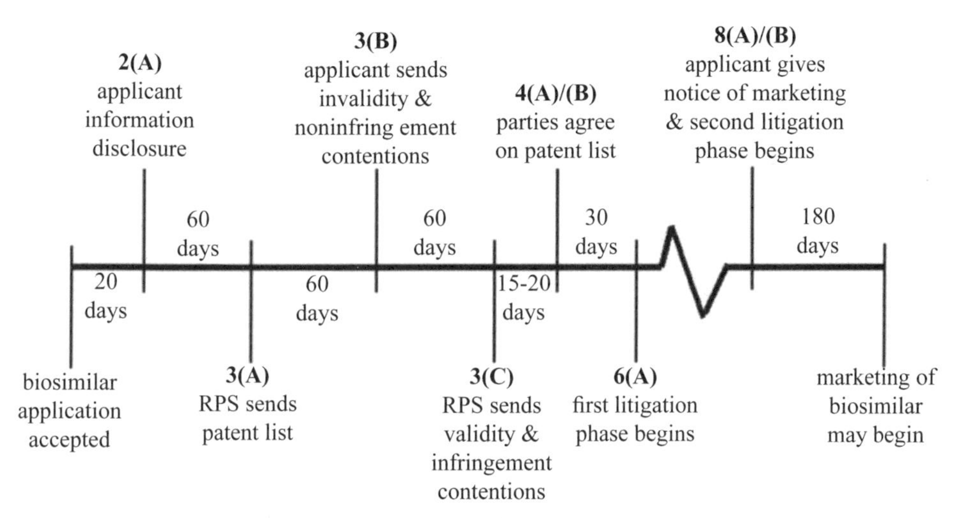


**圖14-1　BPCIA專利資訊交換與二階段訴訟的時程**

資料來源：Jon Tanakad, "Shall" We Dance? Interpreting the BPCIA's Patent Provisions, 31 Berkeley Tech. L.J. 659, 668 (2016).

整體來看，BPCIA的專利連結設計頗爲複雜。其目的是希望學名藥廠可以盡早透過第一階段的專利資訊交換（專利舞蹈），並決定要提早訴訟的專利標的，在上市前就把訴訟解決。雖然專利藥廠在收到「上市前180天通知」，則可以對所有專利藥廠認爲有關的專利提起侵權訴訟。理想中，若學名藥廠已經先就最重要的專利提早進行第一階段訴訟，則雖然在發出「上市前180天通知」後，專利藥廠仍可就其他專利提告，但如果其他專利並不眞的相關，專利藥廠未必能拿到初步禁制令。

## （六）確認之訴作為鼓勵使用程序的機制

以上是當初國會立法時設想的理想狀態。但對學名藥廠來說，如果其

[21] 42 U.S.C. § 262(l)(8)(B)(i).
[22] 42 U.S.C. § 262(l)(8)(C).

有信心將來生產學名藥不會有專利侵害問題，且既然在「上市前180天通知後」仍有第二階段訴訟，那麼何需提早進行第一階段訴訟，浪費自己的時間與訴訟成本？

因此，前述設計的專利舞蹈程序，到底是不是一個強制性程序？此時，與此問題有關者，規定在第262條(l)(9)。

1. 倘若學名藥廠不配合「專利資訊交換」、「專利解決協商」、「上市前180天通知」等，則只有專利藥廠可以直接提起確認之訴，至於確認之訴涉及的專利，限於在「申請受理通知」後專利藥廠所提出的專利清單內的專利[23]。

2. 倘若學名藥廠連一開始的「申請受理通知」都不肯通知，則根據第262條(l)(9)(C)，專利藥廠得知後，可以直接提起確認之訴，且確認之訴涉及的專利，完全沒有限制[24]。

## 二、2017年Sandoz v. Amgen案事實

### （一）事實

美國最高法院在2017年6月做出與前述程序有關的判決Sandoz v. Amgen案[25]，就涉及學名藥廠是否一定要先循BPCIA的專利舞蹈程序，進行資訊交換及第一階段侵權訴訟，還是可以跳過該程序，直接發出「上市前180天通知」，而進行第二階段訴訟？

本案的專利藥廠是諾華旗下的藥廠Amgen ，學名藥廠是Sandoz ，涉及的生物藥品是促進白血細胞增生的filgrastim，諾華的專利藥名爲Neupogen，並主張擁有製造和使用該藥物之專利。2014年5月，Sandoz公司向美國FDA申請學名藥Zarxio上市，並說明其爲Neupogen的生物相似性藥物[26]。

---

[23] 42 U.S.C. § 262(l)(9)(B).
[24] 42 U.S.C. § 262(l)(9)(C).
[25] Sandoz Inc. v. Amgen Inc., 137 S.Ct. 1664 (2017).
[26] Id. at 1672-1673.

FDA在2014年7月7日通知Sandoz受理該申請案。一天後，Sandoz公司通知Amgen公司，其已經提出仿製藥申請，並且將於FDA核准後立刻上市，其預計將於2015年上半年就上市。Sandoz公司並明確告知，其並不打算根據第262條(l)(2)(A)提供申請與製造的相關資訊，並告知Amgen公司可以直接根據第262條(l)(9)(C)提起確認侵權之訴[27]。

因而，2014年10月，Amgen控告Sandoz專利侵害，另外根據加州不公平競爭法之規定，禁止「任何違法（unlawful）之商業行爲或運作」，指控Sandoz兩項違法行爲。加州不公平競爭法該條中的所謂違法，乃指違反其他州和聯邦法規之規定。Amgen公司指控的違法，乃是：1. Sandoz公司沒有根據第262條(l)(2)(A)在得知申請受理後20天內提供相關資訊；2.違反第262條(l)(8)(A)，必須在FDA核准生物相似藥上市後才能爲「上市前180天通知」。Amgen公司對於此兩項行爲向法院聲請禁制令。Sandoz公司因而提起反訴，要求確認系爭專利無效，且並不侵權，亦沒有違反BPCIA法[28]。

## （二）上訴法院判決

訴訟中，FDA核准了Sandoz公司的Zarxio藥上市，Sandoz公司再次通知Amgen公司其將進行商業銷售。後來地區法院判決，Sandoz公司並沒有違反BPCIA，也沒有違反加州不公平競爭法。地區法院最重要的認定在於，其認爲BPCIA中的專利資訊交換，並非強制性義務。Amgen公司不服，上訴到聯邦巡迴上訴法院[29]。

聯邦巡迴上訴法院就上述問題，做出兩項認定：

1.認爲Sandoz公司並沒有違反第262條(l)(2)(A)，也沒有因而違反加州法，因爲不提供申請與製造資訊的結果，BPCIA已經直接規定，就是專利藥廠可以直接提起確認之訴[30]。

---

[27] Id. at 1673.
[28] Id. at 1673.
[29] Id. at 1673.
[30] Amgen Inc. v. Sandoz Inc., 794 F.3d 1347 at 1357, 1360 (Fed. Cir. 2015).

2. 上訴法院認爲，Sandoz公司第一次所爲的「上市前180天通知」並非有效通知，其認爲從條文上的解釋，應該必須在FDA核准該生物相似藥後才能爲該通知。所以，上訴法院下達禁制令，禁止在第二次有效通知的180天內銷售Zarxio藥[31]。

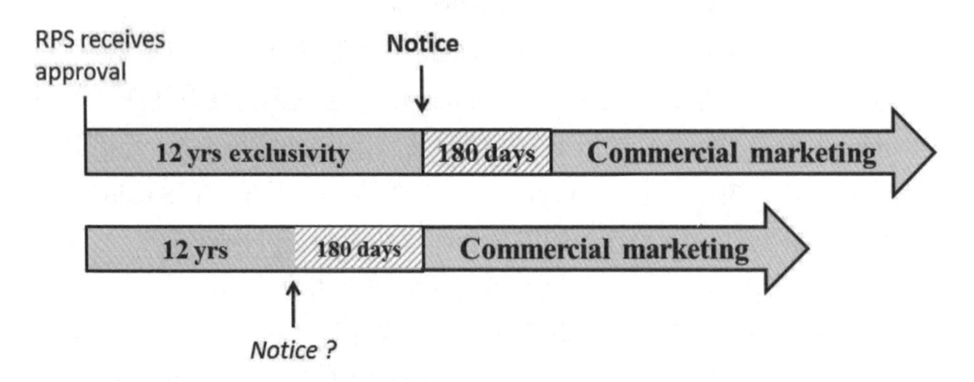


**圖14-2 可否在12年資料專屬權到期間（核准上市前）就為「上市前180天通知」**

資料來源：https://www.americanbar.org/content/dam/aba/publications/litigation_committees/intellectual/kern-updated-fig.jpg.

## 三、最高法院判決

Sandoz公司上訴到聯邦最高法院，最高法院於2017年6月做出判決。最高法院判決重點有三：

### （一）聯邦法不提供禁制令救濟

上訴法院認爲，申請學名藥上市此行爲乃因爲專利法第271條(e)(2)中被擬制爲專利侵害，而第271條(e)(4)中提到(e)(2)的擬制侵權的救濟，只能尋求(e)(4)中的四項救濟，故認爲Sandoz公司「未提供申請與製造資訊」之行爲，不能以禁制令尋求救濟。但最高法院認爲，此論理有所錯

[31] Id. at 1360-1361.

誤。因爲第271條(e)(2)只有提到「提出申請」被擬制爲專利侵害，但「未提供申請與製造資訊」，並非該條之擬制侵害，故救濟方式也不是依第271條(e)(4)相關規定[32]。

另外，第262條(l)(9)(C)本身規定，若申請人不提供申請與製造資訊，專利藥廠可以提起確認之訴。最高法院認爲，這是國會對於違反前述義務的制裁設計，讓專利藥廠可以立刻提起確認之訴，顯示國會並不想讓專利藥廠可透過禁制令執行該揭露義務[33]。

### （二）是否違反州法仍須討論

雖然在聯邦法層面，違反該揭露義務，並不能透過禁制令來執行。但是，最高法院認爲，違反該條揭露義務，是否構成加州不公平競爭法中的「違法」，則屬於州法問題，而上訴法院將原判決撤銷發回時，並沒有要求地區法院處理該州法問題。因此，最高法院指出，違反此揭露義務是否會違反州法，再發回時要一併討論，尤其要討論BPCIA之規定是否「先占」於州法規定[34]。

### （三）可在核准前進行「上市前180天通知」

至於第三個問題，學名藥申請人所提出的「上市前180天通知」，是否一定要在獲得FDA上市核准後？還是在上市核准前可以有效爲該通知？最高法院認爲，從第262條(l)(8)(A)的條文文字中，規定：「應在根據第(k)款申請核准之生物產品（biological product licensed under subsection (k)）第一次商業銷售日之180天前，通知對應產品出資商（reference product sponsor）。」上訴法院認爲，既然用核准（licensed），則必須是核准後的通知才有效。但最高法院認爲，該條只是說第一次銷售的必須是被核准的生物產品，但並沒有限定通知必須在核准前還是核准後[35]。

---

[32] Sandoz Inc. v. Amgen Inc., 137 S.Ct. at 1674-1675.
[33] Id. at 1675.
[34] Id. at 1675-1677.
[35] Id. at 1677-1678.

總結來說，美國最高法院認爲：1. BPCIA所規定的學名藥廠應在收到FDA受理通知後提供申請與製造資訊，其並非一種強制性義務，違背該義務無法用聯邦法強制執行。因此對學名藥廠來說，其根本可以不進行專利舞蹈與第一階段專利訴訟，而直接進行「上市前180天通知」；2.「上市前180天通知」並不限於上市核准後，在上市核准前也可以爲該項通知。

國家圖書館出版品預行編目資料

美國專利法與重要判決／楊智傑著.--三版.
--臺北市：五南圖書出版股份有限公司,
2023.08
面；　公分.

ISBN 978-626-366-343-5（平裝）

1.CST: 專利法規 2.CST: 美國

440.6152　112011521

1QP9

# 美國專利法與重要判決

作　　者— 楊智傑(317.3)

發 行 人— 楊榮川

總 經 理— 楊士清

總 編 輯— 楊秀麗

副總編輯— 劉靜芬

責任編輯— 呂伊真

封面設計— 陳亭瑋　P.Design視覺企劃

出 版 者— 五南圖書出版股份有限公司

地　　址：106台北市大安區和平東路二段339號4樓

電　　話：(02)2705-5066　傳　　真：(02)2706-6100

網　　址：https://www.wunan.com.tw

電子郵件：wunan@wunan.com.tw

劃撥帳號：01068953

戶　　名：五南圖書出版股份有限公司

法律顧問　林勝安律師

出版日期　2015年10月初版一刷

2018年9月二版一刷

2023年8月三版一刷

定　　價　新臺幣580元